最新の自己修復材料と実用例

Frontiers of Self-healing Materials and Applications

《普及版／Popular Edition》

監修 新谷紀雄

シーエムシー出版

刊行にあたって

米国では，クラックなどの材料損傷がダイナミックに，瞬間的に自己修復する技術が研究され，宇宙ステーションやスペースシャトルへの応用が計画されている。我が国では，自動車排気ガス用白金等の触媒の自己修復化による繰り返し使用，自動車やパソコンのコーティングの擦り傷の自己修復化による商品価値の向上など，生活に直結する自己修復材料が実用化・商品化されている。この度刊行する『最新の自己修復材料と実用例』は，欧米におけるプロジェクト研究の最新の成果や我が国における大学等の成果や企業の商品開発をほぼ網羅している。このような自己修復材料の先端研究から実用化・商品化まで幅広く，集録・解説した本は初めてであり，自己修復材料に初めて接する方にも，容易にその全体像，研究の方向，研究や実用化技術の最前線を理解できる。ご執筆頂いた欧米および我が国の第一線の研究者，商品化に成功した技術者に深く感謝したい。

今は，全ての技術分野において，環境・エネルギーへの配慮が求められている。CO_2 排出量の低減化，燃費の向上が叫ばれているが，最も効果的で，現実的なのは，材料や機器の耐久性，寿命を伸ばすことであり，それも，壊れないだけでなく，外観を含めた商品としての価値・寿命を飛躍的に伸ばすことである。リサイクル化以前に，材料や機器の自己修復を考えるべきであろう。自己修復化がエコのキーテクノロジーとなり，この分野の技術・実用化が格段に進み，この解説本が早い時期に最新でなくなることを期待したい。

2010 年 5 月

㈱物質・材料研究機構

新谷紀雄

普及版の刊行にあたって

本書は2010年に『最新の自己修復材料と実用例』として刊行されました。普及版の刊行にあたり，内容は当時のままであり加筆・訂正などの手は加えておりませんので，ご了承ください。

2016年4月

シーエムシー出版　編集部

執筆者一覧（執筆順）

新谷紀雄	㈱物質・材料研究機構　材料信頼性萌芽ラボ　一次元ナノ材料グループ　リサーチアドバイザー
武田邦彦	中部大学　総合工学研究所　教授
Erin B. Murphy	Virginia Polytechnic Institute and State University, Department of Chemistry
Stephen J. Kalista, Jr.	Union College, Department of Mechanical Engineering
Russell J. Varley	CSIRO Materials Science and Engineering
Michael W. Keller	The University of Tulsa, Department of Mechanical Engineering
真田和昭	富山県立大学　工学部　機械システム工学科　准教授
Kathleen S. Toohey	Rose-Hulman Institute of Technology, Department of Mechanical Engineering
安藤　柱	横浜国立大学　工学研究院　機能の創生部門　名誉教授
高橋宏治	横浜国立大学　工学研究院　機能の創生部門　准教授
中尾　航	横浜国立大学　学際プロジェクト研究センター　特任教員（助教）
三橋博三	東北大学大学院　工学研究科　都市・建築学専攻　教授
Henk M. Jonkers	Delft University of Technology, Faculty of Civil Engineering & Geosciences, Department of Materials & Environment
矢吹彰広	広島大学　大学院工学研究科　准教授
笠井秀明	大阪大学　大学院工学研究科　精密科学・応用物理学専攻　教授
岸　浩史	大阪大学　大学院工学研究科　精密科学・応用物理学専攻　特任研究員
山本祥三	日産自動車㈱　車体技術開発部　塗装・防錆開発グループ　主管
石川　哲	㈲メタライザーコーポレーション
長屋幸助	群馬大学　名誉教授
上西真里	ダイハツ工業㈱　先端技術開発部　テクニカル・エキスパート
田中裕久	ダイハツ工業㈱　先端技術開発部　エグゼクティブ・テクニカル・エキスパート
中谷雅彦	日本発条㈱　研究開発本部　知的財産部　主管
宮坂明博	新日本製鐵㈱　フェロー
細田　暁	横浜国立大学　大学院環境情報研究院　准教授
桂　修	北海道立北方建築総合研究所　居住科学部　主任研究員
谷口　円	北海道立北方建築総合研究所　生産技術部　技術材料開発科　研究職員
佐川孝広	日鐵セメント㈱　技術部　研究開発グループ　副主幹研究員
濱　幸雄	室蘭工業大学大学院　工学研究科　くらし環境系領域　教授
植田　実	㈱サンクレスト　代表取締役社長

執筆者の所属表記は，2010年当時のものを使用しております。

目　　次

序論　自己修復材料とは―自己修復材料の機能と目的，国内外の研究と実用化の現状―　新谷紀雄

第Ⅰ編　自己修復材料研究の最前線

【高分子編】

第1章　自然や伝統から見た材料の自己修復と分子レベルの基礎現象　武田邦彦

第2章 Remendable Polymer Systems　Erin B. Murphy

第3章 Ballistic and Other Self-healing Behaviours in Thermoplastic Copolymers and Ionomers　Stephen J. Kalista, Jr.,　Russell J. Varley

第4章 Encapsulation-Based Self-Healing Materials　Michael W. Keller

第5章　繊維強化高分子材料の自己修復　真田和昭

第6章　Self-healing with Microvascular Networks　Kathleen S. Toohey

【セラミックス・コンクリート・金属編】

第1章　高温用セラミックスの表面き裂の自己治癒とその応用による品質保証　安藤　柱，高橋宏治，中尾　航

第2章　コンクリートの自己修復　三橋博三

第3章　Self-healing of cracks in concrete using a bacterial approach　Henk M. Jonkers

第4章　金属材料の機械的損傷の自己修復　新谷紀雄

【コーティング・触媒編】

第1章　コーティングによる金属表面の自己修復　矢吹彰広

第2章 ナノ粒子自己形成触媒の構造モデルの探索―計算機マテリアルデザイン先端研究事例― 笠井秀明，岸 浩史

【第Ⅱ編 自己修復材料の実応用化・商品化の事例】

事例1 自動車ボディーへの自己修復塗装の適用 山本祥三

事例2 エンジン内部の鉄の自己修復 石川 哲

事例3 自己修復自動車タイヤ 長屋幸助

事例 4　インテリジェント触媒　**上西真里，田中裕久**

事例 5　き裂治癒能力を応用したセラミックばねの品質保証　**中谷雅彦**

事例 6　自己修復耐食鋼および耐候性鋼　**宮坂明博**

事例 7　コンクリートのひび割れの自己治癒／自己修復　**細田　暁**

事例 8　フライアッシュを使用した自己修復コンクリートの実用化

桂　修，谷口　円，佐川孝広，濱　幸雄

事例 9　自己修復遮水シート　　**長屋幸助**

事例 10　自己修復液晶画面保護フィルム　　**植田　実**

序論　自己修復材料とは
―自己修復材料の機能と目的，国内外の研究と実用化の現状―

新谷紀雄*

1　何故，今，自己修復材料なのか

工業材料が自己修復の手本としているのは，人の自己修復機能である。DNA の損傷，皮膚の傷，病原菌によるダメージなど，日々起こりうる比較的軽い損傷の多くは自己修復される。ダメージの大きい損傷の自己修復は困難と思われていたが，細胞分離・培養・分化の知識や技術を用いた最新の再生医療技術は，今まで修復困難であった器官の損傷や欠損なども自己修復可能とさせつつある。人体以上に完全な自己修復機能をもつと思われていたのは地球である。人類がどのような使い方をしても地球は損傷などを生じることはなく，仮に生じても，自然に自己修復すると思われていた。しかし，過剰のエネルギー消費に伴う環境変化には，地球の自己修復も不十分で，じりじりと温度上昇し始めている。これまで伐採し続けてきた森林の自己修復効果など，これからは地球のもつ自己修復機構を大いに活用しなければならない。

さて，本題の工業材料の自己修復であるが，人の作った材料であり，自己修復機能であるから，人体や地球に比べ，幼稚で，不十分であることは確かである。しかし，現在の環境・エネルギー・資源問題は深刻であり，いままでの多量生産，多量廃棄は許されず，長期間使用していれば，材料は劣化・損傷して，壊れるのは仕方がないという弁解も通らない。工業材料の自己修復化技術を時代の要請に応えられるものとし，一層高度化する必要がある。生体で再生医療を可能としたように，材料の構造や物性，使用環境下での材料挙動を最大限利用した新たな自己修復機構の発現，ナノテクノロジーを駆使した自己修復機構の材料中への組み込みなど，新たな，また，高度な自己修復化技術の開発が必要である。消費者は，商品がいつまでも新品同様であることを求め，表面が汚れたり，劣化・損傷したりするのを嫌う。汚れや傷などを自己修復する商品が広く求められるようになっている。商品の差別化や付加価値化というビジネスの視点からも工業材料の自己修復化が求められている。

* Norio Shinya　㈱物質・材料研究機構　材料信頼性萌芽ラボ　一次元ナノ材料グループ　リサーチアドバイザー

2　どのような損傷がどのように自己修復されるか

材料の損傷というと，人命を損なうような材料破壊を起こすクラックを思い浮かべるが，材料の種類や使用環境により，種々の損傷を生じ，使用目的により，修復させる損傷も自己修復の機構も様々である。原子・分子レベルの損傷からマクロなクラックまで，また，材料中の拡散の利用から修復剤内包のマイクロカプセルの分散まで，多様な自己修復方法が試みられている。下記の表に主要な材料損傷とその自己修復機構を列挙する。これらは，本解説に詳述されている自己修復をピックアップしたものである。

3　欧米における自己修復材料の研究開発

自己修復材料をプロジェクトとして最初に研究開発に取り組んだのは，米国であり，自己修復材料研究の中心として，今も世界をリードしている。米国では，DOD（Department of Defense）が自己修復材料を21世紀の国防に欠かせない重要材料として，関係機関に積極的な研究開発を求めており，また，有名な調査機関であるSRI（Consulting Business Intelligence）も自己修復材料を次世代の最重要な7研究課題の1つに挙げている。自己修復材料を直ぐにでも必要としているのは，NASA（National Aeronautic and Space Administration）である。スペースシャトルの耐熱タイルのちょっとした損傷でも，コロンビア号のように空中分解につながることがあるのに，宇宙空間では，軽微な損傷でも修復することができない。宇宙ステーションは，今後，大型化するから，デブリ等による損傷は避けられなくなる。スペースシャトルや宇宙ステーションをはじめとし，宇宙機器，宇宙構造物に用いられる材料は，原則的に自己修復機能をもつことが求められるようになるであろう。

このような背景があり，直接的で強いニーズの下に，DODやNASAが自己修復材料の研究開発をリードし，援助しているので，米国の大学や政府系研究機関の自己修復材料の研究開発は最も進んでおり，最もアクティブである。本解説に紹介されている自己修復イオノマーは戦闘機の燃料タンクへの応用が意図されており，修復剤内包のカプセルやファイバーによる自己修復はNASA等の支援を受けたイリノイ大学グループの研究である。本解説でこの分野を担当しているのは，同大学グループ出身研究者である。

ヨーロッパではどうかというと，オランダのデルフト工科大学（Delft University of Technology）が自己修復材料の大型プロジェクトを実施しており，ヨーロッパの中心となっている。デルフト工科大学では，米国のキャッチアップに加え，基礎的な研究や民生用も含め幅広い自己修復材料研究に着手している。ヨーロッパのデルフト工科大学と米国のイリノイ大学が世界の自己修復材料研究を現在のところリードしており，デルフト工科大学主催で，第1回の国際会議1st International Conference on Self-healing Materials 2007をオランダで，イリノイ大学主催で，第2回の国際会議Second International Conference on Self-healing Materials 2009をシカゴで開催している。自己修復材料の研究開発もようやくネットワークが整備され，世界的規模で展開し始めている。

4　我が国における自己修復材料の研究開発と実用化

我が国においては，米国のように，自己修復材料研究を強力に支援する機関はなく，ヨーロッパのようなプロジェクトも立ち上がってはいない。そのため，自己修復材料の研究開発は未だ盛んでないが，研究水準が低いかというと，そうではない。大学等の材料研究水準は世界一であり，企業の材料技術は構造材料にしても，機能材料にしても世界一である。自己修復材料の研究開発で最も重要なのは，材料に生じる損傷のメカニズムを原子レベルで明らかにすることであり，また，使用環境において，材料のバルク内，界面，表面での原子レベルでの挙動を明らかにすることである。このことによって初めて本質的で，新たな自己修復方法が見つかるといえる。我が国の大学等の自己修復材料研究者の研究開発は，本解説に紹介されているように，独創性に富んでいると思われる。高分子材料の主鎖の再結合は，高分子材料の自己修復の基幹的な方法であり，耐熱鋼のクリープキャビティへの偏析・析出やセラミックスの表面クラックの表面反応を利用した自己修復は独創的な方法であろう。コンクリートにおける未水和セメントを利用した自己修復は実用性が高い。また，我が国が特に世界に誇れるのは，企業の活発な研究開発であり，商品化・実用化である。自己修復材料を実用化しているのは，我が国だけであり，各分野から10例もの商品化・実用化例をご寄稿頂き，第Ⅱ編に集録することができた。世界最高の材料技術をもつ日本の面目躍如たるものがある。

5　今後期待される自己修復材料の役割

自己修復材料をリードしてきたのは米国であり，自己修復機能の必要性が高い宇宙機器や致命的な損傷を受けやすい戦闘機用の自己修復材料の研究開発であった。我が国では，このような核となるような強力なニーズが提案されていないため，組織だった研究開発はなされてないが，大学等の自己修復材料研究のレベルは高く，独創的な自己修復材料を生み出している。我が国の企業の研究者は，特にアクティブで，消費者の身の回りの機器は，いつも，いつまでも新品同様であって欲しいというニーズを先取りし，パソコン筐体，自動車塗装，携帯の液晶画面などの自己修復化に成功し，世界に先駆けて商品化している。

これまでは，必要に迫られた先端分野の先端材料の自己修復化と商品価値を高めるための自己修復化の研究開発であった。このような研究開発の必要性は一層高まり，一層アクティブになると考えられる。しかし，これからは，世界的な課題となっている，CO_2 削減化のため，エネルギー消費の低減化のため，そして，資源消費を低減化するための自己修復材料が求められるようになるであろう。

これまでのように，材料を多量生産し，多量廃棄するやり方は CO_2 削減やエネルギー消費の低減のため，許されなくなっている。日常使用される製品や材料についても，できるだけ長く使えるようにすることが大事であろう。そのキーテクノロジーは材料の自己修復化である。このような一般消費材を米国におけるカプセル分散化やファイバー配向化により自己修復化するのは，コストの点で適切ではないであろう。材料が元々もつ材料特性や使用環境を利用した，原子レベルの反応，表面反応，表面・界面・バルク内の偏析や析出などによる自己修復技術がこれからは必要となるであろう。リサイクル以前に，材料をできるだけ長く使えるようにする自己修復技術，商品価値を長期間維持させる自己修復技術を確立することが，現在最も必要であろう。資源消費の低減化も問題となっている。特に，貴金属・レアーメタルの需用増大と供給不安がある。自動車排ガス用貴金属触媒の自己修復化は，資源消費低減化の先駆けとなる研究開発であり，実用化といえる。今後，このような研究開発や実用化が続出することを期待したい。

自己修復対象の損傷と自己修復機構

損傷	自己修復機構	対象材料
原子・分子レベルの損傷	高分子主鎖の再結合	PPE, PET
	高分子主鎖間の再架橋	イオノマー，Polymer3，Kraton + Upy
	弾性歪みの回復	ポリウレタン等，PC 筐体，自動車塗装，液晶保護フィルム
マイクロキャビティ	クリープキャビティ表面への偏析・析出	耐熱鋼
	疲労キャビティ・クラック表面への偏析・析出	アルミニウム合金
クラック	修復剤内包カプセルの分散	エポキシ樹脂，コンクリート
	修復材内包ファイバーの配向	複合材料（CFRP），コンクリート
	修復剤導管の血管状ネットワーク	表面コーティング
表面損傷	不動態被膜，再生保護錆	耐食鋼，耐候性鋼
	分散粒子の表面酸化による焼結	セラミックス（Si_3N_4 中に SiC 分散など），セラミックスコイルバネ
	表面クラック内の未反応セメントの水和反応	コンクリート表面クラック
	表面クラック内のバクテリア増殖	コンクリート表面クラック
	排ガス中の酸素濃度変化による酸化・還元反応	排ガス用貴金属触媒の自己再生

第Ⅰ編
自己修復材料研究の最前線

第1章　自然や伝統から見た材料の自己修復と分子レベルの基礎現象

武田邦彦*

研究や開発は時に行き詰まることがあるが，その多くはその研究や開発に直接的に求められる知識の範囲だけで問題の解決をしようとすることにある。対象物は時々刻々，変化するものなので，必要とされる知識は研究開発の進む段階で拡がるからである。その意味で周辺の知見がとても重要であることが判る[1)]。そのことを踏まえて第一章では，自己修復の基礎になる「自然，伝統，文化」などについて，高分子科学との関係で整理をする。

1　自然に学ぶ劣化と信頼性

1.1　天然材料の寿命と人工物

人間がプラスチックを発明し，それを系統的に開発するようになったのは今からわずか100年（ゴム，ベークライトなどの発見があるが，高分子の発見はスタウディンガーの1924年）も経っていない。それに対して，自然界は生物が誕生した37億年前から有機高分子材料を使っており，多細胞生物が爆発的に繁殖し始めてから5億5000万年になる。従って，プラスチックなどの高分子物質を考えるときには，まず自然界に学ぶ，人工的な材料との比較をすることが重要である[2)]。

図1は，天然物と人工物の寿命を対比したものであり，上段の右側に示した写真は愛知県豊根村にある杉の木で樹齢1,800年といわれている。また中段の写真は人間の赤ちゃんと100歳の方の比較だが，人間の寿命は一般的には80歳で，樹木に比較すると短い[3)]。一方，典型的な現代の工業製品である自動車の寿命はおおよそ20年ぐらいである。自動車は技術の粋を集め，表面は高性能の鉄板，内部はエンジニアリング・プラスチックなどが作られているが，それでも20年ほどの寿命しかない。

なぜ，天然物と人工物で寿命がこれほど大きく違うのか？樹木は防御することもできず，台風などの危険にさらわれても移動したり防御したりすることができない。また，人間の体に使われている材料は，エンジニアリング・プラスチックなど材料より，劣化しやすい構造の材料が多用

*　Kunihiko Takeda　中部大学　総合工学研究所　教授

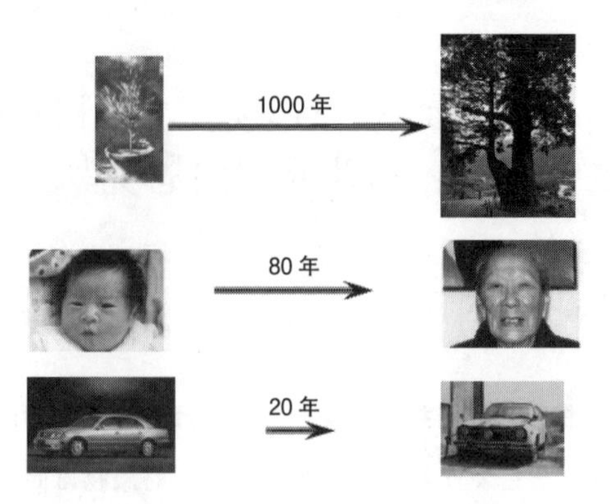

図1　天然物の寿命，人工物の寿命

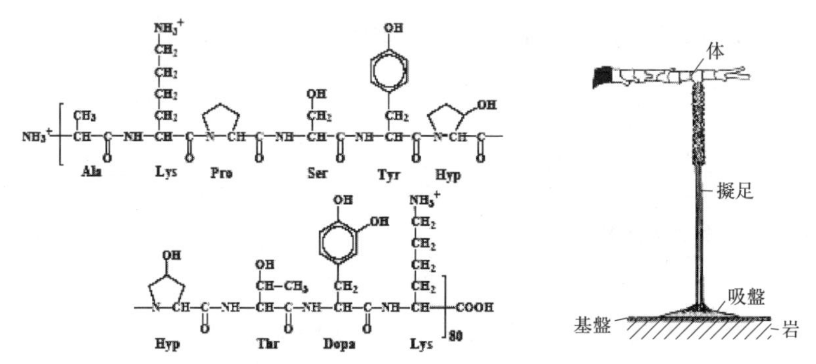

接着タンパク質の化学構造（左）とムラサキイガイの足糸の構造（右）

シアノアクリレート　フッ素含有エポキシ接着剤

人工の接着剤

図2　天然の接着剤と接着機構

されている。これらのことを考えると，進化の過程で誕生してきた機能体（樹木や人間）と人間が頭脳を用いて作った製品（自動車）との間になにか決定的な違いがあると考えざるをえない。それを解明するのは今後の工業製品，工業的な材料研究，さらには環境の改善に大きな貢献をすると期待される。

人工的な製品を考える前に，もう少し自然の材料について整理をしておきたいと思う。図2にムラサキイガイが接着する時の様子とそれに使われている接着タンパク質の化学構造を示した。また比較のために人工的に作られた接着剤のうちの代表的なものとして，瞬間接着剤のシアノアクリレートとエポキシ系接着剤の構造をあげた。

ムラサキイガイはムール貝の一種で，体から足（偽足）を出して岩などに体を固定する。海の中は潮流が激しいので，筋肉に力をこめて体を固定しようとすると，エネルギーが必要となり，さらに組織の劣化も進む。そこで，ムラサキイガイは接着剤を使って義足を岩に固着させ，その後は筋肉の力を抜いて波に漂うという方法をとっている。その際，接着が不十分であれば岩から離れてしまい，時には命を落とすことになる。そのような理由から進化の過程で淘汰されて，精密な接着ができる生物が生き残っている。

まず，接着の方法は，①接着する岩の表面を義足でなでるように掃いて清掃し，②吸盤型になった接着面を付け，③吸盤を上に引き上げて減圧する。ここまでが第一段階で岩に接着剤を流し込む準備ができる。そこで，④粘度の低い接着剤の前駆体（プレポリマー）を岩の間に染み込ませ，⑤空気を吹き込んで泡状にし，さらに，⑥硬化剤を出して最終的に硬化させる（不溶化）という段階を踏む。

このことを人間が近代科学の発展の中で工夫してきた「接着の技術」と比較すると，全ての項目が理にかなっていることが判る。特に，減圧にして岩の割れ目に接着剤がしみこむようにしたり，あるいは粘度の低いプレポリマーを分泌し，泡状にして成型歪みを少なくし，さらに最終的に硬化させるなど，接着の科学では人間が100年以上も実験を繰り返して得られた結果がこの小さな貝の接着の機構のなかに含まれているのである。

さらに，接着剤の構造を見ると，人工的に製造されているものに比較して極端に複雑であることも判る。これは接着する相手の岩が親水性の時もあれば，親油性の場合，さらには別の性質をもっている時もあるからである。現在の工業製品はまだ「接着する相手によって種類を変える」という段階にあり，それに対してムラサキイガイの接着剤はいわば万能接着剤だからである。

多細胞生物の歴史は６億年もあるので，この素晴らしい接着の技術をムラサキイガイが持っているのは当然かも知れない。もし，接着の研究者が研究の最初に自然を十分に観察したら，もっと早く「理想的な接着技術」に到達していたと考えられる。自然は進化の過程でトライアンドエラーで優れた方法を獲得し，人間は頭脳活動を主体とすると言われるが，人間が行う化学の実験もその基本はトライアンドエラーで進歩を遂げてきており，その点では自然と基本的に代わりが無いとも考えられるからである。

また，ムラサキイガイの接着の原理は「劣化と修復」にはあまり関係が無いように見えるが，高分子材料の劣化は材料に何らかの負荷・・・力，光，熱，細菌の攻撃など・・・がかかる場合に加速される。従って，ムラサキイガイが筋肉に力を入れて岩にへばりついていたら，エネルギーを損耗し，材料も傷んで淘汰の中で滅びていた可能性がある。このムラサキイガイの例は，自然界の知恵を学ぶことが出来るとともに，「劣化と修復」を考えるときに，直接的な材料の劣化ばかりではなく，使用状態をどのように誘導するかも重要であることを示している。

1.2　防御と修復

前節で自然における材料と防御の具体的な例を挙げたが，表1では人間を念頭において体を構成している材料を防御し，自己修復する方法を20段階に分類してまとめたものである。

まず防御方法をDNAからの情報（遺伝情報）に基づくものと，脳からの情報（後天的情報）に分けられる。遺伝情報に関係するものとして，材料そのものの選択で防御するもの，すなわち爪，骨，血管，心臓の弁などがそれである。たとえば心臓の弁は人の一生（たとえば100年ぐらい）働くことができるが，現在の技術では人工の弁では約3ヶ月（800万回）しか持たない。人工の弁を長寿命にする研究が盛んに行われているが，自己的な修復などの技術がなければ到底，生物の心臓の材料を作ることが出来ないと言われている。また，爪や骨なども構造的にも修復も巧みである。

防御の階層の2番目は省エネルギーである。前節のムラサキイガイの接着がその具体例であるが，エネルギーを使うことは使用する材料も活動をするのでそれだけ劣化する。従って，できるだけ静的な状態に保つことが劣化を防ぐ意味で大切であることが判る。

さらに，生物は積極的に毒物や外敵を排除することが知られている。つまり，防御が必要になる前に身体を傷付けたり劣化させる原因をとり除く作用を持っている。その例の一つは髪の毛で

表1　人間の自己修復の分類

<table>
<tr><th>番号</th><th>防御情報</th><th>防御階層</th><th>ポイント</th><th>例</th></tr>
<tr><td>1</td><td rowspan="17">DNA</td><td>材料そのもの</td><td>材料選択</td><td>爪，骨，血管，心臓の弁</td></tr>
<tr><td>2</td><td>省エネルギー</td><td>代謝節約</td><td>心材，ムラサキガイ接着</td></tr>
<tr><td>3</td><td rowspan="4">外敵排除</td><td>劣化因子排除</td><td>髪の毛，ツメ，腎臓，肝臓</td></tr>
<tr><td>4</td><td>鍵と鍵穴の関係</td><td>抗原抗体反応</td></tr>
<tr><td>5</td><td>微生物排除</td><td>食細胞</td></tr>
<tr><td>6</td><td>敵性生物排除</td><td>イボタとイボタガ</td></tr>
<tr><td>7</td><td rowspan="6">防御</td><td>非応答性受動的化学防御</td><td>マイコスポリン酸アミノ酸</td></tr>
<tr><td>8</td><td>応答性受動的化学防御</td><td>メラニン，フラボノイド</td></tr>
<tr><td>9</td><td>受動的物理防御</td><td>胃液分泌</td></tr>
<tr><td>10</td><td>能動的防御</td><td>チミンダイマー補修</td></tr>
<tr><td>11</td><td>単純馴化</td><td>細胞膜の流動性制御</td></tr>
<tr><td>12</td><td>多重馴化</td><td>胃壁とアルコール</td></tr>
<tr><td>13</td><td rowspan="3">廃棄</td><td>アポトーシス</td><td>紫外線劣化廃棄，胼胝，
精子形成熱ショック応答</td></tr>
<tr><td>14</td><td>定期廃棄</td><td>樹皮，角化細胞，胃壁</td></tr>
<tr><td>15</td><td>機能休止</td><td>心材</td></tr>
<tr><td>16</td><td rowspan="2">代換</td><td>部分代替</td><td>内臓</td></tr>
<tr><td>17</td><td>全体代換</td><td>生殖</td></tr>
<tr><td>18</td><td rowspan="3">脳</td><td>脳情報活用</td><td>危険回避</td><td>五感</td></tr>
<tr><td>19</td><td rowspan="2">システム防衛</td><td>治療</td><td>病院</td></tr>
<tr><td>20</td><td>心</td><td>教会・寺院</td></tr>
</table>

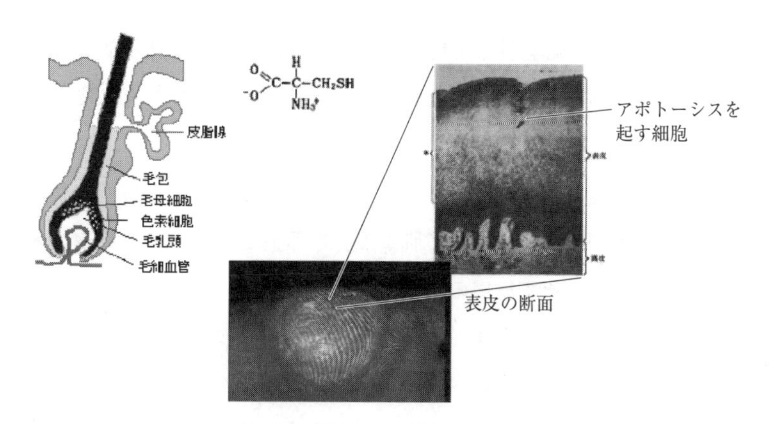

図3　生態の防御機構は複合的に行われる

あるが，図3に示したように髪の毛は血を用いて毛母細胞で作られる。髪の毛はタンパク質なので，アミノ酸を重合させるが，そのアミノ酸の一種にシスチンを使う。シスチンには2つの不対電子をもつ元素を持っているので，ヒ素，水銀などの毒物が2座に配位して金属を挟み込む。つまり，血中にヒ素や水銀が過剰にあると，髪の毛を作る時にシスチンがそれらを取り込み，そのまま伸びていく。やがて髪の毛を切ることで過剰な重金属が身体から外へ放出される。このような頭髪の特徴を利用して，昔の環境中の水銀やヒ素の量を知ることもできる。また，有名な例ではイギリスの学者がナポレオンの死因を調べるために遺髪を分析した結果，5cmまでヒ素が高濃度で存在していたことから，死亡するかなり前からヒ素を与えられていたと推定されている。また表に示したように，抗原抗体反応，食細胞，生物同士の戦いなどを通じて外敵を排除して，劣化の原因を除くことが行われる。このように生物防御には「敵を少なくする（劣化の原因を排除しておく）」ことがあり，工業製品で行っている例としては油の寿命を伸ばすために小さな機械の中に「油の浄化装置」を組み込み，それで連続的に浄化を行っている[4)]。「防御は総合的に行わなければならない」ということを生物の淘汰に学ぶことができる。

表の分類ではすこし下に示してあるが，省エネルギーと同様に「使わないようにして劣化を防ぐ」という方法もあり，その例がペン胼胝（ペンダコ）である。毎日毎日ペンを握って書いていると，ペンが指に当たる部分が硬くなって図3に示したような「胼胝（ペンだこ）」ができる。ペン胼胝ができる原因は同じ皮膚を繰り返し使うとそこが毎日のように傷むので修復しなければならない。それより，そこの細胞を一時的に殺しておいて（アポトーシス）修復すること自体を不要にする。皮膚の細胞の死んだ部分はペンを握っている間は角質化してその場所にあるけれど，しばらくペンを使わないと取り除かれて，再び柔らかい皮膚に戻る。アポトーシスで体を守る方法は他にも見られるが，基本的には修復よりさらに効率的な手段を選択できる場合に応用されている。

次に材料の防御法として，①応答性と非応答性，②物理的な防御と化学的な防御，③能動的と受動的，さらには，④時間的に短い直接的な防御と長い時間をかけて徐々に変えていく「馴化」，に分類して解説を加える。

応答性の防御とは環境の違いによって応答するもので，そのもっとも典型的なものが「太陽の光を浴びているとメラニンが皮膚に沈着して肌が黒くなる」というものである。メラニンが沈着して紫外線を吸収し，それによって皮膚のダメージを防ぐ。

物理的な防御には，胃液の分泌がある。焼き肉をたくさん食べると胃の中はウシの肉で満杯になり，少なくとも空間的には胃壁と胃の内容物は区別が付かなくなる。しかし，人間の胃は牛肉は消化して自分の胃壁は溶かさない。牛の肉と人間の肉を区別するためには DNA の識別などが必要となるが，現実には胃液の吹き出し方法，胃液を噴出すると同時に胃壁の表面をぬらして防御するなどによって協奏的に防御している。つまり，空間的・物理的な防御と言える。さらに受動的，能動的な防御の概念は次の節に詳述する。

馴化の例として同じく胃壁をあげると，内臓の内壁の細胞はアルコールでダメージを受けることが知られている。お酒を飲む時に最初からウイスキーのようなアルコール度数の高いものを飲むと食道を形作っている細胞が脱落し，食道ガンや胃潰瘍の原因となると言われている。しかし，ビールのようなアルコールの度数が低いものを飲むと，馴化作用によって耐アルコール性の防御系が作られると言われている。

原始的な生物，たとえば単細胞生物の多くはここまでの 4 種類の防御だけを使う場合が多いが，多細胞生物，特に中枢神経系の発達した人間などは高次の防御機能を持っている。たとえば，樹木は樹皮を定期的に廃棄するし，動物の皮膚も「垢」として体の外部に出す。また樹木の中心部の心材は生物活動をすること自体をやめて防腐剤で防御している。さらに生物は子どもを作ることによって遺伝子を残し，体の材料の劣化との分離を図っているし，さらに中枢神経系を使って危険を回避したり，病院で治療を行い，心のケアーなどを通じて総合的な劣化防止を行っている。

このように，生物は非常に高度な防御手段を持つが，現在の工業製品などの多くが「材料選択と非応答性化学防御」だけを応用しているに過ぎない。つまり，生物に比べて人工材料の防御手段が単純であり，これが高度な工業製品でも生物の寿命に比較すると短い原因になっている。

1.3 生物の防御機構——能動防御と受動防御

前節で説明したように生物の防御は総合的・複合的なものだが，本節では生物の防御を特徴付ける能動防御についてまず解説を行う。表 2 は紫外線の防御について植物，動物，人工物の 3 つにわけてまとめたものである。生物の紫外線の防御が複雑なのは，生物が誕生した頃にはまだ成

表2　紫外線に対する防御
植物，動物，人工物（高分子材料）の紫外線に対する防御の比較

			植物	動物	人工物（高分子材料）
紫外線による劣化			DNA 損傷，光合成機能の低下	DNA 損傷，サンバーン，サンタン，光老化，皮膚ガン	変色，物性低下
防御法	受動防御	受動防御剤	フラボノイド，シナビン酸，サリチル酸，クロロゲン酸，マイコスポリン様アミノ酸など	メラニン	紫外線遮蔽剤・吸収剤，消光剤，ヒドロペルオキシド分解剤，ラジカル補足剤
		存在箇所	葉の表側の表皮細胞の液胞中	表皮細胞中のケラチノサイト	材料表面部分もしくは材料全体
		応答性	あり	あり	なし
		作用	紫外線フィルター，抗酸化作用，活性酸素の消去	紫外線フィルター，抗酸化作用，活性酸素の消去	紫外線フィルター，エネルギー移動，ヒドロペルオキシドの分解安定化，ラジカルの補足
	能動防御	能動防御システム	光回復，除去修復	光回復，除去修復，組替え修復，SOS 応答	なし
		応答性	あり又はなし	あり又はなし	－
表面の更新			樹皮の剥離，葉の更新	皮膚の表皮細胞の更新	なし

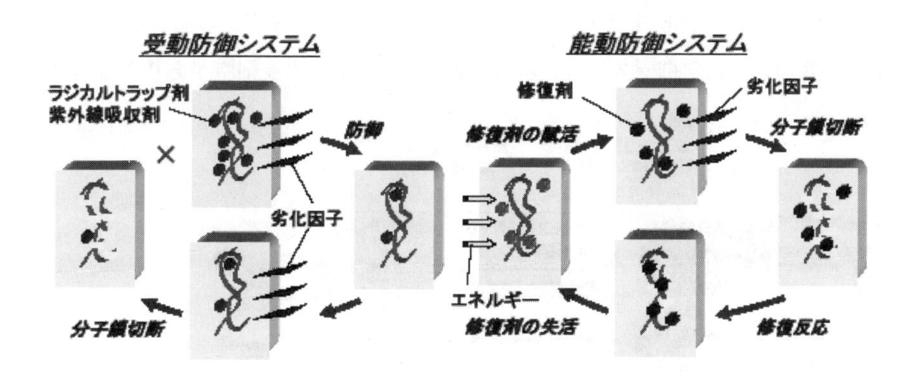

図4　受動防御と能動防御

層圏にオゾン層がなく，そのために短波長の電磁波が地上まで到達していたことによっている。特に植物は光合成をするので，太陽の光を避けることはできず，光を浴びると劣化するというジレンマに陥っているからである。

人工材料の場合は「非応答性」で「受動防御」であり，生物は「応答性」と「受動防御と能動防御の組み合わせ」ということができる。人工的に作られたプラスチックの場合，紫外線に対する防御が必要な場合は，あらかじめ製品に紫外線吸収剤を添加しておく。そして紫外線の照射を受けると紫外線吸収剤が反応して劣化し，その代わりに本体（プラスチック）の劣化を防ぐ。従っ

て，同じ材料でも紫外線が当たるか当たらないかによって，材料の中に紫外線吸収剤が発生するような製品はまだ殆ど無い。

一方，生物は受動的な防御をするフラボン系やメラニン系の防御剤の原料を持ち，紫外線を浴びるようになると原料が生体内で反応して紫外線吸収剤になるので，応答性を持っている。また，それでも防御できずに損傷したところは修復剤が治す。これを能動防御と呼ぶ。図4に受動防御と能動防御の概念を示したが，受動防御は材料内に防御材があり，外界からの劣化因子（たとえば紫外線）は防御材と反応する。従って，初期には材料自体は劣化せず，防御材が消耗していくが，やがて防御材の濃度が薄くなると材料が損傷し，その回復は出来ない。これに対して能動防御の場合には，外界からの劣化因子は直接材料を損傷するが，損傷された材料は修復材が修復する。従って，一度劣化した材料も回復する。しかし修復材が消費されるような場合はそれを元に戻す必要があり，そのためにエネルギーや新たな材料が必要とされる。生物はこの能動系と受動系をペアで持っていて，複合的な防御が行われる。その一例として自説で紫外線による皮膚ガンの防止について述べる。

1.4　能動防御の機構

生物のもつ能動防御の機構をその一例である紫外線による皮膚ガンの防止について詳述したい。図5に植物の紫外線防御システムを示したが，葉の表層に表皮細胞がありここにフラボノイ

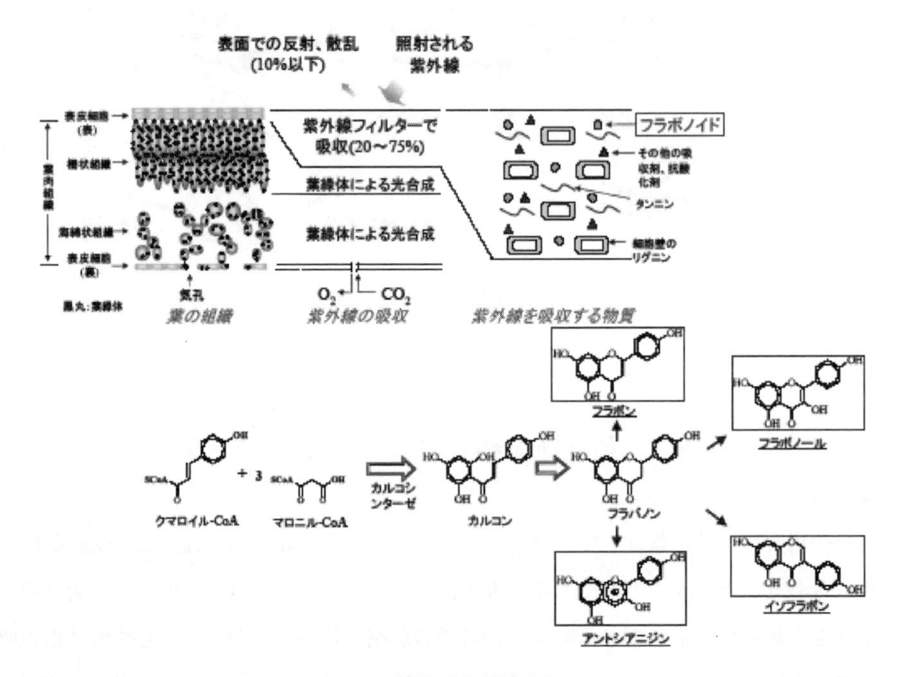

図5　植物の紫外線防御

ドやその他の光吸収剤が含まれ，紫外線の20～70％を吸収する。その下に光合成を行う組織がある[5]。

植物の防御機構は後の示す動物の防御系よりも複雑で，フラボノイド系の化合物を使い，防御する化合物の数も複数が知られている。植物の防御系は動物より研究が遅れているが，植物は光合成を行うために太陽の光を避けることができず，そのための防御系を発達させたと考えられる。また，植物の耐光性を応用した人工的な製品は知られていない[6]。

植物に対して動物は光合成はしないので移動して太陽光から逃げることができる。紫外線吸収剤としてメラニンを使い，メラニンは紫外線の刺激を受けないと合成されず，刺激を受けるとドーパキノンから合成され，その構造は図6で示される。つまり，動物の紫外線防御が素早い応答性を持つのは，動物がエサを求めてさまざまな場所へ移動するために原料の数が少なく応答性を重視しているとも考えられる。人間が海水浴に行くと肌が黒くなるのはこの応答性によっている。組織的には皮膚の表面は角質化した細胞があり，その深部にメラミンを含む細胞が並んでいる。ドーパキノンはチロシンが酸化されて生成し，さらにシスティンと結合してメラニンの前駆体を形成する。メラニンは複雑な構造をしており，ユーメラニンとフェオメラニンの2種がある。太陽からの紫外線の波長分布は広いので，単純な構造では広い波長の光を吸収することが出来ないからと考えられる。

前にも述べたように紫外線吸収剤での防御では完全に防御できない。日本の夏の海岸では1時間で3万～4万の皮膚ガンができるとされていて，メラニンでかなりの防御ができるが，防御できなかったものには第二段階の修復機構で数1000のガンを排除するとされている。

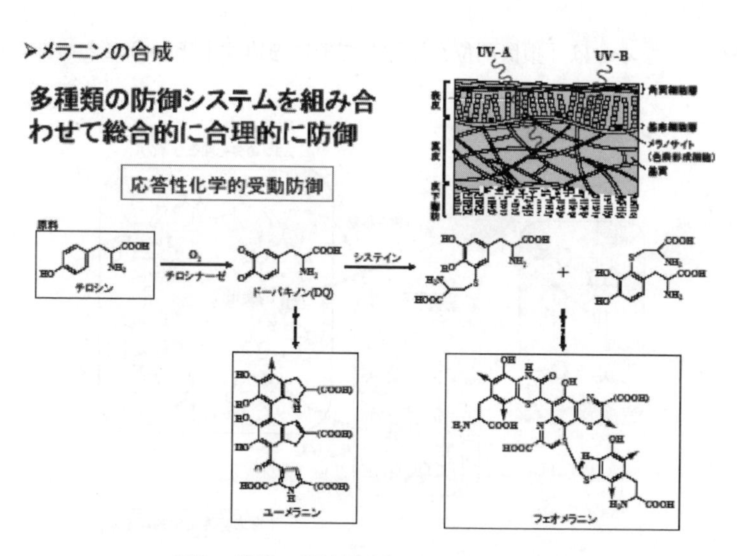

図6　動物の紫外線防御（前駆体を使用）

図7に示したのは大腸菌の紫外線に対する能動的な修復メカニズムであり，人間などの哺乳動物の場合にはもう少し複雑である。大腸菌では紫外線が当たるとDNAのうち，塩基であるチミンが隣接するところに損傷が起きてチミンの2量体（チミンダイマー）ができる。DNAの主鎖の上に塩基が配列しているのは，情報伝達のためなので，キズが残るとガンなどの発生につながる[7]。大腸菌の修復方法で興味深いのは，図で示すように$FADH^+$のような修復するための物質が太陽光によって作られることである。つまり，メラニンは「応答性」があり「受動的な防御」であるが，この場合は「能動防御」をする化合物を「応答性」をもって合成するというさらに巧みな方法を採っていることが判り，この方法は今後，人工的な材料への応用が期待される。

大腸菌の紫外線に対する能動防御のシステムは「応答性，能動的」ということで「生物的反応」に見える。ところが図7に示したように，反応全体は「ビーカーの中に必要な物質を入れ，それに太陽を照射させると，光化学反応だけで起こる」。つまりこの反応は大腸菌が「生きているかどうか」ということとは関係がない。劣化した材料が自分の力で自然に修復するという表現では，生命がなければ能動的防御ができないという印象を持つけれど，この大腸菌の例で判るように生命と能動的な作用とは直接的には関係が無いことを理解することができる。

大腸菌のような単細胞生物でも5種類の紫外線に対する防御系を持っているが，哺乳類の紫外線に対する修復メカニズムはもう少し複雑である（図8）。DNAは二重らせんなので，損傷部位は膨らんだ形になる。そこで，DNAの上を馬蹄形の酵素が滑るように移動すると，損傷部位は立体的なひずみを持っているのでそこで停止する。停止したところでエンドヌクレアーゼでDNAの主鎖を切り取り，ポリメラーゼを使って新しい主鎖を伸ばし，さらに最後にリガーゼで正常なDNAを作る[8]。

大腸菌の修復と異なるのは「損傷部位を検知してそこを直す」ということである。大腸菌のよ

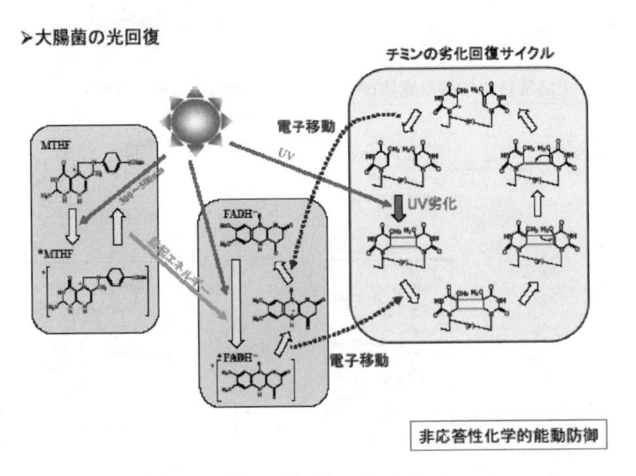

図7　紫外線に対するDNA修復（チミンダイマー）

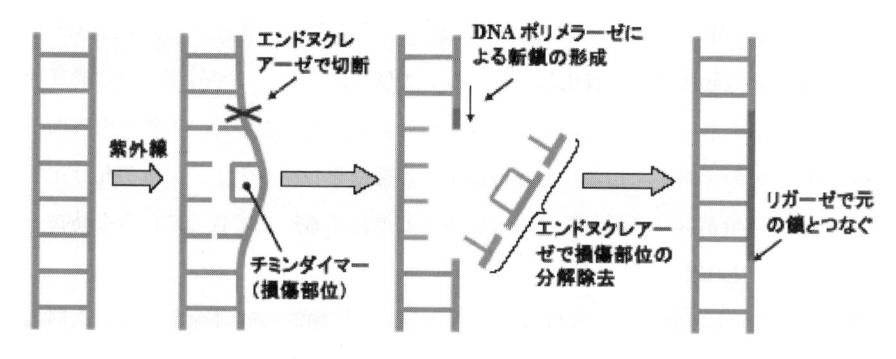

図8　紫外線に対するDNA修復（ヌクレオチド除去）

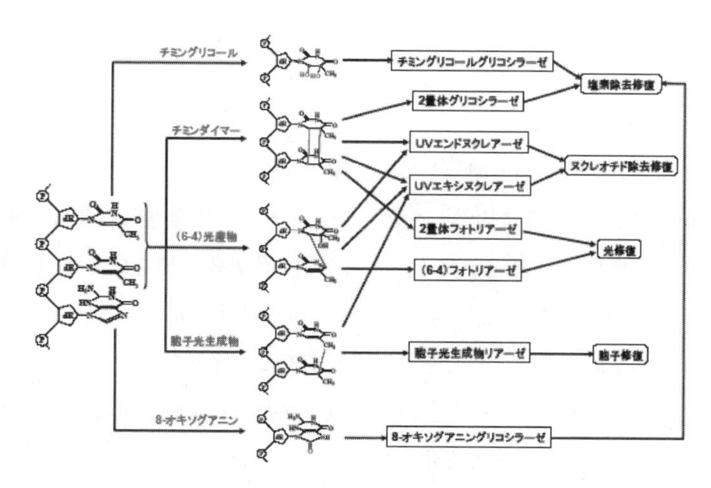

図9　紫外線によるDNA塩基損傷とその修復系

うな単なる化学反応の場合，損傷した箇所と修復材が偶然に衝突しないと修復は起こらないが，この場合には酵素が修復箇所を検出するので，その効率は飛躍的に向上する。

またDNAの損傷は紫外線によるチミンダイマーの発生ばかりではなく，さまざまな反応によって劣化が進む。図9に哺乳動物のDNAの紫外線の劣化の種類とその補修系をまとめた。かなり複雑になるが，巧妙に設計された補修系が何種類も用意されている。

このように生物の防御というのは多くの場合，他種類で多段に行われる。本章では主として紫外線による劣化を例に採っているが，生物が誕生した頃には成層圏にオゾン層が無かったので，生物は光合成をしようとして海の中から海面近くに出てくると太陽からの短波長紫外線を受けて高分子鎖が断裂し，そこにガンなどができて死んでいったと考えられる。つまり光合成を早く行うには強い太陽光がいるし，強い太陽光が当たると体が損傷するという関係にあった。オゾン層が発達したのは海に生物が誕生し，さらに海に溶けたCO_2を分解してCを自分の体やエネルギーとして使い，その分の酸素を放出したからである。放出された酸素はまず海に溶けて，当時，大量に海洋にあった還元性の鉄を酸化し，その後，大気に出た。そして対流圏から成層圏へと進み，そこでオゾン層を形成した。このオゾン層が紫外線を防止したので，生物は海表面からさらに陸上へと進出したのである。しかし，その後も紫外線やその他の因子による劣化は生物にとって脅威であり，両生類から爬虫類，そしてほ乳類へと進化する過程でさらに巧みな防御系を持った生物が勝ち残ったと考えられる。

「放射線は危険だ」と言われ，それは事実でもあるが，実験的に放射線を当てて人間の細胞をガンにするのは極めて困難である。がんになりやすい特定の細胞を選択したり，放射線の量を適切にしないと熱などで劣化する方が放射線劣化より早くなる場合もある。このことは高等生物の防御系がいかに優れているかを示している。

1.5 人工物の紫外線防御

人間はさまざまな紫外線吸収剤を開発してきたが，紫外線吸収剤とメラニン，フラボノイドなどの自然にある吸収波長を図10に比較して示した。人工的に開発された紫外線吸収剤はその化学構造が単純なので，吸収波長の幅が狭く，太陽の光や紫外線領域を広くカバーしてはいない。たとえば，太陽の光のうちでも，人体への影響は254nm付近の光がもっともダメージが大きいといわれているが，人工的に合成された紫外線吸収剤でこの部分をカバーできる優れた紫外線吸収剤はまだ多くない。これに対しメラニンは広い波長範囲の光を吸収することが可能であり，植物は複数のフラボノイド系の化合物で劣化を防いでいることが判る。

ここまで，生物が私用している材料の優位性を強調してきたが，人工的に合成された材料でも，

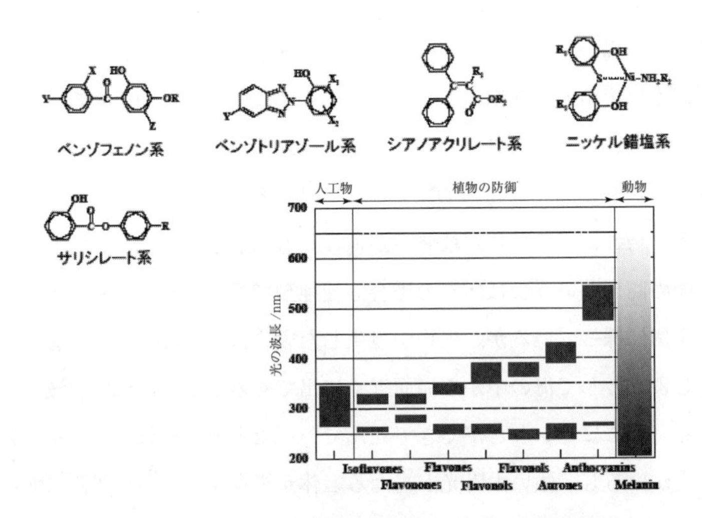

図10　人工物の紫外線防御とメラニンの紫外線防御

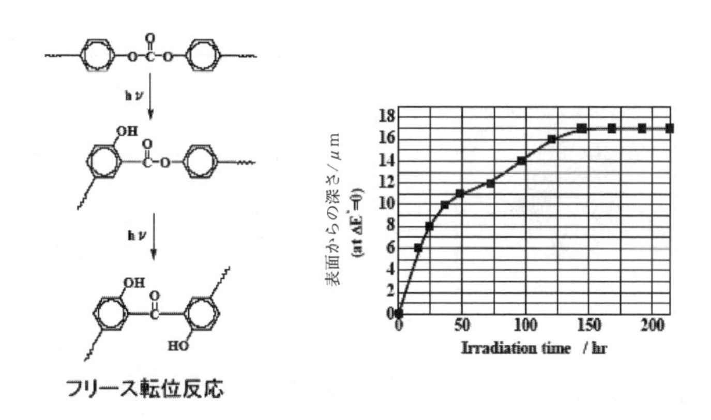

図11　ポリカーボネートの紫外線防御―馴化の例

紫外線に対して優れた防御性能を示すものもある。図11にポリカーボネートを光照射した場合の構造の変化と，表面からの光劣化の状態を示している。ポリカーボネートは，光照射を受けると表面の構造が変化（フリース転位をおこす）して吸光係数の高い層を形成する[9]。初期の頃は表面から劣化が進むが，約17μmの深さまでフリース転位が起こると，その構造体が光を吸収して，それ以上は劣化が進まない。つまり，ポリカーボネートは応答性の紫外線防止作用を持っているということになるが，ある一定の深さまで劣化するとそれ以上内部には劣化が進まない理由は明確ではない。

また，このように徐々に劣化が進み，次第に劣化に対して強くなるという意味ではこのポリカーボネートの光劣化の防止は生物の馴化作用に近いとも言える。材料の劣化やその回復は多くの研究者の関心を呼んでいるが，馴化に類するものについては，まだその概念もよく知られていないので，今後の研究に期待される。

1.6　生物における馴化と総合的な防御

生物には前節までに紹介した以外にも多くの興味深い防御機構の例がある。気候が急激に変わった場合，急に寒くなったり，あるいはその逆に暑くなったりした時にその温度変化によるダメージを緩和する生物にとって重要である。例えば，細胞膜は脂質でできているから，寒いところで使っていた細胞膜は暑いところに移動すると融点が下がって溶ける。細胞膜が融解すると生物は命を落とすので，これに対して防御系が発達している。大腸菌では細胞膜に脂肪酸を使っているが，周囲の温度が変化すると炭素数の長い脂肪酸を短い分岐した脂肪酸に異性化して守るなどの手段を講じている。

図12に大腸菌の細胞膜とそれを構成している脂肪酸が温度変化に対してどのように変化するかを示した。右下のグラフは細胞膜をつくるステアリン酸とその異性体の融点であるが，ステア

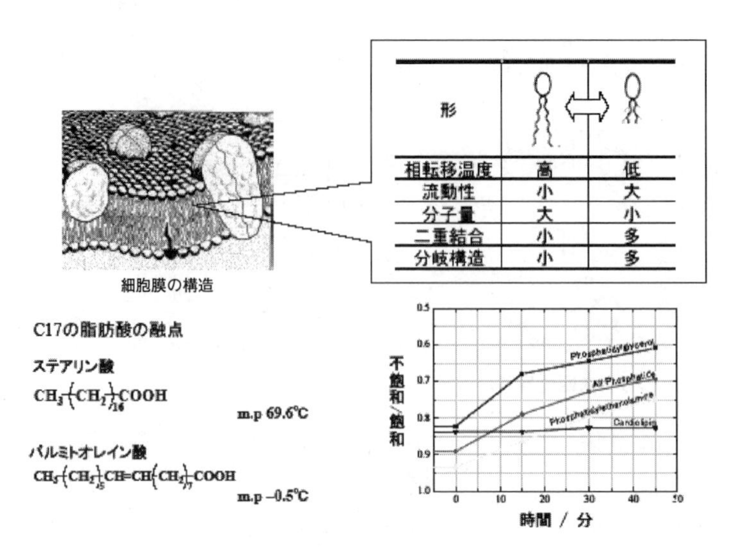

図12　生物における馴化（膜を構成する物質の異性化）

リン酸の融点は約70℃であるのに対して，パルミトオレイン酸の融点は約0℃である[10]。大腸菌の培養温度を急に下げると，脂質アルキル鎖が40分ほどで異性化して不飽和脂肪酸の割合が増える。つまり融点が70℃の脂肪酸からよる融点の低い化合物に変わることによって，周囲温度の変化でもそれに対応して細胞膜の状態をできるだけ一定に保つように工夫されている。

生物のうちでも特に動物（鳥類など）は地球上を速い速度で移動する。極端な例ではある渡り鳥は北極から南極にわたるので，極寒の地から赤道を通り，再び温度の低い地域で生活をする。しかし，全ての温度で快適に生活できるような材料を揃えることはできないので，大腸菌の例で示したようなさまざまな変化を利用している。人工的な材料ではカメラの焦点を合わせる材料としてスーパーエンジニアリングプラスチックを使う例があるが，シベリアからサハラ砂漠に航空機で移動した人が，なんの障害もなくカメラの焦点を合わせるためにはかなり高度な材料を使う必要がある。このように現在では耐熱性をあげることだけだが，将来は生物の温度に対する馴化のような化学反応を伴うものも開発されると考えられる[11]。

ここまで生物を中心として，また人工的な高分子材料について若干触れてきたが，修復や馴化という作用をもつ材料を捜すと，高分子だけではないことがわかる。本書では金属および無機材料の修復などについて専門家が整理をしているが，図13に金属材料の内部に発生したクリープキャビティの表面へ高温で安定な化合物を析出させ，キャビティの表面を別の元素で覆うことで保護する材料がある[12]。この材料は自己修復や馴化という生物的な概念とは関係なく研究されてきたが，今後，概念の統一によってさらに高度な材料ができると期待される[13]。

これまで，生物は総合的な防御系を組んで守り，人工的な製品は単一の劣化に対して単一の方

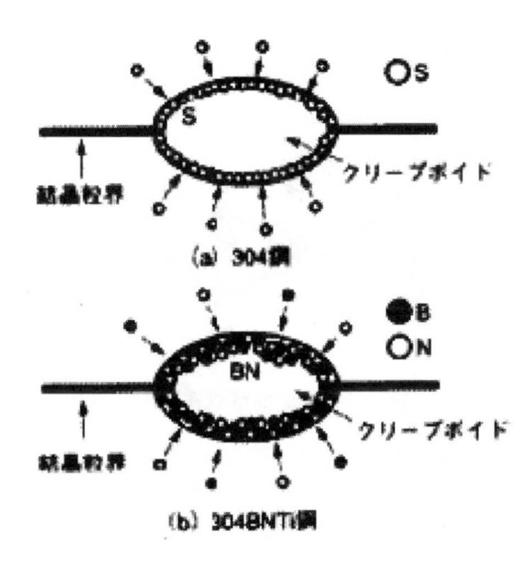

図13　金属での馴化の例（クリープキャビティ表面への移動）

法を適応する傾向があることを示したが，生物が総合的な防御系を組んでいる例として，「樹木の防御」は興味深いものである。標準的な構造を持つ樹木は水平方向の断面を考えると，その表面から，図14に示すように樹皮，コルク層，形成層，辺材，心材の順に5層に分かれている。外側の樹皮は外部から連続的な攻撃を受けるので，修復はせずに，角質化した細胞はしだいに脱落する。これは動物の場合も同様で，皮膚，羽毛などいずれに「使い捨て」をするのが特徴である。このことから，どんな場合でも修復が有効であると言うことではなく，環境に対して直接的なところに使用される材料の修復は困難である可能性もある。

樹皮は形成層で作られた細胞のうち，樹木の外側に進出した細胞群で作られるが，内側に入った細胞は2段階の構造をとる。形成層の内部には辺材という白い細胞群の部分と，心材と名付けられた赤い部分がある。辺材部は90％以上の細胞は死んでいて，残りの数％が監視細胞として外的なら能動防御などの方法で劣化を防いでいる。その層の厚みは年輪で10年程度であり，それより中心部にある心材は全ての細胞が死滅している。ある年に辺材にあった細胞が心材に変わるが，その時に，残っていた監視細胞がそれまでの生物的防御から化学的な防御に切り替えるために防腐剤を出す[14]。

良く「森林浴」などといってある種の臭いを嗅ぐことで心の安らぎを得ようとする運動があるが，それはこの防腐剤の臭いである。辺材は監視細胞がさまざまな攻撃に対して防御を行なうが，心材は防腐剤という化学物質での防御で，本書の分類では受動防御にあたる。受動防御の場合，防腐剤で防ぐことができる攻撃の場合はそれに対抗することができるが，それ以外の攻撃には弱いので，その場合は心材の部分だけが破壊される。中空の木が存在するのはこの理由による。

このように，生物の防御は，個別に応答性をもったり，受動防御と能動防御を組み合わせるな

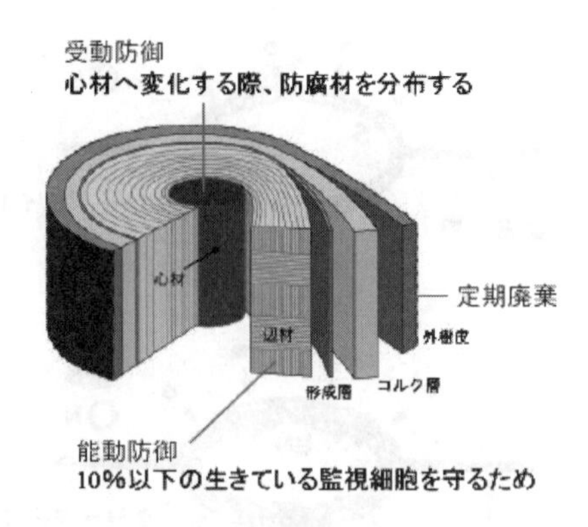

図 14　生物の総合的防御システム（樹木の場合）

どの工夫をするが，それ以外にも構造面も含めてきわめて広く総合的な防御態勢を取っていることが理解される。また樹木の場合には独立栄養で，太陽の光と空気中の CO_2，さらには地中の水で栄養を得ているので，省エネルギーを徹底しなければならない。それが辺材では数%の細胞だけが生きていて，心材はすべての細胞を殺し，それによって樹木全体の代謝量を最小にするようにしている。将来，人工的に作られた工業製品や材料にも総合的な防御系や省エネルギーと組み合わせた方法が採用されるのではないかと思う。

1.7　生物同士の戦いと自然に学ぶ防御系の難しさ

生物は他の生物からの攻撃で劣化したり生命を失ったりするので，それに対する防御が必要である。このような生物同士の戦いは人工的な材料の劣化防止とはほとんど関係が無いと考えがちで，むしろ「生命活動」ととらえられているが，内容は劣化防止とかなり類似である。つまり，生物にとって劣化をもたらすものが光であっても温度でも，また生物でも危険であることは同じだからだ。ここでは図 15 にイボタという植物をそれを少量にするとイボタガ（昆虫）の戦いを参考にしながら，生物同士の戦いと防御系について整理をしたいと思う。

植物のイボタはイボタガに食べられる関係にある。もともと植物は独立栄養だが，動物は植物を食べて生きる従属栄養の生物だから，イボタが食べられるのは生物界としては普通のことではあるが，イボタもその葉をすべてイボタガに食べられたら光合成ができないので死ぬ。そこで葉の細胞の中にイボタガが必要とするアミノ酸（リジン）と反応するオレウロペイン（防御物質）を分散して持っている。リジンと反応するオレウロペインはイボタ自身にとっても毒性が強いので，袋の中に閉じ込めてある。そこに，イボタガが襲ってきてイボタの葉をかじると，細胞の中の袋が破れリジンと反応する毒物がイボタの口の中にあるリジンと反応して口をしびれさせる。口がしびれるとイボタは葉を食べられないので，餓死する。

ところが，生物は相手となる生物が防御をすると，さらに進化してイボタガの方であらかじめ

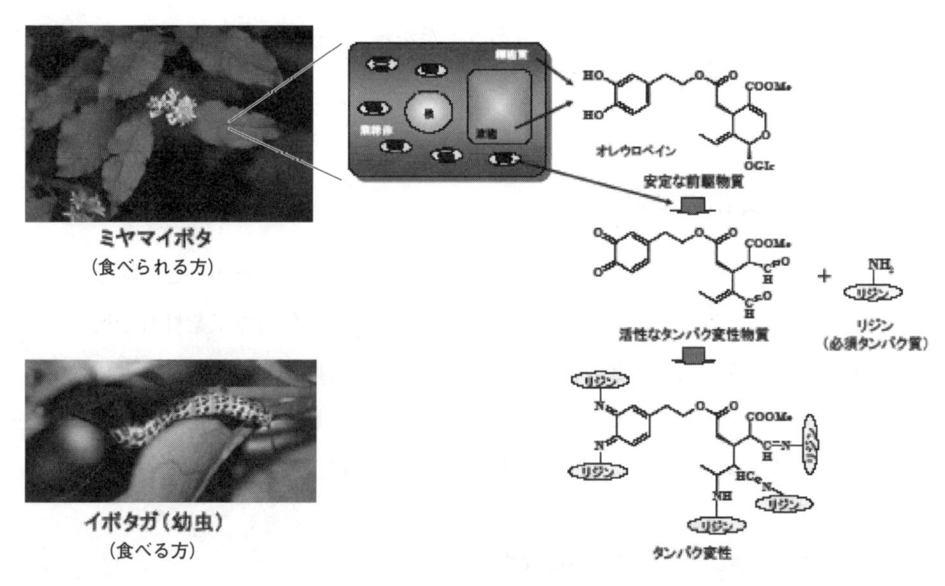

図 15　攻撃と防御（生き物も化学反応で攻防）

オレウロペインと反応して別の物質にするものを唾液から出して，毒性を下げてから食べるようになった。このような進化はあまりにも合理的なので，生物の進化は単なるトライアンドエラーではなく，ある方向性を持っているのではないかという学説が存在する理由にもなっている。

これまで述べてきたように，自然の防御系は非常に内容が豊富で優れている，なかなか人工的な材料に応用することが難しい側面を持っている。異なった学問との間の壁を低くして学際領域の研究を進める必要性が言われているが，この場合も，生物で使用されている防御系を人工的な材料，たとえば鉄鋼などに応用するためには生物学のことをかなり深く知らなければならない。例えばまず生物学の教科書を勉強して大腸菌の防御を知っても，そこには通常，大腸菌でどういうことが行われているかという現象しか書いてない場合が多い。人工的な材料に応用できる紫外線防御のメカニズムなどが解説されてはいない。従って，生物の知見を自分が研究しているシステムや製品，材料に適合していくためには，生物学を金属，高分子科学，または工業製品の製造に必要な学問に翻訳することが必須になる。これが現実的に極めて難しいことである。

第二の問題は生物の防御には「命」と関係することが多く，「生物だからできる」と考えがちである。たとえば，本節で解説したイボタとイボタガの問題は樹木と昆虫の争いだから，見かけは生きた生物を扱っているように見える。しかし，反応の重要な部分を整理すると，「命」が無くても進む反応ばかりであり，有機合成の素養があれば，簡単に理解できる範囲のものである。

自然に学んでその知見を人間の役に立てることはそれほど簡単ではないが，多細胞生物は６億年にわたって環境や他の生物からの攻撃と戦い，それを防御してきた歴史があり，それに勝ち残ってきたアイデアの宝庫のようなものでもある。だから，今後の材料や工業製品の発展には大いに役立つものと期待される。

2 伝統と異種文化に学ぶ

前節で生物を中心とした自然の材料の劣化とその防御について述べたが，この節では「伝統材料」について簡単に触れる。伝統的に使用されてきた材料は，現代的な工業材料と比較して，やや自然に近いものであり，生物などの材料との橋渡しの役割も期待できる。また近代科学はヨーロッパやアメリカを中心に進歩してきたので，材料面でもその影響が深いが，それらとは全く違う文化の中に参考になるものもあるので，それについても本節で触れておきたいと思う。

2.1 古い材料が古くならない伝統材料の理由

自然に学ぶのと同様に，修復や「長寿命」という点で伝統材料に学ぶ点は多くある。図16の左の写真は福井県の大瀧神社で1200年ほど前に建てられたものであり，右は築30年ほどのある商店である。伝統的な和風建築物は数100年を経ても十分に格調の高い雰囲気を持っているが，近代建築は数10年でとてもみすぼらしい状態になる。すなわち建築物の劣化という点では，時代が経つとともに建築技術が劣って来ている。この理由はなんであるか，著者の研究を中心に整理をした[15]。

筆者は伝統に学ぶという活動を10年ほど試みてきた。対象とするものはいろいろあるが，ここでは高分子の劣化ということに絞って紹介する。

まず，その一例として，北陸に伝わる夏の敷物「油団」を紹介する。図17は和紙を20層ほど重ね合わせ，油または漆をひいた油団（ゆとん）という夏の敷物を使った座敷の写真である。すでに油団を作ることができる職人さんは日本で1人しかいないとされている。夏に油団が敷かれ

図16 1200年の歴史を持つ神社と30年で劣化の激しい建築

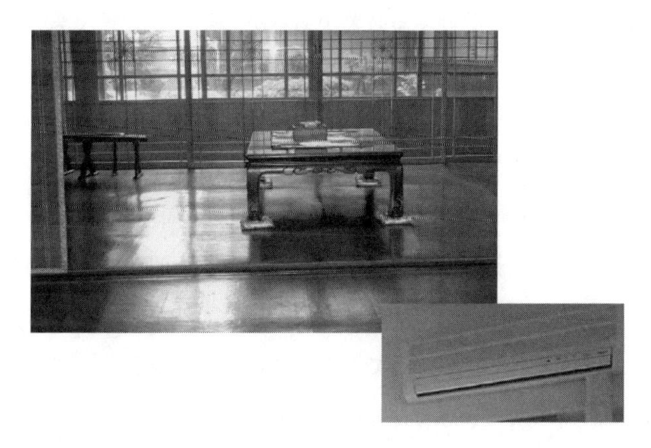

図17　伝統に学ぶ―油団

ている座敷で過ごすと大変に快適で，写真を撮った時は室内の気温が33℃で非常に蒸し暑い日だったが，座っているだけでとても涼しく，子供たちは寝転がっていた。現代社会で夏の部屋を冷やすにはエアコンを使うから，大量の電気を使い，周辺に熱を出して部屋を暖めるが，油団はエネルギーを何も使わずに夏を快適に過ごすという伝統材料でもある。

油団がなぜ，エネルギーを使わずに冷やすことができるかということについては後の述べることとして，油団は製作された直後より，使っていくうちに良くなり，20年ほど経った頃が一番美しい。さらに40年後くらいにちょうど新品と同じくらいの商品価値になる。これに対して，工業製品のほとんどは製造した時が一番，商品価値が高く，使用によって徐々に劣化していく。この疑問を解くために，研究の初期段階では，電子顕微鏡写真などで構造解析をしたり，化学分析で酸化状態などを調べたが，予想されたように構造面では大きな変化がないこと，化学的な劣化は通常の紙などの劣化と同様に進んでいることがわかった。この結果は和紙の化学構造も立体構造も，そして和紙をつなぎ合わせている糊なども特別の物ではないので，「伝統製品」であるというだけで劣化が遅くなることはあり得ないことと整合していた。

結局，この問題は，「油団の中に含まれている油は，新しい時よりも劣化した状態の方が綺麗」であることだろうと言うことになった。つまり劣化自体が遅くなっているのではなく，劣化した方が新品より良く見えるものが選択されていたことが判った。材料は有機物であり劣化速度はほぼ同じで，劣化したものが商品価値が落ちるのなら，伝統的な材料でも「使えばみすぼらしくなる」という現在の工業製品と同じくなるはずなのである。

このように，油団が使っていくうちに良い状態になるものが選ばれていた理由，「職人さんが材料を自らの五感で選択していた」という事実だった。実際に加速劣化させてみると，20年目に当たる油の色は茶色のとても良い色になった。現代の工業で製造される商品も結局は人間が使うのだから，人間の五感で材料を評価する必要があるが，それでは個人差があるので，機械の分析に頼る。機器分析をする時には「酸化劣化の指標となるカルボン酸の生成速度」などをもとに判別するので，人間の五感とはまったく関係のない尺度で材料を選ぶ。従って工業製品は古くなるとみすぼらしくなるのは当然のように感じられる。

「使うほど良くなる」という事実のもうひとつの原因は，毎年夏が終わって油団をしまう時に別の油を塗る。この油は油団をわずかに膨潤させるので，冬の間に使用中に生じた亀裂が埋まりひび割れが少なくなって輝きが出て来る。つまり製品は手入れがいるというのも材料が劣化するということを前提にすれば理解できることである。これらの研究を通じてわかったことは，

①人間が使用する製品は人間の五感や使い勝手などを主要な評価手段にする必要がある，

②材料は劣化するので，それに合わせたケアーの方法を採るのも劣化に対して有効である，

ということでもある。伝統工芸品と現代の工業製品の差として問題になることのうち，このようなことは材料の劣化を総合的に考えるときに極めて大切であると思われる。

劣化とは直接的には関係がないが，和紙を重ねて作った油団が夏に「冷やすもの」として使用されたかについて付記する。科学的に言えば「材料に触って冷たいと感じる」というのは，熱伝導率が高いことであり，金属に触れれば冷たく木材に触れれば暖かい。熱伝導率が高ければ人間の熱が材料を通じて逃げるから冷たく感じ，低ければ逃げないから暖かく感じる。そこで油団の熱伝導率を測定するアルミニウムのように熱伝導率が高いものに比べると3桁程度低く，木材の板や木綿の布と同様である。これは化学構造や立体的な構造からも予想されることである。

しかし，これらの材料に人間の手を5分間当てて材料を暖め，その後，手を離したあと熱がどの程度，下がるかの速度を測定したところ，油団は木の板や布と全く違い，むしろアルミニウムのように早く熱が逃げたのである。この原因をさらに研究したところ，夏の季節は人間の肌には水分と油が混合して存在するが，それが和紙の親水性と油団に使う油の親油性があいまって肌から水分を吸い取り，それが蒸発して潜熱として熱を奪うからと推定された。熱伝導率で判断するのと，人間の手のぬくもりの冷え方で評価するのとでは，前者が現代的で定量的であり，後者が曖昧で科学的ではない。従って，現代の工業では前者の方法が採用され，判断の基準となるが，対象としているものは人間的なものであり，そのギャップが経験と測定値の違いになっている。

また，和紙を製造するときに人間国宝級の名人がすく紙と大量生産する紙との間に大きな差が見られる。その差はたとえば，日本の版画を作成するときには，板を彫り込んだ原盤を20種類ぐらい使い，それを次々と押して仕上げるが，優れた名人の漉いた和紙は版画に使う染料などが水と一緒に紙についても寸法に変化を来さないが，一般の和紙は膨張して染料も滲む。

この違いを明らかにするために図18に示した構造解析をしたり，成分分析を行ったりしたが，その差は見られなかった。しかし，性能にははっきりした差が見られるので，現代の科学では容

図 18　人間の技と量産品

表３　伝統材料と人工材料の違い

	伝統材料	人工材料
生産方式	少数生産	大量生産
外部動力	必ずしも必要としない	必要
均一性	不均一	均一
生産直後	不完全な状態	完全な状態
材質	主に細胞	還元状態の有機・無機物
品質	基本的に同じものは無い	全てが同じ品質が理想
作製者	職人	機械
保全	手間が掛かる	手間が掛からない
素材加工度合	殆どそのまま	大きく加工
環境との調和	周囲環境と調和する	周囲環境とはほぼ調和しない

易に把握できないことが大きな差の原因になっていると考えられる。事実，優れた職人の漉いた紙と一般の紙では市場で大きな価格差が付く。この価格差は人間が使用したときの価値を表している。材料の高度利用という点では重要なことと考えられる。

以上のように，自己修復や材料の耐久性という点で今後に示唆を与えるであろう伝統材料と人工材料の違いを表３にまとめた。

伝統的な材料の選択基準は基本的には五感である。これに対して工業材料は分析機器を基準にして人によらずに一定の結果を与えることで選ばれる。本節で解説した油団は，人間が触って冷たいという感覚があったからこそできた製品だが，これを熱伝導率を測っていたら誕生しなかったと考えられる。一言で「材料の劣化」とか，本書では「劣化の修復」というが，何を持って劣化というかは最終的にはその製品の利用の目的に沿うこと，つまり人間の感覚で選択がもっとも有効だと言うことがわかる。また，さらに踏み込んだ例について述べたい。

「河童」は伝説上の動物で頭に皿を乗せ，皮膚が常に湿っていないと生きることができないもので，この世の中に存在しないことはわかっている。しかし，河童伝説は全国各地にあり，なぜ河童伝説というものが生き残ったのかを考える必要がある。

昔は，子供が水の事故で亡くなることがよくあった。その時，亡くなった子供の祖父母は「あの利発な子が池に入って死ぬはずがない」と思うし，孫が突然いなくなったことが受け入れられない。そこで「河童が孫を池に引きずり込んだ」ということで納得する。孫が自分から池に入ったのではなく，河童が引きずり込んだということになれば人間の心は納得するということだ。つまり，人間は精神的なものなので，人間が作り出すものや使っているものは人間の精神を離れては存在し得ず，反対に現実に存在しないものでも，意識としては存在する。

油団の場合も，気のせいなのか実際に涼しいのか，まだ解明は不十分だが，人々にとって有用だからこそ油団が残ってきたと考え，その理由を狭い意味の自然科学ではなく，広くとらえることが必要な時代と思う。今，問題となっている環境問題も科学技術がもっと人間の求めることについて配慮をしていれば別の展開になった可能性もある。でも，さらに踏み込むと，伝統的な材料に学ぶということは，伝統材料をただすばらしいと褒めることではなく，その中から学問的に抽象化し，応用できる知恵を抽出していくことだろうと思う。

2.2 アイヌ文化に学ぶ

もうひとつ日本の技術にはない物を含む優れた文化と技術の例として，アイヌの材料と住居について紹介する。アイヌの住居の内部を図19に示したが，丸太を独特な骨組みを作ってくみ上げ，壁は笹の茎の部分を縦にして並べ，葉を表に垂直に出す方式で作る。そうすると外との間に30センチほどの「笹の葉の集合壁」ができて断熱と空気の流通の両方の機能を持つ。写真のような立派な家屋もあるが，遺跡の多くは土間で出来ていて，囲炉裏は部屋の中央の場合も，端にある場合も見受けられる。家の造りばかりではなく，一年を通して土間で火を焚き続ける。冬は雪が積もるので，雪の断熱性を活かすために，夏に火を絶やさずに，地面を暖めておいて，冬は

図19　アイヌの住居に学ぶ

その熱を利用して暖を採る方式である。

また，この燃料には木の心材の部分を使う。アイヌは，鮭を天井から吊して軽く燻した状態にして保存する。そのために鮭が腐らないように白樺の心材に含まれる防腐剤を利用していると考えられる。北海道には昔から石炭が採れたが，アイヌは石炭ではなく心材を囲炉裏で使用することによって殺菌をしていた。

このほかにアイヌの材料や文化という点で注目すべき物は，自然との共存を強く求められていたこともあり，川の上流は使わないとか，川に梁をかけるときには時間をかけるなどの配慮をしている。また，「材料は劣化する」ことを前提にしていて，たとえば家屋はその家の人が死んだ場合はまだ使えても焼却して終わりにしていた。このように，アイヌの文化は製品の設計面でも使用していた材料でも教えられるところが多くある。ここではすこしテーマが離れるので詳述しないが，機会があったら調査をされることを勧めたい[16]。

3　人工的自己修復高分子材料

3. 1　具体例としての PPE および PC の自己修復反応

自然に学ぶ，伝統に学ぶということを応用しうる自己修復材料としてポリフェニレンエーテル（PPE，正式名称は PPE だが，歴史的にポリフェニレンオキサイド PPO と呼ばれていたが，これは商品名）をあげることができる。PPE は生物に非常に近い反応で合成される。

生物は，鉄のヘモグロビンを用いて錯体（コンプレックス）を作り，これを血液として酸素を細胞にまで運び，細胞でグルコースを燃やすという循環をしている。一方の PPE は，銅のアミン錯体を重合触媒に使って酸素を取りこみ水を放出して重合する。つまり，酸素を運んで炭素や水素を燃やしてエネルギーを得るということでは，生体内の血液と細胞の関係と PPE の重合は図 20 に示したように類似点が多い。

高分子の劣化で材料強度に影響するものは，高分子の主鎖が切断してミクロ的な構造変化が起こり，それが成長してクレーズからクラックになり，ついに破壊に至る。従って，高分子材料の自己的な修復の重要なものの一つは熱や光で切断された主鎖の修復である。PPE の重合のメカニズムはさまざまな素反応が提案されているが，主としてある程度縮合した高分子末端同士が，触媒を介して酸素の授受をしながらオリゴマーや高分子が結合して分子量を伸ばしていく。PPE では切断末端は重合中の高分子末端と同じ構造になるので，自己修復をするには重合条件とほぼ同じく設定できるはずである[17]。

劣化した PPE の主鎖が重合と同じ反応で行われるとすると，重合の時に影響を与える因子が同じように自己修復の時にも影響を与えるはずである[18]。PPE を良く洗浄して重合時の触媒な

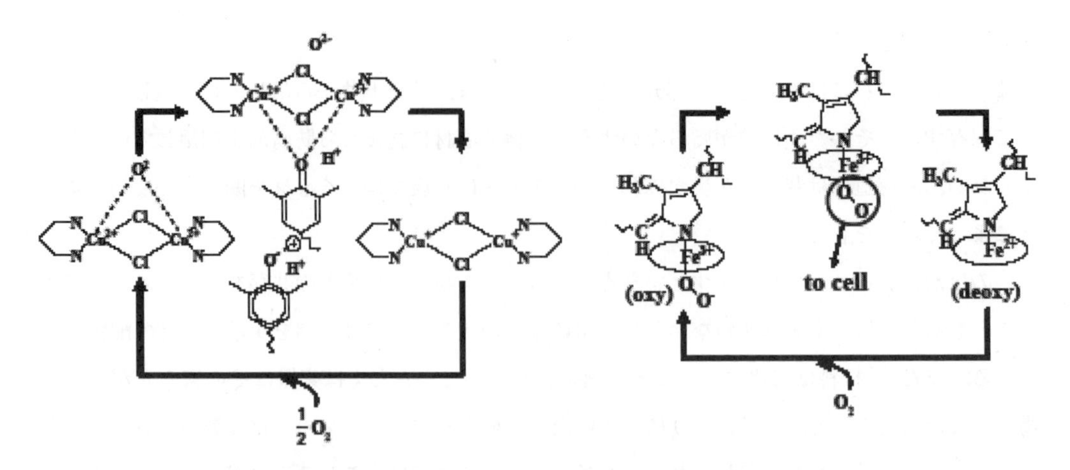

図 20　PPE の自己修復反応（左）と血液中の酸化還元剤の反応（右）

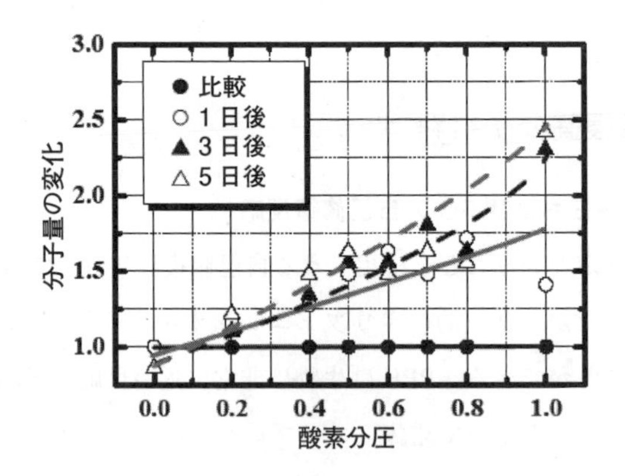

図 21　PPE の修復反応の酸素依存性

どを除き，新たに重合触媒を加えて劣化させ，酸素分圧を変化させると修復速度に変化が現れるはずで，その結果を図 21 に示した。横軸に酸素分圧，縦軸に分子量の増加を取っているが，酸素分圧の高い方が分子量が明確に高くなった[19]。

このような PPE の自己修復実験で懸念されたことは，工業的に重合するときには液体の状態で行うが，自己修復では材料を対象物とするので，反応相は固体である。高分子の固体は液体に対して自己拡散係数は 3 桁から 4 桁違うので，有効な反応速度が得られない可能性が高いからである。しかし，このデータでも示されているが，固体高分子の中で自己修復に必要な速度は十分に得られ，新しく生成された単量体を用いるときと同じような速度で主鎖の再結合が行われることがわかった。ここでは酸素分圧との関係を示しているが，PPE は自己修復の可能性が高いのは明確で，多くのデータがそれをサポートしている。

一方，ポリカーボネート（PC）の場合も触媒を使って主鎖の切断を再結合させることができる可能性がある。たとえば図22に示したように弱アルカリを使用すると溶融エステル交換法で合成したPCは重合と同様に再結合するようである。

この場合，劣化した部位をつなげる時にフェノールかそれに類似する破片が廃棄物として出るので，たとえば固体のアルカリ性のものをあらかじめ材料に混合しておくことによって反応を継続的に進めることができる。PCの場合の主鎖の補修は，図23に示したように120℃，100％湿度の中で加速的に加水分解した試料をいったん，乾燥させて回復処理を試みると，初期に分子量が急激に低下し，それにともなって引張強度も低下した。それを乾燥して回復処理を行うと分子量は徐々に回復し，引っ張り強度はほぼ元の状態に戻った。PCの引っ張り強度は分子量と1次で比例しているのではなく，ある分子量より低くなると強度が低下するので，分子量の回復が十分ではなくても強度が回復したと考えられる。

このPCの修復は強度を回復して材料自体の寿命を延ばすこと以外に，亀裂の発生を防いだり，製品の外観を維持するという信頼性の向上にも役立つと考えられる[20]。つまり，材料全体の強度が保たれることも寿命を延ばす重要なことだが，部分的に劣化した材料をその部分だけ臨時でも（修復が不完全で，最初の構造とはやや違う構造になったとしても），材料の外観や信頼性が格段に上がると考えられるからである[21,22]。

たとえば，高圧電線の被覆を例に取ると，高圧で送電する電線は，長距離の送電が必要な場合が多く，その場合電線と電線を接続する箇所ができるだけ少なくしたいという要請がある。しかし，長い電線を使えば使うほど，被覆の一部（たとえばわずか1mm）が劣化して漏電すると全ての電線を交換する必要があることや，漏電の可能性が高くなるとそれだけ送電の信頼性を失う

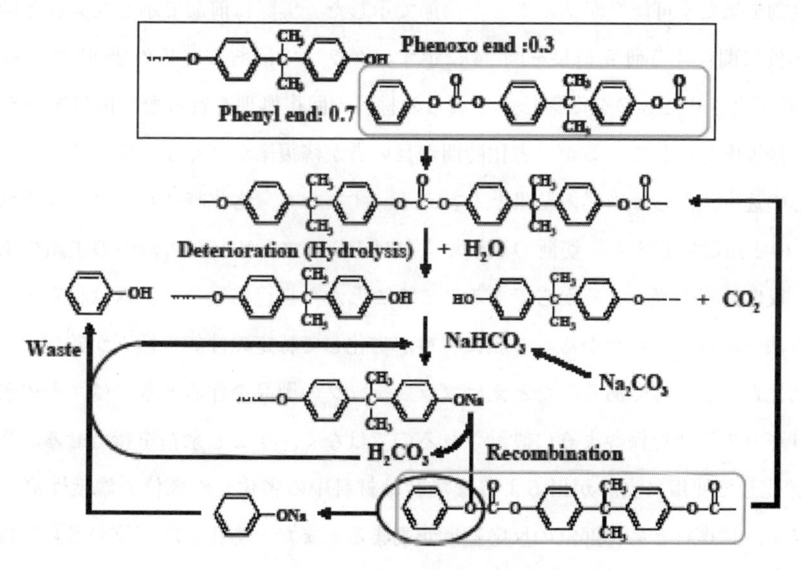

図22　ポリカーボネートの自己修復反応機構

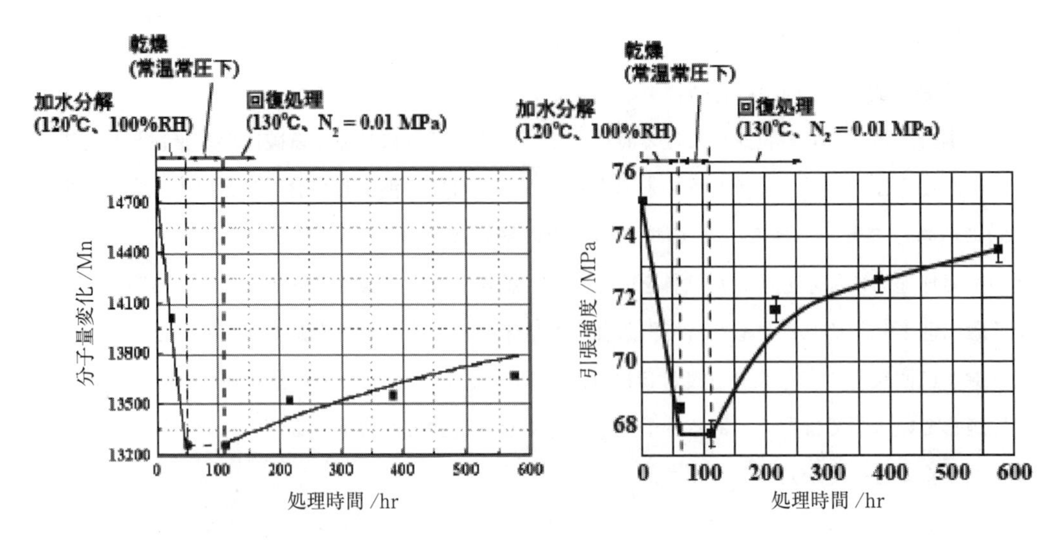

図23　PCの自己修復反応（左：分子量，右：強度）

ことになる。従って電線を長くするには，被覆材料の純度や耐性を極端に高める必要があるが，それには膨大な負荷がかかり，第1節で示したように生物などでは到底，考えられない対策になる。しかし，劣化した部位を自己的に修復ができれば，現実的な材料で高度な信頼性を保つことが出来ると考えられる[23]。

3.2　自己修復と信頼性

自己的な修復は単に材料の寿命を延ばすということだけではなく，製品の信頼性を上げるのに画期的な役割を果たす可能性があることを前節で示した。実際に前節で示した条件と同じように行った信頼性に関係する研究結果を図24に示す。グラフではあらかじめ25時間，50時間，および75時間劣化させたものを準備し，それらの材料の回復処理を行った。図は縦軸が分子量を指標にした修復率を示しているが，劣化時間が長い方が修復率が高くなっている。

化学反応の速度式からは当然の結果とも言える。すなわち，劣化時間が長ければそれだけ劣化が進みPCの主鎖は切断する。切断の数が増えればPCのマトリックスの中の主鎖の末端が増加するので，反応速度が高くなるからである。このことから自己修復システムは材料の信頼性を高める良い方法であることがわかる。一般に材料が劣化して特定の性能の低下が顕在化するのは，ある程度劣化が進むからである。たとえばプラスチックの製品を作るときには，その製品に求められるギリギリの性能を保つように設計されるのではなく，すこし余裕を持たせる。従って，その製品が劣化して使用に支障が出るような場合は材料中の劣化した部位の濃度が高くなっている。その結果，修復材と劣化部位の反応速度が高まる。また，劣化した部位がさらに優先的に劣化が進むような場合も多いが，その場合でも自己修復システムはさらに修復速度が高まるので，

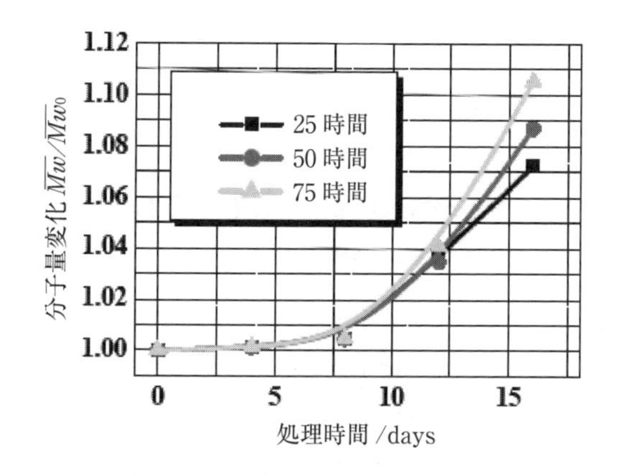

図 24　PC における選択的補修性

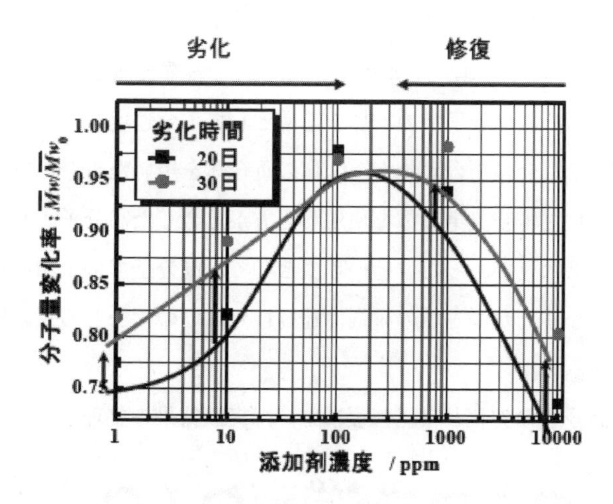

図 25　PC の劣化速度と修復速度のバランス

優位になる。

この考え方をさらに進めると，劣化速度に合わせて修復を行うことによって，劣化しない材料を作ることが出来るはずである。図 25 は，添加剤（炭酸ナトリウム）濃度を変えて分子量変化率を調べた結果で，劣化と修復の速度を変化させほとんど劣化が見られない条件を探した例を示した。添加剤があまり多いと PCC が加水分解して劣化し，添加剤が少ない場合は修復速度が変わる。従って，曲線は添加剤が低い時には添加剤の濃度にそって修復率が上がり，触媒が多すぎると劣化が早くなって修復率が下がっている。もし回復率が 100％になるプラスチックと修復材の組み合わせを発見すれば，劣化をしない，あるいは非常にわずかしか劣化しない材料ができると予想される。

金属は原子が自由電子によって束縛されているが，高分子は共有結合で主鎖が構成されており，金属材料は劣化しても溶融すれば基本的には元に戻すことが出来る。一方，高分子は不可逆的な変化になる場合が多いので，仮に能動的な防御が成功したら「劣化しない高分子」が誕生し，もっとも劣化しにくい材料になることが期待される。

先に述べたように，高分子の自己修復反応でもっとも危惧されるのは，液体をモデルにして実験しても，産業で使用するプラスチックや繊維などは硬い材料が多いので，反応速度が不十分ではないかということである。実際にも，PPEの実験では溶液中で行う重合反応と同一の触媒を使用しても，固体中での修復反応の速度は150分の1程度であった。しかし，重合の時には数時間で単量体から分子量が数万の高分子にするので高い重合速度が必要であるが，修復の場合は特別に厳しい条件で使用しなければ，劣化はそれほど早くなく，従って修復反応速度も十分に修復の効果が上がった。しかし，修復の対象とする高分子が固体で，その中の巨視的な拡散速度が小さくても，局所的には大きな拡散速度が得られる可能性があることを説明した。

その一例として，図26にポリエーテルケトン（PEK）の重合速度を液体と固体で行った結果を示す。図中で▲で示した線は分子量の増加を基準として重合速度を求めたものである。半溶融状態の単量体を使用した重合の場合よりも，固体の重合体を用いた重合の方が反応が速い。この重合反応が拡散律速とした場合，単量体を使用した方が重合した高分子よりも反応速度が大きくなるはずであるが，結果は逆であった。その理由としては高分子では主鎖の運動が制限されるので，反応の場が小さくなり，かつ主鎖の末端は運動性が高いのでむしろ反応場が限定される効果が現れたとも考えられる[24]。

ここまで縮合型の高分子の劣化と自己修復について実験結果の整理をしてきた。縮合型の高分

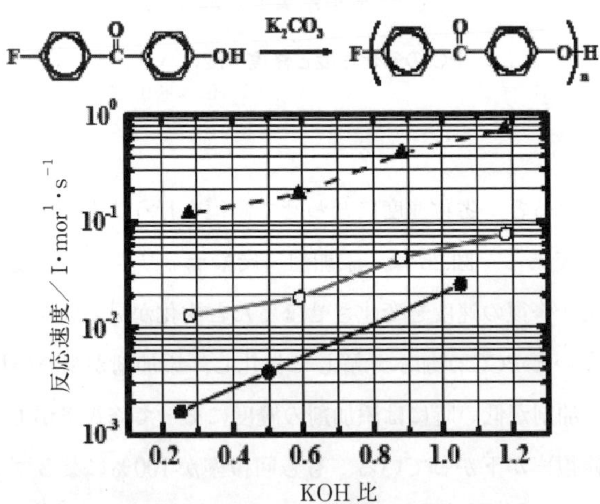

（●：単量体重合，○：重合度基準計算による高分子重合，
▲：分子量基準計算による高分子重合）

図26　PEKの合成と溶液重合の相対速度

子で末端に安定化などの特別の処理をしていない場合，重合時と同じような反応を用いて主鎖の切断を防ぐことができる[25]。また，付加重合型の高分子の場合にも主鎖をそのまま修復することは困難であるが，側鎖にあらかじめ官能基をいれたものを共重合して，側鎖を基点にして枝を伸ばすことができる。高分子の構造としては合成時のものと違うけれど，材料としての特性を保つことが出来るという点で修復の目的を達成できる。前節で自然界，および伝統材料の紹介をしたが，自然界も伝統材料も「劣化を修復する際に，厳密にもとの材料の構造に合わせる」ということにはこだわらず，ともかく機能を回復するということに主眼をおいている。その点では，付加型の高分子でも側鎖を反応させることによって機能を回復しても同じ修復の効果と見なすべきであろう。

また，このほかに「微量の分解生成物の臭い」や「着色要因の除去」など微量成分の発生を抑制する研究も将来の有望なテーマであろう。

文　　献

1) 新谷紀雄ら，自己修復材料研究会編，「ここまできた自己修復材料」，工業調査会，(2003)
2) 武田邦彦，「自然に学ぶとは何か？」，The 21st Century COE Symposium on “The Nature-Guided Materials Processing”, 2005年8月5日，名古屋大学
3) Punyiczki, M., FESÜS, L., Annals of the New York Academy of Sciences, 851, p.67 (1998)
4) 梅田靖，下村芳樹，冨山哲男，吉川弘之，“制御型自己修復機械の構築”，精密工学会誌，Vol.60, No.10, p.1429-1433 (1994)
5) Buchanan, B. B., Gruissem, W., Jones, R. L., “植物の生化学・分子生物学”，学会出版センター，p.1180 (2005)
6) 市橋正光，佐々木正子編，“生物の光障害とその防御機構”，p.36, 共立出版 (2000)
7) Sancar, A., *Annu Rev. Biochem.*, **65**, p.43 (1996)
8) 日本分子生物学会，“DNAの構造と動態”，丸善 (1989)
9) Hama, Y., Shinohara, K., *J. Polym. Sci.*, **Al**, **8**, p.651 (1970)
10) Kito, M., Aibara, S., Kato, M., Ishinaga, M., Hata, T., *Biochim. Biophys. Acta*, **298**, p.69 (1973)
11) Gasch, A. P., Spellman, P. T., Kao, C. M., Carmel-Harel, O., Eisen, M. B., Storz, G., Botstein, D., Brown, P. O., *Mol. Biol. Cell*, **11**, p.4241 (2000)
12) K. Ando, M. C. Chu, S. Matsushita, S. Sato, J. Eur. Ceram. Soc., Effect of crack-healing and proof-testing procedures on fatigue strength and reliability of Si3N4/SiC composites, 23, p.977-984 (2003)
13) 新谷紀雄，京野純郎，金属，75, p.319-323 (2005)

14) 善本知孝，“木のしくみ”，南山堂（1973）
15) 武田邦彦，「自然と伝統に学ぶ修復材料」，第52回高分子夏期大学講演，2006.7.26, 高分子学会
16) 武田邦彦，「アイヌ文化と科学技術」，第2回高等研究院スーパーレクチャー，2006.10.10, 名古屋大学
17) T.Ishimasa and K.Takeda, “Basic Research on Metabolically Functional Polymer”, PROCEEDINGS OF THE FIFTH JAPAN INTERNATIONAL SAMPE SYMPOSIUM, p.31-36, (1997)
18) 八谷広志，石政猛，高籏達也，内田一路，武田邦彦，高分子論文集，**57**, p.30-36（2000）
19) 武田邦彦，高分子，**53**, p.735-741（2004）
20) 森真生，鮎澤幸恵，大川朋寛，金山直樹，武田邦彦，第20回材料・構造信頼性シンポジウム講演論文集，p.83-87（2004）
21) akeda, K., Tanahashi, M., Unno, H., *Sci. Technol. Adv. Mat.*, **4**[5], p.435（2003）
22) Takeda, K., Unno, H., Zhang, M., *J. Appl. Polym. Sci.*, **93**, p.920（2004）
23) Lau, J. H., “SOLDER JOINT RELIABILITY”, VAN NOSTRAND REINHOLD.（1991）
24) 大川朋寛，森真生，石川朝之，武田邦彦，高分子論文集，**63**, p.759-765（2006）
25) 「自己修復するプラスチック」，ニュートン，2002年9月号，p.86-93（2002）

第2章　Remendable Polymer Systems

Erin B. Murphy*

1 Introduction

For decades now, our society has experienced "better living through chemistry" as polymeric materials have been developed and optimized for enhanced quality of life. Organic polymer materials offer many advantages over their metal and inorganic analogues: they are lightweight, cost effective, require simplified processing and fabrication procedures, and their material properties can be custom tailored for any number of specific applications. Chemists and engineers alike have joined forces to design and implement solutions to problems that arise in the world outside of the laboratory. By combining the accumulated knowledge in the fields of mechanics, chemistry, physics, biomimetics, and materials science, some amazing new materials have been introduced in recent years.

Of these new materials, those that respond in a controlled way to an external stimulus are of particular interest. Such intelligent materials, as they have come to be known, have pushed the boundaries of what was thought synthetic materials to be capable of. Commercially available smart materials include those capable of controlled change of shape, color, modulus, opacity, and electrical properties, among others. The implementation of such smart polymer materials in lieu of their inorganic counterparts does bring new challenges in the area of maintenance and sustainability of such devices. In order for a polymer to have the desired properties to make it useful as a structural material, it needs to possess a certain number of cross-links throughout its structure. It is these cross-links that provide the material with its mechanical strength and durability. Unfortunately, highly cross-linked materials tend to be brittle; such brittle materials are susceptible to the formation of microcracks throughout their structure. If left untreated, these cracks will propagate throughout the material, coalescing into macroscopic cracks and voids, eventually leading to catastrophic fracture and failure of

---

* Virginia Polytechnic Institute and State University, Department of Chemistry

the material. If these microscopic cracks could be identified and their propagation halted early on, then the lifetime of the material could be extended. Such cracks, however, are considered barely visible damage and are extremely difficult to detect. There exists a great need for a material that is capable of sensing damage and initiating a mechanism for halting the spread of fracture sites, as well as repairing the damage that has accumulated in order to restore mechanical integrity to the material.

Such healable materials have been extensively studied over the past decade, and numerous reviews have been written detailing the progress in this field[1~7]. The initial systems to be explored involved the incorporation of a healing component to the composite material, whether through the addition of a filled glass fiber (Chapter 5)[8] or microcapsule (Chapter 4)[9]. These systems have the ability to autonomously respond to damage to initiate the healing process. This eliminates the need for damage detection mechanisms as well as an external stimulus to initiate repair. Unfortunately, these types of systems offer a one-time use solution to the damage problem. System that incorporate a microvascular network of healing agent are being developed, which will allow for repeated mending of a sample[10]; these materials will be discussed in detail in Chapter 6. However, for all of these autonomously healing systems, once the healing agent has been used up there will be no further healing of the material. In addition, it is often these healed sites that are weaker than the surrounding matrix, leading to secondary damage occurring at the initial site of repair. While such healable systems would indeed extend the lifetime of the materials, most are not capable of repeated use.

The alternative approach is to design materials that are capable of multiple cycles of healing. Such remendable materials incorporate some kind of reversible bonding throughout their structure, allowing for these bonds to break preferentially during a damage event and to then reform in order to accomplish the desired repair of the material. The inherent reversible nature of the bonds contained in these materials allows for this cycle of damage and repair to be achieved multiple times, thus greatly extending the functional lifetime of the material. It is these remendable materials that will be discussed in depth in this chapter, beginning with reversible covalent bonding, including the Diels-Alder and photocyclization reactions, followed with reversible non-covalent bonding, including hydrogen bonding, metal-ligand coordination, ionic bonding, and other supramolecular interactions.

With the continued exploration of novel remendable polymer systems, we will continue to experience the true benefits of better living through chemistry.

2 Remendable Materials

2. 1 Reversible Covalent Interactions

While reversible interactions are desirable in the design of a material that can be healed multiple times, they bring with them a fundamental weakness. It is their reversible nature that is both favorable in terms of being able to re-form bonds in order to regain strength after fracture, while at the same time being detrimental to the overall mechanical properties of the material, as such inherently labile bonds tend to be weak in nature as compared to their permanent counterparts. The ideal system, therefore, would incorporate reversible interactions that are also relatively strong. Of the most common types of chemical interaction, covalent and non-covalent, it is the former that reigns supreme in terms of bond energy and strength. It is therefore advantageous to incorporate reversible covalent bonding into the design of a remendable material, especially when superior mechanical strength is a desired physical property of the final product.

2. 1. 1 Diels-Alder and retro Diels-Alder Systems

Perhaps the most famous and pervasive type of reversible covalent interaction is the Diels-Alder (DA) cycloaddition reaction. The DA reaction is one type of pericyclic reaction, in which the transition state can be characterized by a cyclic array of interacting orbitals. The DA reaction is a [4+2] pericyclic reaction, involving the concerted cycloaddition of a 4π electron diene with a 2π electron dienophile; the product of this addition is a six-membered ring containing two newly formed sigma bonds, with only one double bond remaining (Figure 1). Given enough energy, this reaction will proceed in the reverse direction to yield the starting

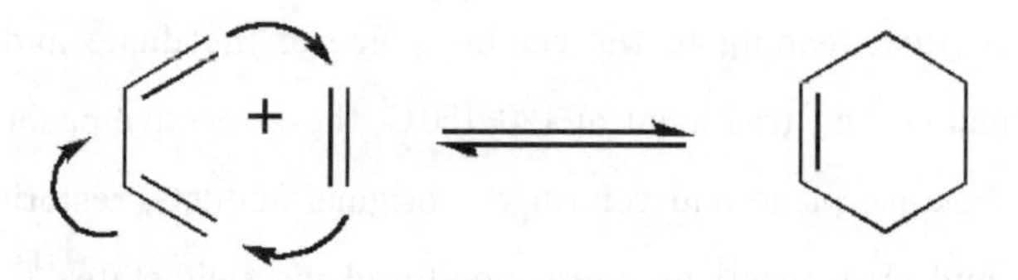

Figure 1. Mechanism of the [4+2] Diels-Alder cycloaddition reaction.

diene and dienophile; since two fragments are formed from one adduct this reverse reaction is entropically favored, and so dominates at higher temperatures. It is the occurrence of this retro Diels-Alder (rDA) reaction that allows for remendability in materials that incorporate such functionality.

Following the initial discovery of this reaction by Otto Diels and Kurt Alder in 1928[11], numerous dienes and dienophiles have been implemented in a wide variety of chemical structures. While there is almost no limit to the types of compounds that can be utilized in the DA reaction, there are a few general rules that must be followed to ensure that the reaction will progress as desired. One such rule is that the diene must exist in the *s*-cis conformation, allowing for the correct orientation of the two reagents in order to achieve overlap of their p orbitals. A compound that is locked into the *s*-cis conformation would therefore be more reactive in the DA reaction; the simplest route to accomplish this is with a cyclic diene. Indeed, it is such cyclic dienes that dominate the DA literature, with the most prevalent being furan and cyclopentadiene.

Among the first uses of DA chemistry in polymer materials was as pendant groups for reversible cross-linking in polystyrene[12]. The reversible nature of this reaction was harnessed and utilized to make responsive materials long before smart materials became an area of intense research; there are numerous examples from the 1990s and beyond of pendant DA-reactive compounds being incorporated into different materials, including reversible cross-linked polymers[13], reversible gels[14], and even a reversible dendrimer[15]. It was not until 2002, however, that the DA reaction was utilized to create a material capable of being healed following mechanical damage. This first healable DA system, designed by Wudl and coworkers, implemented furan and maleimide monomers in the creation of a polymer containing reversible groups within its backbone (Figure 2)[16]. Upon a damage event, the sigma bonds of the DA adduct were shown to break preferentially to the other covalent bonds in the polymer structure, leading to the reemergence of the diene and dienophile. Upon exposure to a thermal healing treatment at 120–150℃, these reactive chain ends were able to extend across the fracture plane and reform the original adducts, restoring strength to the material. The DA and rDA reactions were monitored via solid-state ^{13}C nuclear magnetic resonance (NMR) spectroscopy, as the free furan and the DA adduct contain distinctive C=C

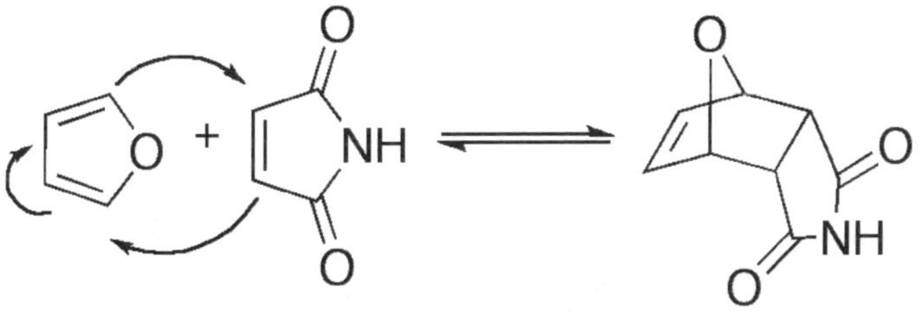

Figure 2. Diels–Alder reaction between furan and maleimide.

peaks that can easily be differentiated from one another. One limitation of this healing system is the need for the fracture surfaces to be in close proximity to one another; the distance between these faces must not exceed the reach of the exposed diene and dienophile chain ends, otherwise no healing will occur. During this initial study, the healing ability of the material was obtained through fracture toughness testing with compact tension specimen geometry. Many of the samples tested broke into two pieces after fracture; getting good interfacial matchup between these two fractured pieces proved to be difficult, leading to modest healing efficiencies between 50–57% (ratio of recovered fracture strength to original fracture strength). Even so, the ability of a thermoset material to regain even a modest amount of strength after fracture was quite an accomplishment. In addition, these healed samples could be re-fractured and then re-healed, with an average healing efficiency of 80% for the second cycle of healing, thus clearly demonstrating the remendability of the polymer system.

Some of the shortcomings of this initial healing DA system were addressed in a follow-up study by Chen *et al.*, in which the geometry of the test specimens was slightly altered[17]. A hole was drilled in the middle of the sample to arrest the crack following fracture of the material, leaving the specimen intact as one piece after damage. This allowed for much greater matchup of the crack faces, which in turn yielded higher healing efficiencies of 81% on average (Figure 3). The samples could be re-fractured and then re-healed, with an average healing efficiency of 78% for the second cycle of healing, again demonstrating the remendability of the material.

The sample geometry for this material was further improved and discussed by Plaisted and Nemat-Nasser in 2007[18]. In this study, double cleavage drilled compression specimen geometry

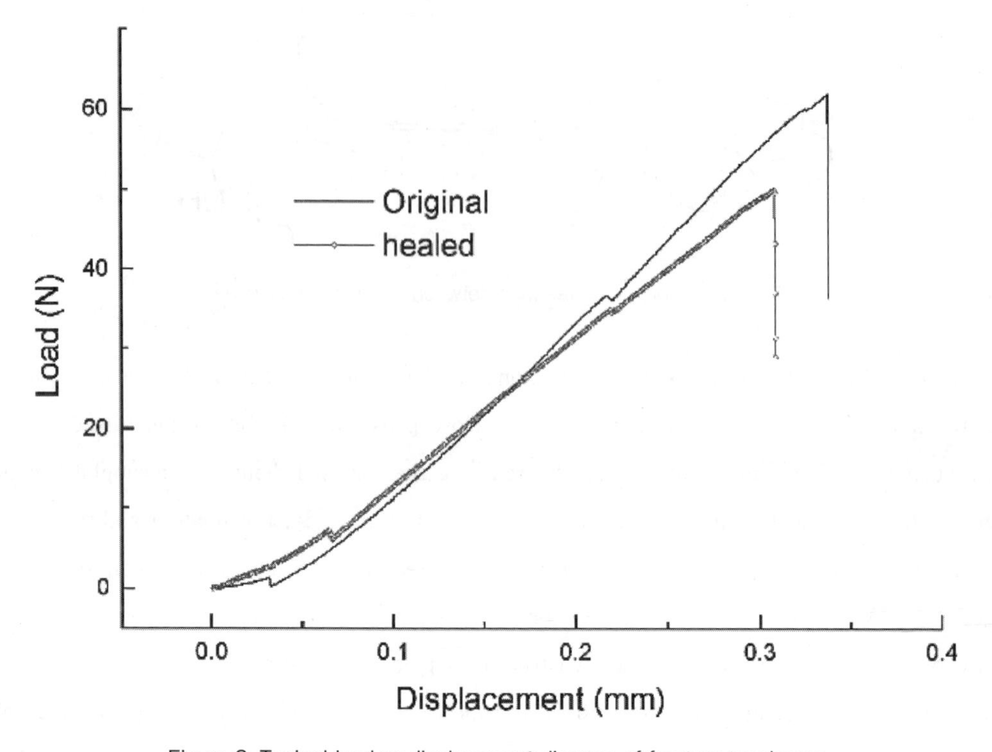

Figure 3. Typical load vs displacement diagram of fracture toughness testing of furan/maleimide DA healable polymer[17].

Reproduced from Chen, Wudl, Mal, Shen and Nutt with permission from the American Chemical Society.

was used, which allowed for controlled crack formation under compression, resulting in crack faces that naturally realign after the fracture event (Figure 4). This study also included further examination of the temperature and time required for healing to occur in these materials. It was found that healing occurred as low as 85-95℃; with the improved specimen geometry and optimized thermal healing treatment, the materials had healing efficiencies of near 100% over several cycles of fracture and mending, with no signs of sample degradation or creep.

Another healable material to use the DA reaction between furan and maleimide as the mechanism for healing was reported by Liu and Hsieh in 2006[19]. In this study, the DA reactive species were incorporated into an epoxy matrix in order to take advantage of the desirable mechanical and chemical properties associated with traditional epoxy resins. The DA and rDA reactions between furan and maleimide were monitored via variable temperature fourier transform infrared (FTIR) spectroscopy, allowing for not only the identification of

Figure 4. Double cleavage drilled compression specimen geometry, along with (a) virgin sample, (b) cracked sample, (c) healed sample, and (d) re-cracked sample[18].
Reproduced from Plaisted and Nemat-Nasser with permission from Elsevier, Ltd.

both the free compounds and the adduct, but also the investigation of the kinetics of both the forward and reverse reactions. While the authors claim to demonstrate the "self-repair" ability of this system, the materials actually required a thermal treatment at 120℃ to initiate the healing process, followed by subsequent curing at 50℃ to achieve removal of visual indications of damage. Unfortunately, the authors did not perform a healing efficiency study to verify that mechanical strength had indeed been restored to the system, but they did carry out an interesting proof-of-principle study on the use of such materials as removable encapsulates for electronic components, akin to another removable foam encapsulate based on the DA/rDA reaction of furan and maleimide that was reported in 2002[20].

A more recent publication by Wouters *et al.* describes a new approach towards healable furan/maleimide DA materials, involving the incorporation of these components into a remendable polymer coating[21]. The remendable network described consisted of a polymer powder containing pendant furan moieties that could be reversibly crosslinked with a bismaleimide unit. By heating the coating to 175℃, the material would re-flow and wet the substrate, removing any indication of a scratch or crack in the surface of the coating (Figure 5). As with similar studies to look at the surface of a healable material, no mechanical

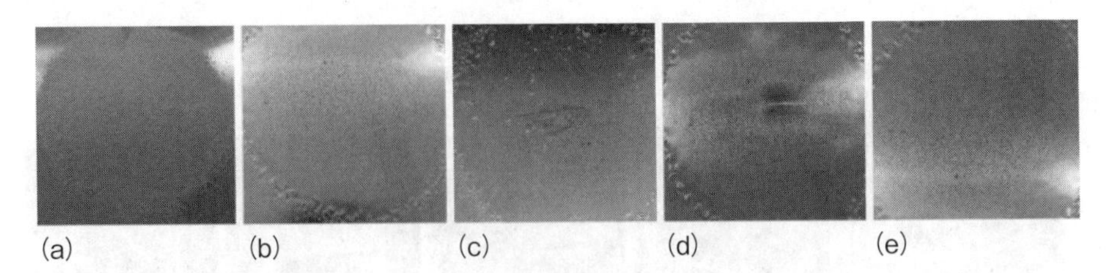

Figure 5. Visualization of the remendability of the furan/maleimide healable coating: (a) cross-linked powder, (b) molten powder, (c) damaged coating, (d) reflow, and (e) repaired coating[21].
Reproduced from Wouters, Craenmehr, Tempelaars, Fischer, Stroeks and van Zanten with permission from Elsevier, Ltd.

tests were performed to quantitatively examine the extent of healing or demonstrate the mechanical integrity of the healed material; instead, the authors rely solely upon visual indication of the removal of damage and the resulting healed material.

Another recent publication by Zhang *et al.* uses the DA reaction between furan and maleimide to create a thermosetting material that is not only remendable, but also recyclable[22]. These thermoset materials were evaluated through three-point bending to fracture tests; the fracture surfaces were then analyzed by scanning electron microscopy (SEM) techniques. Upon exposure to a thermal treatment between 110-150℃, the rDA reaction occurred and these polymers behaved similar to linear thermoplastics; namely, they could be remelted and reprocessed. Upon cooling to room temperature, the DA adducts would reform the crosslinks, restoring strength to the material. Interestingly, the authors of this studied departed from the commonly performed test for healing efficiency, whereby a sample is tested to fracture, healed, and re-tested to fracture a second time. The ratio between the virgin fracture strength and the healed fracture strength gives the healing efficiency of the material. Instead of following this procedure, the authors tested the material to fracture, then ground up the sample and re-made a new specimen from the components before re-testing (Figure 6). They then compared the fracture strengths of the virgin and re-made samples, reporting these healing efficiencies to be near 100%. Nevertheless, this is the first study to demonstrate the recyclability of such thermosetting materials through the DA and rDA reactions, opening the door to extend the lifetime of such materials in a new way.

Contrary to what the literature of healing materials might imply, there are other compounds capable of undergoing the DA reaction besides furan and maleimide. The first of these alternate DA healing systems was reported by Murphy *et al.* in 2008 and employed cyclopentadiene as both diene and dienophile in the DA reaction (Figure 7)[23]. This remendable system was novel in that it required only one compound to form the DA adduct.

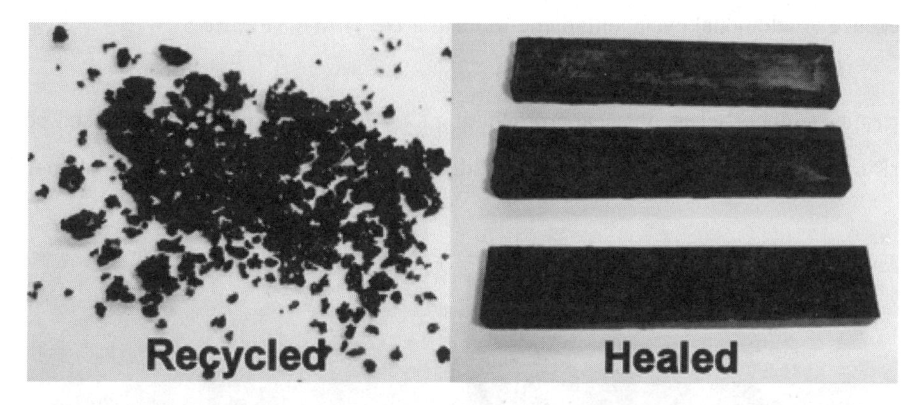

Figure 6. Recycled and healed furan/maleimide DA-based thermoset material[22].
Reproduced with permission from Zhang, Broekhuis and Picchioni with permission from the American Chemical Society.

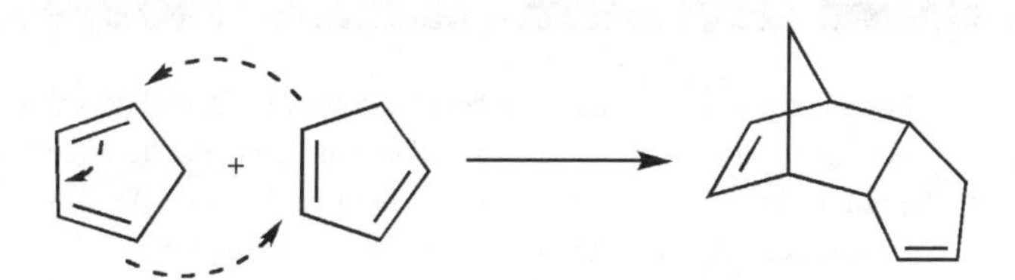

Figure 7. Mechanism for the Diels-Alder dimerization reaction between cyclopentadiene to form dicyclopentadiene.

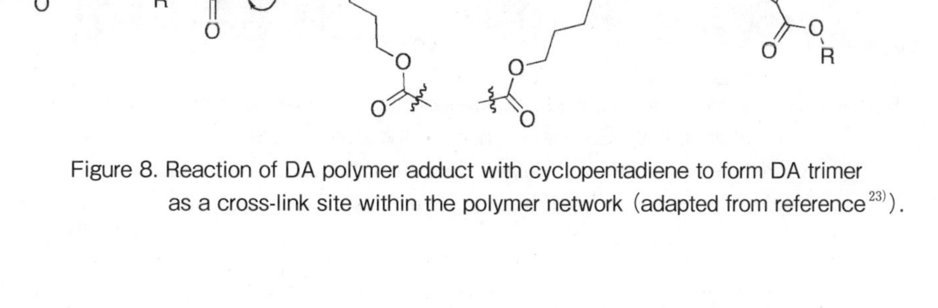

Figure 8. Reaction of DA polymer adduct with cyclopentadiene to form DA trimer as a cross-link site within the polymer network (adapted from reference[23]).

This material could be polymerized from a single monomeric unit, without the need for any solvent or additives. In addition to the cyclopentadiene moiety being able to dimerize through the DA reaction, the dicyclopentadiene DA adduct contains two double bonds: a norbornene double bond and a cyclopentene double bond. Such dienophilic sites can react a second time in the presence of additional cyclopentadiene to form a DA trimer (Figure 8).

These trimer adducts act as physical cross-linking sites to create a highly cross-linked polymer network that contains thermally reversible adducts within the backbone of the polymer itself.

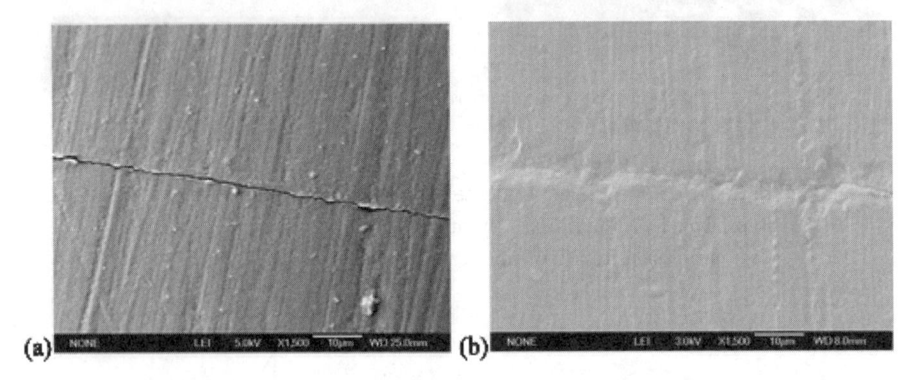

Figure 9. Scanning electron microscopy images of a dicyclopentadiene-based healable polymer fracture specimen (a) before and (b) after healing, with only a surface scar remaining[23].
Reproduced from Murphy, Bolanos, Schaffner-Hamann, Wudl, Nutt and Auad with permission from the American Chemical Society.

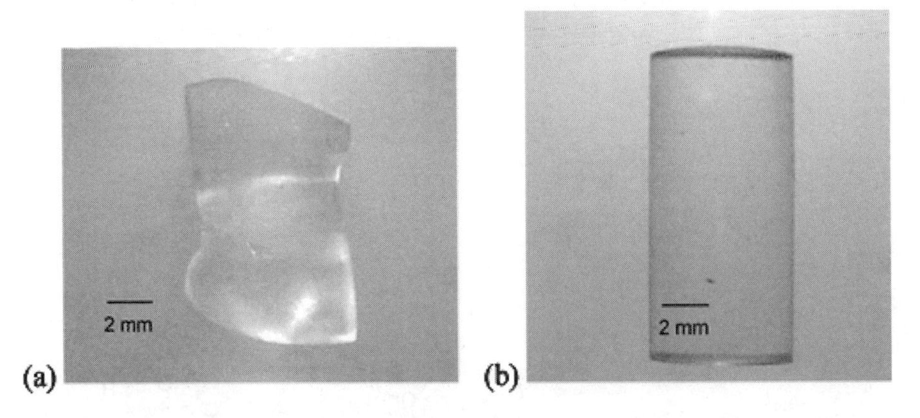

Figure 10. Dicyclopentadiene-based healable polymer (a) after compression testing and (b) after healing, identical in shape to the pretest state[23].
Reproduced from Murphy, Bolanos, Schaffner-Hamann, Wudl, Nutt and Auad with permission from the American Chemical Society.

Following a damage event, the material can be subjected to a thermal treatment to allow the exposed cyclopentadiene units to reform the DA adducts and restore strength to the material; the healing efficiencies reported for this system were 46% on average, with the highest healing efficiency of 60% (Figure 9). In addition to the demonstrated healing ability and remendability, these materials also exhibit an interesting shape memory effect. Following compression testing to noticeable deformation and a subsequent thermal healing treatment, the cylindrical samples regained their initial shape as well as their initial compressive modulus (Figure 10). Such healable morphing materials that combine these unique properties could be utilized for any number of stimuli-responsive applications.

2. 1. 2　Photocyclization Systems

Besides thermally reversible cycloaddition reactions, there also exists another route to achieve reversible covalent bonding: photochemical cycloaddition reactions. Photochemical reactions are important tools in organic synthesis, as using light to stimulate chemical reactions is a cheap and abundant method for initiating transformation[24]. Another type of pericyclic reaction, the [2+2] cycloaddition reaction occurs between two C=C bonds, either within the same compound or between separate compounds, creating an adduct that contains a cyclobutane ring. One of the oldest established examples of this type of interaction is the cycloaddition dimerization of coumarin, which has been well documented in the literature (Figure 11)[25]. During this reaction, two molecules come together and react under irradiation of light with >310 nm wavelength; under irradiation of a shorter wavelength of 227 nm light, the reverse reaction occurs to re-form the two unique species. Depending on the wavelength of light used, this reaction can easily be driven in either direction, and can be repeated multiple times with the same compounds. Besides coumarin, there are other molecules capable of undergoing photocycloaddition, such as cinnamic acid and anthracene, and these compounds have been shown to react in the solid state, a must for incorporation into a polymeric system[26].

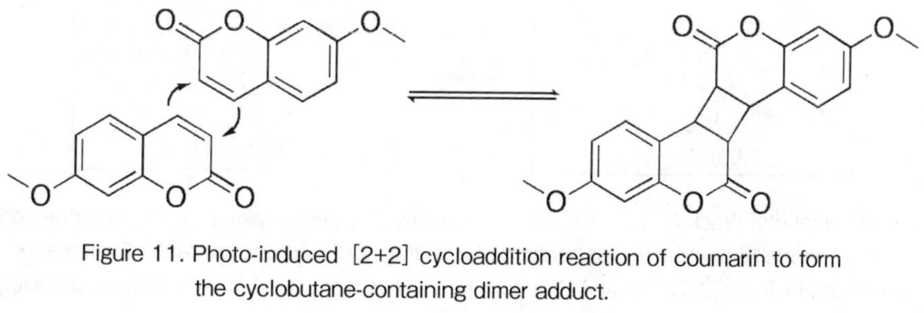

Figure 11. Photo-induced [2+2] cycloaddition reaction of coumarin to form the cyclobutane-containing dimer adduct.

Much like the reversible DA reaction, this reversible photochemical cycloaddition reaction has been used to impart reversible cross-linking into gels[27] and polymeric materials alike[28]. The most common strategy to achieve these reversible structures is to attach a photoactive compound, such as cinnamic acid, as a pendant group on a polymer backbone. Upon irradiation with the specified wavelength of light, these pendant photoactive groups will react in a [2+2] cycloaddition to form the butane adduct as a covalent crosslink. Once a cross-linked system is no longer desired, the material can be irradiated with a shorter wavelength of light to initiate the reverse [2+2] and give the initial free pendant groups.

A natural extension of such a photoresponsive system would be to utilize this reversible interaction as a means of restoring strength to a material after a fracture event. Indeed, such a system was reported by Chung *et al.* in 2004, whereby they attached a cinnamoyl group onto a polymer backbone[29]. As with the DA adduct, the sigma bonds formed during the [2+2] cycloaddition should break preferentially during a damage event, as they are weaker than the other covalent bonds in the system (Figure 12). This would expose reactive double bonds at the fracture surface; indeed, the authors monitored this retro reaction via infrared spectroscopy using the peaks from the cinnamoyl group as a handle for monitoring. Upon irradiation of light, these reactive chain ends could then reform the butane adduct through the forward cycloaddition reaction to restore strength to the material. While this system was shown to work in principle, the highest healing efficiency achieved with light alone was a mere 14%, and 26% healing efficiency was achieved with an additional thermal treatment; neither of which is desirable for most commercial applications. In addition, when light is used

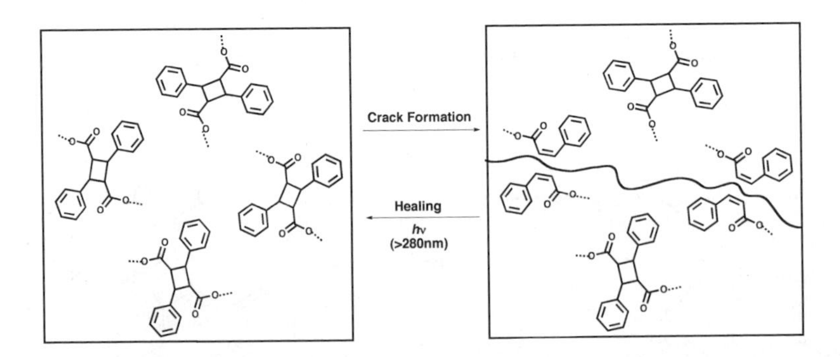

Figure 12. Schematic of crack formation in a photohealable polymer, breaking the cyclobutane adducts preferrentially; photo-initiated healing reforms the [2+2] adducts to repair the material[29].
Adapted from Chung, Roh, Cho and Kim with permission from the American Chemical Society.

as a stimulus to initiate a response in a material, one becomes limited by the thickness of the sample; as such, a photochemical method for healing would be suitable for coating applications but not structural composites. To date, there have been no follow up studies to improve upon the proof-of-principle results from this initial work, nor have there been any exploration of alternative photo-reactive compounds for such other remendable systems.

2. 2 Reversible Non-Covalent Interactions

As we have discussed in detail, reversible covalent interactions have been heavily studied and utilized in the creation of responsive polymeric materials. While non-covalent interactions are inherently weaker than their covalent counterparts, the incorporation of multiple sites for non-covalent interactions within a polymer architectural design can have a dramatic effect on the overall properties of the material. Non-covalent associations have emerged as an area of intense research, including hydrogen bonding, electrostatic interactions, metal-ion coordination, π-π interactions, van der Waals forces, and dipole-dipole interactions; often referred to as supramolecular chemistry, these interactions are of interest as they are reversible, self-associate, and are responsive to many different external stimuli. By combining a number of these interactions in a carefully designed way within a molecular structure, it is possible to create a supramolecular polymer in which a significant number of the interactions in the macromolecule are reversible. This allows for a polymer that not only self-assembles, but is also capable of self-repair if the bonds are broken during a damage event.

In the event of fracture occurring, these weaker interactions will break preferentially to the stronger covalent bonds in the compound and will distribute and alleviate stress in the material; following the damage, the exposed reactive moieties can then reform their associations to regain mechanical strength. As these interactions are entirely reversible, such a cycle of damage and healing could occur multiple times in the same sample, thus creating a remendable material. While not all of the different types of supramolecular interactions have yet been explored and utilized for healable materials, there has been a surge of new research being published in this field; our knowledge and understanding of such systems continues to grow with every new study reported.

2. 2. 1 Hydrogen Bonding Systems

Perhaps the most prevalent type of non-covalent interaction is hydrogen bonding; it is this

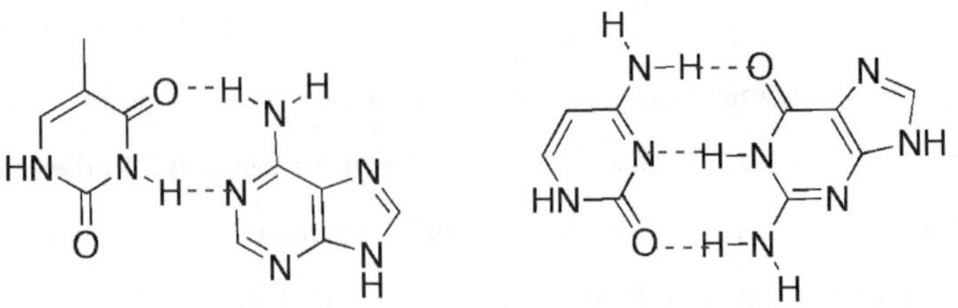

Figure 13. Hydrogen bonding between DNA base pairs: thymine and adenine; cytosine and guanine.

interaction that dominates the association between complementary strands of DNA to form and maintain its double helical structure. A hydrogen bond is created when a hydrogen atom is bonded to an electronegative one, known as the hydrogen bond donor; this hydrogen atom can then also form an interaction with another electronegative atom, the hydrogen bond acceptor. The interaction between DNA base pairs demonstrates the formation of hydrogen bonds between compounds, a highly directional bond, as well as another important concept: compounds containing multiple hydrogen bonding sites will have stronger association constants. The thymine and adenine base pair unit in DNA has two hydrogen bonds between the base pairs, and has an association constant on the order of 100 M^{-1} in $CHCl_3$; however, the cytosine and guanine base pair unit contains three hydrogen bonds between the base pairs and has an association constant on the order of 10^4–10^5 M^{-1} in $CHCl_3$ (Figure 13)[30]. The incorporation of one more hydrogen bond per molecule has a significant effect as the association constant is increased by two to three orders of magnitude. By designing compounds with multiple hydrogen bonding units, it is therefore possible to create materials that gain significant strength through their non-covalent interactions.

The pioneering work in this field was led by Meijer and focused on a quadruple hydrogen bonding compound based on a DNA base pair, ureidopyrimidone, with an association constant of $>10^6$ M^{-1} in $CHCl_3$[31]. The incorporation of such multiple hydrogen bonding units into the design of a macromonomer led to the formation of a supramolecular material that has the ability to respond to external stimuli due to the reversible bonds throughout its structure. Such hydrogen bonding groups have been attached to polymer chains as pendant groups to allow for reversible cross-linking between the chains[32], or as macromonomers to form the reversible bonds throughout the backbone of the supramolecular material and allow for reversible polymerization to occur[33].

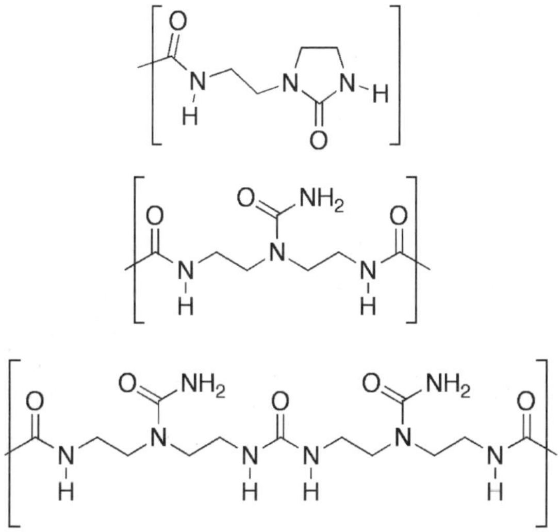

Figure 14. Oligomers equipped with complementary hydrogen bonding groups: amidoethyl imidazolidone, di (amidoethyl) urea and diamido tetraethyl triurea. The hydrogen bond acceptors are shown in red, and the hydrogen bond donors are shown in green (adapted from reference[34]).

Following the development of hydrogen bonded supramolecular polymers, it was a natural extension to use this type of interaction to create healable supramolecular materials. Hydrogen bonds can be broken with moderate heating or with the occurrence of a damage event; subsequent cooling to room temperature, or given enough time at ambient conditions, the hydrogen bonds can reform to restore mechanical strength to the material. As seen with DNA base pairs, the more hydrogen bonds incorporated into the network, the stronger the material will be. One such system was reported in 2008 by Cordier *et al.* involving a remendable and self-healing hydrogen bonded supramolecular polymer network[34]. This healable rubber consisted of a series of urea-containing oligomers that self-assemble to form the supramolecular network (Figure 14). A cut could be made in the polymer sample; upon joining of the two fractured ends for a short amount of time, the hydrogen bonds would reform across the crack, and the material regained some of its original strength. A longer amount of healing time served to increase the amount of strength regained; samples held for 180 minutes prior to re-testing showed approximately six times the strength recovery of the samples held for only 15 minutes. In addition, the amount of time between the fracture event and the joining of the damaged ends of the material also effected the overall healing ability of the sample; if the ends were kept apart for 18 hours before allowing them to reconnect, less hydrogen bonds would still be available to interact across the fracture plane and thus a lower recovery of mechanical properties resulted. It was also shown that simply joining a freshly cut surface with a virgin surface did not result in healing; both surfaces require free hydrogen bonding groups to interact across the crack plane to allow for healing of the supramolecular polymer network.

The supramolecular material based on the hydrogen bonding between urea groups on oligomeric units is the only system designed and tested specifically as a remendable material. It remains to be seen how a system comprised of quadruple hydrogen bonding groups or nucleobase pairs would behave as a healable material. Nevertheless, this work paves the way for the creation and development of future supramolecular hydrogen bonding remendable materials.

2. 2. 2 Ionic Bonding Systems

Another type of non-covalent bonding is the electrostatic interaction, in which molecules of opposite charge are attracted to one another; the specific interaction of interest in this case is ionic bonding, which consists of the attraction between two oppositely charged ions. As with other supramolecular interactions, the ionic bond will assemble spontaneously, and therefore can be utilized to create a remendable polymer system.

Ionic polymers, also known as ionomers, are being heavily studied for uses in fuel cells, semi-permeable membranes, actuators, and as packaging materials, among other applications. Such materials contain a fraction of ionizable content, usually up to 15%; the ionizable groups are often carboxylic or sulfonic acid, or some combination of the two. Examples of common commercially available ionomers are Nafion®, a sulfonated fluoropolymer, and Suryln®, an ethylene and methacrylic acid copolymer, both produced by DuPont™. The ionizable groups in these polymers can be controllably neutralized to give a specific amount of ionic content; this allows for fine-tuning of the properties of the resulting materials to suit specific applications. Of the two commercially available ionomers mentioned, it is the latter that has been investigated as a remendable polymeric material.

These ionomeric systems have been studied by Kalista *et al.* for use as healable materials following ballistic puncture; as these systems will be discussed in greater detail in the following chapter, they will only be briefly mentioned here. In 2007, Kalista and coworkers discovered that poly (ethylene-*co*-methacrylic acid) ionomers demonstrated rapid self-healing following ballistic puncture without any external intervention[35]. They went on to study the effect of the ionic content on the healability of the system, and to determine if the ionic groups were a necessary component for healing to occur. Ionic groups are known to aggregate and form ionic clusters within materials, leading to an increase in the overall strength of the material. It was speculated that this self-association would serve to restore strength to the material following damage. The authors tested not only the neutralized ionic copolymers, but also the non-ionic copolymers as well; it was found that both types of materials were able to heal following puncture. This makes perfect sense, given the discussion in the previous section, as the non-ionic acid groups are capable of hydrogen bonding with one another; though this type of association might be weaker than its ionic counterpart, it still serves to restore strength following damage. The materials were tested via ballistic means; it was determined that such an energetically violent puncture method results in localized heating of the material at the puncture site to temperatures of 98℃. The energy passed from the projectile to the material is sufficient to induce a healing response. If the materials themselves were heated to higher temperatures prior to the projectile puncture, however, no healing was observed. It was postulated that the healing mechanism consists of two parts: an initial elastic recovery to bring the fractured surfaces together, followed by interdiffusion of the polymer chains across the fracture plane to restore strength to the material. At elevated temperatures, the materials did not experience the initial elastic response, and so the interdiffusion of the polymer chains could not occur and healing was not observed.

This concept of a two-step healing mechanism was further examined in another study by Kalista, *et al.*[36]. In this study, the materials were subjected to alternative damage techniques that produced varying amounts of heat. While it had been shown that the samples healed following projectile puncture, in which a significant amount of energy is passed on to the polymer, the samples showed no healing following a slower puncture process with a nail. In addition, the polymers showed healing when cut with a saw, in which the rapid sawing motion produced sufficient energy through friction, but they did not heal when cut with scissors, an act that does not produce heat. This confirmed that the materials require a high-energy process to initiate the healing mechanism.

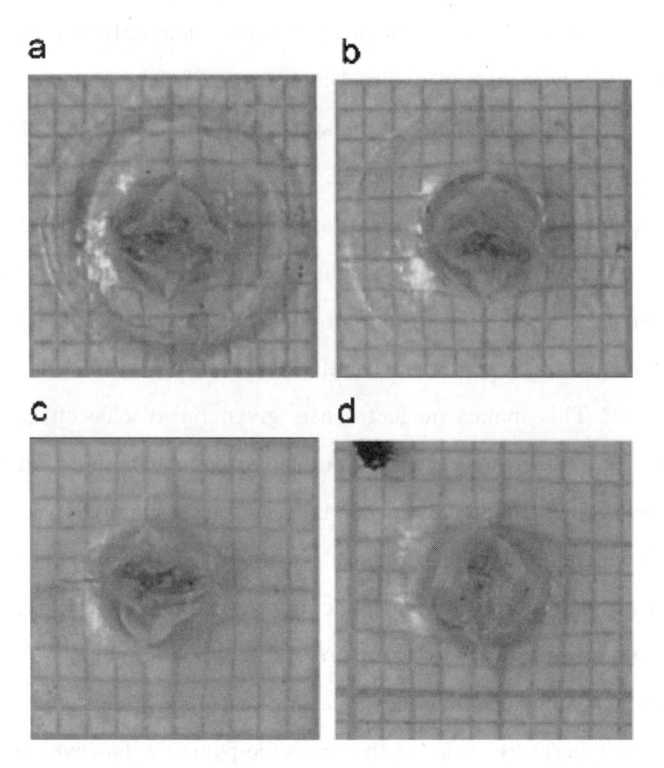

Figure 15. Optical images of the impact sites showing effect of increasing rate of impact from (a) 1 m/min, (b) 5 m/min, (c) 20 m/min, and (d) 100 m/min at a temperature of 110℃[37].
Reproduced from Varley and van der Zwaag with permission from Elsevier, Ltd.

A separate study by Varley and van der Zwaag further explored the test methods used to study this healing mechanism in ionomers[37]. They developed a test method to simulate ballistic impact using standard polymer testing equipment, in which different variables such as time and temperature could be easily controlled. The test consisted of heating a metal disk to a specific temperature, and then pulling this disk through the ionomer material at a specific rate. In this way, the temperature at the impact site could be monitored and evaluated, as well as the rate at which the projectile moves through the material. The authors confirmed that the healing mechanism required higher rates of deformation in order for the material to experience the elastic response necessary to bring the fractured surfaces back into contact with one another (Figure 15). The fractured materials were also analyzed via SEM, allowing for the extent of healing to be monitored with the changing test variables.

This poly (ethylene-*co*-methacrylic acid) copolymer has so far been the only ionomer to be studied as a healable material. There exists plenty of opportunity to expand the knowledge in this field by exploring alternative ionic polymer materials, including those that are novel and not commercially available. As the ionic interaction is a reversible one, these types of systems are ideal for the design and creation of remendable polymer systems.

2. 2. 3 Metal-Ligand Coordination Systems

Besides hydrogen bonding and ionic interactions, another type of non-covalent interaction that has been explored for its use in healable materials is metal-ligand coordination, in which a metal ion forms a complex with a heteroatom-containing ligand. As with many concepts in materials science and polymer chemistry, researchers often take their cues from nature, and metal-ligand coordination is no exception. A prime example of this type of interaction is the hemoglobin found in our red blood cells; the heme group of hemoglobin consists of an iron ion complexed with a heterocyclic porphyrin ring. As with other non-covalent interactions, the metal-ligand coordination is reversible, allowing for its use in remendable materials.

The use of metal-ligand coordinations in healable gels was reported by Varghese *et al.* in 2006[38]. In this study, the authors used the interaction between $CuCl_2$ and amino acid derivatives to achieve healing in hydrophilic gels. The healing in these systems occurs because of the coordination complexes that form between the copper and the acid groups in the gels; samples without the metal ion did not show any healing after a fracture event. This concept of healing in gels was expanded in 2007 by Kersey *et al.* in a system comprised of a covalent polymer scaffold with metal-ligand coordination complexes as reversible cross-linking agents[39]. In this study, the authors describe a polymer network that acts as the permanent scaffold, with pendant pyridine groups that can form reversible cross-links with the addition of palladium or platinum complexes. These reversible cross-links will break preferentially under mechanical stress, and can then re-form once the stress is removed from the system. In this way, the gels can be healed following damage. The authors used dynamic mechanical analysis to show that the metal-ligand coordination bonds function as reversible, stress-bearing entanglements within the permanent polymer network.

Taking this idea of metal-ligand coordination in polymeric materials a step further, Williams *et al.* describe a system that utilizes organometallic interactions between transition metals and *N*-heterocyclic carbenes to form a healable polymer network[40]. The organometallic complexes are different from the metal-ligand coordination complexes in that they exist between the metal atom and a carbon atom, as opposed to existing between a metal atom and a heteroatom. As such, they more closely resemble covalent bonds than do the coordination complexes. In this study, the authors sought to create a stimuli-responsive dynamic polymer material with electrically conductive properties. Their method for achieving such a material was through reversible complexes formed between a bifunctional *N*-heterocyclic carbene compound and a transition metal salt, either nickel, platinum, or palladium (Figure 16).

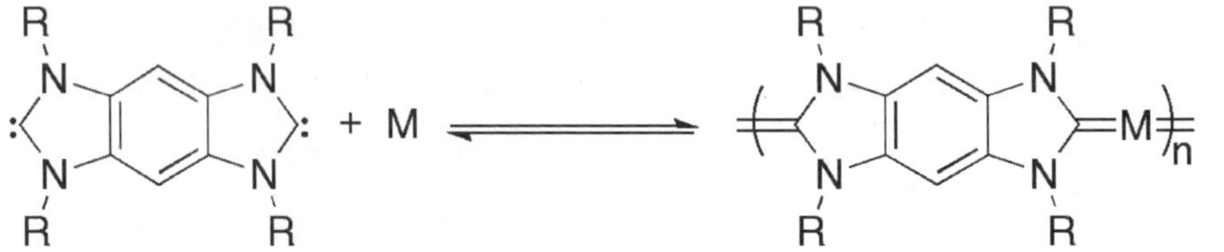

Figure 16. Reversible complex formation between an *N*-heterocyclic carbene and a transition metal (adapted from reference[40]).

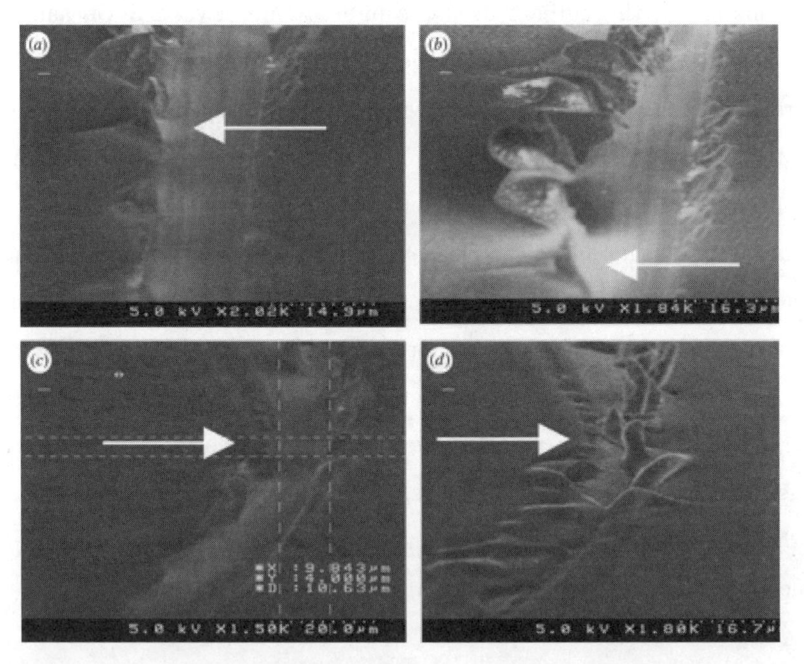

Figure 17. Scanning electron microscopy images of a scored organometallic polymer film (a) before and (b) after exposure to 200℃ for 15 min, and (c) before and (d) after exposure to 150℃ for 2 h in the presence of DMSO vapor[40].

Reproduced from Williams, Boydston and Bielawski with permission from The Royal Society.

In theory, these materials would be able to not only sense damage to the system through an increase in resistance of the material, but also to heal the damaged component through localized resistive heating from an increase in the applied electrical field. These films were shown to have conductivity on the order of 10^{-3} Scm^{-1}, and their healing ability was studied through SEM techniques. The films were scratched with a razor blade and imaged, and then subjected to a thermal healing treatment at 200℃ for 25 minutes, after which they were re-imaged. The result was a visible smoothing of the crack edges following the heat treatment; the extent of healing was furthered with the addition of solvent vapors during the thermal treatment (Figure 17). While quantitative healing studies have yet to be performed on this system, it does mark a new avenue for remendable material research, as inherent to the polymer itself is a means for detecting damage and for initiating the healing mechanism.

2. 2. 4　Other Labile Bonds

There are other types of reversible non-covalent bonding that can be harnessed for use in remendable materials. For instance, there have been studies reported on the utilization of thiol and disulfide bonds for reversible crosslinking in epoxy resins[41]. While there has been no research reported on the incorporation of such reversible linkages into a healable system, Kolmakov *et al.* have recently published a computational study on the incorporation of labile bonds, such as thiol and disulfide linkages, onto the surface of nanogels for a self-healing material[42]. This study documents a material that possesses both permanent and labile bonds; under stress, it is the labile bonds that will break preferentially, and can then move and re-form upon removal of the mechanical stress. The authors investigated the percentage of labile bonds that needed to be incorporated into a material to impart such remendability to the system, and found that the inclusion of even 10% labile bonds will serve to strengthen the material. As has been seen in previously discussed research, the authors state that the labile bonds act as a sacrificial species to dissipate the applied stress, and that their re-formation after the damage event preserves the mechanical integrity of the system.

2. 3　Methods for Damage Detection and Initiation of Repair

In addition to the design of novel remendable materials, an important area of research is in the detection of damage and initiation of repair in these systems. As most of these materials are designed to heal cracks before they become macroscopic, there exists a need for some method of recognizing and signaling barely visible damage so that the healing mechanism may be initiated. One of the main avenues being explored utilizes carbon fiber as an electrically conductive component built in to the polymer composite[43]. Once a damage event occurs to break some part of that electrical network, the resistance through the sample would increase correspondingly. By monitoring this electrical signal, it would therefore be possible to not only sense the damage, but also be able to pinpoint its location within the sample. This same electrically active system could then be used to initiate healing in the sample, provided that the healing mechanism is thermally responsive. By increasing the potential through the material, a voltage bias will occur at the area of high resistance in the sample, namely the section containing the microcracks; the resulting resistive heating would initiate repair localized at the site of damage.

This type of system for structural health monitoring and repair initiation was tested using composites of carbon fiber and a remendable dicyclopentadiene polymer by Park *et al.* in 2008[44]; the synthesis of the remendable component was reported by Murphy *et al.* and discussed previously[23]. In this study, the authors investigated the healing ability of the material when subjected to convective heating and resistive heating, and found that crack healing was observed within minutes at temperatures as low as 70℃ in both cases (Figure 18). These samples were then analyzed via SEM; both samples showed the disappearance of the crack, proving the ability of the carbon fiber network to initiate healing through resistive

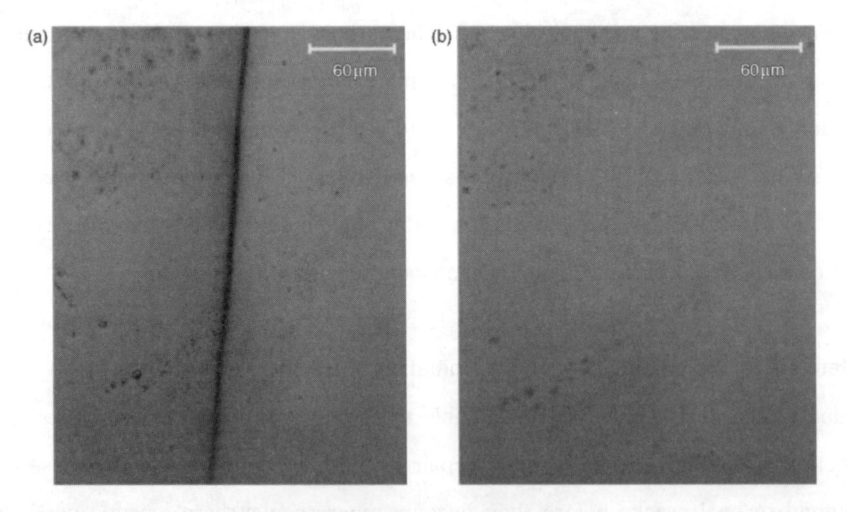

Figure 18. Resistive heating of a microcrack (a) before and (b) after healing[44]. Reproduced from Park, Takahashi, Guo, Wang, Bolanos, Hamann-Schaffner, Murphy, Wudl and Hahn with permission.

heating.

Building upon this idea of using embedded carbon fiber as a method for monitoring damage within a polymer sample, Alexopoulos *et al.* have recently published their research using carbon nanotube fibers embedded in a glass fiber reinforced composite to monitor and repair damage[45]. The authors report the fabrication and the testing of these composites in three-point bending tests while monitoring the change in resistivity of the sample. They were able to directly correlate the mechanical load applied to the sample with the change in electrical resistance throughout the material. This type of system offers another alternative for creating an intelligent material capable of sensing and reacting to its environment.

Towards the goal of creating a composite material capable of both sensing and responding to damage, Margraf *et al.* have reported a system that combines these components into one composite material in a very unique way[46]. The authors describe their idea of a healable composite that combines structural health monitoring, intelligent structural controls, and discrete activation within a thermally activated healable polymer system. The healable polymer system is comprised of a thermoset shape memory matrix; upon thermal stimulation, shape recovery is initiated to bring the two fracture surfaces back into contact with one another, and thermoplastic-like chains within the polymer matrix will also diffuse across the crack plane to restore mechanical strength to the material. The heating in this material is caused by thin film Kapton® heaters, and structural health monitoring is accomplished through a piezoelectric-based system that is triggered through both impact and fatigue-based damage. The authors report the ability to regain up to 85% of the flexural strength and modulus after the healing process, clearly demonstrating the ability of such a material to successfully detect and respond to damage.

3 Conclusions and Future Outlook

It is hopefully quite clear after reading this chapter that the field of remendable polymeric materials is an exciting and steadily growing one. There has been a clear need for such intelligent materials, and as they continue to be developed and optimized there will be new applications discovered for them. While there has been tremendous research already published in this field, there exists plenty of room for growth and continued discovery. Even though Diels-Alder based remendable materials have received a lot of attention over the past decade, they are mostly confined to one type of system; there are plenty of other Diels-Alder compounds available for utilization in healable materials. Similarly, there has been only one study published involving the healing of a photoresponsive polymer; there are plenty of other photoactive compounds available to be explored in similar materials. In addition, the field of supramolecular materials that are comprised partially of non-covalent interactions is expanding all the time. There has been plenty of research done involving the utilization of multiple hydrogen bonding units in polymeric systems, but they have yet to cross the divide into the world of healable materials. Likewise, the studies performed on ionic polymer species have been limited to commercially available materials; there exists numerous ionomeric materials ready to be incorporated into remendable polymer systems. In addition, the inclusion of damage detection and repair initiation components into remendable composites is in the early stages of development. By including such components into these systems, they become much more useful in commercial applications.

The field of remendable polymers is definitely in its infancy; the next few years should prove to be quite exciting, as new and increasingly daring research is performed and discussed. Better living through chemistry indeed.

References

1) Murphy, E.B; Wudl, F. The world of smart healable materials, *Prog. Polym. Sci.*, **35**, 223-251, 2010.
2) Urban, M.W. Stratification, stimuli-responsiveness, self-healing, and signaling in polymer networks, *Prog. Polym. Sci.*, **34**, 679-687, 2009.
3) Bergman, S.B; Wudl, F. Mendable polymers, *J. Mater. Chem.*, **18**, 41-62, 2008.
4) Wool, R.P. Self-healing materials: a review, *Soft Matter,* **4**, 400-418, 2008.
5) Wu, D.Y; Meure, S; Solomon, D. Self-healing polymeric materials: a review of recent developments, *Prog. Polym. Sci.*, **33**, 479-522, 2008.
6) Yuan, Y.C; Yin, T; Rong, M.Z; Zhang, M.Q. Self healing in polymers and polymer composites. Concepts, realization, and outlook: a review, *express Polymer Letters,* **2**,

238-250, 2008.

7) Kessler, M.R. Self-healing: a new paradigm in materials design, *Proc. IMechE,* **221**, 479-495, 2007.

8) (a)Pang, J.W.C; Bond, I.P. A hollow fibre reinforced polymer composite encompassing self-healing and enhanced damage visibility, *Composites Science and Technology,* **65**, 1791-1799, 2005. (b)Pang, J.W.C; Bond, I.P. 'Bleeding composites' -damage detection and self-repair using a biomimetic approach, *Composites: Part A*, **36**, 183-188, 2005. (c)Trask, R.S; Bond, I.P. Biomimetic self-healing in advanced composite structures using hollow glass fibres, *Smart Mater. Struct.*, **15**, 704-710, 2006.

9) (a)White, S.R; Sottos, N.R; Geubelle, P.H; Moore, J.S; Kessler, M.R; Sriram, S.R. Autonomous healing of polymer composites, *Nature,* **401**, 794-797, 2001. (b)Kamphaus, J.M; Rule, J.D; Moore, J.S; Sottos, N.R; White, S.R. A new self-healing epoxy with tungsten (IV)chloride catalyst, *J. R. Soc. Interface*, **5**, 95-103, 2008. (c)Wilson, G.O; Moore, J.S; White, S.R; Sottos, N.R; Andersson, H.M. Autonomic healing of epoxy vinyl esters via ring opening metathesis polymerization, *Adv. Funct. Mater.*, **18**, 44-52, 2008.

10) (a)Toohey, K.S; Sottos, N.R; Lewis, J.A; Moore, J.S; White, S.R. Self-healing materials with microvascular networks, *Nature Materials*, **6**, 581-585, 2007. (b)Williams, H.R; Trask, R.S; Bond, I.P. Self-healing composite sandwich structures, *Smart Mater. Struct.*, **16**, 1198-1207, 2007.

11) Diels, O; Alder, K. Syntheses in the hydroaromatic series. I. Addition of "diene" hydrocarbons, *Liebigs Ann. Chem.*, **460**, 98-122, 1928.

12) Stevens, M.P; Jenkins, A.D. Crosslinking of polystyrene via pendant maleimide groups, *Journal of Polymer Science: Polymer Chemistry Edition*, **17**, 3675-3685, 1979.

13) (a)Canary, S.A; Stevens, M.P. Thermally reversible crosslinking of polystyrene via the furan-maleimide Diels-Alder reaction, *Journal of Polymer Science: Part A: Polymer Chemistry*, **30**, 1755-1760, 1992. (b)Jones, J.R; Liotta, C.L; Collard, D.M; Schiraldi, D.A. Cross-linking and modifications of poly (ethylene terephthalate-co-2,6-anthracenedicarboxylate) by Diels-Alder reactions with maleimides, *Macromolecules*, **32**, 5786-5792, 1999.

14) (a)Chujo, Y; Sada, K; Saegusa, T. Reversible gelation of polyoxazoline by means of Diels-Alder reaction, *Macromolecules*, **23**, 2636-2641, 1990. (b)Imai, Y; Itoh, H; Naka, K; Chujo, Y. Thermally reversible IPN organic-inorganic polymer hybrids utilizing the Diels-Alder reaction, *Macromolecules*, **33**, 4343-4346, 2000.

15) McElhanon, J.R; Wheeler, D.R. Thermally responsive dendrons and dendrimers based on reversible furan-maleimide Diels-Alder adducts, *Organic Letters*, **3**, 2681-2683, 2001.

16) Chen, X; Dam, M.A; Ono, K; Mal, A; Shen, H; Nutt, S.R; Sheran, K; Wudl, F. A thermally re-mendable cross-linked polymeric material, *Science*, **295**, 1698-1702, 2002.

17) Chen, X; Wudl, F; Mal, A.K; Shen, H; Nutt, S.R. New thermally remendable highly cross-linked polymeric materials, *Macromolecules*, **36**, 1802-1807, 2003.

18) Plaisted, T.A; Nemat-Nasser, S. Quantitative evaluation of fracture, healing and re-healing of a reversibly cross-linked polymer, *Acta Materialia*, **55**, 5684-5696, 2007.

19） Liu, Y.L; Hsieh, C.Y. Crosslinked epoxy materials exhibiting thermal remendability and removability from multifunctional maleimide and furan compounds, *Journal of Polymer Science: Part A: Polymer Chemistry*, **44**, 905-913, 2006.

20） McElhanon, J.R; Russick, E.M; Wheeler, D.R; Loy, D.A; Aubert, J.H. Removable foams based on an epoxy resin incorporating reversible Diels-Alder adducts, *Journal of Applied Polymer Science*, **85**, 1496-1502, 2002.

21） Wouters, M; Craenmehr, E; Tempelaars, K; Fischer, H; Stroeks, N; van Zanten, J. Preparation and properties of a novel remendable coating concept, *Progress in Organic Coatings*, **64**, 156-162, 2009.

22） Zhang, Y; Broekhuis, A.A; Picchioni, F. Thermally self-healing polymeric materials: the next step to recycling thermoset polymers?, *Macromolecules*, **42**, 1906-1912, 2009.

23） Murphy, E.B; Bolanos, E; Shaffner-Hamann, C; Wudl, F; Nutt, S.R; Auad, M.L. Synthesis and characterization of a single-component thermally remendable polymer network: Staudinger and Stille revisited, *Macromolecules*, **41**, 5203-5209, 2008.

24） Hoffman, N. Photochemical reactions as key steps in organic synthesis, *Chem. Rev.* **108**, 1052-1103, 2008.

25） (a) Hasegawa, M; Suzuki, Y; Kita, N. Photocleavage of coumarin dimers, *Chemistry Letters*, 317-320, 1972. (b) Leenders, L.H; Schouteden, E; de Schryver, F.C. Photochemistry of nonconjucated bichromophic systems. Cyclomerization of 7,7'-polymet hylenedioxycoumarins and polymethylenedicarboxylic acid (7-coumarinyl) diesters, *J. Org. Chem.*, **38**, 957-966, 1973.

26） (a) Egerton, P.L; Hyde, E.M; Trigg, J; Payne, A; Beynon, P; Mijovic, M.V; Reiser, A. Photocycloaddition in liquid ethyl cinnamate and in ethyl cinnamate glasses. The photoreaction as a probe into the micromorphology of the solid, *J. Am. Chem. Soc.*, **103**, 3859-3863, 1981. (b) Ramasubbu, N; Row, T.N.G; Venkatesan, K; Ramamurthy, V; Rao, C. N.R. Photodimerization of coumarins in the solid state, *J. Chem. Soc., Chem. Comm.*, **3**, 178-179, 1982. (c) Yonezawa, N; Yoshida, T; Hasegawa, M. Symmetric and asymmetric photocleavage of the cyclobutane rings in head-to-head coumarin dimers and their lactone-opened derivatives, *J. Chem. Soc. Perkins Trans. I*, **5**, 1083-1086, 1983.

27） Chujo, Y; Sada, K; Saegusa, T. Polyoxazoline having a coumarin moiety as a pendant group. Synthesis and photogelation, *Macromolecules*, **23**, 2693-2697, 1990.

28） (a) Ichimura, K; Watanabe, S. Preparation and characteristics of photocrosslinkable poly (vinyl alcohol), *Journal of Polymer Science: Polymer Chemistry Edition*, **20**, 1419-1432, 1982. (b) Scott, T.F; Schneider, A.D; Cook, W.D; Bowman, C.N. Photoinduced plasticity in cross-linked polymers, *Science*, **308**, 1615-1617, 2005.

29） Chung, C.M; Roh, Y.S; Cho, S.Y; Kim, J.G. Crack healing in polymeric materials via photochemical [2+2] cycloaddition, *Chem. Mater.*, **16**, 3982-3984, 2004.

30） Sivakova, S; Rowan, S.J. Nucleobases as supramolecular motifs, *Chem. Soc. Rev.*, **34**, 9-21, 2005.

31） Sijbesma, R.P; Beijer, F.H; Brunsveld, L; Folmer, B.J.B; Hirschberg, J.H.K.K; Lange, R.F.M;

Lowe, J.K.L; Meijer, E.W. Reversible polymers formed from self-complementary monomers using quadruple hydrogen bonding, *Science*, **278**, 1601-1604, 1997.

32) (a) Rieth, L.R; Eaton, R.F; Coates, G.W. Polymerization of ureidopyrimidinone-functionalized olefins by using late-transition metal Ziegler-Natta catalysts: synthesis of thermoplastic elastomeric polyolefins, *Angew. Chem. Int. Ed.*, **40**, 2153-2156, 2001. (b) Nair, K.P; Breedveld, V; Weck, M. Complementary hydrogen-bonded thermoreversible polymer networks with tunable properties, *Macromolecules*, **41**, 3429-3438, 2008.

33) (a) Rowan, S.J; Suwanmala, P; Sivakova, S. Nucleobase-induced supramolecular polymerization in the solid state, *Journal of Polymer Science: Part A: Polymer Chemistry*, **41**, 3589-3596, 2003. (b) Sivakova, S; Bohnsack, D.A; Mackay, M.E; Suwanmala, P; Rowan, S.J. Utilization of a combination of weak hydrogen-bonding interactions and phase segregation to yield highly thermosensitive supramolecular polymers, *J. Am. Chem. Soc.*, **127**, 18202-18211, 2005.

34) Cordier, P; Tournilhac F; Soulie-Ziakovic, C; Liebler, L. Self-heailng and thermoreversible rubber from supramolecular assembly, *Nature*, **451**, 977-980, 2008.

35) Kalista, S.J; Ward, T.C; Oyetunji, Z. Self-healing of poly (ethylene-co-methacrylic acid) copolymers following projectile puncture, *Mechanics of Advanced Materials and Structures*, **14**, 391-397, 2007.

36) Kalista, S.J; Ward, T.C. Thermal characteristics of the self-healing response in poly (ethylene-co-methacrylic acid) copolymers, *J. R. Soc. Interface*, **4**, 405-411, 2007.

37) Varley, R.J; van der Zwaag, S. Development of a quasi-static test method to investigate the origin of self-healing in ionomers under ballistic conditions, *Polymer Testing*, **27**, 11-19, 2008.

38) Varghese, S; Lele, A; Mashelkar, R. Metal-ion-mediated healing of gels, *Journal of Polymer Science: Part A: Polymer Chemistry*, **44**, 666-670, 2006.

39) Kersey, F.R; Loveless, D.M; Craig, S.L. A hybrid polymer gel with controlled rates of cross-link rupture and self-repair, *J. R. Soc. Interface*, **4**, 373-380, 2007.

40) Williams, K.A; Boydston, A.J; Bielawski, C.W. Towards electrically conductive, self-healing materials, *J. R. Soc. Interface,* **4**, 359-362, 2007.

41) (a) Tesoro, G.C; Sastri, V. Reversible crosslinking in epoxy resins. I. Feasability studies, *Journal of Applied Polymer Science*, **39**, 1425-1437, 1990. (b) Sastri, V.R; Tesoro, G.C. Reversible crosslinking in epoxy resins. II. New approaches, *Journal of Applied Polymer Science*, **39**, 1439-1457, 1990.

42) Kolmakov, G.V; Matyjaszewski, K; Balazs, A.C. Harnessing labile bonds between nanogel particles to create self-healing materials, *ACS Nano*, **3**, 885-892, 2009.

43) Kwok, N; Hahn, H.T. Resistance heating for self-healing composites, *Journal of Composite Materials*, **41**, 1635-1654, 2007.

44) Park, J.S; Takahashi, K; Guo, Z; Wang, Y; Bolanos, E; Hamann-Schaffner, C; Murphy, E; Wudl, F; Hahn, H.T. Towards development of a self-healing composite using a mendable polymer and resistive heating, *Journal of Composite Materials*, **42**, 2869-2881, 2008.

45) Alexopoulos, N.D; Bartholome, C; Poulin, P; Marioli-Riga, Z. Structural health monitoring of glass fiber reinforced composites using embedded carbon nanotube (CNT) fibers, *Composites Science and Technology*, **70**, 260–271, 2010.

46) Margraf, Jr., T.W; Barnell, T.J; Havens, E; Hemmelgram, C.D. Reflexive composites: self-healing composite structures, *Sensors and Smart Structures Technologies for Civil, Mechanical, and Aerospace Systems, Proc. of SPIE*, 6932, 693211, 2008.

第3章　Ballistic and Other Self-healing Behaviours in Thermoplastic Copolymers and Ionomers

Stephen J. Kalista, Jr.[*1], Russell J. Varley[*2]

1 Introduction

Unique among all self-healing systems is a class of thermoplastic poly (ethylene-*co*-methacrylic acid) (EMAA) copolymers and ionomers. These materials have expressed the truly remarkable and inherent ability to self-heal from ballistic damage in a nearly instantaneous fashion following projectile puncture. Immediately thereafter, the materials have been shown to regain significant strength with films of only ~1 mm in thickness able to contain pressures in excess of 3 MPa[1, 2] Given this unique capability, there exists much academic and commercial interest in both discovering the mechanism by which this occurs and in utilizing this behaviour for novel structural and functional applications. Though much study remains, significant progress toward an understanding of the healing mechanism has already been made. Originally thought to be attributed to the ionic content of the ionomers, it has been revealed that ballistic-healing is a property of a much broader class of EMAA materials, including non-ionic copolymers and their ionomers[1~4].

This chapter will explore the origins and capabilities of this unique ballistic self-healing response expressed by EMAA copolymers and ionomers. Furthermore, it will provide information on the healing performance of these materials following damage events such as cutting or crack propagation in both single and multi-component formulations.

2 Materials

EMAA copolymers are readily available in a variety of grades, varying by their molecular

---

＊1　Union College, Department of Mechanical Engineering

＊2　CSIRO Materials Science and Engineering

weight, ionic content and neutralising cation. The family of EMAA copolymers which has been most widely studied for their self-healing abilities have tended to use the DuPont™ range of products under the Nucrel® (non-ionic acid) and Surlyn® (ionomer) brand names. For example, the most commonly studied self-healing ionomer, the partially neutralised EMAA, where 30% of the acid groups are neutralised with sodium, referred to as EMAA-0.3Na in the text, is known as Surlyn® 8940. This naming convention is used throughout the text to indicate the level of neutralisation as well as the neutralising cation.

3 The Ballistic Self-Healing Model

Given their innate ability to heal immediately following ballistic puncture, the EMAA family of materials truly represent an *autonomic* self-healing system. However, to design new materials with similar properties or to take full advantage of the existing system, one needs to carefully understand their healing behaviour by establishing the fundamental structural characteristics responsible for the self-healing response. Further, an understanding of the specific capabilities needs be developed so that these materials may be successfully implemented in applications which can clearly utilize their unique healing response. To do this, one must first establish a clear model for the ballistic puncture reversal event which supports experimental findings. Work by Kalista *et al.* has established a two-stage model describing this response[2, 5]. As .

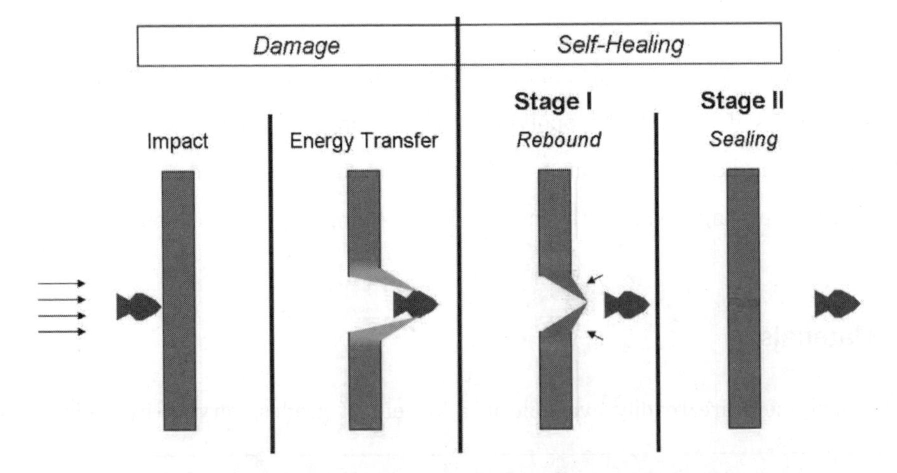

Figure 1. Illustration of the key events during ballistic self-healing, highlighting the damage-initiated nature of the two-stage healing process[5].

shown in Figure 1, damage is initiated through impact and subsequent film stretching of the impacting projectile. Upon release of this projectile, the two-stages of ballistic healing commence. In the first stage, the rebound phase, locally molten material (T_m~92℃ for this class of materials) responds with sufficient elasticity to close the puncture through a shape memory effect. In the second stage, the sealing stage, the locally molten polymer knits together at the damage site to seal the interface through molecular inter-diffusional processes. After subsequent cooling, these films have been shown to hold significant pressures yielding interest in their application for atmospheric containment in a variety of situations.

Figure 2 illustrates a scanning electron micrograph of an actual damage zone after ballistic impact (penetration side) and provides experimental evidence to support the proposed model just described. The outer rim of the damage zone indicates elastic stretching and shape memory, as evidenced by the radial orientation of the polymer and a unique "petaling" effect is observed. In contrast, the inner region at the centre of the damage zone displays molten or viscous behaviour indicative of molecular diffusion and final sealing after impact. Other experimental support for this model has been shown in work by Haase et al[6] and Varley *et al.*[7, 8] through high speed imaging during ballistic penetration and post-mortem examination respectively. When paired with thermal infrared imaging analysis[4] and the examination of thermal artefacts present in healed specimens by differential scanning calorimetry[3], the stretching and subsequent elastic stage (stage I) of healing is mechanistically verified.

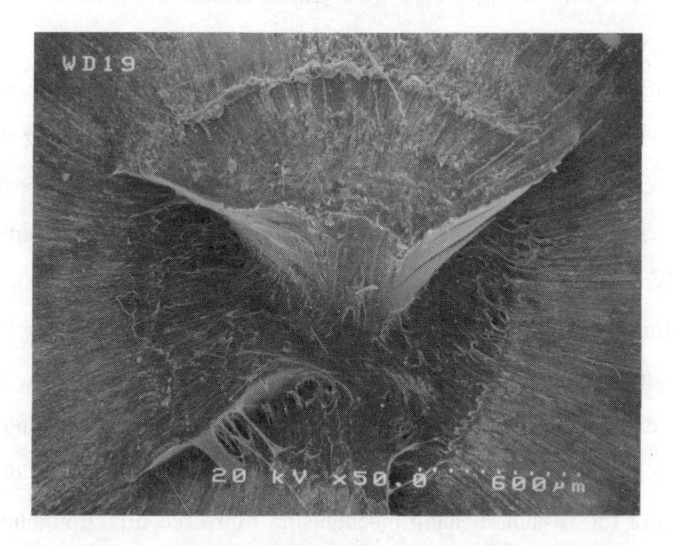

Figure 2. Scanning electron image of the impact zone after high speed projectile penetration[9].

Further, the sealing stage (stage II) of ballistic healing has also been verified via pressurized burst testing of self-healing samples following impact[1~3]. Of course, the molecular and micro-structural mechanisms present which produce each of these events are not yet understood and are the subject of continued studies in the literature. The hierarchical structure of EMAA polymers, whether neutralised or not, create complexities across a range of length scales, which are likely to provide the structural framework for the self-healing mechanism. Unravelling the respective contributions from hydrogen bonding, ionic clusters, crystalline phases and their concurrent presence over long and short timescales as mechanical and thermal energy are generated within and lost from the system, will provide the ultimate answer to the origins of the self-healing mechanism.

To provide a better understanding of the healing capabilities and the specific mechanisms which may be present, the following sections will discretely explore ballistic healing with focus on the puncture and the elastic retraction events, cut/crack healing and its role in the sealing phase of ballistic healing, and finally provide brief comments on some emerging work in engineered EMAA composites.

4 Exploring the Healing Mechanism

4. 1 Background

While the structure of ionomers has been a subject of intense academic research for decades, their use in packaging, fuel cells, coatings and adhesives has continued to proliferate. Their unique self-healing response to high impact penetration however, is a more recent discovery. The earliest reporting of this phenomenon was from a 1996 patent proposing them as shooting range target materials[10] whereby a bullet could be fired through them repeatedly with little loss of material while maintaining structural integrity. The patent identified the polymer as one of the Surlyn® range of products, a well known family of partially neutralised poly (ethylene-*co*-methacrylic acid) (EMAA) random ionomers manufactured by DuPont, typically used in the packaging and adhesives industries. Although specifically mentioning Surlyn® 8940 as an ideal example of a self-healing material, it was reported that other varieties could be more effective in colder climates, even though there was no reason provided for this claim or no description of the possible healing mechanism. More recently, Coughlin *et al.*[11] showed that this family of materials could be similarly utilised in fuel containment strategies whereby an ionomer layer could create an instantly self-sealing fuel tank when subjected to high energy projectile impact. Nonetheless, Surlyn® demonstrated sufficient promise to warrant further investigation as fuel containment materials in conflict situations. Both of these applications are good examples of the operation of the two-stage damage-initiated healing mechanism described in Figure 1. However despite this novel behaviour, there are comparatively few studies aimed at understanding the fundamental basis of the mechanism from a structural or micro-structural perspective. Currently the mechanism is proposed to consist of an instantaneous transformation of the impacted region into a highly extended elastomer which is able to rebound after projectile penetration to close the cavity. Final sealing is achieved through the subsequent molecular inter-diffusion facilitated by the frictional forces generated during impact. The following discussion represents a summary of the ongoing research into unravelling the complexities of the self-healing mechanism.

4. 2 Early studies

The earliest studies on this phenomenon were carried out by Fall (2001)[4] and represented the first systematic attempt to characterise the viscoelastic properties of this family of EMAA copolymers and relate them to the self-healing phenomena. This work proposed that the healing was driven by the elastic character of the ionomer in the melt, as it was demonstrated that the temperature of the polymer rose above its melting point via frictional forces when impacted. Given that ionic domains or clusters present in ionomers are well known to increase melt viscosity of a polymer, this was an important finding. Another important observation was that non-ionic (or non-neutralised) EMAA copolymers were also able to exhibit this damage-initiated self-healing behaviour. This result created uncertainty over the precise role of the ionic domains in the healing process, particularly given the need to understand that the ionomers have a complex microstructure consisting of neutralised and non-neutralised carboxylic acid groups all interacting in the same thermoplastic semi-crystalline polymer. There is therefore a wide variety of thermo-reversible microstructures possible, from purely ionic domains and hydrogen bonded carboxylic acid group interactions as well as combinations of the two which may each play a role in the healing phenomenon. Another important finding from the work of Fall was the observation that the viscoelastic properties, particularly the creep behaviour changed with ageing. It was surmised that this effect was the result of changes in crystallinity but also possibly from the changes in the ionic clusters or the

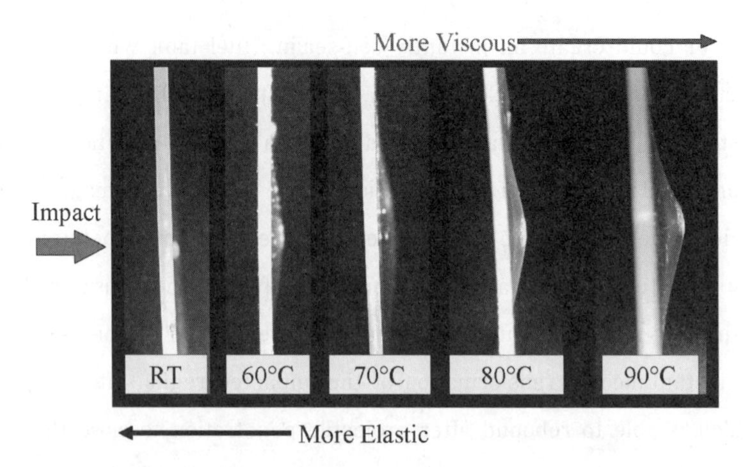

Figure 3. Viscoelastic response of the punctured films at various test temperatures showing the more plastic drawing (or in viscoelastic terms, a yielding response) and less elastic recovery with increasing temperature[2].

surrounding polymer matrix.

Subsequent to this, Kalista[1] continued to investigate the importance of the ionic clusters in the healing process and similar to that of Fall, found that both neutralised and non-neutralised polymers exhibited self-healing behaviour during ballistic impact. Further, this work showed ionic and non-ionic EMAA materials successful in both the elastic rebound and melt sealing stages of ballistic self-healing. This continued to suggest that the ionic clusters were not a necessary requirement to healing (and potentially a detractor), yet when the test was performed at elevated temperatures it was clear that a series of competing factors were at work. Figure 3 shows the effect of increased sample temperature on the self-healing behaviour of a partially neutralised EMAA polymer. As shown, increasing sample temperature results in an increase in the viscous response (or extent of flow), while decreasing the elastic response (or ability to rebound post puncture). An important outcome from this work therefore was an understanding that the extent of healing was controlled by a balance of competing factors which will be unique to each material.

4. 3 Recent Work

Important to developing a better understanding of the healing mechanism is the ability to develop characterisation methods which can be used conveniently and reproducibly in a laboratory environment to provide new information about the healing mechanism. Given the

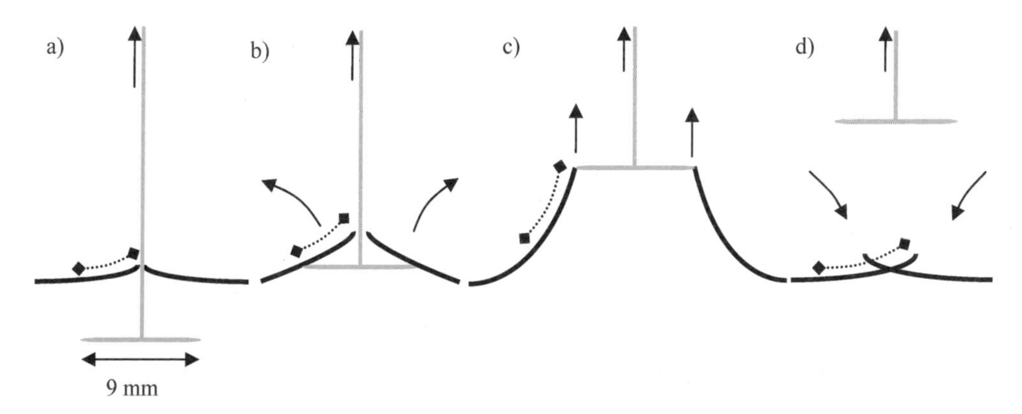

Figure 4. Schematic representation of the self-healing mechanism occurring during the impact event. a) prior to impact, b) initial elastic flexural response, c) transition to tensile deformation and stretching of polymer and d) penetrant exit and shape memory response. Note: dashed line highlights stretching of polymer occurring primarily between b) and c)[13].

unique mode of deformation of a high-speed projectile, this is not a trivial exercise. Kalista developed a range of tools, including an in-lab ballistic testing station to conduct projectile tests over a wide range of temperatures, while pressurised burst methods and modified peel adhesion tests were used to investigate the final sealing stage of healing. Huber and Hinkley[12] developed a method to screen candidate self-healing polymers, which indented a sample with a fixed load so that the long term structural recovery of the material was monitored over time. Another method developed to understand the elastic response during ballistic healing, has been that of Varley *et al.*[8] Originally developed to mimic the ballistic healing process in a controlled laboratory environment, it has now been further developed to provide an insight into the mechanical properties occurring in-situ during penetration[13]. While ultimately, it does not measure healing at ballistic deformation rates, it has been shown to promote similar behaviour and is able to provide quantitative information surrounding the healing mechanism[7]. The basic principle however, remains unchanged from the initial study, as shown in Figure 4 which shows how a disk shaped object is pulled through and out of the polymer ensuring that the penetrant does not interfere in the healing process. The schematic diagram clearly illustrates the complexity of the elastic response as it undergoes flexural deformation initially followed by tensile stretching and then shape memory rebound–all events which would happen during ballistic impact albeit at far slower deformation rates.

Building on the previous varying temperature investigations of Kalista discussed above, this technique enables the mechanism to be studied by directly varying temperature of the impacted region only, via the heated disk. This facilitates instantaneous (or at least extremely rapid) thermal energy transfer yielding an instrumented, laboratory test mimic of ballistic impact. Figure 5 shows a series of scanning electron images of the impact zone which clearly reflect this balance between flow and elasticity previously revealed by Kalista. At room temperature there is little viscous flow or elastic rebound evident, yet at higher temperatures (but below the melting point) the impact zone displays elastomeric behaviour and increased healing. When the temperature is raised well above the melting point, the level of healing is further improved but corresponds to an increase in morphological complexity as the elastomeric polymer becomes increasing molten. Another important result from this work was that the stiffness of the sample increased slowly over seven days and attributed to a continued increase in crystallinity or structural rearrangement of the ionic domains.

The technique developed by Varley was again used[14] to investigate the healing mechanism, this time through the modification of the ionomer, EMAA-0.3Na, with a series of di-and tri-functional aliphatic carboxylic acids modifiers, such as oxalic acid, succinic acid, adipic acid and sebacic acid. In addition to this, comparison was made with correspondingly neutralised analogues such as sodium citrate as in this example. The *in-situ* stress versus displacement plots produced from this technique are shown in Figure 6 and again illustrate the inherent competition between the elastic and viscous responses during healing. The addition of carboxylic acid groups are observed to reduce the elastic behaviour while increasing the extension after the maximum stress. The sodium neutralised analogues such as the sodium citrate modifier has the opposite effect, increasing the elastic behaviour during the early stages of impact while promoting brittle failure. These modifiers clearly impact the balance between the elastic and viscous response and would therefore be expected to impact the final

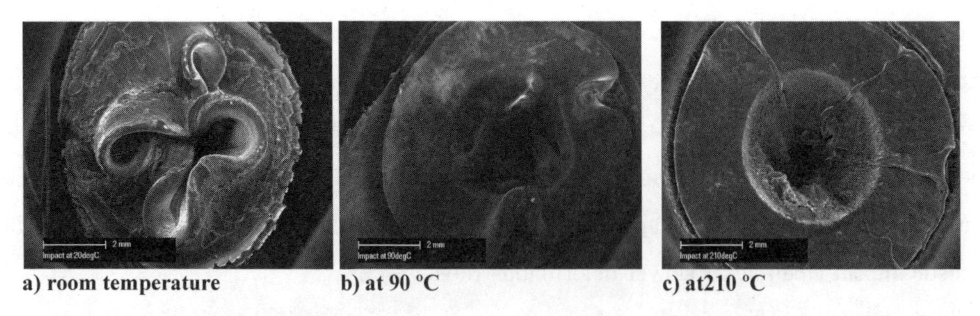

Figure 5. Scanning electron micrographs of the impact zones taken from the initial penetration direction, of EMAA-0.3Na after penetration at a) 20℃, b) 90℃, c) 210℃[13].

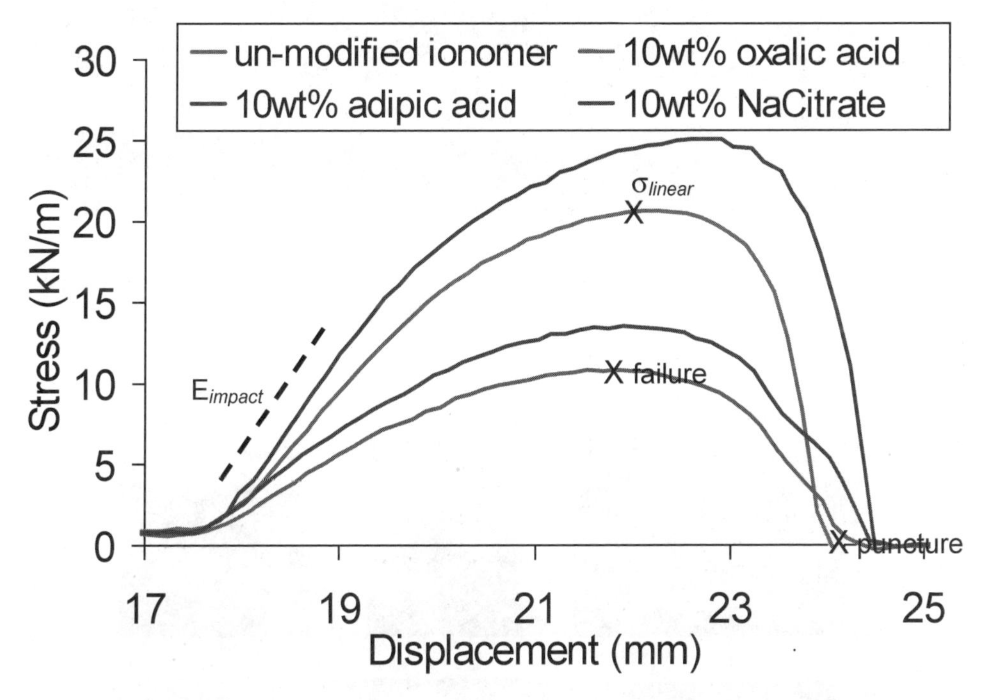

Figure 6. Effect of modifier on stress vs. displacement plots showing the reduced stiffness and increased elastomeric behaviour for the carboxylic acid modifiers and the increased stiffness and brittle failure for the neutralised analogues[14].

healing. This is indeed shown to be the case in Figure 7 which compares the effect of adding citric acid and sodium citrate to overall healing. As can be seen the citric acid, facilitates elastic hole closure or rebound while sodium citrate leaves a cavity, seemingly larger than the unmodified ionomer. It is worth noting in particular that in the context of the comparative importance of hydrogen bonding to the healing process it was found that increasing the concentration of possibly hydrogen bonding species into these formulations was found to increase overall healing efficiency, supporting the suggestion of previous work by Kalista[5].
Recent work by Pflug *et al.*[15] has sought to clarify the importance of varying structural aspects of ionomers using a range of commercially available EMAA-based copolymers/ionomers of varying level of neutralisation and the impact of aging of these varieties prior to puncture. Using a laboratory-based ballistic impact method it was concluded that ionic content remains an important factor in the determination of healing. For a range of impact temperatures ranging from−50℃ to 140℃ it appears that an intermediate level of neutralisation provided the highest healing efficiency for sodium neutralised ionomers, while higher ionic contents led

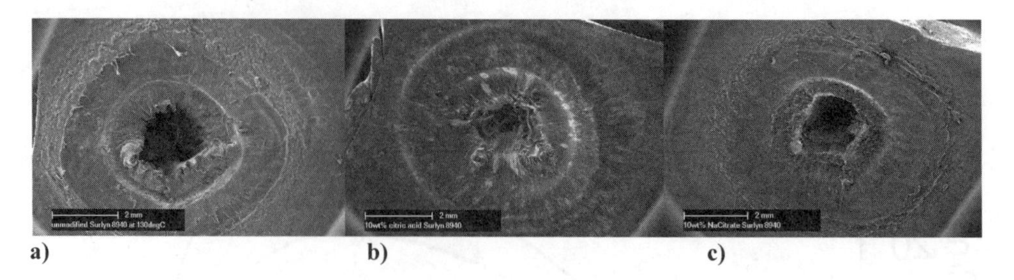

Figure 7. Comparison of the impact sites showing the effect of modifiers for a) un-modified ionomer, b) citric acid and c) NaCitrate after impact at 130℃[14].

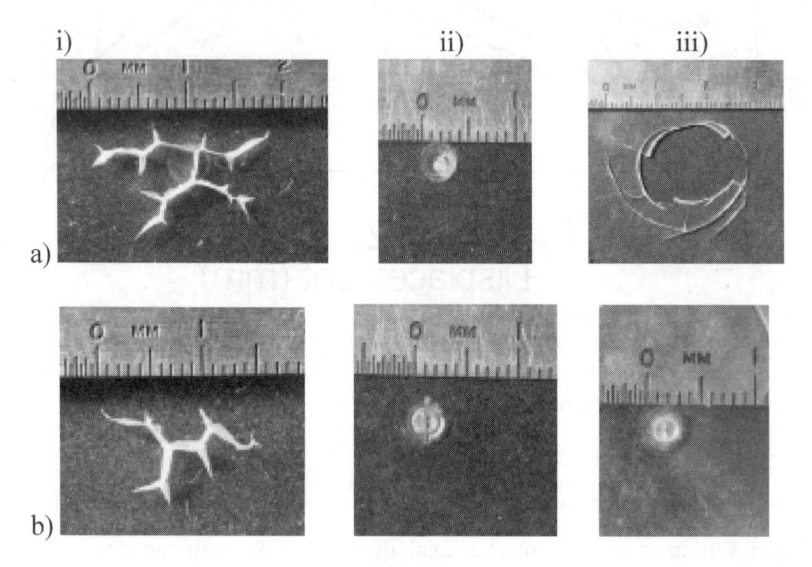

Figure 8. Optical images showing the effect of increasing ionic strength for i) 60% sodium neutralised ii) 30 % sodium neutralised and iii) un neutralise EMAA at a) sub-ambient condition (-30 to -50℃) and b) room temperature[15].

to increased brittle behaviour. Figure 8 clearly illustrates this finding for samples impacted at room temperature (~22℃) and below. Consistent with previous results[3], healing is also evident at sub-ambient conditions for some ionomers with healing in moderately neutralized samples to at least-50℃. The dependency of the elongation to failure at varying strain rates also revealed a similar trend with the healing efficiencies shown. A larger reduction in strain to failure at higher strain rates for higher levels of neutralisation further clarifies the structural rearrangements and tendency toward brittle response occurring during ballistic impact. On the high end, increased ionic content was shown to be a significant advantage in self-healing. While non-ionic copolymers healed fully up to 90℃ (and did not at 100℃, T_m~

92℃), healing persisted in those ionic varieties for samples impacted well into the melt with EMAA-0.3Na healing successfully to 110℃and EMAA-0.6Na to 130℃. Such a result emphasizes the importance of ionic content in producing increased viscosity/melt elasticity in the melt and its role in improving the ballistic self-healing response. Given the previous work, this is the first instance in which the EMAA-0.6Na has outperformed the more moderately-neutralized or non-ionic varieties from the same family.

With regard to aging at room temperature, it has already been suggested here from several sources that ionomers are dynamic materials that undergo rapid transformation during impact as well as slow relaxational response over time. This behaviour is related to structural re-arrangements either from the ionic domains, the crystalline phases or both. The important question in this context however, is the impact upon the self-healing mechanism. Recent work by Pflug *et al.*[15] has suggested that aging at room temperature has a deleterious impact upon the healing efficiency as shown in Figure 9 for the highly neutralized EMAA-0.6Na. Kulkarni *et al.*[16] studied this ageing phenomena using atomic force microscopy and concluded that the increasing in mechanical properties arose from a crystallisation effect which effectively increased the size of the region of restricted mobility around the ionic domain. Another method recently used to investigate the slower structural re-arrangement occurring post impact is the use of resonant ultrasound spectroscopy (RUS)[17]. In this method, a nail was driven through a variety of EMAA copolymers and ionomers and removed rapidly, prior to monitoring the change in the resonant frequencies with time. While still being developed as a tool, an increase in magnitude and shift in resonant frequencies over the course of several hours was able to be attributed to the slow structural re-arrangement and inter-diffusion of the polymer chains which occur post impact.

The likely impact of crystallisation or micro-structural variation has also been demonstrated

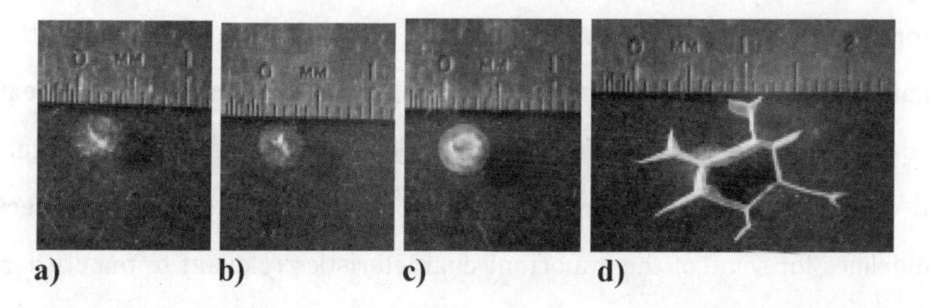

Figure 9. Impact of Ageing at room temperature on self-healing behaviour of EMAA 60% sodium neutralised at a) 1 day, b) 21 days, c) ~2months and d) 5 months[15].

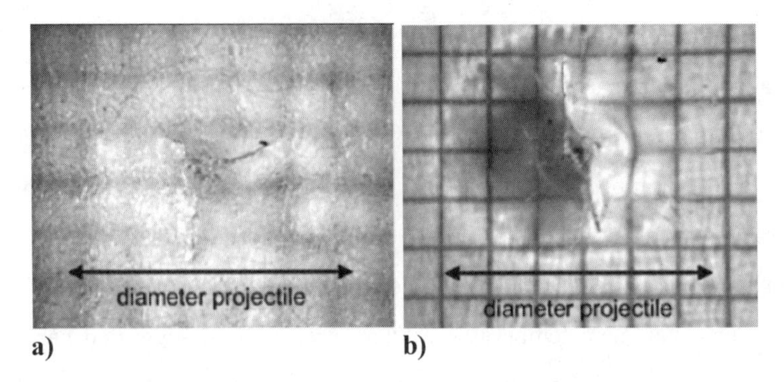

Figure 10. Self-healing after ballistic impact on a) compression moulded and b) extruded samples.

by Haase *et al.* (2009)[6] who compared the self-healing behaviour of EMAA-0.3Na ionomer during high speed ballistic impact when manufactured via compression moulding or extrusion methods. The compression moulding method displayed a characteristic "petalling" as shown in Figure 10a) (and compares with previous work by Kalista), while still producing an airtight seal after penetration. However, when the same ionomer was manufactured via extrusion methods and similarly impacted, a crack that did not provide an air tight sealed was produced as shown in Figure 10b). High speed video revealed that while both samples displayed characteristic elastic rebound post failure, insufficient melting had occurred for the extruded sample for complete sealing to occur.

In recent work, Kalista *et al.*[18] have expanded the scope of materials examined, studying EMAA ionomers having varying neutralization cation (Na, Zn, Li) and with varying content. Not only has this work provided increased understanding of the role of ionic content in producing/inhibiting aging with time and temperature, it has also demonstrated self-healing to expand beyond those Na ionomers previously studied showing significant promise for improvement of the mechanistic model for healing in EMAA materials. Further, recently reported work by Klein[19] has suggested the existence of ballistic self-healing thermoplastic polymers materials beyond the EMAA family. While no clear measure of the healing quality has been reported nor measure of any sealing mechanism present for these materials, the observation of a hole closing response in other polymeric systems should certainly help establish guidelines for some of the important characteristics relevant to puncture-reversal.

5 Cut-Healing

5. 1 Diffusional Healing of Thermoplastic Polymers

The idea of "healing" in thermoplastics is not a new one. It has long been known that thermoplastic polymers will begin to bond together with time when placed in contact above the glass transition temperature (and perhaps even below over longer time scales)[20~25]. This self-adhesion process has been shown to occur through a number of stages as depicted in Figure 11. Here, the process begins whereby two surfaces are brought into contact above T_g. Over time, polymer chains begin to inter-diffuse, bonding the surfaces together on a molecular level. Mechanistically, such behaviour has been modelled to occur via a reptation model. After a sufficient level of inter-diffusion is reached, the bond line is blurred (though may not optically disappear) and welding of the two surfaces is complete. Of course, given increases in temperature such a process would be expected to occur more rapidly yielding stronger bonding over shorter time scales.

5. 2 Cut-Healing/Welding in EMAA

Given that EMAA based copolymers and ionomers are thermoplastics, this healing/welding behaviour is also expected in EMAA materials. During some of the early investigations of self-healing in EMAA ionomers, researchers at NASA demonstrated the ability of these materials to heal cut/sawing type damage immediately[26]. Here it was observed that a ¼ inch thickness plate was able to bond together along the damage plane immediately upon sawing

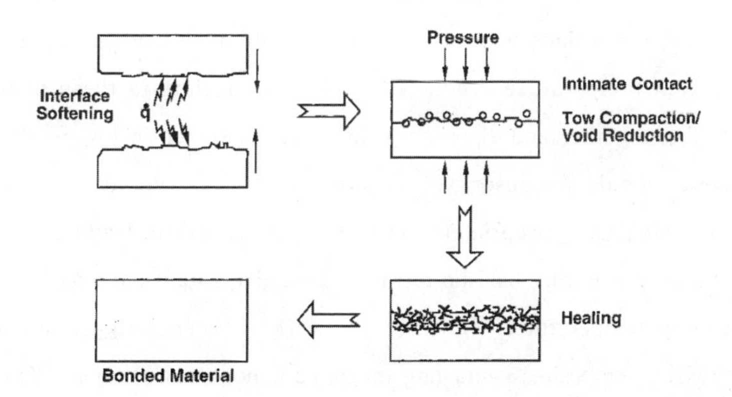

Figure 11. Schematic of healing process active between two thermoplastic surfaces. (Yang and Pitchumani 2002 [9])

with a hacksaw. While it was necessary to add heat to the system using a heat gun (as the sawing process did not produce a locally molten state), the speed of bond strength recovery highlighted the self-adhesive properties of this material and its melt elasticity. The addition of hydrogen bonding and ionic domains does however add a further dimension to the structure and hence healing capacity of EMAA copolymers or their ionomeric analogues. The enhanced elasticity in the melt ensures that even when they are heated above their melting point, there is sufficient structural integrity to maintain intimate contact with both fracture surfaces. This facilitates molecular diffusion and therefore healing, unlike a linear thermoplastic which has no supramolecular structure and would simply melt away prior to any contact between fracture surfaces.

Beyond the work at NASA there have been several other studies on the cut-healing/welding process in these materials. In early ballistic studies, Kalista examined self-adhesion of EMAA-0.3Na surfaces using a peel test[1, 2]. Here, it was shown that significant self-adhesion was not obtained until sample temperature reached 80℃ (~10-15℃ below T_m). Studies by Varley and van der Zwaag[7] welded cut specimens for varying time and temperature and found over 90% recovery in tensile yield strength after 8 minutes at 138℃ and about 65% recovery after 2 minutes at 110℃. This result illustrated the importance of increased molecular diffusion at elevated temperature but also the enhanced structural integrity of a these ionomers despite the temperature being about 40℃ and 20℃ above their melting points respectively. Ultimately, the work of Owen[27] is perhaps the most relevant to the current cut/crack-healing literature in other systems and highlights the abilities of EMAA beyond the realm of ballistic healing. Here, EMAA films were sliced with a razor blade and placed upon a hot stage. Increases in film temperature produced measurable healing in these materials with the polymer bonding together and zipping up the crack as shown in Figure 12. While none of these processes could be described as autonomic, they would be expected to occur automatically given an appropriately energetic damage event, leaving heated surfaces in contact (such as in following ballistic retraction) or given sufficient lengths of time for inter-diffusion at lower temperatures. However, the work of Owen designed around this scenario producing EMAA composites containing magnetic nanoparticles, would allow external user-initiated inductive heating of composite materials. Given an appropriately automated or controlled system such a process would clearly be capable of producing systems able to heal

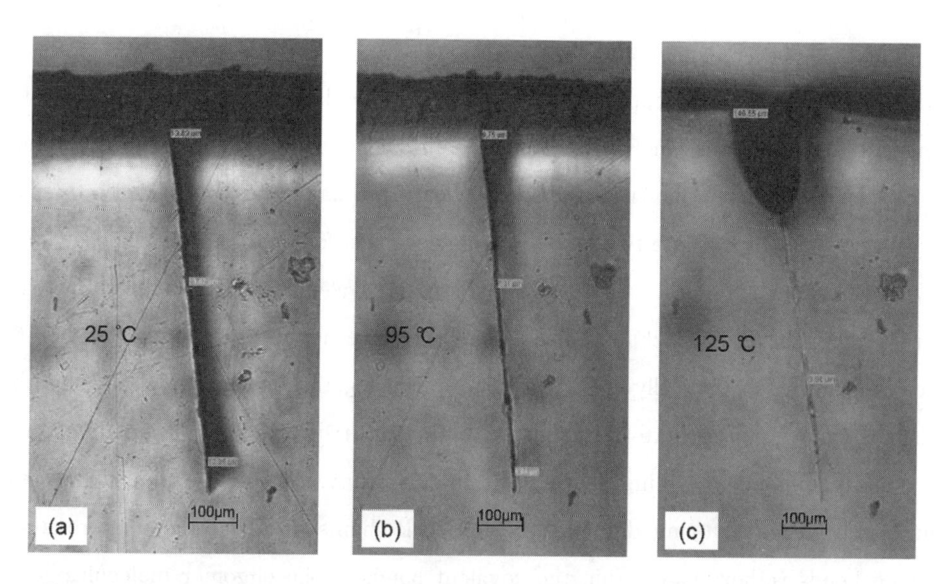

Figure 12. Cut-healing of virgin EMAA-0.3Na with increase in temperature from a) to c)[27].

internal cuts and cracks in a non-invasive and nearly automatic fashion.

The useful melt viscosity and diffusional properties of EMAA have been utilised recently in a unique way, by simply adding it to an epoxy resin to develop mendable resins and composites[28, 29]. The EMAA, when used as an additive healing agent, was shown to respond to appropriate external thermal activation to restore the toughness properties of a composite. While aspects of the mechanism are similar to those discussed above, other structural aspects of the EMAA are utilised which facilitate a novel healing mechanism. When incorporated into an epoxy matrix, either through particles[28, 29] or fibres [30] chemical interaction with the epoxy matrix creates the potential for healing via a pressure delivery mechanism. Reaction at elevated temperature (ie epoxy composite post-cure) between the carboxylic acid groups and the epoxy matrix produces volatile species which form a bubble within the thermoplastic phase. After some damage event, healing can be activated by heating above 100℃ which has the effect of expanding the bubble and pushing the molten polymer into a damage zone. Upon cooling the properties of the composite are restored through hydrogen bonding adhesion between the two largely non-polar fracture surfaces. While clearly not the same mechanism as the ballistic healing mechanisms discussed so far, it does highlight the inherent adaptability of this type of thermoplastic and the broad range of bonding that is possible, covalent and hydrogen bonding, that contributes to this novel mechanism.

5. 3 Supramolecular Polymers and Hydrogen Bonding

Another system capable of cut-healing may help to elucidate some of the kinetics of the sealing/cut-healing process in EMAA materials. Novel thermoreversible rubber materials from Cordier *et al.*[31] have shown the ability to heal from damage when placed into contact after being completely cut into two pieces. The mechanism for their healing response rests in their unique chemistry. Rather than traditional strong covalent bonding present in polymeric materials along the chain backbone, these small molecule networks of di-topic and tri-topic molecules (shown schematically in Figure 13) are held together instead by weaker hydrogen bonds, producing rubber-like materials with the ability to de-bond upon damage and subsequently re-bond providing self-repair. In this study, bars of the material were cut forming two pieces. During damage, the network chains break at the numerous weak hydrogen bonds rather than within the covalent bonds of the oligomer molecules, leaving unassociated hydrogen bonds exposed on the surface of the material. When brought back into contact these hydrogen bonds reform producing a healed specimen. If brought back into contact immediately, hold times of ～3 hours will yield almost complete recovery of material strength. However, if left apart prior to re-bonding, unassociated hydrogen bond sites will begin to pair up along their own exposed surface decreasing the number of available sites for re-bonding producing a diminished healing ability. With increases in temperature, this

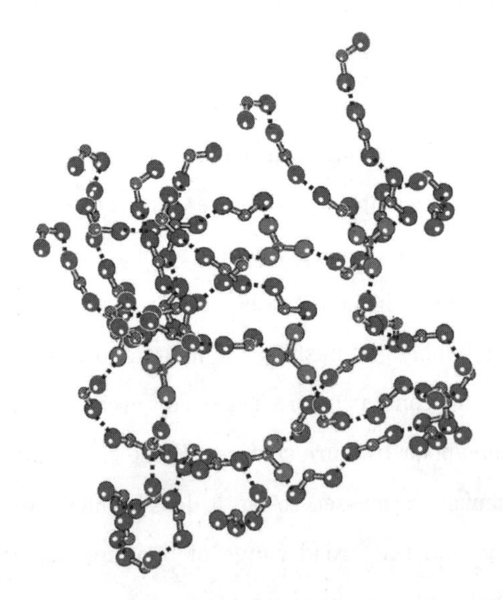

Figure 13. Supramolecular network of small molecules bonded via hydrogen bonding. (Reproduced from Cordier et al 2008[31])

diminishing effect was amplified such that a week at room temperature or just 15 minutes at 90℃ resulted in no healing when placed into contact. Clearly, this healing response holds tremendous potential for producing rubbery materials which might heal at room temperature, but its mechanism may also be relevant to self-healing in EMAA copolymers and ionomers currently discussed.

The hydrogen-bonding mechanism of self-healing in these thermoreversible rubbers might also suggest another process present in self-healing of EMAA materials. While it is already expected that chain inter-diffusion be the predominant mode of strength recovery during the sealing phase of ballistic self-healing (or separately in cut-healing), it should be noted that EMAA also contains significant hydrogen-bonding within its structure as depicted in Figure 14 which may also enhance the self-healing event.

Given the added existence of ionic content (and the loss of hydrogen bonding sites resulting in the addition of ionic content) within the healing EMAA systems this becomes a complicated issue. As a result, cut-healing and the ballistic sealing stage of puncture-reversal may contain numerous competing factors including crystallinity, hydrogen bonding, and ionic content with a tendency toward long-term relaxation/ordering. While in the thermoreversible rubber case breakage occurred at hydrogen bond sites, during ballistic puncture, breakage in EMAA will be much more devastating to the polymer-some chains may pull apart, some hydrogen bonds and ionic aggregates may dissociate, and scission of covalent bonds along the main chain is certainly present. After the elastic rebound phase of ballistic healing, it has been mainly been envisioned that the polymer chains inter-diffuse across the boundary knitting together the damaged interface; however, the role of ionic and hydrogen bonding associations during this stage (and as a function of time thereafter, e.g. the possible third stage of long-term healing) have not been clearly established. While originally believed to be the cause of self-healing in EMAA materials, at least increased ionic content has clearly been

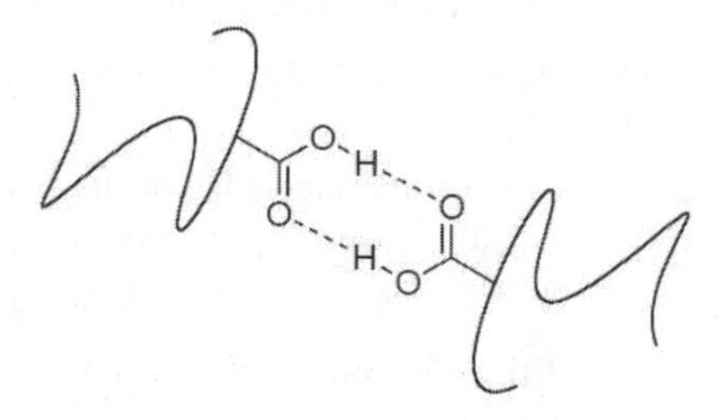

Figure 14. Hydrogen bonding between EMAA chains. (Modified from Bergman and Wudl 2007[32])

shown to hinder the ultimate healed strength[2, 5]. As a result, further characterization of the interfacial healing phenomena is required to completely understand the kinetics of cut-healing and of the melt sealing stage of ballistic self-healing.

6 Conclusions

The current understanding of the self-healing mechanism of thermoplastic copolymer and their ionomeric analogues has been discussed and reviewed in this chapter. While broadly speaking the mechanism is controlled by a balance between the elastic and viscous response during impact, the molecular and micro-structural aspects of the mechanism remain an open question. This chapter has described that while ionic domains are not a necessary requirement to display this healing, some type of hierarchical structure is necessary. Without this higher order structure, there would be no thermo-responsive behaviour, no elastomeric versus elastic equilibrium and no viscous flow whilst maintaining structural integrity. Given the complex microstructures of EMAA polymers and their ionomeric analogues, it is reasonable therefore to surmise that the ultimate level of healing is controlled by hierarchical structures unique to each polymer with the interactions between the thermo-reversible hydrogen bonds and ionic clusters within the thermoplastic at varying temperatures and timescales controlling healing.

References

1) Kalista, S.J., Self-Healing of Thermoplastic Poly (Ethylene-co-Methacrylic Acid) Copolymers Following Projectile Puncture., Virginia Tech: Blacksburg, Virginia, USA, 2003
2) Kalista, S.J., T.C. Ward, and Z. Oyetunji, Self-Healing of Poly (Ethylene-co-Methacrylic Acid) Coplymers Following Projectile Puncture. *Mechanics of Advanced Materials and Structures,*. **14** (5): p. 391-397, 2007
3) Kalista, S.J. and T.C. Ward, Thermal Characteristics of the Self-Healing Response in Poly (ethylene-co-methacrylic acid) Copolymers. *Journal of the Royal Society: Interface*, **4** (13): p. 405-411, 2007
4) Fall, R., Puncture Reversal of Ethylene Ionomers - Mechanistic Studies., Virginia Tech: Blacksburg, Virginia, USA, 2001

5) Kalista, S.J., Self-Healing Ionomers, in Self-Healing Materials: Fundamentals, Design Strategies, and Applications, S.K. Ghosh, Editor, Wiley-VCH: Weinheim, 2009
6) Haase, T., *et al.*, Influence of the manufacturing process on the self-healing behavior of ionomers. Dymat 2009: 9th International Conference on the Mechanical and Physical Behaviour of Materials under Dynamic Loading, Vol 1. 765-770. 2009
7) Varley, R.J. and S. van der Zwaag, Towards an understanding of thermally activated self-healing of an ionomer system during ballistic penetration. *Acta Materialia*, **56** (19): p. 5737-5750, 2008
8) Varley, R.J. and S. van der Zwaag, Development of a quasi-static test method to investigate the origin of self-healing in ionomers under ballistic conditions. *Polymer Testing*, **27** (1): p. 11-19, 2008
9) Kalista, S.J. and Sivertson, Self-Healing Ionomers, in Self-Healing Materials: Fundamentals, Design Strategies, and Applications, S.K. Ghosh, Editor, Wiley-VCH: Weinheim, 2006
10) Seibert, G.M., Shooting Range Targets, U.S. Patent, Editor. 1996: United States.
11) Coughlin, C.S., A.A. Martinelli, and R.F. Boswell, Mechanism of Ballistic Self-Healing in EMAA Ionomers. Abstracts of Papers of the *American Chemical Society*, **228**: p. 261-PMSE, 2004
12) Huber, A. and J. Hinkley, Impression Testing of Self-Healing Polymers. NASA Technical Memorandum, NASA/TM-2005-213532, 2005
13) Varley, R.J. and S. van der Zwaag, Autonomous Damage Initiated Healing in Thermoresponsive Ionomers Polymer International,. 2010 in press.
14) Varley, R.J., S. Shen, and S. van der Zwaag, The effect of cluster plasticisation on the self healing behaviour of ionomers. *Polymer*, **51** (3): p. 679-686, 2010
15) Pflug, J.R., S.J. Kalista, and R.J. Varley, Ballistic Impact and the Elastic Stage of Self Healing in Poly (ethylene-co-methacrylic acid) copolymers and Ionomers, in 2nd International Conference on Self Healing Materials.: Chicago, USA, 2009
16) Kulkarni, H.P., *et al.*, Mechanism of aging effects on viscoelasticity in ethylene-methacrylic acid ionomer studied by local thermal-mechanical analysis. *Journal of Materials Research*, **24** (3): p. 1087-1092, 2009
17) Ricci, A., K. Pestka, and S.J. Kalista, Utilising Resonany Ultrasound Spesctroscopy (RUS) on Poly (ethylene-co-methacrylic acid) copolymers in order to determine Structural transitions. Acoustical Society of America World Wide Press Room, 2009.
18) Kalista, S.J., *et al.*, Self Healing and the Melt Sealing stage in an Array of Poly (ethylene-co-methacrylic acid) Ionomers, in 2nd International Conference on Self Healing Materials.: Chicago, USA, 2009
19) Klein, D., Development and Ballistic Testing of Self-Healing Polymers, in 2nd International Conference on Self Healing Materials.: Chicago, USA, 2009
20) Boiko, Y.M., *et al.*, Healing of interfaces of amorphous and semi-crystalline poly (ethylene terephthalate) in the vicinity of the glass transition temperature. Polymer, **42** (21): p. 8695-8702, 2001

21) Kim, Y.H. and R.P. Wool, A Theory of Healing at a Polymer Polymer Interface. *Macromolecules*, **16** (7): p. 1115-1120, 1983
22) Prager, S. and M. Tirrell, The Healing-Process at Polymer-Polymer Interfaces. *Journal of Chemical Physics*, **75** (10): p. 5194-5198, 1981
23) Wool, R.P. and K.M. Oconnor, A Theory of Crack Healing in Polymers. *Journal of Applied Physics*, **52** (10): p. 5953-5963, 1981
24) Yang, F. and R. Pitchumani, Healing of thermoplastic polymers at an interface under nonisothermal conditions. *Macromolecules*, **35** (8): p. 3213-3224, 2002
25) Yang, F. and R. Pitchumani, Nonisothermal healing and interlaminar bond strength evolution during thermoplastic matrix composites processing. *Polymer Composites*, **24** (2): p. 263-278, 2003
26) Siochi, E.J. and J. Bernd, NASA Langley Research Center.
27) Owen, C.C., Magnetic Induction for In-situ Healing of Polymeric Material., Virginia Tech: Blacksburg, Virginia, USA, 2006
28) Meure, S., D.Y. Wu, and S. Furman, Polyethylene-co-methacrylic acid healing agents for mendable epoxy resins. *Acta Materialia*, **57** (14): p. 4312-4320, 2009
29) Meure, S., D.Y. Wu, and S.A. Furman, FTIR study of bonding between a thermoplastic healing agent and a mendable epoxy resin. *Vibrational Spectroscopy*, **52** (1): p. 10-15, 2010
30) Meure, S., S. Furman, and S. Khor, Polyethylene-co-methacrylic acid healing agents for mendable carbon fibre laminates. Macromolecular Materials and Engineering, 2010.
31) Cordier, P., *et al*., Self-healing and thermoreversible rubber from supramolecular assembly. *Nature*, **451** (7181): p. 977-980, 2008
32) Bergman, S.D. and F. Wudl, Re-Mendable Polymers, in Self Healing Materials: An Alternative Approach to 20 Centuries of Materials Science, S.v.d. Zwaag, Editor., Springer: Dordrecht, 2007

第4章　Encapsulation-Based Self-Healing Materials

Michael W. Keller*

A successful self-healing material must satisfy several, sometimes contradictory, requirements. The material must remain active and ready to heal, despite potentially being dormant for considerable lengths of time. Inclusion of any self-healing functionality should not be detrimental to the inherent material performance. Finally, the material should react automatically to initiate and complete healing of any damage that is introduced. Several early attempts at developing a self-healing material failed to satisfy one or more these requirements. These early materials either required external intervention, as in the work of Zako and Takano[1], or severely impacted the initial material properties, as in the work of Dry and co-workers[2, 3]. The first self-healing material to successfully address all of these diverse requirements was demonstrated by White and co-workers in 2001[4]. The conceptual and technological advance that enabled this success was the incorporation of a microencapsulated liquid healing agent. Microcapsules are thin spherical shells, with a central core, typically liquid. These embedded microcapsules served both as the stable repository of healing agent and as the trigger that initiated the healing response. This novel self-healing material also included a solid phase catalyst, which could initiate polymerization of the healing agent. A schematic diagram of the material is shown in Figure 1. These two components, the microcapsules and the catalyst, were then dispersed in an epoxy matrix, forming the self-healing material.

The use of a microencapsulated healing agent solved two of the primary issues in self-healing, the requirement of a stable storage mechanism and the requirement of autonomy. By combining the technological advance of a microencapsulated healing agent with a stoichiometrically flexible healing chemistry, the new material fulfilled all the necessary chemical and triggering requirements of a self-healing material. Furthermore, the addition of microcapsules toughened the epoxy matrix[5].

---

* The University of Tulsa, Department of Mechanical Engineering

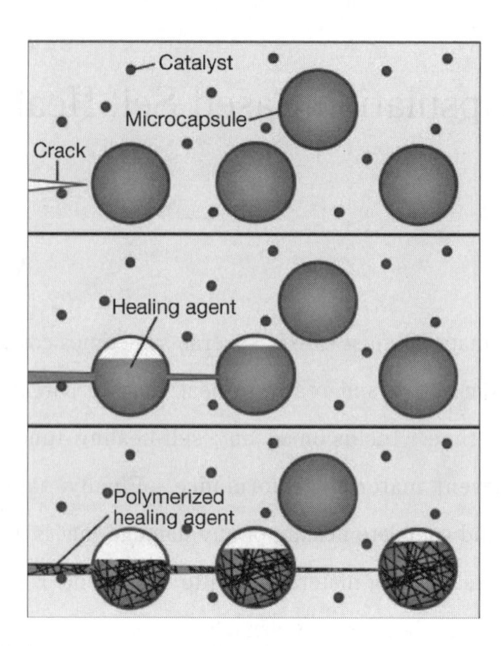

Figure 1: Schematic representation of a microcapsule-based self-healing material undergoing a damage-healing cycle[4].

Since this initial demonstration, many research groups have adapted the encapsulation-based approach for developing new self-healing materials. Despite a wide variety of healing chemistries and encapsulation procedures, all encapsulation-based self-healing materials operate on the same basic principles. A chemically active 'healing-agent' is stored via some encapsulation technique within the host matrix. Damage in the material, usually in the form of a crack or tear, propagates through the encapsulated material releasing the healing-agent in the damaged zone. The healing-agent then reacts with an initiator or catalyst also embedded in the host matrix and begins to polymerize. Polymerized healing-agent repairs the damage by bonding the two faces of the damage, usually a crack, together again thereby restoring much of the original material properties. A common feature of self-healing research is the definition of a healing efficiency η, first proposed by Wool and O'Conner[6]. This is a quantitative measure of a specific material property recovery, which is frequently fracture toughness, defined as,

$$\eta = \frac{\Gamma^{healed}}{\Gamma^{initial}} \times 100, \tag{1}$$

where Γ^{healed} is the healed value of some material property and Γ^{initial} is the virgin or initial value of that property.

Self-healing materials based on encapsulation approaches have proven to be flexible with regards to both matrix and healing agent chemistry and amenable to a broad range of damage scenarios. Encapsulation approaches are currently the most promising avenue to the introduction of viable, commercial self-healing materials. In this chapter, the current state-of-the art of encapsulation-based self-healing will be discussed, starting with a review and discussion of demonstrated healing chemistries. Common microencapsulation techniques will be surveyed and the methods and results of mechanical characterization of a variety of demonstrated self-healing materials will be covered.

1 Healing Chemistries

The selection of the healing chemistry is the most critical aspect of the development of new self-healing materials. Any candidate healing chemistry must be stable, polymerizable at the working temperature of the material, and encapsulateable. Much of the current research in self-healing materials is focused on the development of novel healing chemistries and the optimization of existing healing chemistries. In general, healing chemistries involve at least one liquid-phase healing agent that interacts with an embedded polymerization catalyst or initiator. Polymerization initiation schemes that have been exploited for healing chemistries are wide ranging and include almost all common polymer-forming reactions.

2 ROMP-Based Chemistries

The healing chemistry in the White system was based on a dicyclopentadiene (DCPD) monomer that was polymerized by the bis (tricyclohexylphosphine) benzyllidine ruthenium (IV) dichloride, more commonly called 1st generation Grubbs' Catalyst[7]. This healing system combined a number of favorable characteristics that still makes the approach one of the most successful. The chemistry is relatively insensitive to stoichiometry, shrinks minimally during polymerization, and is tolerant to adverse chemical environments. The Grubbs'-DCPD chemistry is based on a ring-opening metathesis polymerization (ROMP) outlined in Figure 2. In addition to the favorable cure properties, DCPD is a bifunctional monomer potentially

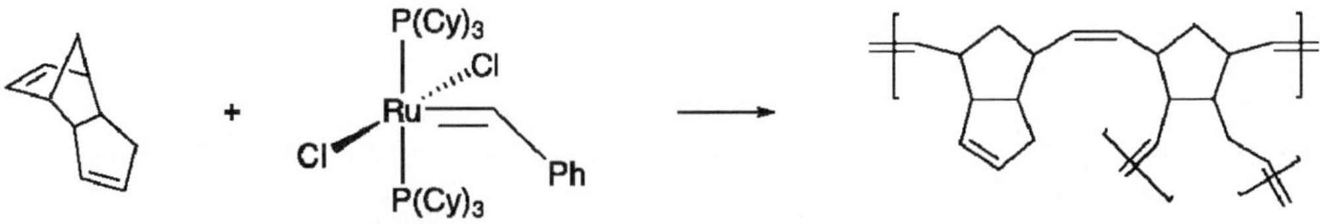

P(Cy)3
Cl
Ru
Cl
Ph
P(Cy)3

Figure 2: Ring Opening Metathesis Polymerization (ROMP) of dicyclopentadiene (DCPD) via Grubbs catalyst.

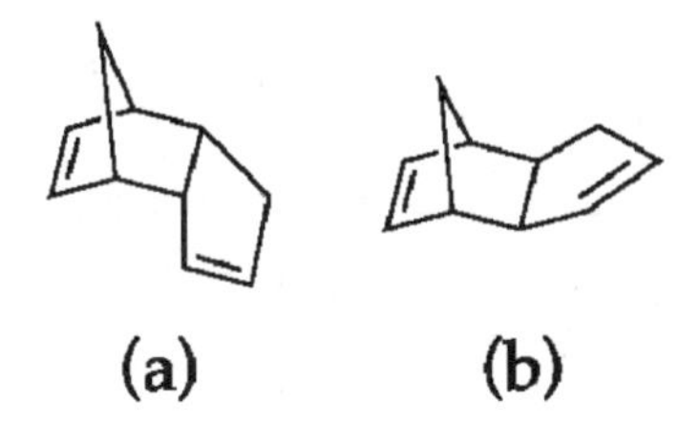

Figure 3: Two stereoisomer of DCPD. a) *endo*-DCPD and b) *exo*-DCPD.

leading to extremely high levels of crosslinking. Based on this chemistry, White *et al.* demonstrated a material that was capable of recovering 75% of the original fracture toughness after a 48 h healing period[4]. In a later paper, Brown and co-workers were able to optimize the healing system leading to fracture toughness recoveries in excess of 90%[8].

Work is continuing on ROMP-based healing systems, with the goals of addressing several perceived shortcomings of the original work. New approaches to catalyst processing and protection are being investigated in order to improve the stability and performance of the catalyst in the challenging chemical environment of curing epoxies. Different catalyst and monomer combinations are also being studied in an attempt to reduce the time required for the development of full healing efficiency and to improve healing performance. The kinetics of the healing reaction in the original White system that utilized *endo*-DCPD (see Figure 3a), are such that roughly 10 hours are required to reach a stable healing efficiency. While this is not a practical concern in a laboratory setting, many applications in industry would benefit from a system that possessed faster healing kinetics.

An alternative stereoisomer, *exo*-DCPD (Figure 3b), exhibits considerably faster polymerization rates when compared to the *endo*-isomer, based on rheokinetic studies[9]. Furthermore, this material is easily synthesized from the cheap, commercially available *endo*-isomer[9, 10]. Rule and Moore had previously studied the reaction kinetics of these two isomers

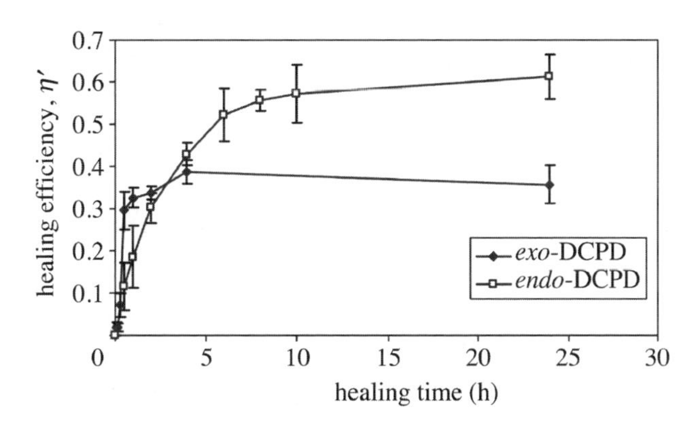

Figure 4: Evolution of healing efficiency for self-healing material utilizing the *endo*-isomer (□) and *exo*-isomer (◆)[12].

via NMR and found that the increased reactivity was primarily the result of sterics[11]. Healing performance of *exo*-DCPD was first characterized by Mauldin and co-workers, who demonstrated that the development of healing efficiency occurs much faster than the *endo*-isomer[12]. Significant healing efficiency develops in just a few hours, compared to 10 hours for the *endo*-isomer (Figure 4). However, Figure 4 also demonstrates a drawback of healing utilizing *exo*-DCPD. While healing efficiency develops much faster, the final plateau value of healing is considerably less than the value achieved by the *endo*-isomer.

Scanning electron microscopy (SEM) studies of the fracture surfaced indicated that the rapid polymerization of the *exo*-DCPD was encapsulating catalyst particles and preventing full dissolution of the catalyst. The now encapsulated catalyst was unavailable to promote further polymerization, effectively halting the healing reaction. This premature cessation of polymerization lead to poor adhesive bonding that exhibited as a lower healing efficiency. Encapsulation of the catalyst was mitigated by utilizing blends of *exo*- and *endo*-DCPD reducing the polymerization rate somewhat, but still retaining improved healing kinetics with little impact on final healing efficiencies[12]. An additional advantage to the *exo*-isomer of DCPD is the depression of the minimum temperature that healing can occur. For the *endo*-DCPD-based systems, a lower temperature limit of 15℃ was encountered as the healing agent freezes and is unable to wick into the crack plane[13]. *Exo*-DCPD freezes at −55℃ and successful healing at temperatures ranging from 0 to 4℃ has been demonstrated[12]. In addition to the various isomers of DCPD, Liu and co-workers[13], have investigated the rheokinetics of a number of ROMP-active healing agents using a novel self-healing model in a

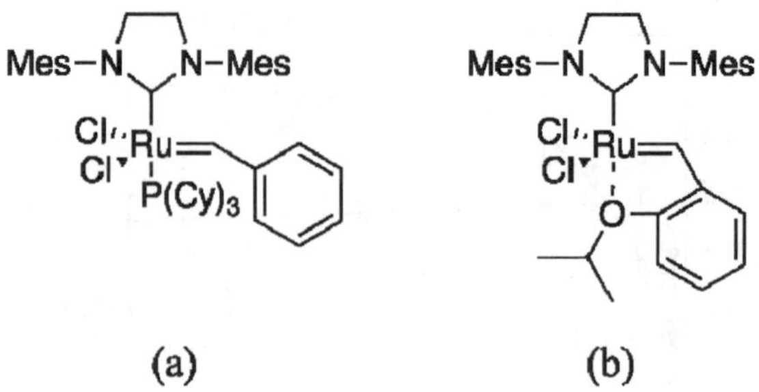

Mes−N N−Mes Cl Ru P(Cy)3 (a) Mes−N N−Mes Cl Ru O (b)

Figure 5: Advanced Ruthenium-based ROMP catalysts, (a) second-generation Grubbs' catalyst and (b) Hoveyda-Grubbs' catalyst.

rheometer. In this experiment, a thin epoxy film containing Grubbs catalyst was coated onto the surface of a rotating plate rheometer. Candidate healing agents were introduced between the two rotating plates and the cure kinetics were analyzed. Several promising healing systems were identified. Wilson and co-workers also investigated the healing of DCPD/norbornene-derivative blends and found that the addition of norbornene-2-carboxylic acid improved peak fracture loads[14].

In addition to studies involving the ROMP-active monomer, the catalyst has also been investigated with the goal of optimization. The original self-healing system utilized the 1st generation Grubbs' catalyst. Since the publication of that work in 2001, several new iterations of Grubbs' catalyst have been developed and introduced. These new catalysts have demonstrated improved polymerization kinetics and environmental stability[15, 16]. Wilson and co-worker systematically investigated two of these new catalysts, the 2nd generation Grubbs catalyst (Figure 5a) and Hoveyda-Grubbs' catalyst (Figure 5b), with respect to both ROMP activity and self-healing performance[14]. Studies indicated that both catalysts were more thermally stable than the first generation Grubbs' catalyst and possessed initially faster polymerization rates. However, these improved characteristics did not directly translate to improved self-healing performance. The high rates of polymerization led directly to polymer encapsulation of the catalyst, as experienced previously with the *exo*-isomer of DCPD mentioned above. As before, catalyst encapsulation halts further polymerization of the healing agent and prevents the attainment of optimal healing efficiency.

Chemical approaches to improving catalyst utilization and survival have met with some success. An alternative strategy is to use physical techniques for modifying catalyst activity and improving catalyst protection. The first successful report of physical catalyst protection was by Rule *et al.* who demonstrated a wax encapsulation scheme to protect the Grubbs' catalyst from the aggressive chemical environment of the curing epoxy network[17]. In this approach, finely ground Grubbs' catalyst was dispersed in molten paraffin wax, which was then poured into a stirred hot water bath. The wax was broken into small spherical drops by the action of a mechanical stirrer. After emulsification of the wax, the bath temperature was quickly lowered below the T_g of the wax, resulting in spherical wax particles with catalyst particles dispersed throughout. Incorporating the wax-encapsulated catalyst into the self-healing composite reduced the required catalyst loading from 2.5 wt% to 0.25 wt%. While the catalyst was well protected by the wax, the polymerized healing agent was plasticized by dissolved wax. Plasticization of the healing agent led directly to non-linear fracture behavior during the healed test and required the use of an energy-based healing efficiency. Details of the testing and analysis of healing in the case of non-linear fracture is described below in the mechanical testing section.

Physical morphology of the catalyst has also been found to alter significantly the healing response of the Grubbs'-DCPD chemistry. In a study using a variety of recrystallization approaches, Jones and co-workers were able to access several crystal morphologies[18]. Typical physical forms that were achievable included large polyhedral crystals, Figure 6a, produced by solvent evaporation and thin rod-like crystal clumps, Figure 6b, produced by non-solvent addition. These different morphologies can change dissolution rates of the catalyst into the healing-agent, with a profound effect on healing efficiency and healing kinetics[18].

While Grubbs' catalyst and its derivatives have proven to be effective polymerization triggers

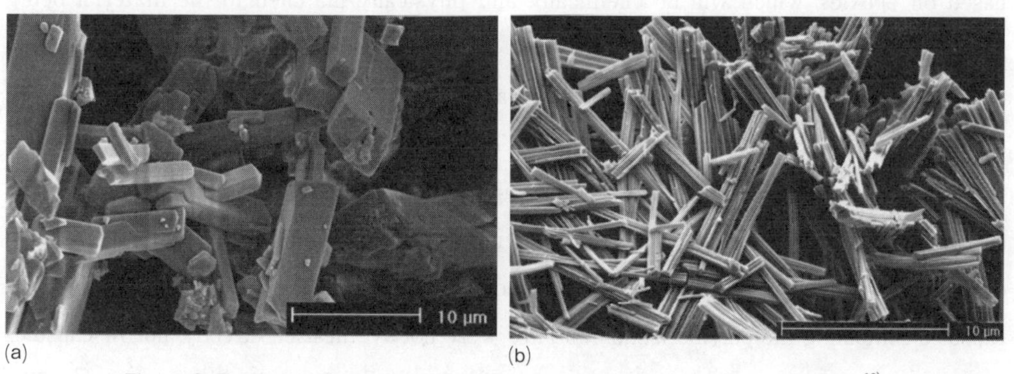

Figure 6: Examples of two different catalyst morphologies. Figure after one in[18].

for self-healing materials they do possess one serious drawback, cost. At current market value, Grubbs catalyst is expensive relative to other components in composites. Additionally, the catalyst and related forms are subject to a variety of patent protections. While a value proposition can be made in the case of high-cost failures, such as critical aerospace composites, utilization of the Grubbs catalyst in low cost consumer good is currently unfeasible. Alternative ROMP-active catalysts have also been investigated as potential triggers for self-healing composites. Tungsten (VI) hexachloride (WCl_6) , which has been used commercially as a ROMP-initiator[19], was recently investigated as a replacement for Grubbs' catalyst in self-healing systems[20]. The tungsten-based catalyst is actually a catalyst precursor and requires a co-activator such as phenyl acetate to become chemically active. The co-activators are typically mixed with the DCPD healing agent and then encapsulated. This system demonstrated the capability to successfully self-heal, but only achieved modest healing efficiencies of 20%. These low levels of healing were attributed to deactivation of the WCl_6 from the harsh chemical environment of the curing epoxy and a tendency for the catalyst to form clumps within the polymer, preventing efficient catalyst usage. While these are significant technical challenges, the WCl_6-based system offers the potential to reduce the cost of a self-healing material significantly[20].

3 Epoxy-Based Chemistries

One of the main targets for application of self-healing materials is in fiber-reinforced composites. A large fraction of composites use epoxy or epoxy-derived polymers as the matrix material. As such, there is a significant interest in developing healing chemistries based on epoxies, which will be chemically and physically matched to the material being healed. However, there have been only a few literature examples of a self-healing material based on a microencapsulated epoxies and hardeners. Several groups have reported the successful encapsulation of epoxy resin[21~25]. The hardener or crosslinker is typically more reactive than the epoxy resin, generally containing primary amines or radical initiators, and as such is difficult to encapsulate. There has been successful healing based on an encapsulated cationic polymerization initiator boron trifluoride diethyl etherate ($(C_2H_5)_2O{\cdot}BF_3$)[26]. However, capsules containing the polymerization initiator were not synthesized directly, hollow capsules were synthesized first and then the initiator was allowed to diffuse into the capsule[27]. The self-healing material demonstrated the capability of recovering up to 80% of the original impact strength based on an Izod impact test. Healing has also been demonstrated utilizing the microencapsulated polythiol pentaery-thritol tetrakis (3-mercaptopropionate)[28, 29]. In addition to the development of these radical and thiol-based epoxy systems, the use of a dissolved, latent imidazole-based curing agent has also been demonstrated for the healing of both epoxy and epoxy-composites[23, 30~32]. The curing agent that is dissolved in the matrix material is an imidazole-copper complex and requires the addition of heat to initiate and complete healing.

Amine-based curing agents have proven to be much more difficult to encapsulate. Using a physical encapsulation procedure, hollow glass tubes, Pang and Bond demonstrated a self-healing composite material that could recover up to 93% of the original flexural strength of the material[33]. The healing agent in this case was a commercial epoxy/hardener system that was stored within the hollow glass fibers. Recently, McIlroy *et al.* demonstrated the encapsulation of an amine-based, commercial curing agent DEH-52 (Dow Chemical), an adduct of an epoxy resin and diethylenetriamine[34]. The capsules were able to cure a film of epoxy, but healing has yet to be demonstrated.

4 Siloxane-Based Chemistries

Siloxane-based chemistries have also been investigated. These chemistries either utilize a polycondensation reaction catalyzed by metal-organic compounds, such as organotins or titanium, or through a platinum catalyzed hydrosilylation. Cho *et al.* utilized the condensation reaction to investigate the healing of an epoxy composite and coating[35].
In their approach, the resin component was phase separated in the epoxy, creating reservoirs of active healing agent without the need for encapsulation. To accomplish the phase separation, the PDMS prepolymer was mixed directly into the epoxy prior to curing. As the

Figure 7: Polycondensation of an alkoxy-terminated PDMS via an organometallic (usually tin) catalyst.

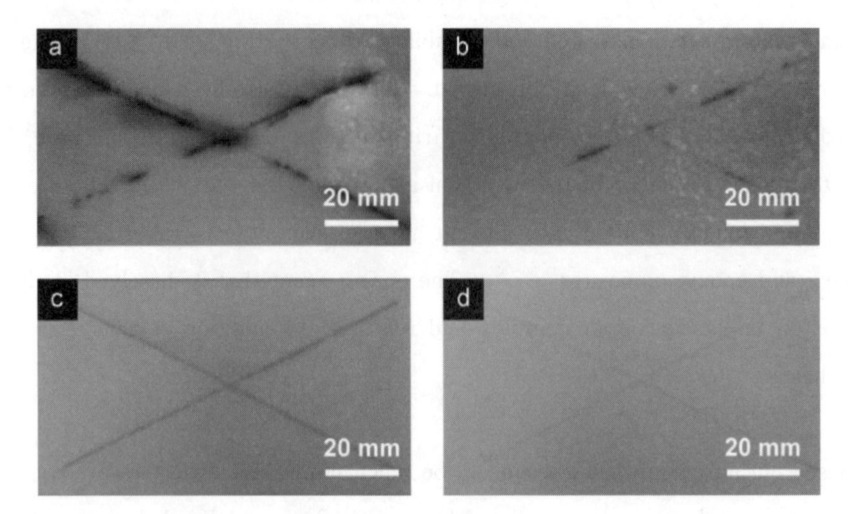

Figure 8: Images of a steel plate coated with control (non-self-healing) and self-healing coatings after a 120 h salt immersion test.

a) A single layer coating non-healing control coating. b) A single layer self-healing coating. c) a two-layer, non-healing commercial ship epoxy and b) a two-layer, self-healing ship epoxy[35].

epoxy cured and formed a crosslinked network, the PDMS prepolymer became insoluble and condensed into spherical droplets, locked within the now cured epoxy. An organotin catalyst, di-n-dilauraltin, was encapsulated and also incorporated into the matrix material. Healing proceeded in much the same manner as the White system. The healing efficiencies attained for the composite material were relatively low, between 9 and 24%, but the system could heal while immersed in water. This same healing system was adapted to heal scratches in surface coating as a corrosion mitigation mechanism[35]. This approach demonstrated the ability to restore the barrier properties of an amine-cured epoxy marine coating.

The results of a 120 h salt-immersion test for a self-healing coating and a control coating a shown in Figure 8. In these tests, the healing was scratched and then immersed in salt water at room temperature, demonstrating both the corrosion protection as well as the ability of the system to heal in adverse conditions.

Hydrosilylation-based chemistries were first used to heal a poly (siloxane) elastomer[36]. This healing chemistry uses a vinyl-functionalized, high molecular weight resin, and a polymeric crosslinker, encapsulated separately. Platinum compounds dissolved in the crosslinker catalyze the reaction.

Some advantages of the Pt-catalyzed system are an ability to tailor the reaction kinetics and

Figure 9: Platinum catalyzed hydrosilylation route to a crosslinked PDMS network.

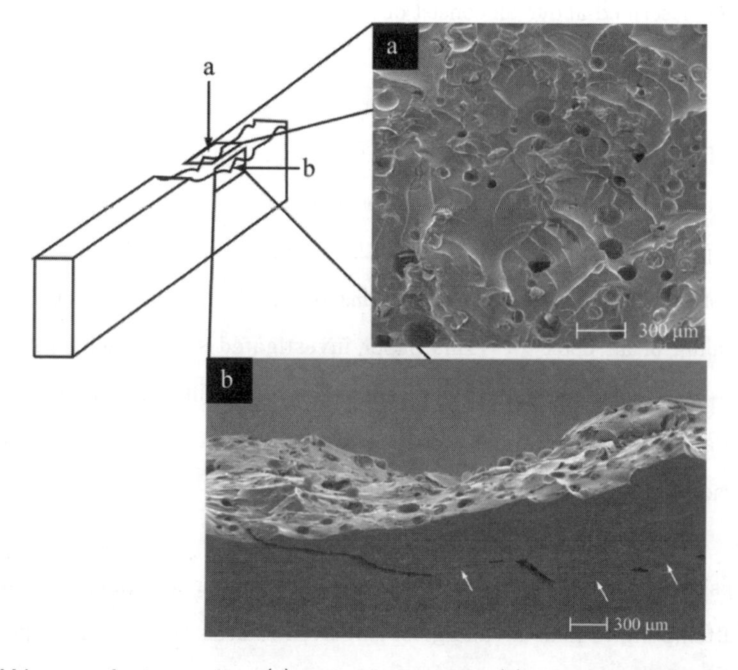

Figure 10: SEM images of a tear surface (a) and a deviated tear (b) for a self-healing PDMS elastomer.

a lack of reaction byproducts. Without a reaction retarder, the crosslinking reaction proceeds to gel in just a few minutes. By adding reaction retarders the crosslinking can be slowed to a few hours.

The self-healing elastomer demonstrated by Keller *et al.* possessed several unique features. This material was the first self-healing material where the healing chemistry produced the same material as the parent matrix. Prior research had utilized two different materials for matrix and healing system (*e.g.* DCPD and Epoxy, PDMS and Epoxy). Based on a tear test, this system demonstrated high healing efficiencies and was capable of fully recovering the virgin tear strength under certain circumstances[36]. The full recovery of tear strength was surprising, and unexpected. These high levels of healing were attributed to local areas of strong adhesion between the healing chemistry-derived polymer and the surrounding matrix. As the tear approached a region with these properties, the tear would deviate into surrounding virgin material and proceed along a new path (see Figure 10 b).

5 Catalyst-Free Systems

The chemistries described above all consist of two components, a monomer or prepolymer and a polymerization catalyst or initiator. Initiator or catalyst phase is generally the most fragile, in the sense of deactivation, and finding a healing chemistry that does not require an initiator would be beneficial for stability of the material. A simple approach is solvent welding, which was first investigated in the late 1970's, see for example[37~40], but these early attempts were not autonomic processes. Healing for these initial studies required heat, pressure, or both. A recent revisit of the solvent welding process utilized a microencapsulated solvent that enables autonomic healing of an epoxy[41]. This paper investigated several solvents finding that a chlorobenzene-based healing system was capable of recovering 82% of the virgin fracture toughness. In a follow-up paper, phenyl acetate was substituted for the chlorobenzene and full recovery of fracture toughness was demonstrated[42].

Several groups are working on chemistries that do not have a second catalyst phase. These systems are attempting to take advantage of long-lived radicals present in the polymer matrix or are attempting to generate a radical through functional groups that react to mechanical force[43]. A recent publication by Wang and co-workers used the living radical approach taking advantage of the living polymer characteristics of atom transfer radical polymerization (ATRP) to heal poly (methyl methacrylate)[44]. Radicals generated by the ATRP process can have extremely long lifetimes and reside at the end of polymer chains. For this healing chemistry, glycidl methacrylate was encapsulated in melamine-formaldehyde and incorporated into the methyl methacrylate prior to polymerization via ATRP. After polymerization, the material was tested via Izod impact and then allowed a 24h-healing period. The released acrylate encountered the living radicals in the polymer matrix and re-initiated the polymerization. Complete (100%) recovery of impact strength was demonstrated, but healing was accomplished under a dry, argon atmosphere with no published results for healing in air[44].

6 Microencapsulation Techniques for Self-Healing Materials

Microcapsules are the key technological advance the made autonomic, self-healing materials a reality. Since the introduction of the first microencapsulation techniques in the 1950's, there has been a proliferation of novel techniques and approaches. In most cases, microcapsules are formed by first emulsifying the desired core material, the encapsulent, in an encapsulation bath. Wall-forming materials are added to the encapsulation bath and a polymerization reaction occurs. The polymer is deposited at the interface of the encapsulent droplet, forming the shell-wall. The initial work by White *et al.* utilized a urea-formaldehyde *in-situ* encapsulation technique. In this procedure, the healing agent is emulsified in a water bath that contains an emulsion stabilizer such as ethylene-co-maleic anhydride (EMA). To this emulsion, urea and formaldehyde are added and the pH is adjusted to be acidic (~3.5 pH). As the temperature of the encapsulation bath is raised, the urea and formaldehyde react to form poly (urea-formaldehyde) (UF), which phase separates and deposits at the water-

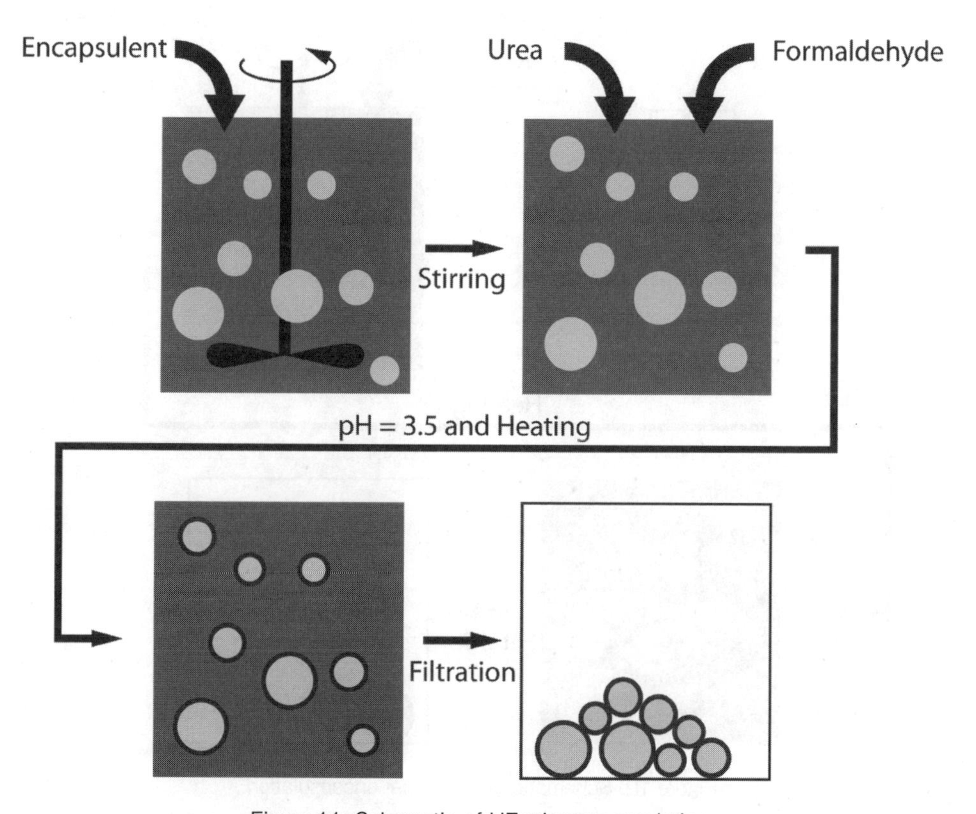

Figure 11: Schematic of UF microencapsulation

encapsulent interface.

Several groups have used modifications of the basic procedure described above to form microcapsules for self-healing materials. The most common variant is to replace the urea with melamine giving a poly (melamine-formaldehyde) shell, which can have better barrier properties than the UF shell[23, 27, 28, 30]. The *in-situ* microencapsulation process can also be modified by adding a prepolymerization step. When a prepolymerization step in introduced microcapsules with significantly thicker shell-walls can be manufactured than the *in-situ* procedure described above. Typical shell walls for the *in-situ* process are in the range of a few hundred nanometers. Capsules with a prepolymerization step can have shell-walls up to a few microns thick.

Emerging alternatives to the UF encapsulation scheme are the interfacial-polymerization approaches. In these techniques, the polymer is formed via the reaction of two immiscible

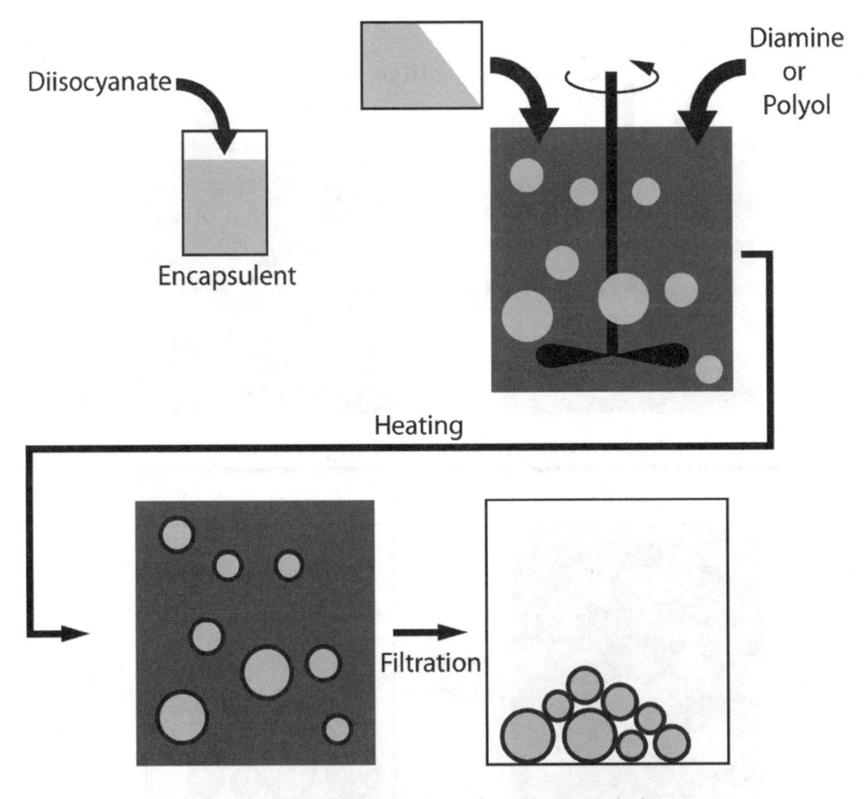

Figure 12: Schematic of interfacial encapsulation.

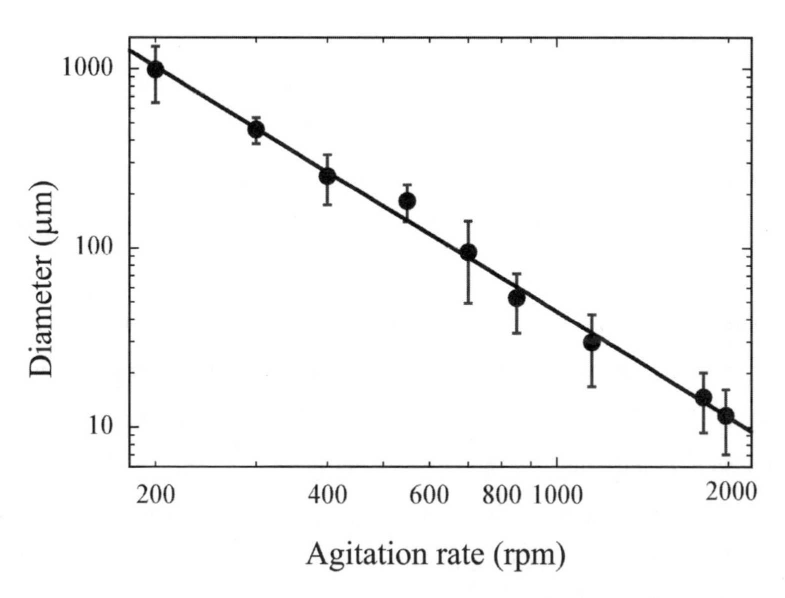

Figure 13: Log-log plot of capsule diameter vs. stirrer speed for DCPD-core UF microcapsules[47].

components. The most widely used interfacial encapsulation procedure generates polyurethanes from an organic-soluble diisocyanate, such as toluene diisocyante (TDI) or methyl-diphenyldiisocyante (MDI), and water-soluble diamine or polyol, such as ethylene diamine or butanediol. Capsules are formed in these approaches by dissolving the diisocyanate into the encapsulent phase, which is generally non-polar, and then emulsifying the resulting solution in a water bath. The water-soluble phase is then added to the encapsulation bath and polymer forms at the water-encapsulent interface.

Both of the techniques described above produce microcapsule by growing a polymer shell around an emulsified droplet. Typically, these emulsions are generated through mechanical stirring, producing droplets that can range from a few millimeters down to a few tens of microns. A typical size distribution of DCPD-filled microcapsules encapsulated using the *in-situ* method is shown in Figure 13[45]. Since the droplet size of emulsions are directly related to the shear forces that the mechanical stirring generates, the lower limits of capsule diameter are therefore directly related to how efficiently shear forces can be introduced into the encapsulation bath. For mechanical stirring, the lower limit is generally around 20 microns. In an effort to achieve nanometer-sized microcapsules, Blaiszik *et al.* introduced an ultrasonication step into the UF microencapsulation process in order to achieve a finer emulsion. The introduction of an ultrasonic source enabled the production of microcapsules with average diameters near 200 nm[46].

An alternative approach to direct encapsulation of the healing chemistries is to create a hollow microcapsule and then diffuse the core into the capsule. These capsules can be made using the UF procedure outlined above, by simply omitting the core material and entraining air bubbles in the encapsulation bath[48]. The UF then deposits at the interface forming a hollow shell. In the case of the $(C_2H_5)_2O{\cdot}BF_3$-containing capsules, the hollow capsules were formed by a UV-initiated polymerization of epoxy diacrylate. Instead of entraining air bubbles this approach required the introduction of a blowing agent, methyl acrylic acid and $NaHCO_3$, to provide a bubble source[27]. Capsules were formed by then exposing the bubble filled mixture to a UV light source, initiating the polymerization of the acrylate, which deposited at the bubble interface. The resulting hollow polymeric microcapsules were then immersed in a solution of $(C_2H_5)_2O{\cdot}BF_3$. After soaking for a prescribed time (up to 50 h), the capsules were washed and dried. The diffusion approach allows for the encapsulation of highly reactive materials, without the need to screen the core from the chemical reaction forming the wall.

Another innovative approach to encapsulating highly reactive materials is to take advantage of favorable chemical kinetics. Yang and co-workers were able to encapsulate an aliphatic diisocyanate, isophorone diisocyanate, by using a modified interfacial technique where an aromatic diisocyanate was the shell-wall former[49]. Aliphatic and aromatic diisocyanates can differ by an order of magnitude in terms of reaction kinetics). Taking advantage of this disparity, these researchers were able to use interfacial polymerization techniques that preferentially consumed an aromatic isocyanate, leaving the aliphatic isocyanate in liquid form in the core. These capsules retained their chemical reactivity, but have yet to be incorporated into a self-healing material.

In addition to the more traditional chemical-based encapsulation techniques, there has been significant success with physical encapsulation techniques, such as through the filling of hollow fibers. Bond and co-workers[33, 50, 51] demonstrated a self-healing material based on the incorporation of these hollow glass fiber "capsules." The healing agent was stored in these fibers until ruptured by propagating damage. These fibers are produced by drawing down a hollow glass preform in a fiber spinning furnace[33]. Fibers as small as 30 microns in diameter with 50% hollowness are achievable. After incorporating the fibers into a composite material, the healing agent was infiltrated using a vacuum-assisted process. The open ends of the fibers were then capped with a sealant, preventing leakage.

Park and Braun[52] were able to successfully encapsulate healing agent through an electrospinning process. Electrospinning is a modified wet-spinning process where a strong bias is applied to the spinneret to induce electrostatic forces that thin the polymer stream. To encapsulate a healing agent within the electrospun fiber, a coaxial jet is formed and then thinned by applying a large voltage potential, typically in excess of 5 kV, between the metal spinneret and the collection area. By creating a co-axial jet, where the core material and shell material form co-axial cylinders, a continuous fiber with a healing agent core is produced. This method can produce very small fibers with diameters on the order of a few nanometers.

7 Mechanical Characterization of Microcapsule-Based Self-Healing Materials

Typically, self-healing behavior has been quantified by the recovery of some material property of interest. An initial, or virgin, test is performed, the material is allowed a predefined rest, or healing, period and the now healed specimen is tested again. The quantization of healing is performed by calculating a healing efficiency η, first proposed by Wool and O' Conner[6], which is defined as the healed value Γ^{healed} normalized by the initial or virgin value $\Gamma^{initial}$,

$$\eta = \frac{\Gamma^{healed}}{\Gamma^{initial}} \times 100. \qquad (2)$$

Fracture toughness has overwhelmingly been chosen as the healing metric by most of the self-healing materials studies (see for example[8, 18, 53]). When fracture toughness is the material property of interest, a unique complication is introduced. In routine fracture testing the most commonly used specimens, such as the compact tension or single edge notch, require the determination of the crack length to calculate fracture toughness. Locating the crack-tip position is straightforward in the case of the initial test, but after healing a question is raised. What is the most accurate way to determine the crack-tip location? White and co-workers approached this issue by adopting a crack-length-independent specimen, the tapered double-cantilevered beam (TDCB) specimen (see Figure 14), eliminating the need to determine the healed crack-tip position. Tapered, constant compliance and therefore crack length independent specimens had been proposed and investigated by Mostovoy and co-workers in the late 1960's[54] for use in metallic materials. By adopting the TDCB geometry, the healing efficiency can be calculated simply by using the peak loads attained by the specimens. The fracture toughness of a TDCB specimen is calculated using the equation

$$K_{IC}=2P_c\frac{\sqrt{m}}{\beta}, \tag{3}$$

where, m and β are geometric terms that depend on the specimen configuration, and P_c is the critical fracture load. Since the geometric terms are constant from test-to-test the healing efficiency becomes

$$\eta=\frac{K_{IC}^{\,healed}}{K_{IC}^{\,initial}}=\frac{P_c^{\,healed}}{P_c^{\,initial}}. \tag{4}$$

The TDCB specimen geometry proved to be a highly effective tool for the investigation of self-healing materials. However, one drawback is the relatively large size of the specimen when compared to more common compact tension geometry. A typical compact tension specimen that adheres to the ASTM standards for an epoxy-matrix specimen requires approximately half the material as the TDCB specimen in Figure 14. The large volume of material required for the TDCB specimens can make large scale testing costly or even prohibitive if the target material is difficult to synthesize in large quantities. To address this shortcoming, Jones and co-workers developed a localized TDCB that uses a thin strip of "active" self-healing material inside a larger inert shell as shown in Figure 15[55]. This

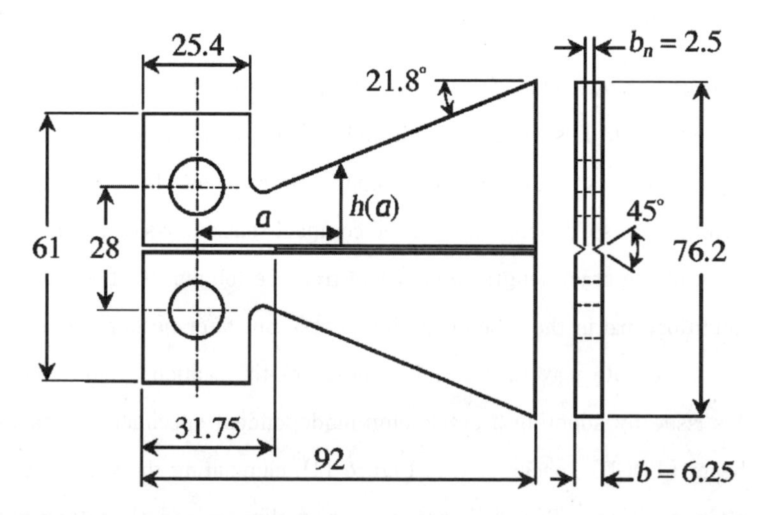

Figure 14: Schematic drawing of the tapered double cantilevered beam specimen developed to study self-healing composites[8].

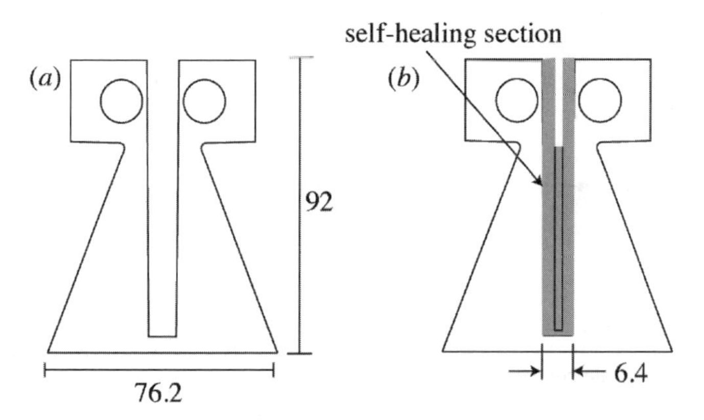

Figure 15: A Localized TDCB specimen, measurements in mm[55].

modification of the TDCB requires significantly less self-healing material when compared to the full size specimen.

By adding a microencapsulated healing agent, the material becomes a composite. As such, understanding the effect of each component has on material properties is vital. In the work published by Brown and co-workers that studied the effect of microcapsule concentration on self-healing performance, the healing efficiency was found to vary significantly as capsule concentration varied[8].

Investigating this phenomenon, researchers determined that the change in healing efficiency as microcapsule concentration increases is not actually caused by a variation in healing response, but by the variation in the initial fracture toughness. Figure 16 clearly shows the effect of virgin fracture on calculated healing efficiency. As capsule concentration increases, the virgin fracture toughness increases to a maximum (Figure 16a), while the healed fracture toughness increases modestly, but continuously. Since healing efficiency is a ratio, this causes a minimum in apparent healing efficiency when the virgin fracture toughness is at a maximum (Figure 16b). Without carefully tracking the fracture toughness for virgin and healed specimens these effects would have gone unnoticed.

In addition to investigating the effects of capsule concentration on self-healing and fracture performance, Brown and co-workers also investigated the effects of capsule size[5, 8]. Results of fracture testing, shown in Figure 17, indicated that while the overall level of matrix toughening that occurred remained the same for the various capsule diameters. The concentration where the maximum occurred depended on capsule size.

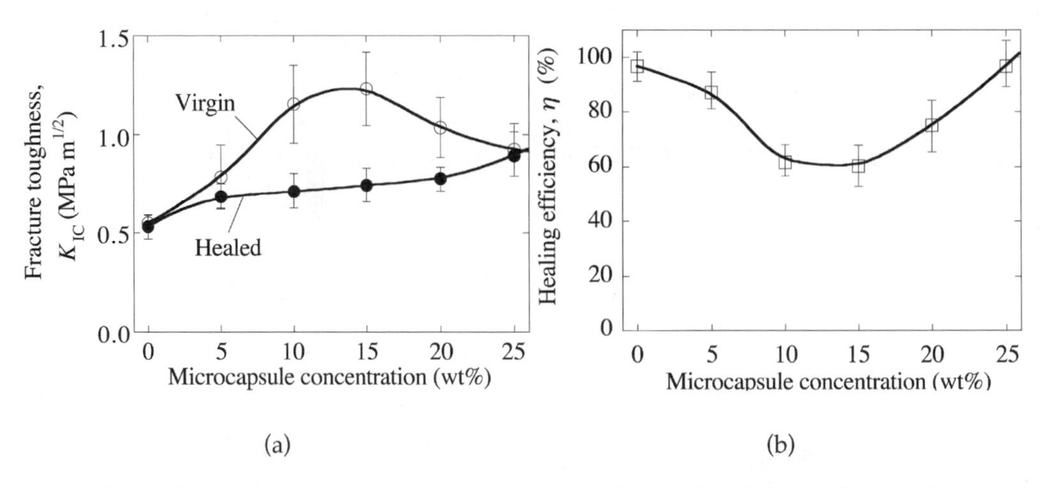

Figure 16: Variation in fracture toughness values for virgin and healed tests (a) and the resulting variation in healing efficiency calculated using the two tests (b).

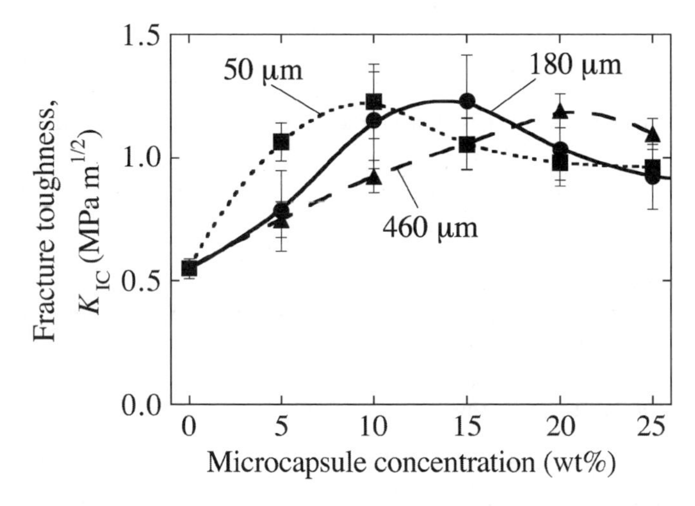

Figure 17: Fracture toughness of a microcapsule-epoxy composite as a function of capsule diameter and concentration.

There are practical advantages of decreasing capsule size. Fiber reinforced composites can have reinforcement volume fractions exceeding 90%, leaving little free volume for the incorporation of healing system components. Smaller capsules are expected to integrate better in these materials. However, the use of small capsules comes at a price. In an effort to understand the impact of small capsules on healing, Rule, Sottos, and White studied self-healing materials based on smaller capsules[56]. This study demonstrated that for the relatively large crack opening displacements of a standard TDCB specimen, as large as 26 microns, the amount of healing agent delivered by smaller microcapsules (~63 micron diameter), was insufficient to provide adequate self-healing performance. Altering the sample to ensure that the crack opening displacements were minimized, Rule *et al.* was able to significantly improve healing performance. In addition to experimentally investigating the effect of capsule size on healing performance, the authors also derived a simple expression for estimating the amount of healing agent delivered to the crack plane,

$$m = \rho_s \Phi d. \tag{5}$$

This relationship implies a simple proportional ratio between the capsule concentration Φ, capsule diameter d, and sample density ρ_s. In an attempt to address the dependence of healing performance on crack opening displacement, Kirkby and co-workers demonstrated the healing of a composite material with embedded shape memory alloy (SMA) wires[57]. In this material, SMA wires were embedded perpendicular to the crack plane and were actuated after a fracture test, shown schematically in Figure 18. The actuated wires closed the crack

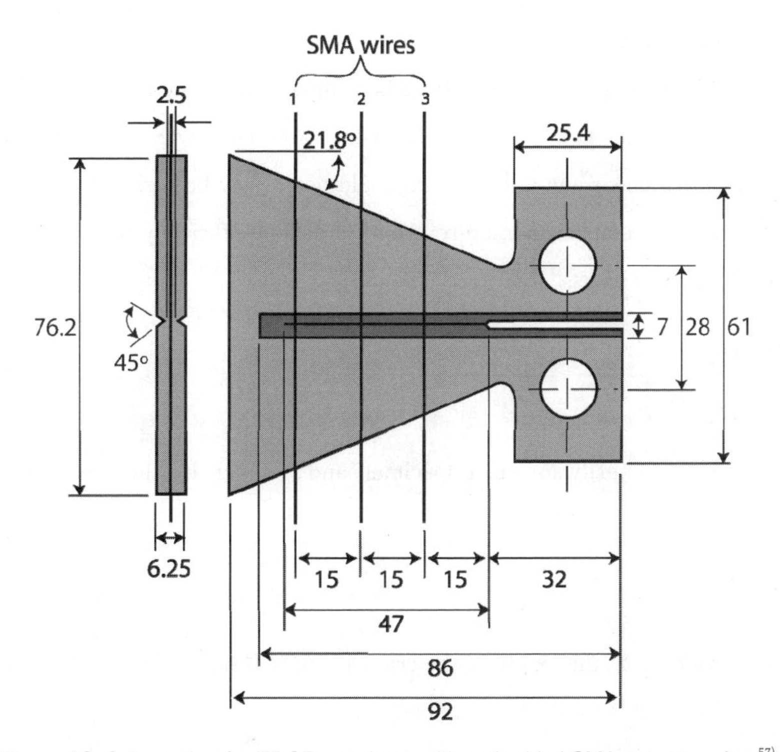

Figure 18: Schematic of a TDCB specimen with embedded SMA actuator wires[57].

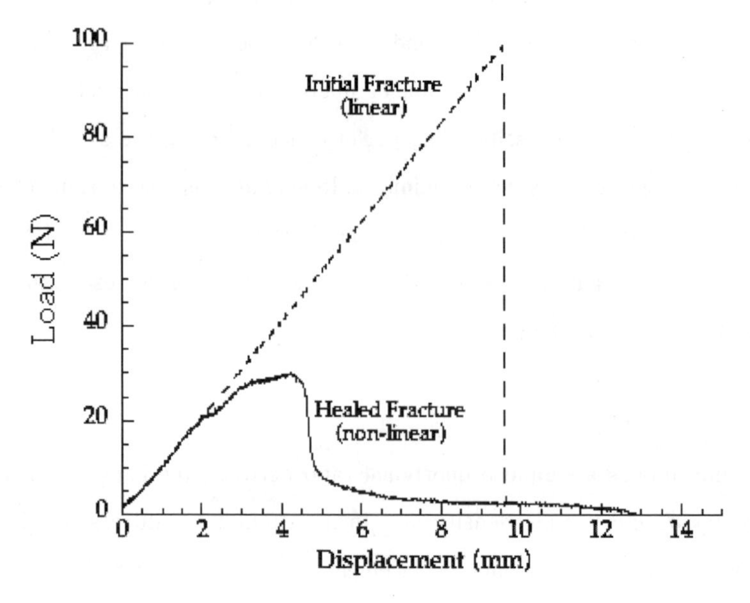

Figure 19: Comparison of virgin linear fracture behavior and non-linear healed behavior.

face, reducing the volume of the crack plane ensuring efficient use of healing agent. Healing performance of the epoxy-SMA material improved considerably when compared to the samples that were not artificially closed.

For several of the healing chemistries described above, the healed material behaved non-linearly during fracture testing. For example, in the case of the wax protected catalyst tests, a virgin test would be linear and a healed test could potentially be highly non-linear, as shown in Figure 19. For these non-linear fracture events, a healing efficiency based on strain energy was proposed by Rule *et al.* as,

$$\eta' = \frac{U_{healed} / \{b_n(W - a_{0healed})\}}{U_{virgin} / \{b_n(W - a_{0virgin})\}} = \frac{A_{healed} / \{b_n(W - a_{0healed})\}}{A_{virgin} / \{b_n(W - a_{0virgin})\}}, \tag{6}$$

where U is the strain energy for each specimen and is given by the area under the load-displacement curve,

$$A = \int_0^{\delta_{final}} P(\delta)\, d\delta, \tag{7}$$

the crack plane width is b_n, the length of the crack plane is $W\text{-}a_o$[17]. The strain energy method and the fracture toughness methods are related by

$$G=\frac{1-\nu^2}{E}K^2 \quad \text{(plane strain)}$$
$$G=\frac{K^2}{E} \quad \text{(plane stress)}, \tag{8}$$

where K is the stress intensity factor, E is the material modulus, and ν is the Poisson's ratio. As with most fracture toughens measurements, TDCB specimens are designed to be plane strain.

8 Dynamic Environments

The first testing of microcapsule-based self-healing in dynamic environments was performed by Brown, White, and Sottos in a series of three papers[58~60]. In this work, the ability of a self-healing material to retard a propagating crack was investigated using the TDCB specimen undergoing cyclic tensile loading. Unlike the quasi-static testing above, the adhesive repair of the propagating crack was not the only mechanism that contributed to repair and subsequent crack-growth reduction. Under fatigue loading, a complex interplay of hydrodynamic effects, adhesive bonding, and crack tip shielding combined to produce a significant extension of fatigue life[59]. To provide a quantitative measure of healing in fatigue settings, a fatigue life extension factor λ was defined as

$$\lambda=\frac{N_{\text{healed}}-N_{\text{conrol}}}{N_{\text{conrol}}}, \tag{9}$$

where N_{healed} are the cycles to failure for a self-healing sample and N_{conrol} are the cycles to failure for a non-healing control. To date, materials based on the Grubbs'-DCPD healing chemistry are the most closely studied. Materials based on the other healing chemistries described above have been evaluated almost exclusively in quasi-static or impact loading environments.

In the first paper, Brown *et al.* investigated the fatigue performance of the Grubbs'-DCPD self-healing system through a variety of controls and model healing studies. The specimens in this paper were healed with precatalyzed DCPD that was injected into the crack-plane of a growing fatigue crack[58]. These controls demonstrated the importance of the development of a polymerized "wedge" that shields the crack tip from far field-applied stresses. The greatest

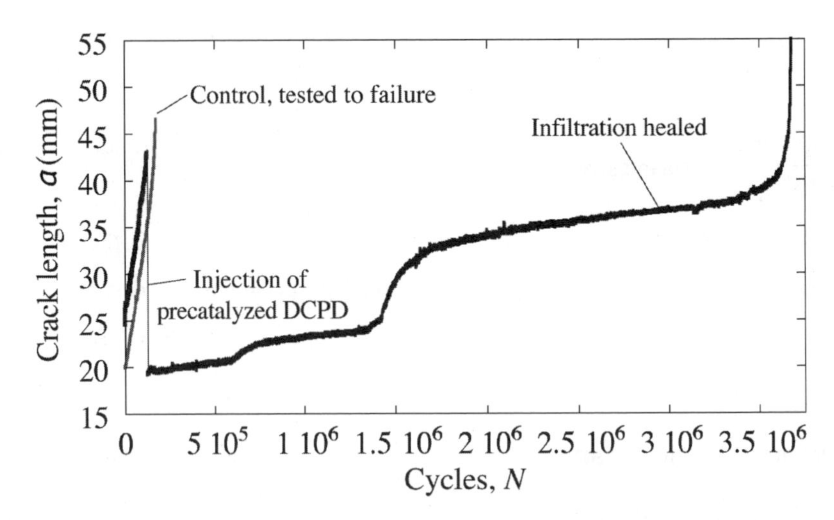

Figure 20: Crack length vs. fatigue cycles for a specimen healed via precatalyzed DCPD.
λ = 2052% for this case where the injection occurred at the maximum crack opening displacement.

impact on fatigue performance was observed when the precatalyzed DCPD was injected into the crack plane of a specimen held at maximum cyclic load. Results of this process on fatigue life are shown in Figure 20, which plots the crack-length vs. fatigue cycles for a non-healing control and an injected specimen that was held at maximum load while the precatalyzed DCPD was allowed to cure. This sample demonstrated a life extension factor of λ = 2,052%. This impressive extension of fatigue life was attributed to a combination of factors; the polymerized material introduced an artificial crack-closure mechanism, which can be an extremely effective method of shielding the crack tip, and the adhesive bonding caused the crack tip location to retreat.

While the production of new polymer by the healing reaction impacts the crack-growth rate the most, the presence of a viscous fluid in the crack plane can have significant effect on crack growth rates. When an inert, viscous fluid, paraffin oil, was injected into the crack plane, a life extension of λ = 60% was obtained[58]. This phenomenon has been observed and studied in metals in the mid 1980s (see for example[61, 62]).

Healing behavior of the fully *in-situ* self-healing system demonstrated a marked dependence on applied stress intensity[59]. For high applied K ($K_{max} \approx 0.80K_{IC}$), only minimal self-healing-induced crack growth retardation was observed. However, for low applied K ($K_{max} \approx 0.50K_{IC}$), complete crack arrest occurred. This dependence was explained as a direct result of the

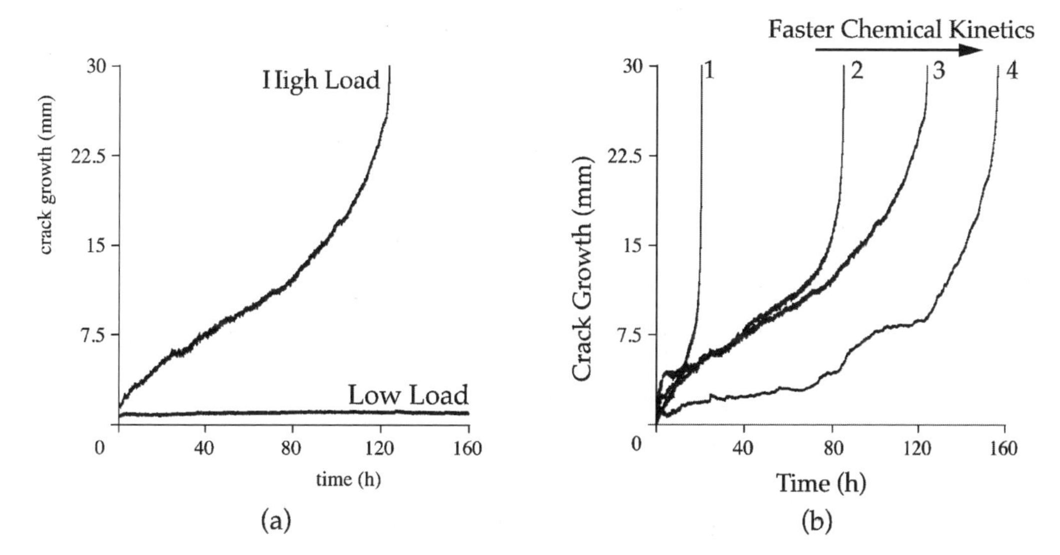

Figure 21: Cumulative crack growth vs. elapsed time plots for fatigue loadings of self-healing epoxies. (a) Demonstrates the effect on loading for self-healing material with a lower fatigue load allowing complete arrest of fatigue crack-growth. (b) Highlights the effect of chemical kinetics on healing with faster polymerization improving fatigue response[55].

interplay between the chemical kinetics of the healing chemistry and the mechanical kinetics of the propagating fatigue crack. For the high K regime, the polymerization rate of the DCPD is not sufficiently fast enough to significantly impact crack growth. In the case of the low K loadings, the polymerization rate of the DCPD exceeds the mechanical damage rate and complete crack arrest results. Brown and co-workers also briefly investigated the effect of rest periods, which are periods where the cyclic load application was halted and the chemical kinetics were allowed to "catch-up." Both the importance of matching chemical and mechanical kinetics and the use of rest periods were systematically investigated by Jones *et al.*[55].

Figure 21 shows the effects of two methods that attempt to match the chemical kinetics to the mechanical kinetics of damage. In Figure 21a the crack growth vs. time is shown for two applied K values, clearly demonstrating the effect of crack growth rate on life extension. For the high load case, the crack propagates faster than the chemical kinetics and the specimen eventually fails. For the low load case, the chemical kinetics are much faster than the crack propagation rate and the crack arrests. In Figure 21b, the chemical kinetics are modified by using one of the various crystal forms of Grubbs' catalyst as described above[55]. Since each crystal form has different dissolution rates, the catalyst concentration, and subsequent

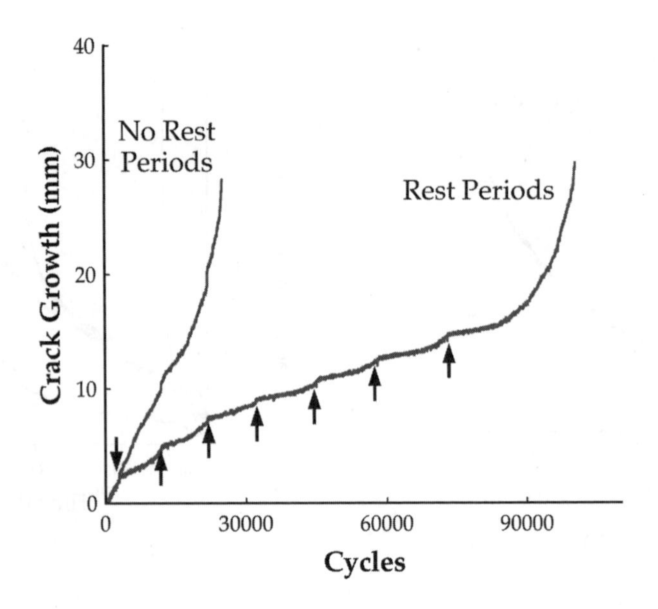

Figure 22: Effect of multiple rest periods on self-healing fatigue life.

polymerization rate, can vary by substantial amounts. The faster the catalyst dissolves, the higher the initial catalyst concentration, and the faster the polymerization rate. This faster polymerization rate leads directly to faster healing kinetics and a resulting increase in life extension of the self-healing composite when compared to the same healing system with no rest periods.

An alternative approach to using modified chemical kinetics is to introduce multiple rest periods. Using this technique, the self-healing performance can be markedly improved. In Figure 22, each of the arrows indicates a rest period of 10–12 h, achieving a three-fold extension of fatigue life when compared to a self-healing specimen with no rest periods[55].

In addition to testing the brittle, thermosetting materials in dynamic loading environments, healing performance of elastomeric materials have also been evaluated. Using the self-healing elastomer developed by Keller *et al.* the self-healing performance under torsional fatigue was studied. The mode III torsional fatigue test was chosen since it provided a combination of a closed crack-face that would prevent ejection of healing agent and acceptance as a model of fatigue loading for common elastomeric structures (*e.g.* the belt-edge region of tires)[63].

As shown in Figure 23, which plots the change in torsional stiffness of a self-healing elastomer and several controls as a function of test time, the addition of self-healing (R-IV) introduces a

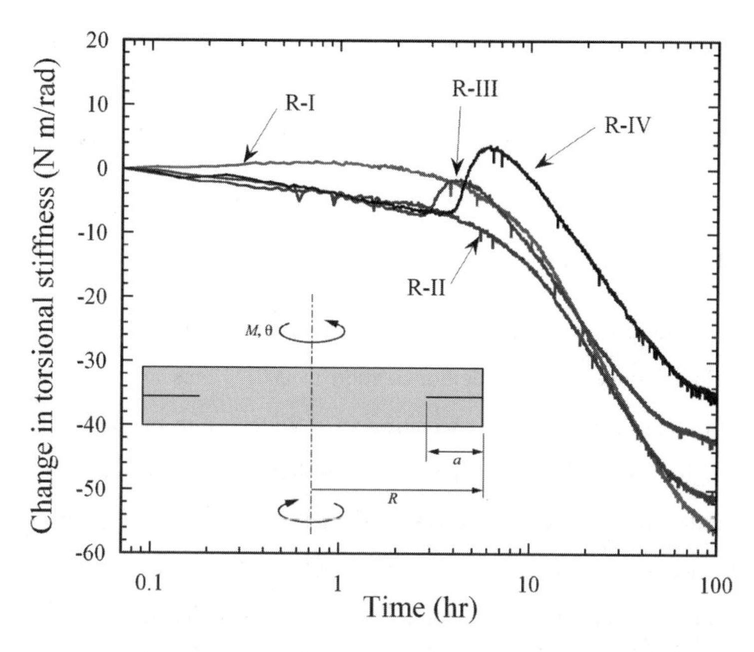

Figure 23: Change in torsional stiffness of PDMS elastomers from[63]
R-I is a non-healing control, R-II contains only resin capsules, R-III contains only crosslinker, R-IV is a fully self-healing material. The inset image is a schematic cross section of the sample.

sudden increase in torsional stiffness. This increase was found to occur near the gel-time of the bulk PDMS and indicated onset of polymerization of released self-healing chemistry. Crack lengths were reduced by as much as 24% when compared to non-healing controls[63].

Several studies have utilized impact testing to investigate the self-healing behavior of a variety of materials[21]. Typically, the tests have utilized the Izod impact test. Specimens in these tests are usually put into a clamping mechanism to provide both axial and longitudinal alignment pressure during the healing period.

The siloxane-based healing chemistry was also incorporated into a laminated system for the repair of small punctures or tears in thin materials[64]. The laminated system was comprised of a thin (300 μm) healing layer sandwiched between two barrier layers. Small (~1mm) punctures and tears were introduced as simulated bladder damage. This system demonstrated the capability to complete seal puncture damage based on a pressure retention test. In this analysis, pressure was applied to one side of the sample and the change in pressure was tracked in a closed volume on the other side of the test specimen. A poorly healed sample rapidly tracked the input pressure and a completely healed specimen would register no pressure change. A similar test setup was used to investigate the self-sealing behavior of impact-damaged composites healed via the Grubbs' -DCPD system[65].

9 Outlook and Summary

This chapter has examined the wide variety of encapsulation-based self-healing materials that have been developed since the first demonstration in 2001. This approach has consistently proven to be flexible and adaptable, working in a wide range of materials, from brittle thermosets to highly extensible elastomers. Encapsulation approaches also benefit from the significant amount of basic microcapsule research that is performed by groups outside of self-healing. Novel microencapsulation procedures are published with regularity in many journals and each new approach opens up the possibility of encapsulating a new healing chemistry. Incorporation of existing systems into new materials is ongoing and the first commercial applications of this approach should be appearing soon, likely in coatings applications.

References

1) M. Zako and N. Takano, "Intelligent Material Systems Using Epoxy Particles to Repair Micro-cracks and Delamination Damage in GFRP," *Journal of Intelligent Material Systems and Structures*, **vol. 10**, pp. 836-841, 1999.
2) C. Dry, "Procedures Developed for the Self-Repair of Polymeric Matrix Composite Materials," *Composite Structures*, **vol. 35**, pp. 236-239, 1996.
3) C. Dry and W. McMillan, "Three-Part Methylmethacrylate Adhesive System as an Internal Delivery System for Smart Responsive Concrete," *Smart Materials & Structures*, **vol. 5**, pp. 297-300, 1996.
4) S. R. White, N. R. Sottos, P. H. Geubelle, J. S. Moore, M. R. Kessler, S. R. Sriram, E. N. Brown, and S. Viswanathan, "Autonomic healing of polymer composites," *Nature*, **vol. 409**, pp. 794-797, 2001.
5) E. N. Brown, S. R. White, and N. R. Sottos, "Microcapsule induced toughening in a self-healing polymer composite," *Journal of Materials Science*, **vol. 39**, pp. 1703-1710, 2004.
6) R. P. Wool and K. M. O'Conner, "A Theory of Crack Healing in Polymers," *Journal of Applied Physics*, **vol. 52**, pp. 5953-5963, 1982.

7) P. Schwab, R. H. Grubbs, and J. W. Ziller, "Synthesis and Applications of $RuCl_2$ (=CHR') (PR3) 2: The Influence of the Alkylidene Moiety on Metathesis Activity," *Journal of the American Ceramic Society*, **vol. 118**, pp. 100–110, 1996.
8) E. N. Brown, N. R. Sottos, and S. R. White, "Fracture testing of a self-healing polymer composite," *Experimental Mechanics*, **vol. 42**, pp. 372–379, 2002.
9) G. E. Larin, M. R. Kessler, N. Bernklau, and J. C. DiCesare, "Rheokinetics of Ring-Opening Metathesis Polymerization of Norbornene Based Monomers Intended for Self-Healing Applications," *Polymer Engineering and Science*, **vol. 46**, pp. 1804–1811, 2006.
10) G. H. Nelson and C.-L. Kuo, "An Improved Procedure for the Preparation of exo-dicyxlopentadiene," *Journal of Royal Society Interface*, **vol. 14**, pp. 105–106, 1975.
11) J. D. Rule and J. S. Moore, "ROMP reactivity of endo- and exo-dicyclopentadiene," *Macromolecules*, **vol. 35**, pp. 7878–7882, 2002.
12) T. C. Mauldin, J. D. Rule, N. R. Sottos, S. R. White, and J. S. Moore, "Self-healing kinetics and the stereoisomers of dicyclopentadiene," *J R Soc Interface*, **vol. 4**, pp. 389–393, 2007.
13) X. Liu, J. K. Lee, S. H. Yoon, and M. R. Kessler, "Characterization of diene monomers as healing agents for autonomic damage repair," *Journal of Applied Polymer Science*, **vol. 101**, pp. 1266–1272, 2006.
14) G. O. Wilson, M. M. Caruso, N. T. Reimer, S. R. White, N. R. Sottos, and J. S. Moore, "Evaluation of ruthenium catalysts for ring-opening metathesis polymerization-based self-healing applications," *Chemistry Of Materials*, **vol. 20**, pp. 3288–3297, 2008.
15) M. Scholl, S. Ding, C. W. Lee, and R. H. Grubbs, "Synthesis and Activity of a New Generation of Ruthenium-Based Olefin Metathesis Catalysts Coordinated with 1,3-Dimesityl-4,5-dihydroimidazol-2-ylidene Ligands," *Organic Letters*, **vol. 1**, pp. 953–956, 1999.
16) S. B. Garber, J. S. Kingsbury, B. L. Gray, and A. H. Hoveyda, "Efficient and Recyclable Monomeric and Dendritic Ru-Based Metathesis Catalysts," *Journal of the American Chemical Society*, **vol. 122**, pp. 8168–8179, 2000.
17) J. Rule, E. Brown, N. Sottos, S. White, and J. Moore, "Wax-Protected Catalyst Microspheres for Efficient Self-Healing Materials," *Advanced Materials*, **vol. 17**, pp. 205–208, 2005.
18) A. S. Jones, J. D. Rule, J. S. Moore, S. R. White, and N. R. Sottos, "Catalyst morphology and dissolution kinetics of self-healing polymers," *Chemistry Of Materials,* **vol. 18**, pp. 1312–1317, 2006.
19) L. M. Sherman, "PolyDCPD RIM shifts into higher gear " in *Plastics Technology*. **vol. 48**, pp. 47–49, 2002.
20) J. M. Kamphaus, J. D. Rule, J. S. Moore, N. R. Sottos, and S. R. White, "A new self-healing epoxy with tungsten (VI) chloride catalyst," *J R Soc Interface*, **vol. 5**, pp. 95–103, 2008.
21) S. A. Hayes, F. R. Jones, K. Marshiya, and W. Zhang, "A self-healing thermosetting composite material," *Composites Part A* (*Applied Science and Manufacturing*), **vol. 38**, pp. 1116–1120, 2007.

22) C. Y. Yan, Z. R. Min, Q. Z. Ming, J. Chen, C. Y. Gui, and M. L. Xue, "Self-healing polymeric materials using epoxy/mercaptan as the healant," *Macromolecules*, vol. 41, pp. 5197–5202, 2008.
23) T. Yin, M. Rong, M. Zhang, and G. Yang, "Self-healing epoxy composites – Preparation and effect of the healant consisting of microencapsulated epoxy and latent curing agent," *Composites Science and Technology*, vol. 67, pp. 201–212, 2007.
24) L. Yuan, G.-Z. Liang, J.-Q. Xie, J. Guo, and L. Li, "Thermal stability of microencapsulated epoxy resins with poly (urea-formaldehyde)," *Polymer Degradation and Stability*, vol. 91, pp. 2300–2306, 2006.
25) L. Yuan, G.-Z. Liang, J.-Q. Xie, L. Li, and J. Guo, "The permeability and stability of microencapsulated epoxy resins," *Journal of Material Science*, vol. 42, pp. 4390–4397, 2007.
26) D. S. Xiao, Y. C. Yuan, M. Z. Rong, and M. Q. Zhang, "Self-healing epoxy based on cationic chain polymerization," *Polymer*, vol. 50, pp. 2967–2975, 2009.
27) D. S. Xiao, Y. C. Yuan, M. Z. Rong, and M. Q. Zhang, "Hollow polymeric microcapsules: Preparation, characterization and application in holding boron trifluoride diethyl etherate," *Polymer*, vol. 50, pp. 560–568, 2009.
28) Y. C. Yuan, M. Z. Rong, and M. Q. Zhang, "Preparation and characterization of microencapsulated polythiol," *Polymer*, vol. 49, pp. 2531–2541, 2008.
29) Y. C. Yuan, M. Z. Rong, M. Q. Zhang, and G. C. Yang, "Study of factors related to performance improvement of self-healing epoxy based on dual encapsulated healant," *Polymer*, vol. 50, pp. 5771–5781, 2009.
30) M. Z. Rong, M. Q. Zhang, and W. Zhang, "A novel self-healing epoxy system with microencapsulated epoxy and imidazole curing agent," *Advanced Composites Letters*, vol. 16, pp. 167–172, 2007.
31) Y. Tao, Z. Lin, R. Min Zhi, and Z. Ming Qiu, "Self-healing woven glass fabric/epoxy composites with the healant consisting of micro-encapsulated epoxy and latent curing agent," *Smart Materials and Structures*, vol. 17, pp. 015019–1, 2008.
32) T. Yin, L. Zhou, M. Z. Rong, and M. Q. Zhang, "Self-healing woven glass fabric/epoxy composites with the healant consisting of micro-encapsulated epoxy and latent curing agent," *Smart Materials & Structures*, vol. 17, 2008.
33) J. W. C. Pang and I. P. Bond, "A hollow fibre reinforced polymer composite encompassing self-healing and enhanced damage visibility," *Composites Science and Technology*, vol. 65, pp. 1791–1799, 2005.
34) D. A. McIlroy, B. J. Blaiszik, M. M. Caruso, S. R. White, J. S. Moore, and N. R. Sottos, "Microencapsulation of a Reactive Liquid-Phase Amine for Self-Healing Epoxy Composites," *Macromolecules*, vol. 43, pp. 1855–1859, 2010.
35) S. H. Cho, S. R. White, and P. V. Braun, "Self-Healing Polymer Coatings," *Advanced Materials*, vol. 27, pp. 645–649, 2009.
36) M. W. Keller, S. R. White, and N. R. Sottos, "A Self-Healing Poly (Dimethyl Siloxane) Elastomer," *Advanced Functional Materials*, vol. 17, pp. 2399–2404, 2007.

37) K. Jud, H. H. Kausch, and W. J. G., "Load Transfer Through Chain Molecules After Interpenetration at Interfaces," *Polymer Bulletin*, vol. 1, pp. 697-707, 1979.

38) K. Jud, H. H. Kausch, and J. G. Wilkins, "Fracture Mechanics Studies of Crack Healing and Welding of Polymers," *Journal of Materials Science*, vol. 16, pp. 204-210, 1981.

39) H. H. Kausch and K. Jud, "Molecular Aspects of Crack Formation and Healing in Glassy Polymers," *Plastics and Rubber Processing and Applications*, vol. 2, pp. 265-268, 1982.

40) T. Q. Nguyen, H. H. Kausch, K. Jud, and M. Dettenmaier, "Crack-Healing in Crosslinked Styrene-Coacrylonitrile," *Polymer*, vol. 23, pp. 1305-1310, 1982.

41) M. M. Caruso, D. A. Delafuente, V. Ho, N. R. Sottos, J. S. Moore, and S. R. White, "Solvent-promoted self-healing epoxy materials," *Macromolecules*, vol. 40, pp. 8830-8832, 2007.

42) M. M. Caruso, B. J. Blaiszik, S. R. White, N. R. Sottos, and J. S. Moore, "Full recovery of fracture toughness using a nontoxic solvent-based self-healing system," *Advanced Functional Materials*, vol. 18, pp. 1898-1904, 2008.

43) C. R. Hickenboth, J. S. Moore, S. R. White, N. R. Sottos, J. Baudry, and S. R. Wilson, "Biasing reaction pathways with mechanical force," *Nature*, vol. 446, pp. 423-427, 2007.

44) H. P. Wang, Y. C. Yuan, M. Z. Rong, and M. Q. Zhang, "Self-Healing of Thermoplastics via Living Polymerization," *Macromolecules*, vol. 43, pp. 595-598, 2010.

45) E. N. Brown, M. R. Kessler, N. R. Sottos, and S. R. White, "In-Situ Poly (urea-formaldehyde) Microencapsulation of Dicyclopentadiene," *Journal of Microencapsulation*, vol. 20, pp. 719-730, 2003.

46) B. Blaiszik, N. Sottos, and S. White, "Nanocapsules for self-healing materials," *Composites Science and Technology*, vol. 68, pp. 978-986, 2008.

47) E. N. Brown, M. R. Kessler, N. R. Sottos, and S. R. White, "In situ poly (urea-formaldehyde) microencapsulation of dicyclopentadiene," *Journal of Microencapsulation*, vol. 20, pp. 719-730, 2003.

48) G. W. Matson, "Microcapsules and Process of Making," Patent No. 3516941 USPTO, Ed. USA, 1970.

49) J. Yang, M. W. Keller, J. S. Moore, S. R. White, and N. R. Sottos, "Microencapsulation of Isocyanates for Self-Healing Polymers," *Macromolecules*, vol. 40, pp. 9650-9655, 2008.

50) J. Pang and I. Bond, "' Bleeding composites' damage detection and self-repair using a biomimetic approach," *Composites Part A: Applied Science and Manufacturing*, vol. 36, pp. 183-188, 2005.

51) R. S. Trask and I. P. Bond, "Biomimetic self-healing of advanced composite structures using hollow glass fibres," *Smart Materials and Structures*, vol. 15, pp. 704-710, 2006.

52) J.-H. Park and P. V. Braun, "Coaxial Electrospinning of Self-Healing Coatings," *Advanced Materials*, 2009.

53) M. R. Kessler, N. R. Sottos, and S. R. White, "Self-healing structural composite materials," *Composites Part A: Applied Science and Manufacturing*, vol. 34, pp. 743-753, 2003.

54) S. Mostovoy, P. B. Crosley, and E. J. Ripling, "Use of Crack-Line Loaded Specimens for Measuring Plane-Strain Fracture Toughness," *Journal of Materials*, vol. 2, pp. 661-681,

1967.

55) A. S. Jones, J. D. Rule, J. S. Moore, N. R. Sottos, and S. R. White, "Life Extension of Self-Healing Polymers with Rapidly Growing Cracks," *Journal of the Royal Society Interface*, **vol. 4**, pp. 395-403, 2007.

56) J. D. Rule, N. R. Sottos, and S. R. White, "Effect of Microcapsule Size on the Performance of Self-Healing Polymers," *Polymer*, **vol. 48**, pp. 3520-3529, 2007.

57) E. L. Kirkby, J. D. Rule, V. J. Michaud, N. R. Sottos, S. R. White, and J.-A. E. Manson, "Embedded Shape-Memory Alloy Wires for Improved Performance of Self-Healing Polymers," *Advanced Functional Materials*, **vol. 18**, pp. 2253-2260, 2008.

58) E. Brown, S. White, and N. Sottos, "Retardation and repair of fatigue cracks in a microcapsule toughened epoxy composite – Part I: Manual infiltration," *Composites Science and Technology*, **vol. 65**, pp. 2466-2473, 2005.

59) E. Brown, S. White, and N. Sottos, "Retardation and repair of fatigue cracks in a microcapsule toughened epoxy composite – Part II: In situ self-healing," *Composites Science and Technology*, **vol. 65**, pp. 2474-2480, 2005.

60) E. N. Brown, S. R. White, and N. R. Sottos, "Fatigue Crack Propagation in Microcapsule-Toughened Epoxy," *Journal of Materials Science*, **vol. 41**, pp. 6266-6273, 2006.

61) J.-L. TZOU, C. H. Hsueh, A. G. Evans, and R. O. RITCHIE, "Fatigue Crack Propagation in Oil Environments - II. A Model for Crack Closure Induced by Viscous Fluids," *Acta Metallurgica*, **vol. 33**, pp. 117-127, 1985.

62) J.-L. TZOU, S. SURESH, and R. O. RITCHIE, "Fatigue Crack Propagation in Oil Environments - I. Crack Growth Behavior in Silicone and Paraffin Oils," *Acta Metallurgica*, **vol. 33**, pp. 105-116, 1985.

63) M. W. Keller, S. R. White, and N. R. Sottos, "Torsion fatigue response of self-healing poly(dimethylsiloxane) elastomers," *Polymer*, **vol. 49**, pp. 3136-3145, 2008.

64) B. A. Beiermann, M. W. Keller, and N. R. Sottos, "Self-healing flexible laminates for resealing of puncture damage," *Smart Materials and Structures*, **vol. 18**, pp. 085001/1-085001/7, 2009.

65) J. L. Moll, S. R. White, and N. R. Sottos, "A Self-sealing Fiber-reinforced Composite," *Journal of Composite Materials*, In Press, 2010.

第5章　繊維強化高分子材料の自己修復

真田和昭*

1　はじめに

近年，繊維強化高分子材料（Fiber Reinforced Polymer, FRP）の用途は，航空宇宙，自動車，船舶等幅広い分野に拡大しており，FRPの安全性，信頼性の確保に対する社会的要求が非常に高まっている。一方，FRPの利用拡大に伴い，その廃棄物は年々増加する傾向にあるが，再利用，再資源化されているのはごく少量であり，大部分は焼却および埋め立て処分され，環境への負荷が大きくなっているのが現状である。FRPの廃棄物処理による環境問題を解決するためには，優れた強度を長期間維持できるFRPを開発して廃棄物を低減することが，最善の方策である。

FRPの強度低下を引き起こす損傷としては，マトリックス（高分子材料）の微視破壊，強化繊維とマトリックス間の界面剥離等があるが，これらは微小で材料内部に発生するため，検出して外部から修復することは非常に困難である。また，界面剥離はFRPが不均質材料であるために発生を防ぐことは困難であり，使用の初期段階から容易に発生し，突発的なマクロ破壊の原因となる。そこで，生命体のように，FRP自体に損傷を自己修復させる機能を持たせようとする研究が国内外で活発に行われているが，いずれの方法も強度回復効果，修復機能発現のための刺激システム等に課題が多く，実用化のための決定的な方法が確立されていないのが現状である。ここでは，国内外の自己修復性を有するFRPの開発動向を述べるとともに，使用時のFRPの強度を著しく劣化させる要因である強化繊維とマトリックス間の界面剥離を自己修復できるFRPの開発に関する理論的実験的研究について紹介する。

2　自己修復性を有するFRPの開発動向

FRPのマトリックスは，熱可塑性樹脂と熱硬化性樹脂に大きく分類できるが，構造用部材等としての用途には，エポキシ樹脂等の熱硬化性樹脂をマトリックスとしたFRPが多く用いられている。熱硬化性樹脂をマトリックスに用いたFRPの自己修復は，容器の中に粘度の低い修復剤を閉じ込め，マトリックスの破壊とともに容器を破壊させ，損傷領域に修復剤を浸透させて硬

＊　Kazuaki Sanada　富山県立大学　工学部　機械システム工学科　准教授

化・接着することで実現しようと試みられている。最近，kessler[1)]およびWuら[2)]は，高分子材料およびFRPの自己修復に関する研究例をレビューしている。以下に，これまで報告された熱硬化性樹脂をマトリックスに用いたFRPの自己修復に関する研究例を修復剤の閉じ込め方法で分類して示す。

2.1 中空繊維に液体の修復剤を閉じ込める方法

Dry[3)]は，図1に示すように，修復剤を入れた中空繊維を用いて熱硬化性樹脂に自己修復性を

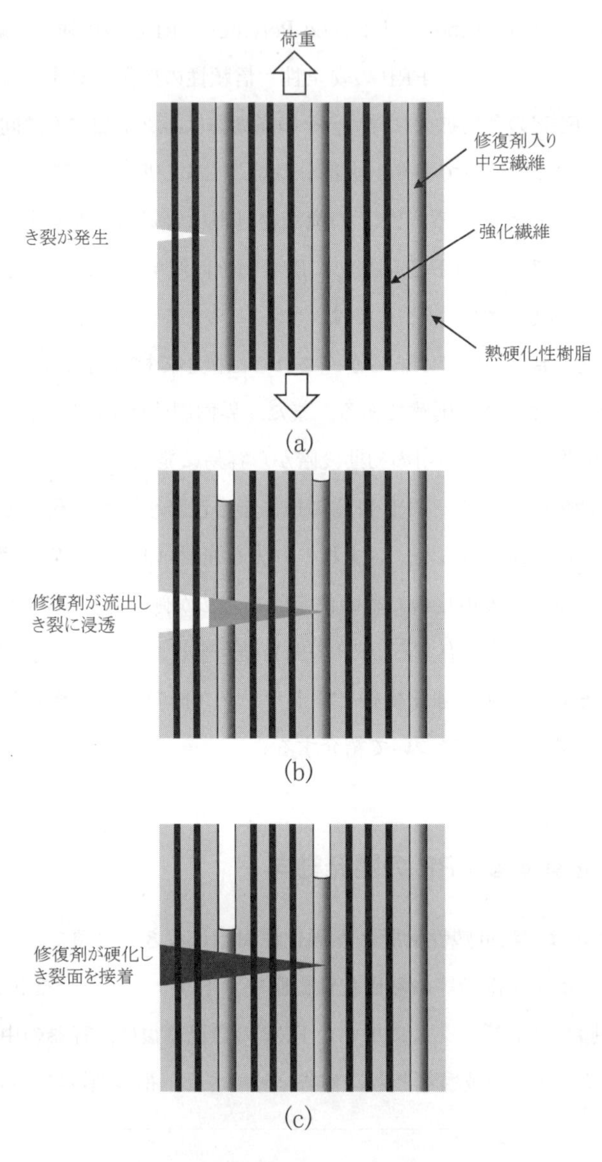

図1 中空繊維を用いた自己修復メカニズム

付与する手法を提案している。これは，熱硬化性樹脂とともに破壊した中空繊維から修復剤および硬化剤（あるいは修復剤のみ）が流出し，き裂に浸透し硬化して，き裂面を接着する手法である。また，化学薬品の入った中空繊維とガラスビーズを分散したエポキシ樹脂を対象に，衝撃負荷を与えた場合の化学薬品の放出過程を光学顕微鏡で観察し，化学薬品がマトリックスの微視き裂に浸透していく過程を明らかにしている。さらに，2液性の修復剤（エポキシ系）を入れたガラスピペットチューブと金属製の繊維を用いて作製した試験片を対象に，衝撃試験を行い，約8ヶ月後に試験片の強度が回復することを示している。その他，1液性の修復剤（シアノアクリレート系）あるいは2液性の修復剤（エポキシ系）を入れたガラスピペットチューブと金属製の繊維を用いて作製した試験片を対象に，曲げ試験を行い，約8～12ヶ月後にき裂進展が遅延することを示している。

Motukuら[4]は，実際のFRPへの中空繊維による自己修復性付与を目指して，通常の強化繊維と中空繊維を組み合わせて作製したガラス繊維／ビニルエステル樹脂積層板およびガラス繊維／エポキシ樹脂積層板を対象に，衝撃試験を行い，衝撃特性に及ぼす中空繊維の直径（1.15～1.6mm）と素材（ガラス，銅，アルミニウム）の影響について検討している。また，液状の蛍光剤の入った中空繊維を用いて，損傷領域への修復剤の浸透状況を観察し，自己修復の可能性を考察している。しかし，積層板の衝撃特性に対する自己修復効果までは議論していない。

Bleayら[5]は，DryおよびMotukuらが検討した中空繊維は，通常の強化繊維に比べて，外径が大きいため，FRPに適用した場合に破壊の起点となる可能性を指摘し，外径15μm，内径5μmのガラス中空繊維とエポキシ樹脂を用いて作製した積層板を対象に，衝撃試験を行い，衝撃後圧縮強度に対する自己修復効果について検討している。また，X線による透過写真および光学顕微鏡写真により，中空繊維の破壊状況と自己修復効果について詳細に考察している。さらに，真空を用いた中空繊維への修復剤の充填手法を提案している。

Pang and Bond[6,7]は，中空繊維に閉じ込める修復剤の容量増大による自己修復効果向上を目指し，外径60μmのガラス中空繊維を用いて作製したガラス繊維／エポキシ樹脂積層板を対象に，衝撃負荷後の4点曲げ試験を行い，曲げ強度の回復効果を検討している。また，紫外線蛍光染料を用いて，損傷領域への修復剤の流出状況を観察している。

Traskら[8,9]は，外径60μmのガラス中空繊維を用いて作製したガラス繊維／エポキシ樹脂積層板および炭素繊維／エポキシ樹脂積層板を対象に，衝撃負荷後の4点曲げ試験を行い，曲げ強度に対する自己修復効果について検討している。Williamsら[10]は，ガラス繊維／エポキシ樹脂積層材のサンドイッチパネルを対象にしたシリコンチューブ（直径1.5mm）による自己修復手法を提案し，衝撃後圧縮強度に対する自己修復効果について検討している。以上のように，中空繊維を用いたFRPへの自己修復性付与の手法に関しては，多数の研究例が報告されており，大量の修復剤を細い中空繊維で効率良く閉じ込め，FRPの強度低下を最小限にする技術の確立を目指して，研究開発が進められている。

2.2　マイクロカプセルに液体の修復剤を閉じ込める方法

Whiteら[11]は，図2に示すように，修復剤を内包したマイクロカプセルを用いて熱硬化性樹脂に自己修復性を付与する手法を提案している。これは，熱硬化性樹脂とともに破壊したマイクロカプセルから放出された修復剤が，き裂に浸透し，熱硬化性樹脂中に分散した硬化触媒と接触することにより硬化して，き裂面を接着する手法である。また，ジシクロペンタジエンを内包したマイクロカプセルと硬化触媒（Grubbs触媒）を分散したエポキシ樹脂を対象に，TDCB（tapered double cantilever beam）試験片を用いた破壊靱性試験を行い，破壊靱性に対する自己修復効果

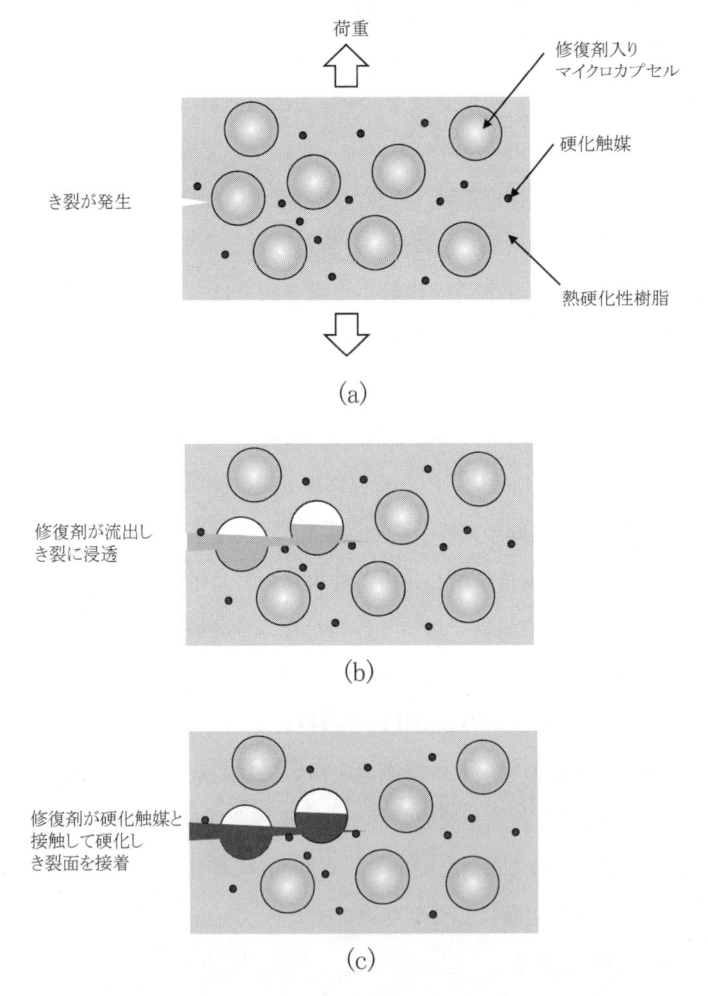

図2　マイクロカプセルを用いた自己修復メカニズム

を示している。Brownら[12~15]は，自己修復効果向上を目的として，ジシクロペンタジエンを内包したマイクロカプセルを分散したエポキシ樹脂を対象に，破壊靱性試験を行い，破壊靱性回復効果に及ぼすマイクロカプセルおよび硬化触媒の粒径・含有量の影響について検討している。また，疲労試験を行い，自己修復による疲労寿命向上と疲労き裂成長抑制の効果についても議論している。

Ruleら[16]は，微小なマイクロカプセルを用いて効果的に微小き裂を自己修復することを目的として，ジシクロペンタジエンを内包したマイクロカプセルを分散したエポキシ樹脂を対象に，TDCB試験片を用いた破壊試験を行い，強度回復効果とマイクロカプセルの粒径（386, 151, 63 μm）について詳細に検討している。Blaiszikら[17]は，ナノサイズのマイクロカプセル（最小粒径220nm）を分散したエポキシ樹脂の引張特性（縦弾性係数，引張強度）と破壊靱性を評価し，従来のミクロサイズのマイクロカプセルの結果と比較している。Liら[18]は，各種硬化剤を用いたエポキシ樹脂中に分散した硬化触媒（1st generation Grubbs触媒，2nd generation Grubbs触媒）のジシクロペンタジエン等に対する活性について検討し，いずれのエポキシ樹脂中においても硬化触媒の活性は失われず，ジシクロペンタジエンの硬化過程には，硬化触媒の形状と分散状態が影響することを報告している。

Kesslerら[19, 20]は，硬化触媒（Grubbs触媒）を分散したエポキシ樹脂とガラス繊維のプリプレグを用いたガラス繊維／エポキシ樹脂積層板を対象に，DCB（double cantilever beam）試験片を用いたモードI層間破壊靭性試験を行い，層間剥離部にジシクロペンタジエンを注入することで，層間剥離が修復することを検証している。また，ジシクロペンタジエンを内包したマイクロカプセルと硬化触媒を分散したエポキシ樹脂とガラス繊維のプリプレグを用いて自己修復性を付与したガラス繊維／エポキシ樹脂積層材を対象に，WTDCB（width-tapered double cantilever beam）試験片を用いたモードI層間破壊靭性試験を行い，層間破壊靱性に対する自己修復効果について検討している。

Yinら[21, 22]は，エポキシ系の修復剤を内包したマイクロカプセルと潜在性の硬化触媒（$CuBr_2(2\text{-}MeIm)_4$）を分散したエポキシ樹脂を対象に，引張試験およびSENB（single edge notched bending）試験片を用いた破壊靱性試験を行い，引張特性（引張強度，縦弾性係数，破断ひずみ）と破壊靱性に及ぼすマイクロカプセルおよび潜在性硬化触媒の含有量の影響を検討している。また，エポキシ系の修復剤を内包したマイクロカプセルと潜在性の硬化触媒を分散したエポキシ樹脂とガラス繊維のプリプレグを用いて自己修復性を付与したガラス繊維／エポキシ樹脂積層板を対象に，DCB試験片を用いたモードI層間破壊靭性試験を行い，層間破壊靱性に対する自己修復効果について議論している。以上のように，マイクロカプセルを用いたFRPへの自己修復性付与の手法に関しては，積層板の層間剥離に対する有効性が示されている程度であり，あまり多くの研究例が報告されていないのが現状である。

2.3 マトリックスに固体の修復剤を直接分散させる方法

Zako and Takano[23]は，マトリックス中に粒径50μmのエポキシ系高分子材料の粒子を分散したガラス繊維／エポキシ樹脂積層板を対象に，3点曲げ試験および疲労試験を行い，剛性および強度に対する自己修復効果を検討している。また，積層板を自己修復させるためには，120℃まで加熱する必要があり，航空機に適用された場合を想定したアコースティックエミッション法による損傷部同定システムとCO_2ガスレーザーあるいは半導体レーザー照射による加熱システムを組み合わせたシステムを提案している。Hayesら[24,25]は，マトリックス中に熱可塑性樹脂（polybisphenol-A-co-epichlorohydrin）を分散したガラス繊維／エポキシ樹脂積層板を対象に，衝撃試験を行い，初期と修復後の損傷領域の大きさで自己修復効果を評価している。また，コンパクト試験片を用いた破壊試験を行い，破壊荷重に対する自己修復効果に及ぼす熱可塑性樹脂の添加量，修復時の加熱温度（100～140℃）の影響を検討している。以上のように，固体の修復剤によるFRPへの自己修復性付与の手法に関しては，研究例が少なく，修復剤を溶融させるための加熱手法の開発が重要となっている。

3 界面剥離自己修復性を有するFRPの開発

3.1 界面剥離自己修復性付与の手法

図3に本研究で提案した界面剥離自己修復性付与の手法を示す[26]。これは，Whiteらが提案した修復剤入りマイクロカプセルを用いた熱硬化性樹脂に対する自己修復性付与の手法を応用したもので，強化繊維表面に修復剤入りのマイクロカプセルと硬化触媒を混合した高分子材料をコー

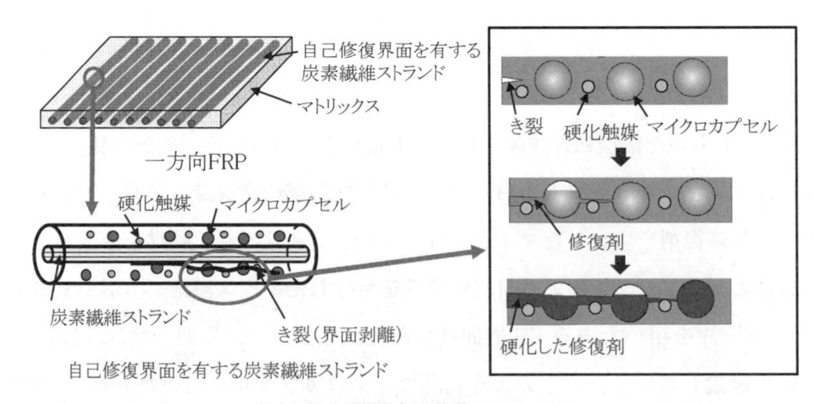

図3　界面剥離自己修復メカニズム

ティングすることで自己修復界面を形成し，自己修復界面が界面剥離を検知してその部分に修復剤を充填し硬化させ，修復する手法である。この自己修復界面の働きにより，FRPの強度劣化を阻止して構造物の信頼性および安全性を飛躍的に向上させるだけでなく，メンテナンスサイクルの長期化が廃棄物を減少させ，環境負荷を大幅に低減することができる。また，この手法の特徴は，1）FRPの強度を著しく低下させる界面剥離を確実に修復でき，損傷の成長を遅くすることができる，2）強化繊維，マトリックスの強度低下が小さい，3）強化繊維の割合の多い高強度のFRPに対して有効な手段である，4）機能発現のための刺激システムが不要で，既存のFRPと容易に置換できる点にある。

3.2　強度回復効果の検証

ジシクロペンタジエンを内包したマイクロカプセル（粒径211 μm）とGrubbs触媒を混合したエポキシ樹脂（自己修復エポキシ樹脂）の平板を作製し，引張試験を行って，引張強度に対する修復効果を検討した[26]。図4は初期および修復後の自己修復エポキシ樹脂（マイクロカプセル含有量40wt%, Grubbs触媒含有量2.5wt%）の応力－ひずみ曲線を示したもので，初期の引張試験後，室温で24時間，80℃で24時間自己修復させて再度試験を行った結果である。引張強度に対する修復率ηは次式より求めた。

$$\eta = \frac{\sigma_C^{\text{healed}}}{\sigma_C^{\text{undamaged}}} \tag{1}$$

ここに，$\sigma_C^{\text{undamaged}}$は初期の試験片の引張強度，$\sigma_C^{\text{healed}}$は修復後の試験片の引張強度である。図

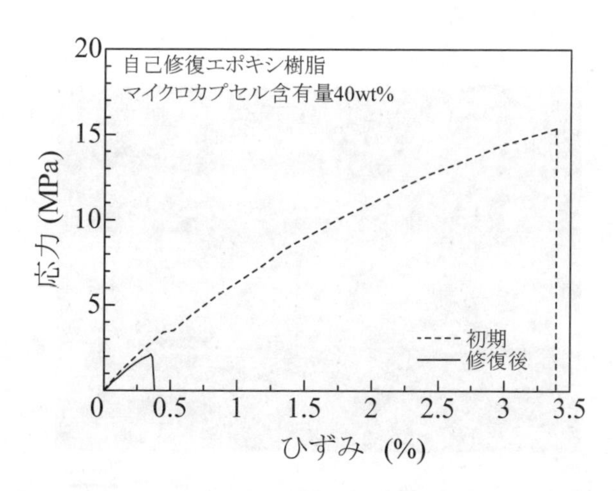

図4　初期・修復後の自己修復エポキシ樹脂の応力－ひずみ曲線

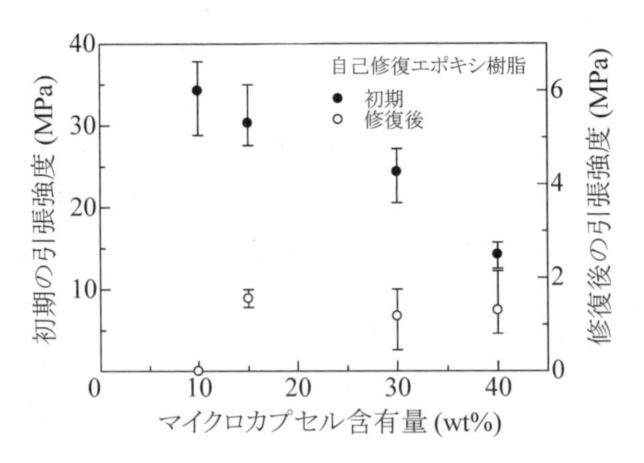

図５　初期・修復後の自己修復エポキシ樹脂の引張強度に及ぼすマイクロカプセル含有量の影響

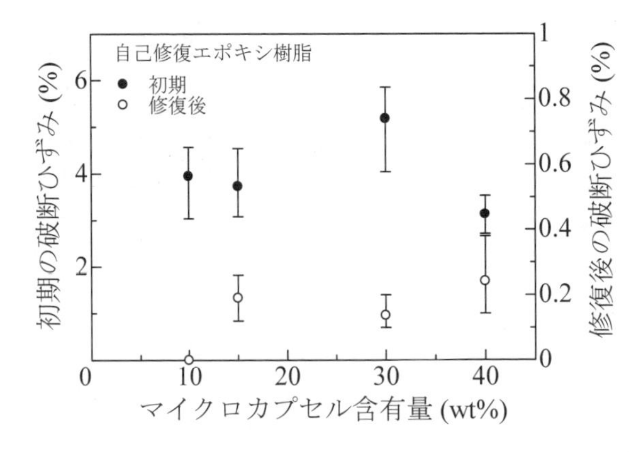

図６　初期・修復後の自己修復エポキシ樹脂の破断ひずみに及ぼすマイクロカプセル含有量の影響

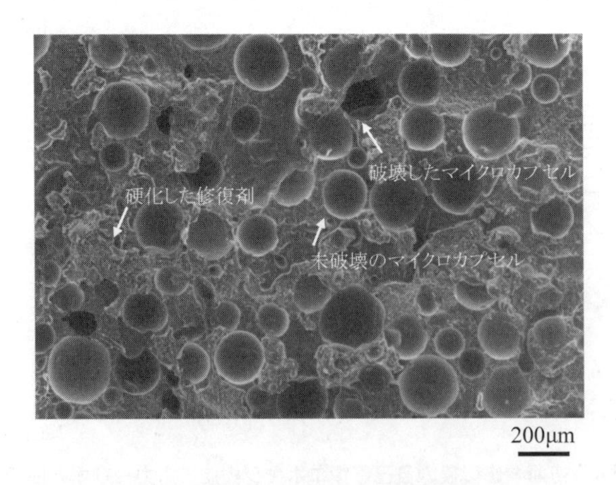

図７　自己修復エポキシ樹脂の再試験後の破面

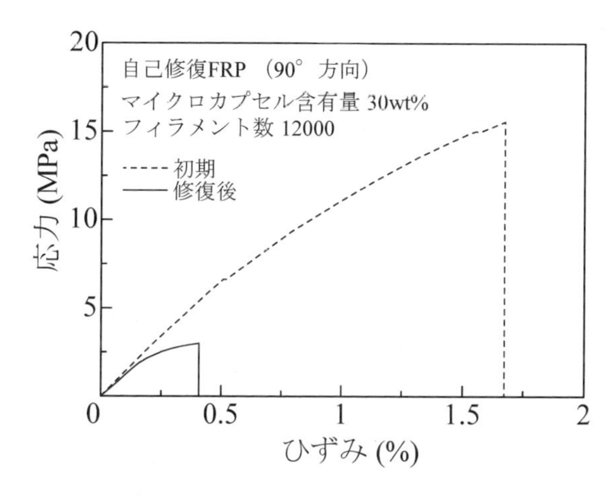

図8　初期・修復後の自己修復 FRP の応力－ひずみ曲線（90° 方向）

4の場合，自己修復エポキシ樹脂の引張強度に対する修復率は14%となった。図5に初期および修復後の自己修復エポキシ樹脂の引張強度とマイクロカプセル含有量の関係を示す。初期の引張強度はマイクロカプセル含有量の増大に伴い単調に減少したが，修復後の引張強度はマイクロカプセル含有量が15wt%以上ではほぼ一定値を示した。図6は図5と同様なグラフであり，破断ひずみを示したものである。初期の破断ひずみはマイクロカプセル含有量30wt%付近で最大値を示した。また，修復後の破断ひずみは，修復後の引張強度と同様に，マイクロカプセル含有量が15wt%以上でほぼ一定値を示した。以上より，最適なマイクロカプセル含有量は30wt%程度であると考えられる。図7に走査型電子顕微鏡（SEM）による自己修復エポキシ樹脂の再試験後の破面観察結果を示す。引張強度は，マイクロカプセルが破壊することで修復剤が放出し，触媒と反応して硬化することにより，回復していることが明らかとなった。しかし，未破壊のマイクロカプセルが多数存在していることも明らかとなり，全てのマイクロカプセルが破壊するように材料設計することで，さらに修復率を増大させることができると予想される。

自己修復エポキシ樹脂をコーティング・半硬化させて自己修復界面を形成した炭素繊維ストランド（フィラメント数12000）を作製した。この炭素繊維ストランドを用いて一方向FRP（自己修復FRP）を作製し，繊維と垂直方向（90°方向）の引張試験を行って，界面剥離に対する自己修復効果を検討した。図8は初期および修復後の自己修復FRPの応力－ひずみ曲線を示したもので，初期の引張試験後，除荷し，室温で24時間，80℃で24時間自己修復させて再度試験を行った結果である。繊維と垂直方向に負荷した場合，自己修復FRPは繊維・マトリックス間の界面剥離によって最終破壊した。また，図8の場合，自己修復FRPの繊維と垂直方向の引張強度に対する修復率は19%となり，炭素繊維ストランド表面に自己修復界面を形成した構造においても強度回復を示した。

マイクロカプセルを用いて界面剥離自己修復性を付与したFRPの縁き裂材試験片を対象に，繊維方向（0°方向）引張試験と蛍光剤による界面剥離挙動観察を行い，界面剥離自己修復による強度回復効果を評価した[27)]。まず，30wt％のマイクロカプセルと2.5wt％のGrubbs触媒を混合したエポキシ樹脂をコーティングした炭素繊維ストランドを用いて，自己修復性FRPを作製し，引張試験を行った。図9は初期および修復後の自己修復FRPの荷重－変位曲線を示したもので，2回大きく荷重降下した時点で初期試験を中断し，除荷後，室温で10日間自己修復させて再度試験を行った結果である。最大荷重に対する修復率は次式より求めた。

$$\eta = \frac{P_C^{\text{healed}} - P_C^{\text{damaged}}}{P_C^{\text{undamaged}} - P_C^{\text{damaged}}} \tag{2}$$

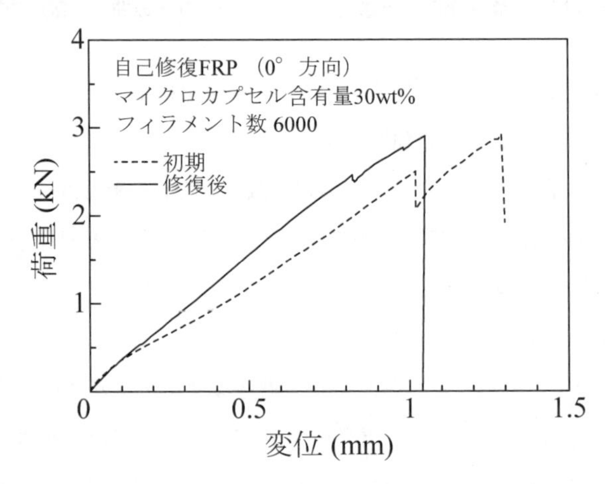

図9　初期・修復後の自己修復FRPの荷重－変位曲線（0°方向）

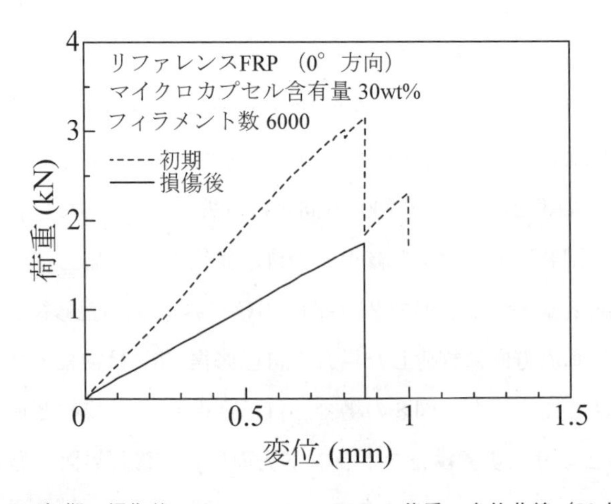

図10　初期・損傷後のリファレンスFRPの荷重－変位曲線（0°方向）

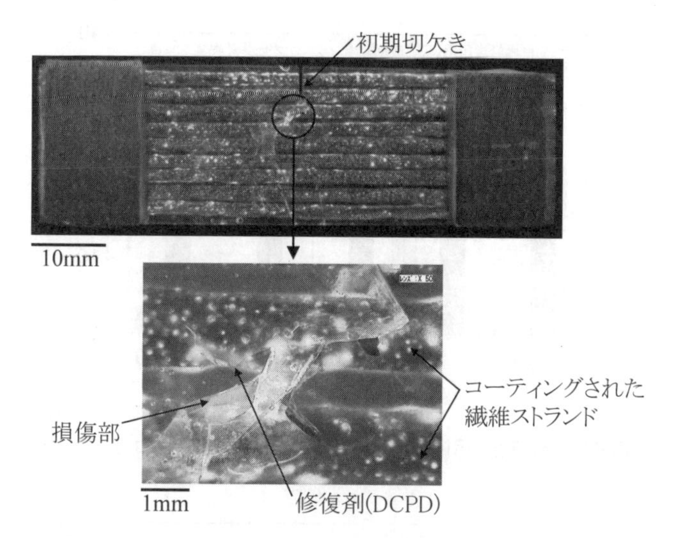

図11　紫外線照射した蛍光剤入りマイクロカプセルを用いた自己修復FRPの損傷部（0°方向）

ここに，$P_C^{\mathrm{undamaged}}$ は初期の試験片の最大荷重，P_C^{healed} は修復後の試験片の最大荷重，P_C^{damaged} は損傷後（未修復）の試験片の最大荷重である。修復後の荷重－変位曲線に自己修復効果が認められ，修復後の最大荷重は，初期の結果とほぼ同じ値を示した。また，図9の場合，自己修復FRPの最大荷重に対する修復率は98％となった。次に，自己修復効果を検証するために，30wt％のマイクロカプセルだけを混合したエポキシ樹脂をコーティングした炭素繊維ストランド（フィラメント数6000）を用いてFRP（リファレンスFRP）を作製し，引張試験を行った。図10は，初期および修復後のリファレンスFRPの荷重－変位曲線を示したもので，2回大きく荷重降下した時点で初期試験を中断し，除荷後，ただちに再度試験を行った結果である。再試験で得られたリファレンスFRPの最大荷重は，初期試験を中断した時点の荷重とほぼ一致し，図9に示す最大荷重の回復は界面剥離自己修復による効果であることが明らかとなった。図11に蛍光剤入りマイクロカプセルを用いた自己修復FRPの紫外線照射による損傷部の観察結果を示す。破壊したマイクロカプセルから流出した修復剤がマトリックスの微視き裂に浸透している様子が観察でき，界面剥離（炭素繊維ストランド表面のコーティング層内での破壊）が生じていることを確認した。

3.3　強度回復効果向上のための微視構造最適化

自己修復FRPの微視構造と強度回復効果の関係を明らかにするために，マイクロカプセル粒径，炭素繊維ストランドのフィラメント数等を変化させた繊維と垂直方向（90°方向）の引張試

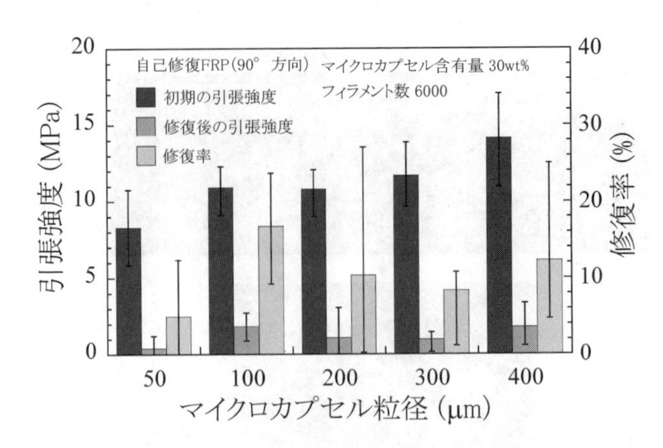

図12　自己修復FRPの初期・修復後の引張強度と修復率に及ぼすマイクロカプセル粒径の影響（90°方向）

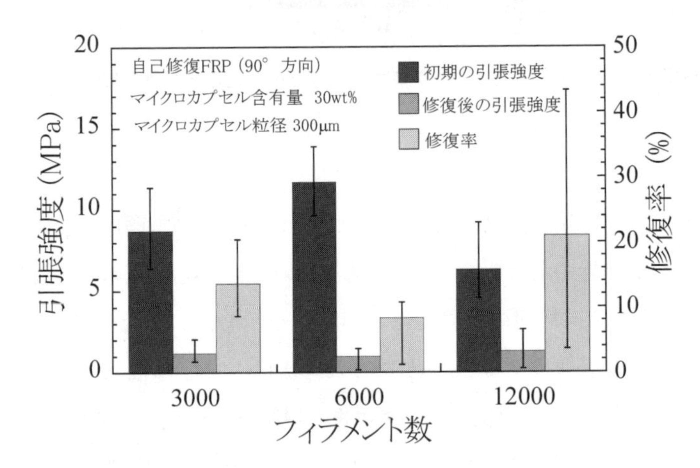

図13　自己修復FRPの初期・修復後の引張強度と修復率に及ぼすフィラメント数の影響（90°方向）

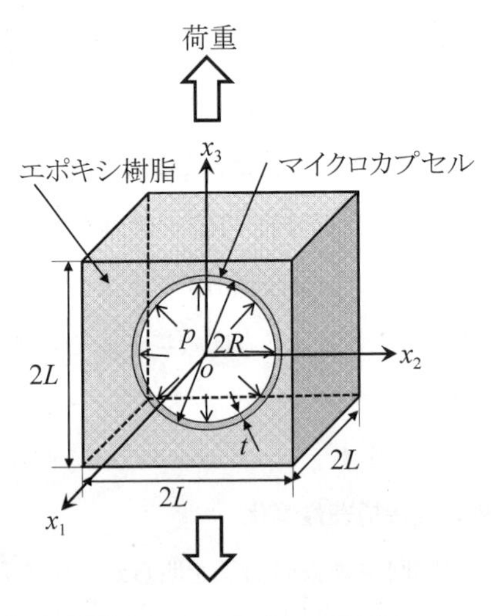

図14　ユニットセルモデル

験を行った[28]。図12に自己修復FRPの初期および修復後の引張強度・修復率とマイクロカプセル粒径の関係を示す。初期の引張強度はマイクロカプセル粒径の減少に伴い低下した。これは，初期負荷時にマイクロカプセルがエポキシ樹脂と剥離することにより形成される欠陥に起因すると考えられ，小さい粒径のマイクロカプセルほど容易に剥離していると予想される。これに対し，修復後の引張強度は，非常にばらつきが大きく，マイクロカプセル粒径の影響を強く受けなかった。図13に自己修復FRPの初期および修復後の引張強度・修復率と炭素繊維ストランドのフィラメント数の関係を示す。フィラメント数が6000の場合，フィラメント数が3000および12000に比べて，初期の引張強度が高くなったが，修復後の引張強度は，フィラメント数の影響をほとんど受けなかった。また，フィラメント数が12000の場合，修復率が高くなったが，非常に大きくばらついた。

図7に示したように，自己修復エポキシ樹脂の再試験後の破面に未破壊のマイクロカプセルが多数観察された。これは，コーティング層内にき裂が進展した時にマイクロカプセルとエポキシ樹脂が剥離することに起因すると考えられる。そこで，自己修復界面内のマイクロカプセルとエポキシ樹脂との剥離挙動を解明するため，引張負荷を受けるユニットセルモデルを用いた有限要素解析を行った[28]。図14にユニットセルモデルを示す。ユニットセルモデルは，多数のマイクロカプセルがエポキシ樹脂中に規則正しく整列した状態の1繰り返し単位を考慮したもので，1辺の長さ$2L$のエポキシ樹脂の立方体の中心に，粒径$2R$，膜厚t，内圧pのマイクロカプセルが1つ存在している。マイクロカプセルの体積分率は次式で与えられる。

$$V_f = \frac{\pi}{6}\left(\frac{R^3}{L^3}\right) \tag{3}$$

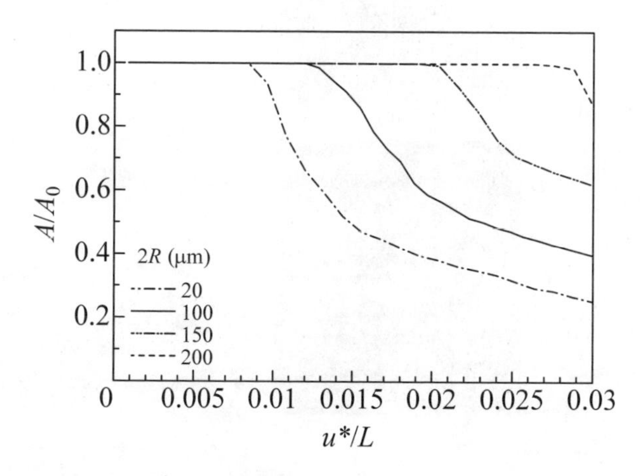

図15　マイクロカプセルの剥離挙動に及ぼすマイクロカプセル粒径の影響

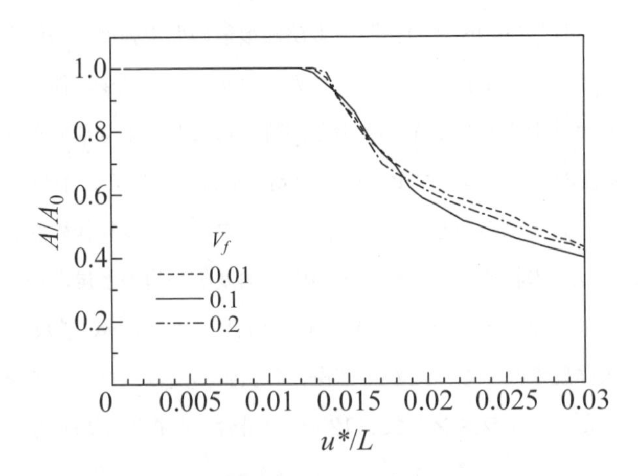

図16　マイクロカプセルの剥離挙動に及ぼすマイクロカプセル体積分率の影響

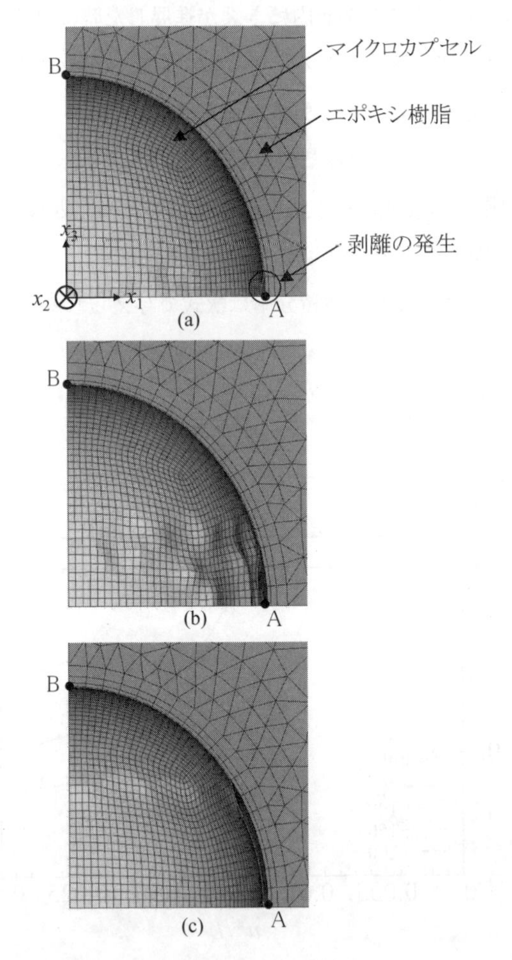

図17　解析で得られたマイクロカプセルの剥離パターン：(a) u^*/L=0.013, (b) u^*/L=0.018, (c) u^*/L =0.027

また，マイクロカプセルとエポキシ樹脂の剥離は，モードⅠの剥離のみ生じると仮定したcohesive zoneモデルにより考慮した。図15はマイクロカプセルとエポキシ樹脂の剥離挙動に及ぼすマイクロカプセル粒径の影響を示したもので，縦軸はマイクロカプセルの接着面積Aと表面積A_0との比，横軸はユニットセルに負荷した変位u^*とLとの比を示している。解析で用いた条件は，$V_f = 0.1$, $p = 10\text{kPa}$, $t = 0.24\mu\text{m}$とした。マイクロカプセル粒径の減少に伴い小さな変位でマイクロカプセルとエポキシ樹脂との剥離が発生しており，粒径の小さなマイクロカプセルほど容易に剥離する傾向を示した。また，この傾向は，図12に示すマイクロカプセル粒径の減少に伴い初期の引張強度が低下する原因がマイクロカプセルとエポキシ樹脂との剥離に関係していることを裏付けた。図16は図15と同様なグラフであり，マイクロカプセル体積分率の影響を示したものである。解析で用いた条件は，$p = 10\text{kPa}$, $2R = 100\mu\text{m}$, $t = 0.24\mu\text{m}$とした。V_fが0.01から0.2の範囲内では，マイクロカプセルとエポキシ樹脂との剥離挙動に大きな変化が見られず，V_fの影響は小さかった。図17に有限要素解析で得られたマイクロカプセルとエポキシ樹脂との剥離パターンを示す。マイクロカプセルとエポキシ樹脂との剥離は，A点から発生し，変位の増大に伴いB点に向かって進展した。エポキシ樹脂中を進展したき裂は，A点付近に到達すると考えられるため，剥離の初期段階でもマイクロカプセルの破壊が生じにくくなることが明らかとなった。

4　おわりに

国内外の自己修復性を有するFRPの開発動向を述べるとともに，使用時のFRPの強度を著しく劣化させる要因である強化繊維とマトリックス間の界面剥離を自己修復できるFRPの開発に関する理論的実験的研究について紹介した。FRPは，不均質な内部構造を有し，破壊挙動が複雑なため，高分子材料単体の場合に比べて，高い効果を発現する自己修復性を付与することは困難である。しかし，自由に材料設計できるという複合材料の利点を生かして，多くの自己修復機能付与の手法が提案されている。また，現在，自己修復効果の評価は，様々な試験方法を適用して試みられているため，相互の結果を単純に比較することが難しく，自己修復性付与手法の開発とともに，自己修復効果を評価するための適切な試験方法の確立も重要である。今後，FRPの利用分野はより一層拡大し，信頼性・耐久性に対する要求は厳しくなり，環境負荷への配慮も必須となるため，FRPへの自己修復性付与は必要不可欠になると予想される。将来，自己修復性を有するFRPの実用化により，安心・安全な社会が構築されることを大いに期待したい。

文　　献

1) M. R. Kessler, *Proc. IMechE*, **221**, 479 (2007)
2) D. Y. Wu, S. Meure, D. Solomon, *Prog. Polym. Sci.*, **33**, 479 (2008)
3) C. Dry, Compos. *Struct.*, **35**, 263 (1996)
4) M. Motuku, U. K. Vaidya, G. M. Janowski, *Smart Mater. Struct.*, **8**, 623 (1999)
5) S. M. Bleay, C. B. Loader, V. J. Hawyes, L.Humberstone, P. T. Curtis, *Composites: Part A*, **32**, 1767 (2001)
6) J. W. C. Pang, I. P. Bond, *Compos. Sci. Technol.*, **65**, 1791 (2005)
7) J. W. C. Pang, I. P. Bond, *Composites: Part A*, **36**, 183 (2005)
8) R. S. Trask, G. J. Williams, I. P. Bond, *J. R. Soc. Interface*, **4**, 363 (2007)
9) G. J. Williams, R. S. Trask, I. P. Bond, *Composites: Part A*, **38**, 1525 (2007)
10) H. R. Williams, R. S. Trask, I. P. Bond, *Compos. Sci. Technol.*, **68**, 3171 (2008)
11) S. R. White, N. R. Sottos, P. H. Geubelle, J. S. Moore, M. R. Kessler, S. R. Sriram, E. N. Brown, S. Viswanathan, *Nature*, **409**, 794 (2001)
12) E. N. Brown, N. R. Sottos, S. R. White, *Exp. Mech.*, **42**, 372 (2002)
13) E. N. Brown, S. R. White, N. R. Sottos, *J. Mater. Sci.*, **39**, 1703 (2004)
14) E. N. Brown, S. R. White, N. R. Sottos, *Compos. Sci. Technol.*, **65**, 2466 (2005)
15) E. N. Brown, S. R. White, N.R.Sottos, *Compos. Sci. Technol.*, **65**, 2474 (2005)
16) J. D. Rule, N. R. Sottos, S. R. White, *Polymer*, **48**, 3520 (2007)
17) B. J. Blaiszik, N. R. Sottos, S. R. White, *Compos. Sci. Technol.*, **68**, 978 (2008)
18) X. Liu, X. Sheng, J. K. Lee, M. R. Kessler, J. S. Kim, *Compos. Sci. Technol.*, **69**, 2102 (2009)
19) M. R. Kessler, S. R. White, *Composites: Part A*, **32**, 683 (2001)
20) M. R. Kessler, N. R. Sottos, S. R. White, *Composites:Part A*, **34**, 743 (2003)
21) T. Yin, M. Z. Rong, M. Q.Zhang, G. C. Yang, *Compos. Sci. Technol.*, **67**, 201 (2007)
22) T. Yin, L. Zhou, M. Z. Rong, M. Q.Zhang, *Smart Mater. Struct.*, **17**, 015019 (2008)
23) M. Zako, N. Takano, *J. Intell. Mater. Sys. Struct.*, **10**, 836 (1999)
24) S. A. Hayes, W. Zhang, M. Branthwaite, F. R. Jones, *J. R. Soc. Interface*, **4**, 381 (2007)
25) S. A. Hayes, F. R. Jones, K. Marshiya, W. Zhang, *Composites: Part A*, **38**, 1116 (2007)
26) K. Sanada, I. Yasuda, Y. Shindo, *Plast. Rubber Compos.*, **35**, 67 (2006)
27) 真田和昭，水野雄太，進藤裕英，日本機械学会 2009 年度年次大会講演論文集，**8**, 9 (2009)
28) K. Sanada, N. Itaya, Y. Shindo, *Open Mech. Eng. J.*, **2**, 97 (2008)

第6章　Self-healing with Microvascular Networks

Kathleen S. Toohey*

1　Background & Motivation

The brittle nature of structural polymers makes them susceptible to damage in the form of cracking, which can often occur in subsurface regions of the polymer. In most cases, the detection of such subsurface damage is extremely difficult and the repair of that damage is even harder. The ability of a material to autonomically react to and self-heal damage, before cracks grow to a critical size, can significantly extend the life of the part.

Self-healing functionality to recover structural properties within a polymer was first achieved using a microcapsule-based system[1] and much work is being done to expand on that original concept. Many new healing chemistries[2~7], new matrix material systems[8, 9], and smaller size scales[10] are being explored for capsule-based healing. Additionally, other storage and delivery geometries, including fiber-based systems[11~15], are being incorporated in self-healing polymers and composites. In all of these compartmentalized healing systems, healing is only intended to occur for a single crack opening event. Thus, multiple healing cycles on a single crack are not achieved unless the crack propagates into new regions with a fresh supply of healing materials.

Other approaches to repairing damage to polymers utilize thermal energy to repeatedly heal damage within the material. Remendable polymers, first studied by Chen *et al.*[16, 17] and later extended to new polymer chemistries by Murphy *et al.*[18], are highly crosslinked polymeric materials that undergo repeated healing cycles upon heating. All of these re-mendable polymer systems are capable of a thermally reversible reaction that heals fracture in specimens. Repeated healing is also possible with ionomers through heat generation or external heating of the polymer. In initial healing studies of ionomers, high friction damage mechanisms, such as ballistic penetration, are shown to generate enough heat to allow recovery physical crosslinks and heal the material[19, 20]. Efforts to extend healing to other types

---

* Rose-Hulman Institute of Technology, Department of Mechanical Engineering

of damage have utilized heat generation through magnetic induction and resistive heating in a damaged ionomer to facilitate healing[21, 22]. While each of these approaches allows for many healing cycles to occur in a single sample, in general the healing requires the application of heat either through specific high-friction damage mechanisms or by external intervention. Thus, the repair of damage is not autonomic.

Nature provides countless examples of vascular systems that serve many functions including transporting water and nutrients, regulating temperature and delivering healing or repairing compounds to where they are needed. The naturally occurring vascular systems have many complex features which keep them functioning properly. Redundancy in networks allows for flow to reach all regions even if one pathway is damaged or blocked. The flow through the network is driven by appropriate pressure gradients. In some cases, recirculation of fluids is used to resupply the system, and in other cases, fluids are discharged at the end of the network and new fluids are supplied at the input. Most importantly, the most systems in nature have the ability to self-repair damage not only to the vascular system itself, but also to facilitate repair in surrounding material by supplying healing agents. The ability to mimic the many functions of vascular systems in nature is a growing area of interest in the Materials community.

The benefits of both autonomic healing and repeated repair of damage are merged in microvascular self-healing materials. Careful choice of the healing chemistry and design of the microvascular network allow for repeated healing of damage without external intervention. In a continuous self-healing system, shown conceptually in Fig. 1, the matrix material contains embedded catalyst particles and interconnected microchannels for the storage and delivery of the liquid healing agent. Similar to a microcapsule-based system[1], propagating cracks that intersect the microchannels trigger the healing response. Upon fracture of a channel, healing agent flows into the crack plane and reacts with the catalyst, healing the damage with no external intervention. The reopening of this crack after healing allows more healing agent to flow from the microchannels and heal the damage again. The large supply of healing agent can be transported readily to the area of damage for multiple healing events.

This chapter will summarize completed and ongoing work in the area of microvascular self-healing materials. First, a summary of manufacturing techniques used to create microvascular materials will be discussed as it pertains to the different healing applications. Then, the initial work on healing in coating-substrate systems will be presented, followed by

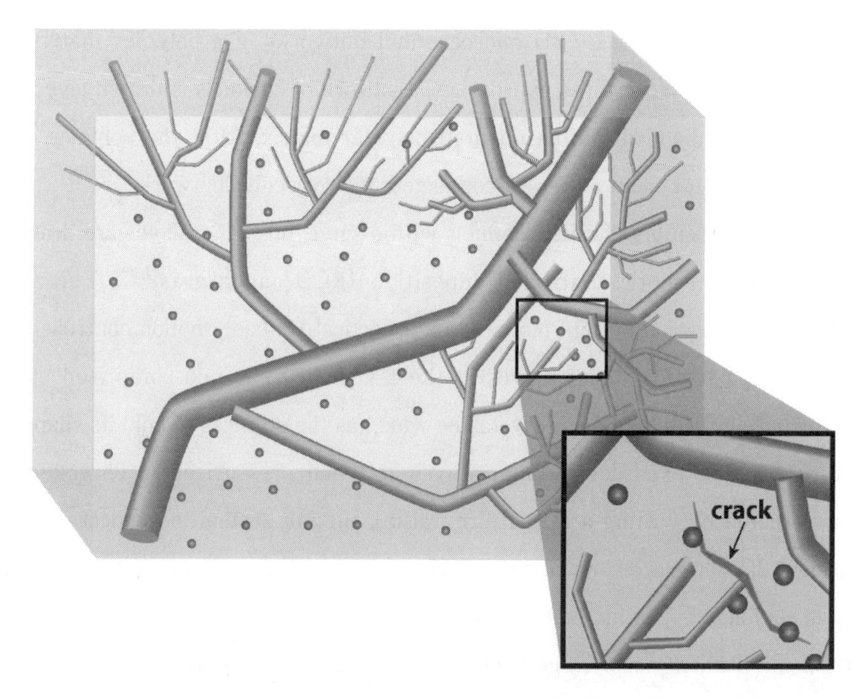

Figure 1: A continuous self-healing polymer composite.
Solid catalyst particles and fluid-filled microchannels are distributed in a polymer matrix. When damage occurs, fluid flows from the channels into the crack plane where it contacts and reacts with catalyst particles. The resulting polymerized material heals the damage by bonding the crack faces together. Reprinted with kind permission from Springer Science+Business Media from[26]. Copyright Society for Experimental Mechanics, 2008.

more recent developments in healing of vascularized materials, where the damage occurs through microchannels. The repair of damage that is not in the form of cracks will be discussed with respect to self-healing composite structures. To conclude, additional microvascular network topics and future challenges, including design and optimization of networks and the flow and pumping of fluids through the networks, will also be discussed.

2 Manufacturing microvascular networks

Self-healing via microvascular networks requires a manufacturing method that provides great control over the placement and orientation of channels as well as interconnectivity between channels. Techniques for creating three-dimensional (3D) microchannel arrays and networks beyond planar applications are few in number. Only direct-write techniques have been utilized in self-healing applications. Direct-write assembly of one[23] or more[24] sacrificial inks have successfully been used to create 3D microchannel networks in a polymer matrix for self-healing applications[24, 25~28]. In these approaches, a pattern of channels is drawn layer by layer, and the pattern is embedded into an uncured polymer matrix. After the polymer cures, the ink is removed to leave behind a 3D interconnected microvascular network.

In direct-write assembly of microchannels with a single ink, 3D scaffolds are drawn with a fugitive ink using a robotic controlled deposition (RCD) apparatus[23, 29]. The apparatus consists of an ink extrusion system mounted on a vertical (z axis) motion controller which is positioned above a platform that moves in the x-y plane. The ink, comprised of a 60:40 mixture of petroleum jelly and microcrystalline wax, has the stiffness to hold its shape at room temperature, but also extrudes through a syringe when pressurized[30]. Three-dimensional scaffold are created by writing a 2D pattern, raising the ink system in vertical direction and writing a new 2D pattern on top of the existing pattern. This process is repeated until the geometry is completed. The increment in the vertical direction must be less than or equal to the width of the filament (or syringe diameter) being extruded by the ink system, such that there is good contact between layers. The slight overlap between layers results in interconnectivity between ink layers in the resulting microvascular network. Upon completion of the writing process, the final scaffold is infiltrated with an uncured polymer that is then allowed to cure. After curing, the structure is heated to remove the ink and the microvascular network is left behind in the polymer matrix.

The manufacturing of microvascular networks, as described above, offers great control over the location and orientation of the individual microchannels, but does not allow for any arbitrary network design to be created. After writing, the fugitive ink is able to hold it shape, even at spans of up to 10 times its diameter[30]. The stiffness of the ink allows for a range of interchannel spacings, though room temperature deformations of large spans do occur over time. One of the limitations of the technique is that every channel in every layer needs something below it to give support. While the resulting network has a significant amount of interconnectivity due to support from underlying layers, it is not possible to create multiple networks that are distinct and interpenetrating with one ink. Additionally, an isolated channel with an arbitrary orientation cannot be created using this approach. Variations on this technique do allow for some of these more complex features to be realized.

In an effort to advance the versatility of microvascular network construction via direct-write methods, Hansen *et al.*[24] have utilized two separate fugitive inks to create complex 3D networks. The use of dual inks with distinct rheological properties allows for multiple, separate networks to be created within a single part. The second ink is used as a spacer material to provide support to and prevent contact between individual filaments in the neighboring networks. A pluronic solution in water, which liquefies upon cooling, is chosen for the support ink. The pluronic ink can therefore be removed at temperatures below room temperature without affecting the wax-based ink that requires heat for removal. Dual ink structures are embedded in an uncured epoxy resin that cures to form the solid matrix. After cooling to remove the pluronic ink, the resulting microchannels are refilled with epoxy resin that then cures. The remaining wax ink, still embedded in the polymer matrix, forms one or more complex networks within the solid, and no interconnections exist between separate networks. The wax ink is removed by heating the structure, leaving behind hollow networks of microvascular channels. The designs that are possible with dual-ink direct-write are significantly more complex than those possible without the support of the pluronic ink.

An additional contribution by Hansen to the versatility of direct-write methods is the ability to write channels that are perpendicular to the writing stage of the RCD[24]. Vertical channels, without the need of a supporting structure, form networks with fewer unnecessary channels, reducing the overall porosity of the final structure. Also, a secondary support ink is not necessary to create these vertical channels so no additional manufacturing steps are needed to remove and replace the support ink for single network structures. The aspect ratios of vertical channels are somewhat limited, as instability and buckling begin to occur as the channel height increases.

3 Healing a coating on a vascularized material

Microvascular self-healing was initially demonstrated by Toohey *et al.*[25] in a coating-substrate geometry that is based on human skin. Just as a vascular network supplies essential materials to heal a cut in the upper layers of skin[31] in Fig. 2, a coating on top of a vascularized materials can be healed repeatedly. The recent work on healing a coating via fluid-filled microchannels is discussed in the following paragraphs. Several variations in the coating-substrate concept, including healing chemistry used and number and distribution of microchannels in the substrate, are summarized.

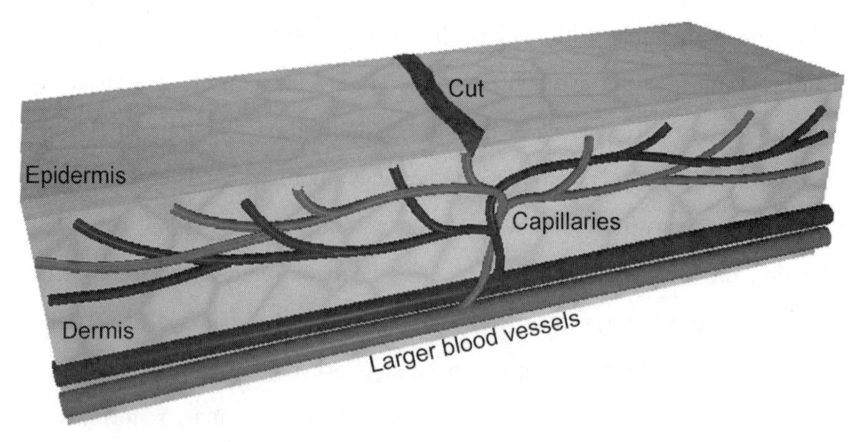

Figure 2: A schematic of the cross-section of skin.
In the dermal layer, a vascular supply of blood is capable of repeatedly healing damage in the epidermis. Reproduced with permission from[25].

3. 1 Single Network

When the self-healing chemistry involves only one fluid component, a single microvascular network in the substrate is sufficient to heal damage to a coating. Early work by Toohey *et al.*[25] utilizes dicyclopentadiene (DCPD) monomer and Grubbs' catalyst from the microcapsule work of White *et al.*[1] as the healing chemistry. In Fig. 3, the geometry of the microvascular self-healing coating-substrate system is shown. A single microvascular network is created via direct write method and is placed in an ductile epoxy matrix. A brittle epoxy coating containing particles of Grubbs' catalyst is placed on top of the substrate such that the microchannels openings in the network are at the interface between the coating and substrate. The network is filled with the DCPD monomer prior to testing.

To determine the self-healing capabilities of the coating-substrate system with a single network, the beam is loaded in four-point bending to form and reopen cracks in the coating. After crack formation, the liquid monomer in the channels flows into the crack through capillary action, as shown in Fig. 4, where it contacts the exposed catalyst particles. A portion of the catalyst dissolves in the monomer and the two polymerize to form a solid film that adheres the faces of the crack together, thus healing the crack. After healing, the specimen is tested again in bending to reopen the healed crack. The healed polymer film is bonded well enough to hold the crack closed as bending begins, but eventually it fails and the crack reopens allowing more fluid to enter the crack and reheal the damage. The single network coating-substrate system has achieved up to seven healing cycles on a single crack.

The healing efficiency of a self-healing coating is defined as the healed fracture toughness normalized by the virgin fracture toughness, as used by White *et al.*[1] For the coating-substrate geometry, healing efficiency simplifies to a ratio of the loads when a crack reopens to that when the crack originally forms. Toohey *et al.*[26] conducted testing on microcapsule-based self-healing coatings for comparison with the microvascular network specimens. The multiple healing cycles achieved by the microvascular system do not come at a sacrifice in the healing efficiency compared to the microcapsule system. The average healing efficiency over

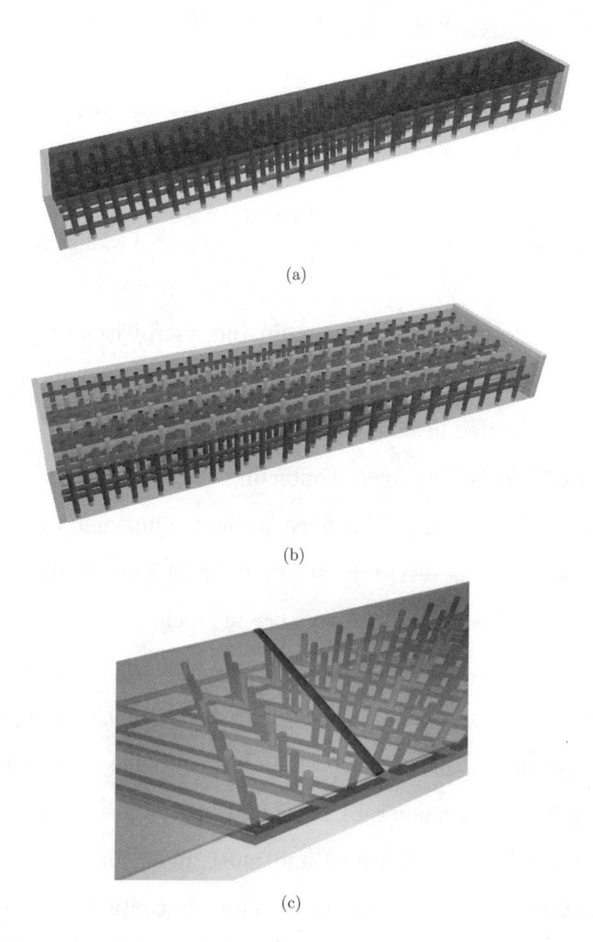

(a)

(b)

(c)

Figure 3: Schematics of three microvascular networks in coating-substrate systems.
(a) A single network supplies a healing agent to the coating where catalyst particles are embedded. (b) A single network is sub-divided using photopolymerization. The networks in the substrate contain two fluid healing agents for healing damage to the coating. (c) Two interdigitated networks in the substrate supply healing agents to the coating above. Figure 3 (a) and (b) are reproduced with permission from[27] and c is reproduced with permission from[24]. Copyright Wiley-VCH Verlag GmbH & Co. KGaA.

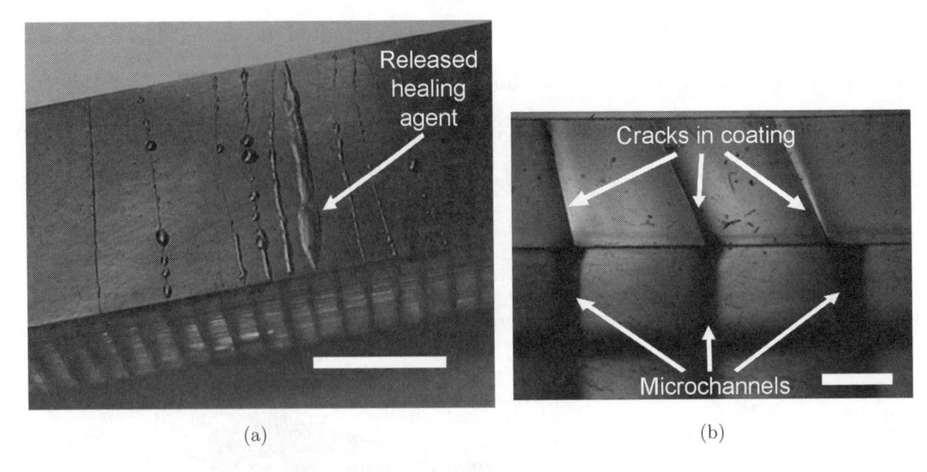

(a) (b)

Figure 4: Damage in a self-healing coating-substrate system.
(a) The DCPD monomer is released from channels into the crack plane upon crack formation. Scale bar = 0.5mm
(b) Cracks in the coating are shown propagating toward the microchannel openings at the coating-substrate interface. Scale bar = 5mm Reproduced with permission from[25].

all cycles for different catalyst concentrations in the microvascular self-healing specimens (38%) is similar to that of the single healing cycle for the microcapsule coating (49%).

The success of the repeated healing capabilities of a single network in a coating-substrate system depends on the fluid healing agent contacting the solid catalyst in the crack plane for many healing cycles. For that contact between healing components to occur several things must happen as the specimen is tested. First cracks must form in the coating, arrest at the interface and stop over the opening of one or more microchannels. In Fig. 4, we see that all of these conditions are met, since the substrate is an epoxy that is more ductile than the coating material and the reduced cross-sectional area where the channels occur draws the crack tip toward the channel openings. Capillary action then must provide the driving force for the fluid to enter into the crack. The monomer DCPD has a low viscosity[1] and easily flows into the crack (seen in excess in Fig. 4). The final and most important condition for the repeated healing of a crack is that the healing components come in contact again in the reopening of a crack. Although Grubbs' catalyst is a living catalyst that is not consumed in the polymerization reaction, the availability of reactive sites in the solid DCPD Polymer is limited. With each additional healing cycle the supply of catalyst in a single crack is depleted and becomes the limiting factor in the number of healing cycles possible[25, 26].

3. 2 Multiple Networks

To overcome the limitations of the catalyst supply in the single network design using DCPD and Grubbs' catalyst, a healing chemistry involving two fluid components has the potential to achieve more healing cycles. Two-part epoxy healing chemistries have shown promise in other work[11~15] and are a logical choice for use in multiple microvascular networks for repeated self-healing.

3. 2. 1 Healing Chemistry

Numerous combinations of epoxy resins and curing agents or hardeners exist, but not all are appropriate for placing in a microvascular network for self-healing applications. Toohey *et al.*[32, 27] have explored different combinations of two-part epoxy systems based on the following criteria: the reactivity of components with the matrix material, the viscosity of components and the ability of the resin and curing agent to polymerize under non-ideal conditions (non-stoichiometric ratios and insufficient mixing). Two combinations are chosen based on these initial tests for *in situ* self-healing tests (more details in the following sections).

3. 2. 2 Sub-divided network

Initial experiments to test a two-part fluid healing chemistry in multiple microvascular networks utilize photopolymerization to create barriers within a network so that multiple fluids can be stored without mixing. The resulting coating-substrate beams are similar to those from earlier tests, but the single network was divided into two or more separate networks to contain the two fluids[27]. Using a single ink direct-write method, a microvascular network specimen is created in an epoxy substrate. After removal of the ink, a photosensitive polymer resin is placed in the channels and the resin is selectively exposed to UV light. The remaining unpolymerized resin is removed, and the distinct networks that remain are filled with epoxy resin and hardener in an alternating pattern, as seen in Fig. 3 (b).

The repeated healing capabilities of the coating-substrate specimen with two-part fluid healing chemistries has been demonstrated by Toohey and colleagues to heal a single crack up to 16 times[27]. In their work, specimens with four microvascular networks are studied using two combinations of healing chemistry; EPON 813 with ANCAMIDE 503 (chemistry A), and EPON 8132 with EPICURE 3046 (chemistry B). Beams are tested in four-point bending to produce and reopen cracks in the coating. Both of the fluids enter the crack plane upon crack formation and cure to heal the damage. Specimens are allowed to heal for 48 hours at a slightly elevated temperature of 30℃ to accelerate the healing process. Repeated testing of specimens has shown that a higher number of healing cycles over the single-network approach are possible with the multi-network approach.

Healing efficiencies for the two-part healing chemistries are on average higher than those from the earlier system with Grubbs' catalyst in the coating and DCPD monomer in the network. The average healing efficiency reported by Toohey *et al.*[27] is over 60%, which is an improvement over the 30-40% for the DCPD system[25]. An advantage of healing with a chemistry that is similar to the material being healed is that the bonding of the between the healed and original coating material is strong. In the DCPD healed coatings, the images of the fracture planes shows adhesive failure between the poly-DCPD in the crack and the epoxy face of the crack in the coating, as seen if Fig. 5. In contrast, the healed material in the two-part epoxy systems is found equally on both sides of the crack face[32, 27], indicating the failure occurs within the healed material. One side of such a fracture plane is shown in Fig. 6.

The viscosity of the healing fluids and the lack of sufficient mixing in the crack plane have a significant effect on the properties of the healed materials and on where it is located on the crack plane. As the two fluids enter the crack plane, they will likely cure only along the interface where they meet. Applying a low-amplitude, cyclic bending load to the beam after the opening (or reopening) of a crack is used as a means to encourage mixing of the two

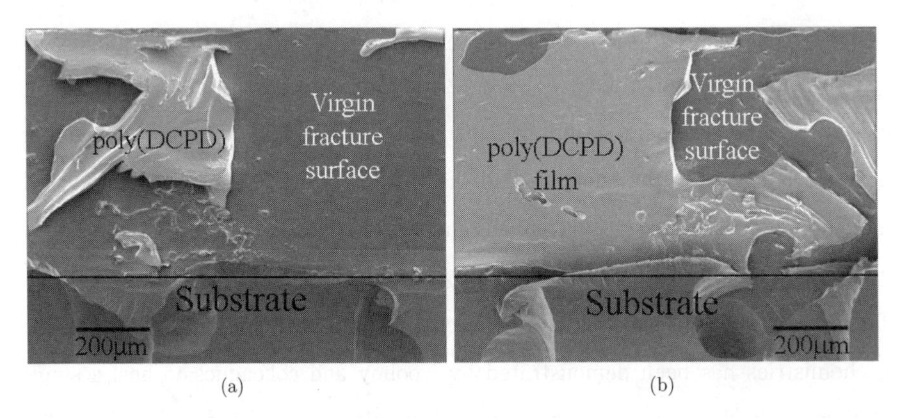

Figure 5: Scanning electron micrographs of two halves of a crack plane healed for multiple cycles with poly (DCPD).

On one side of the crack, in (a), the a portion of the surface has a poly (DCPD) film, while the remaining portion does not. In (b), the mirror image is seen on the other side of the crack, where much of the surface is covered with the film of healed material and only a small portion is the original crack face. Figure 5a reproduced with permission from[25]. Figure 5(b) reprinted with kind permission from Springer Science+Business Media from[26]. Copyright Society for Experimental Mechanics, 2008.

materials in the crack plane[27]. Even with this additional effort, the healed material that forms in the crack plane does not completely cover and heal the entire length of the crack. In Fig. 6, the healed material along the length of the crack occurs only in the regions above the channels that supply the resin, leaving the rest of the crack face unhealed.

Though many more healing cycles are possible in the two-fluid healing approach, the number of healing cycles is still finite[32, 27]. Ultimately, the healing ceases in a single crack because the abundant supplies of the healing materials are unable to enter the crack plane and come into contact after many healing cycles. With each healing cycle, the portions of the crack plane become covered with newly polymerized material. This healed material continues to build up in the crack plane and eventually begins to restrict the flow of fresh healing components. The thick layer of healed material is split between the two crack faces upon crack reopening creating a textured, irregular surface, as seen in Fig. 7. The texture features become obstacles in the path of the healing materials, making it unlikely that the two will come into contact and mix sufficiently to continue healing the crack.

3. 2. 3　Interdigitated networks

Advancements in direct writing methods for manufacturing microvascular networks enabled new network geometries to be created to address some of the limitations of the two-part fluid healing approach. Interdigitated networks are created using a dual-ink direct-write technique, which places channels with each healing component in an alternating pattern, as seen schematically in Fig 3 (c). The resulting microvascular network creates more interfaces for the two healing fluids to mix along the width of a crack plane, potentially improving the healing capabilities of the system.

The interdigitated network design is used in a coating-substrate healing system, where epoxy resin and hardener are used in the two networks to heal damage to the coating above[24]. Specimens are tested in four-point bending until failure occurs in the coating. Mixing of the

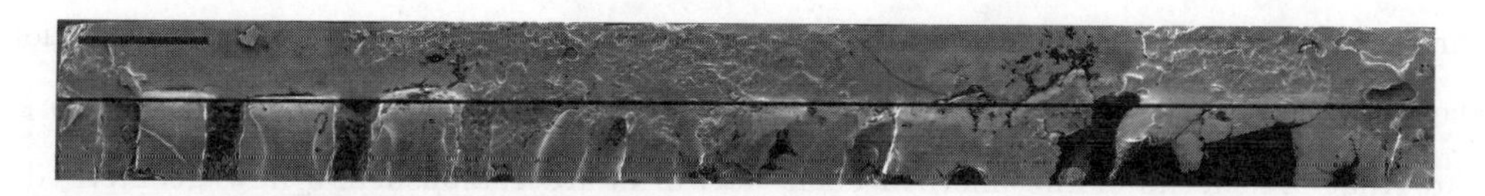

Figure 6: Scanning electron micrograph of a crack healed for multiple cycles with a two-part epoxy. The entire crack surface shows that only portions of the crack face (above the resin channels, highlighted with red) are covered with healed materials. Scale bar = 1mm. Reproduced with permission from[27]. Copyright Wiley-VCH Verlag GmbH & Co. KGaA.

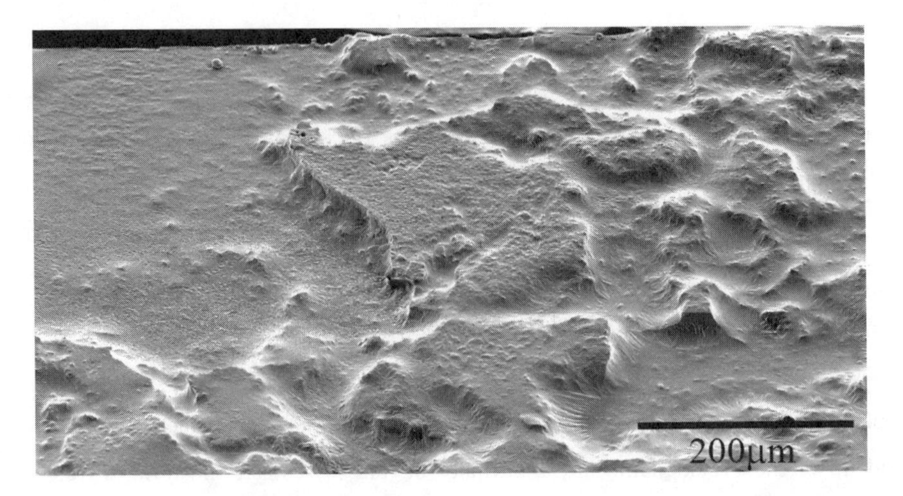

Figure 7: Scanning electron micrograph of the healed epoxy material on a crack face.
A thick layer of healed epoxy forms with in the crack after many healing cycles. The topology of the healed crack plane contributes to the inability to continue healing the crack for more cycles. (from 32))

two healing fluids in the crack is encouraged by low-amplitude cyclic bending of the specimen. After healing at 30℃ for 48 hrs, the cracks are reopened in bending and the cycle is repeated until each crack no longer heals for more cycles. Over 30 healing cycles are demonstrated for the interdigitated network design, and average healing efficiencies of over 50% are maintained throughout the testing. The improvement in total number of healing cycles is attributed to the improved network design, which place the alternating healing fluids in close proximity in the crack plane. Additionally, better control over the mixing likely contributed to improved healing efficiencies and number of healing cycles.

4 Healing within a vascularized material

To demonstrate the ability of a microvascular network to store and deliver one or more fluid healing components, the previous studies[24, 25, 27] avoided the complication of cracking within or through the microvascular network. The coating-substrate geometry that is used allows for the study of the fluid delivery into and healing of crack damage without harming the network. Now that the merits of the microvascular networks are established, a new geometry is necessary to study the ability to heal a crack that runs through microchannels in a network.

In preliminary work by Hamilton *et al.*[28], a Double-Cleavage-Drilled Compression (DCDC) specimen is chosen for healing studies where the microvascular network undergoes damage.

The DCDC specimen geometry exhibits stable crack growth during compressive loading, which prevents the catastrophic failure of the specimen. In the study, Hamilton uses a dual-ink direct-write technique to create a series of parallel channel across the specimen such that cracks extending from the top and bottom of the circular hole would intersect the channels. The channels are damaged, but because the crack growth is stable, the specimen does not split apart making it ideal for this self-healing study.

A two-part epoxy healing chemistry is utilized in the microchannels of the DCDC specimen to assess the healing capabilities. Epon 8132 resin and Epikure 3046 hardener are placed in channels at a 2:1 ratio, approaching the proper stoichiometry of the epoxy system. Specimens are loaded in compression to form crack. The cracks are healed at 30℃ for 48 hours and healing is determined upon crack reopening. Up to 13 healing cycles have been demonstrated[28] in specimens with no forced mixing. Healing efficiencies (healed fracture toughness normalized by the virgin fracture toughness) of 40% or more are achieved throughout all healing cycles.

Issues similar to those limiting the two-part epoxy healing in a coating-substrate system also contribute to the limited number of healing cycles in the DCDC specimen. After many healing cycles the flow of healing fluids is restricted by polymerized material in the crack plane. The build-up of healed material remains a challenge in the use of two-part epoxy healing chemistries for repeated self-healing.

5 Healing of a Composite Structure

In a different approach to self-healing, a simple microvascular network supply of healing materials can be used to repair structural damage to a sandwich panel. These composite structures, with service loading primarily in bending and compression, are an ideal application to incorporate a microvascular network since gross damage to the internal channels is minimal. Self-healing functionality could help restore load carrying capabilities after impact damage occurs.

Recent work by Williams *et al.*[33] incorporates microchannels into the closed-cell foam core of a sandwich panel to heal impact damage at the core-skin interface. To create the channels in the structure, small tubes are embedded between two layers of foam, which were bonded together, and holes are drilled through the structure to intersect the tubes within the foam.

Thin laminates of E-glass/epoxy are applied to the top and bottom of the foam to complete the sandwich structure. Finally, separate supply tubes are filled epoxy resin and hardener and the fluids are pressurized to different levels (high and low) for testing.

Panel are damaged via impact to the laminate surface, which results in deformation of the outer skin and foam core as well as debonding between the two. After impact, the healing materials flow into the gap between the laminate skin and the foam core where they meet and cure. Control tests with premixed resin and hardener in the channels are also examined to determine the best-case healing of the system. To test the healing in the damaged and healed sandwich panels, end compression tests are performed. Self-healing sandwich panels are found to have a higher end compressive strength than unhealed samples. Additionally, the strength of specimens with the higher level of healing fluid pressure is slightly higher than that of the undamaged panel and is similar to that of the control with premixed healing components[33].

The self-healing capabilities of the microvascular networks in sandwich panels has only been demonstrated for a single healing cycle per specimen, but there is potential for additional healing cycles. Since little damage occur to the microchannels themselves, it could be possible for more fluid to enter the same region upon subsequent damage. The challenge in demonstrating continuous healing is to test the healing of the system in a way that induces local damage without complete specimen failure (as with end compression tests). Whether or not multiple healing cycles is desired in such structure is another question to consider.

Williams *et al.*[33] find a slight increase in mass of specimens after healing due to infiltration of healing fluids into the damaged space. In systems where the weight of material is of great concern, multiple healing cycles that in turn increase the mass of the structure could be detrimental. Future work in this area may begin to address some of these issues.

6 Current and Future Challenges

6. 1 Network Design Optimization

Design considerations for microvascular networks for self-healing must carefully balance the structural integrity of the composite with the ability to efficiently flow healing fluids as needed. An additional requisite in the design is that the networks have to be manufacturable via direct-write or other manufacturing techniques. The area of optimizing the design is currently being explored, but there is still much work to be done.

Different approaches to optimization of design criteria for vascular networks have been used, with the most prevalent being constructural theory and genetic algorithms. Constructural law states that flow structures must evolve in time to provide easier access to the fluid, approaching an optimum structure. The constructural law has been applied to optimizing the access to flow for self-healing applications using with simple rectangular grids[34] and tree-shaped structures[35, 36]. The optimized networks, which consisted of channels of different diameters, are limited to two-dimensional designs and the optimization does not consider the affect of the network on mechanical strength on the overall structure. Multi-objective genetic algorithms have also been utilized to optimize network designs, and have demonstrated the ability to design for conflicting design constraints. In the work by Aragón *et al.*[37], two-and three-dimensional networks are optimized for mechanical strength of the structure (void volume), flow efficiency (pressure drop) and network coverage and redundancy.

Different experimental techniques are being used to test the efficiency of the flow through microvascular networks of various designs. In recent work, Wu *et al.*[38] created two-dimensional, bifurcating networks with varying channel diameters and tested the efficiency of flow through different network designs. Their work demonstrates the use of a single-ink direct-write method in which the write speed is varied while the ink pressure (extrusion rate) is held constant, or vice versa, to create networks with varying channel widths. In addition, they have found that the hydraulic conductance through such networks is optimized when Murray's law for bifurcating networks[39] is obeyed. As microvascular network designs advance, experimental verification will be critical to demonstrating the feasibility of designs, not just in terms of the efficiency of flow, but also with respect to the ability to manufacture more complex 3D networks.

6. 2 Reinforced Microchannels

Unlike the toughening seen due to the addition of microcapsules in a self-healing composite[40], the addition of microchannels results in structural weakening of the material. To combat the loss of mechanical strength, stiffness and fracture toughness in the material, techniques to reinforce the channels could be incorporated into the manufacturing of microvascular network. The challenge in minimizing the mechanical effects due to the presence of channels is to toughen the material around the channels selectively such that the overall composite properties are not reduced compared to the material without a network, while still allowing fracture through the network to facilitate healing. The addition of a self-healing microvascular network to a material is not beneficial if the presence of the network drastically reduces the mechanical properties. At the same time, to activate the self-healing functionality of the network, fracture through microchannels is necessary to release the stored fluid. One possible approach to satisfy both of these requirements is to reinforce larger supply channels in a network, while leaving smaller branches of the network susceptible to fracture when healing of damage is needed.

In an effort to understand the strain fields around channels in a microvascular network and the effects of reinforcement of channels, Hamilton *et al.* have used a digital image correlation (DIC) technique to examine single channels with and without reinforcement and different network designs[41]. Their findings show that the expected strain field around a single microchannel is somewhat affected by the presence of neighboring and subsurface channels. Clearly the design of a network is critical to having control over the expected fracture of the matrix material. In addition, the successful reinforcement of a microchannel is demonstrated through the use of functionalized silica particles on the outer surface of the ink used in a direct-write technique. After embedding the ink with attached particles in an epoxy matrix, the ink was removed and the reinforcing particles remained in the epoxy immediately surrounding the channel. The stiffer material around the channel experienced lower strain level compared to a single channel with no reinforcement. The particle reinforcement of microchannels along with a thorough understanding of strain distributions may eventually be used to create microvascular self-healing materials with better structural properties.

6.3 Improved Healing Performance

Many factors affect the performance of self-healing materials with microvascular networks, including healing chemistry, mixing of fluids and channel blockage due to healed material. Different two-part epoxy systems have been used successfully in many microvascular self-healing applications, but there are still many potential systems that have not yet been explored. A thorough study of epoxy chemistries (resin and hardeners) may find a new combination that outperforms previous ones. There may also be candidates for healing systems that are not based on two-part epoxy chemistries. Current limitations to the number of healing cycles possible with a vascular approach stem from the inability of the two components (either solid and fluid, or two fluids) to come in contact in the crack plane after many healing cycles. Two factors play a role in this limitation; mixing and healing materials buildup. The epoxy resin and hardeners used are viscous fluids that do not actively mix upon entering the crack plane or damage region. Partial or incomplete curing of the materials is still possible in under these non-ideal condition, which allowing for the some recovery of mechanical properties[27, 33]. A system that encourages mixing and more complete curing could improve the extent of the recovery of properties. Lastly, the repeated healing cycles that occur in a single crack result in build-up of healed material in the crack plane and partial or complete blockage of healing components in the microchannels, directly leading to the inability to continue healing that damage. A more even distribution of healed materials in the crack plane may slow down the build-up process, further motivating the optimal design of the network.

6. 4　Microfluidic Controls

The ability to regulate and pump fluid through the microvascular networks could be used to enhance the performance and healing capabilities of continuous self-healing materials. With certain healing components, especially two-part epoxy system, the shelf life of the fluids is a concern for the long-term performance of the continuous self-healing material. The storage, delivery and renewal of these healing components are critical to the successful implementation of microvascular healing system. The mechanism for controlling the flow or replenishment of the fluids could be be achieved either externally or internally. There are benefits to each approach, but a self-contained, self-regulated system would be ideal for fully autonomic healing material.

Advances in microfabrication and the use of responsive polymers and hyrdogels provide a platform for designing complex flow control systems that self-regulate. Valves and peristaltic pumping mechanisms in microfluidic devices have been created from elastomers using multilayer soft lithography[42]. In this work, pressurized channels, which crossed over flow channels, can be used to create on/off valves by deforming the polymeric layer between the channels and completely closing the flow channel. A series of these valves, with an appropriate sequence of pressure application, is shown to drive fluid through a flow channel. Another approach to controlling the flow in microfluidic devices uses responsive hydrogels which undergo large deformations based on a specific stimulus. Hyrdogels with pH sensitivity have been used to create valves and 'flow sorter' based on the swelling and shrinking of the material as the pH level in the fluid changes[43].

6. 5 Concluding Remarks

While microvascular self-healing materials are fairly new to the family of self-healing polymers, their potential for repeatedly healing damage is unmatched. The use of a single fluid healing agent with embedded solid catalyst particle and the use of two fluid healing agents have demonstrated the advantages to having a vascular supply of healing materials. The coating-substrate architecture has provided a simple fracture specimen for testing repeated healing without the complication of damaging the network. Repeated healing of controlled fracture through vascularized material has shown great potential for the self-healing capabilities of materials with complex microvascular network to supply healing components. The initial work on microvascular self-healing composites has proven multiple healing cycles of the same crack are possible, but there still remains much work to be done before unlimited self-healing cycles can be achieved in a material.

References

1) S.R. White, N.R. Sottos, P.H. Geubelle, J.S. Moore, M.R. Kessler, S.R. Sriram, E.N. Brown, and S. Viswanathan. Autonomic healing of polymer composites. *Nature*, **409**: 794–797, 2001.
2) G.O. Wilson, J.S. Moore, S.R. White, N.R. Sottos, and H.M. Andersson. Autonomic healing of epoxy vinly esters via ring opening methesis polymerization. *Advanced Functional Materials*, **18**: 44–52, 2008.
3) J.M. Kamphaus, J.D. Rule, J.S. Moore, N.R. Sottos, and S.R. White. A self-healing poly (dimethyl siloxane) elastomer. *Advanced Functional Materials*, **17**: 2399–2404, 2007.
4) M.M. Caruso, D.A. Delafuente, V. Ho, J.S. Moore, N.R. Sottos, and S.R. White. Solent-promoted self-healing materials. *Macromolecules*, **40**: 8830–8832, 2007.
5) M.M. Caruso, B.J. Blaiszik, S.R. White, N.R. Sottos, and J.S. Moore Full recovery of fracture toughness using a non-toxic solvent-based self-healing system. *Advanced Functional Materials*, **18**: 1898–1904, 2008.
6) J. Yang, M.W. Keller, S.R. White, and N.R. Sottos. Microencapsulation of isocyanates for self-healing polymers. *Macromolecules*, **41**: 9650–9655, 2008.

7) B.J. Blaiszik, M.M Caruso, D. McIlroy, J.S. Moore, S.R. White, and N.R. Sottos. Microcapsules filled with ractive solutions for self-healing materials. *Polymers*, **50**: 990-997, 2009.

8) S.H. Cho, H.M. Andersson, S.R. White, N.R. Sottos, and P.V. Braun. Polydimethylsiloxane-based self-healing materials. *Advanced Materials*, **18**: 997-1000, 2006.

9) M.W. Keller, S.R. White, and N.R. Sottos. A self-healing poly (dimethyl siloxane) elastomer. *Advanced Functional Materials*, **17**: 2399-2404, 2007.

10) B.J. Blaiszik, N.R. Sottos, and S.R. White. Nanocapsules for self-healing materials. *Composite Science and Technology*, **68**: 978-986, 2008.

11) C. Dry. Procedures developed for self-repair of polymer matrix composite materials. *Composite Structures*, **35**: 263-269, 1996.

12) J.W.C. Pang and I.P. Bond. 'Bleeding composites' —Enhanced damage detection and self repair using a biomimetic approach. *Composites A*, **36**: 183-188, 2005.

13) J.W.C. Pang and I.P. Bond. A hollow fibre reinforced polymer composite encompassing self-healing and enhanced damage visibility. *Composite Science and Technology*, **65**: 1791-1799, 2005.

14) R.S. Trask and I.P. Bond. Biomimetic self-healing of advanced composite structures using hollow glass fibres. *Smart Materials and Structures*, **15**: 704-710, 2006.

15) R.S. Trask, G.J. Williams, and I.P. Bond. Bioinspired self-healing of advanced composite structures using hollow glass fibres. *Journal of the Royal Society Interface*, **4**: 363-371, 2007.

16) X. Chen, M.A. Dam, K. Ono, A. Mal, H. Shen, S.R. Nutt, K. Sheran, and F. Wudl. A thermally re-mendable cross-linked polymeric material. *Science*, **295**: 1698-1702, 2002.

17) X. Chen, F. Wudl, A.K. Mal, H. Shen, and S.R. Nutt. New thermally remendable highly cross-linked polymeric materials. *Macromolecules*, **36**: 1802-1807, 2003.

18) E.B. Murphy, E. Bolanos, C. Schaffner-Hamann, F. Wudl, S.R. Nutt, and M.L. Auad. Synthesis and characterization of a single-component thermally remendable polymer network: Staudinger and stille revisited. *Macromolecules*, **41**: 5203-5209, 2008.

19) S.J. Kalilsta Jr. and T.C. Ward. Thermal characteristics of the self-healing response in poly (ethylene-co-methacrylic acid) copolymers. *Journal of the Royal Society Interface*, **4**: 405-411, 2007.

20) R.J. Varley and S. van der Zwaag. Towards an understanding of thermally activated self-healing of an ionomer system during ballistic penetration. *Acta Materialia*, **56**: 5737- 5750, 2008.

21) C.C. Owen. Magnetic induction for in-situ healing of polymeric material, 2006.

22) M. Castellucci. Resistive heating for self-healing materials based on ionomeric polymers, 2006.

23) D. Therriault. *Directed assembly of three-dimensional microvascular networks. PhD thesis*, Department of Aerospace Engineering, University of Illinois at Urbana-Champaign, 2003.

24) C.J. Hansen, W. Wu, K.S. Toohey, N.R Sottos, S.R. White, and J.A. Lewis. Self-healing

materials with interpenetrating microvascular networks. *Advanced Matierals*, **21**: 1–5, 2007.

25) K.S. Toohey, N.R. Sottos, J.A. Lewis, J.S. Moore, and S.R. White. Self-healng materials with microvascular networks. *Nature Materials*, **6**: 581–585, 2007.

26) K.S. Toohey, N.R. Sottos, and S.R. White. Characterization of microvascular-based self-healing coatings. *Experimental Mechanics*, **49**: 707–717, 2009.

27) K.S. Toohey, C. Hansen, N.R. Sottos, J.A. Lewis, and S.R. White. Delivery of two-part self-healing chemistry via microvascular networks. *Advanced Functional Materials*, **19**: 1–7, 2009.

28) A.J. Hamilton, N.R. Sottos, and S.R. White. In-situ self-healing via microvascular networks. In Proceedings of the 2nd International Conference on Self-Healing Materials, *Chicago*,, 2009.

29) D. Therriault, S.R. White, and J.A. Lewis. Chaotic mixing in three-dimensional microvascular networks fabricated by direct-write assembly. *Nature Materials*, **2** (4): 265–271, 2003.

30) D. Therriault, R.F. Shepherd, S.R. White, and J.A. Lewis. Fugitive inks for direct-write assembly of three-dimensional microvascular networks. *Advanced Materials*, **17** (4): 395–399, 2005.

31) P. Martin. Wound healing—aiming for perfect skin regeneration. *Science*, **276**: 75–81, 1997.

32) K.S. Toohey. Microvascular networks for continuous self-healing materials. PhD thesis, Theoretical and Applied Mechanics, University of Illinois at Urbana-Champaign, 2007.

33) H.R. Williams, R.S. Trask, and I.P. Bond. Self-healing sandwich panels: Restoration of compressive strength after impact. *Composites Science and Technology*, **68**: 3171–3177, 2008.

34) K-M. Wang, S. Lorent, and A. Bejan. Vascularized networks with two channel sizes. Journal of Physics D: *Applied Physics*, **39**: 3086–3096, 2006.

35) S. Kim, S. Lorente, and A. Bejan. Vascularized materials: Tree-shaped flow architectures matched canopy to canopy. **100**, page 063525, 2006.

36) H. Zhang, S. Lorente, and A. Bejan. Vascularization with trees that alternate with upside-down trees. *Journal of Applied Physics*, **101**: 094904, 2007.

37) A.M Aragón, J.K. Wayer, P.H. Geubelle, D.E. Goldberg, and S.R. White. Design of microvascular flow networks using multi-objective genetic algorithms. *Computational Methods in Engineering*, **197**: 4399–4410, 2008.

38) W. Wu, C.J. Hansen, A.M. Aragon, P.H. Guebelle, S.R. White, and J.A. Lewis. Direct-write assembly of biomeimetic microvascular networks for efficient fluid transport. Soft Matter, DOI: 10.1039/b918436h.

39) C.D. Murray. The physiological principle of minimum work. i. the vascular system and the cost of blood volume. *Proceedings of the National Academy of Science*, **12**: 207–214, 1926.

40) E.N. Brown, S.R. White, and N.R. Sottos. Microcapsule induced toughening in a self-healing polymer composite. *Journal of Materials Science*, **39**: 1703–1710, 2004.

41) A.R. Hamilton, N.R Sottos, and S.R. White. Local strain concentrations in a microvascular network. *Experimental Mechanics*, DOI 10.1007/s11340-009-9299-5.

42) M.A. Unger, H-P. Chou, T. Thorsen, A. Scherer, and S.R. Quake. Monolithic microfabricated valves and pumps by multilayer soft lithography. *Science*, **288**: 113–116, 2000.

43) D.J. Beebe, J.S. Moore, J.M. Bauer, Q.Yu, R.H. Liu, C. Devadoss, and B–H. Jo., Functional hydrogel structures for autonomous flow control inside microfluidic channels, *Nature*, **404**: 588–590, 2000.

第1章　高温用セラミックスの表面き裂の自己治癒とその応用による品質保証

安藤　柱[*1]，高橋宏治[*2]，中尾　航[*3]

1　はじめに

通常の金属系材料を力学機能材料として使用できる限界温度（以下耐熱限界と言う）は，約1273Kである。これに比べて，構造用セラミックスの耐熱限界は，種類にもよるが1273K～1973Kであり，金属系材料に比べて遙かに優れている。このことから，構造用セラミックスは，ガスタービン，自動車用エンジン及び核融合炉壁等の高温機器用材料として大きな期待が寄せられている。しかしながら，破壊靭値（K_{1C}）が2.5～7MPa$\sqrt{m}$であり，金属系材料に比べて相当低い。そのために次のような問題が生じている[1)]。

① 通常の機械加工（研削・研磨等）により，き裂が発生し，信頼性が低下する。これを防止するためには，極少量ずつ機械加工するか，最終段階で相当量の精密研磨仕上げが必要であり，加工効率および加工コストに問題がある。

② セラミックス部品の信頼性保証上問題となるき裂寸法は，表面に存在する半円き裂の場合には，K_{1C}にも依るが直径10μm～30μm程度であり，このき裂を検出できる非破壊検査技術は未開発である。そのために重要部品の信頼性が低い。

③ 高温用機器要素では，使用中に何らかの原因でき裂が発生する可能性を否定できず，もしき裂が発生した場合には，信頼性が大幅に低下する。

以上のような問題を克服する手段としては，次のような方法が考えられる。

⑴ 材料の微視組織制御や繊維強化等により，材料の破壊靭性値（K_{1C}）を大幅に向上させる。

⑵ 使用前に非破壊検査をして，危険なき裂を検出し，補修する。

⑶ 保証試験により，信頼度が低い部材の使用を阻止する。

⑷ 材料に自己き裂治癒能力を発現させて，危険なき裂をすべて治癒してしまう。

上記⑴と⑵に関しては，世界中で活発な研究が実施されている。しかしながら，未だ充分とは

＊1　Kotoji Ando　横浜国立大学　工学研究院　機能の創生部門　名誉教授

＊2　Koji Takahashi　横浜国立大学　工学研究院　機能の創生部門　准教授

＊3　Wataru Nakao　横浜国立大学　学際プロジェクト研究センター　特任教員（助教）

言えないのが実状である。もし材料に，き裂を自己治癒する能力を発現させることができたならば，次のような利点があると考えられる。

ｉ）高効率な機械加工後に，存在している表面き裂を自己治癒してしまえば，加工効率および加工コスト面での利点が非常に大きい。

ⅱ）表面き裂がすべて治癒されるので信頼性が大幅に向上する。

ⅲ）もし，使用中にき裂が発生したら，使用中にそのき裂を自己治癒して，強度を完全回復させれば，構造健全性上極めて有利である。

以上の様な考え方から，著者らのグループでは，構造用セラミックスに優れた自己き裂治癒能力を発現させるための研究を実施している。

構造用セラミックスに優れた自己き裂治癒能力を発現させ，それを有効に利用するためには，次のような項目に関する研究を系統的に実施する必要がある。

(a) き裂治癒能力の定量的な評価方法の確立。

(b) き裂治癒能力に及ぼす材料の成分系や焼結方法の影響の解明。

(c) き裂治癒挙動の雰囲気，酸素分圧，温度および治癒時間依存性の解明。

(d) き裂治癒材の高温強度特性の解明。

(e) き裂治癒材の高温疲労強度特性の解明。

(f) 研削，研磨等の機械加工時に発生したき裂の治癒挙動解明。

(g) 稼働下でもき裂を治癒できる材料の開発。

(h) き裂治癒能力を応用したセラミックス部品の総合的品質保証方法の確立。

著者らは，上記(a)から(h)に関する研究を実施しており，次節以降ではその概要を順次解説する。

2　ナノ複合材料とマルチ複合材料

著者らが提案するナノ複合材料とは，

① ナノサイズのSiC粒子を添加して，焼結過程における粒成長を阻止し，結晶粒を微細化して，強度を向上させる。例えばアルミナの場合，曲げ強度を400MPa程度から700～1000MPa程度まで向上させる。

② ナノサイズのSiC粒子を15～30%添加して，自己き裂治癒能力を発現させる。

③ ナノサイズのSiC粒子をアルミナの粒界のみならず粒内にも分散させて，耐熱限界を300K程度向上させる。

図１にAl_2O_3基材のナノ複合材料の破面写真を示した。大きい寸法のSiC粒子は主として粒界に，小さいSiC粒子は粒内にも分散していることが分かる[2]。

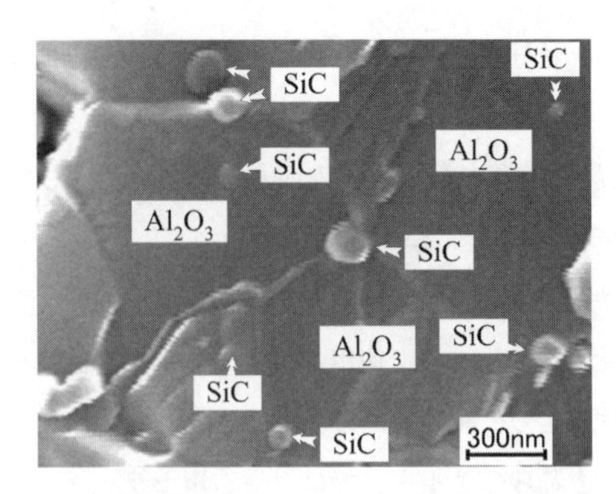

図1 Microstructure of alumina/ 15 vol% SiC particles nanocomposite, from which one can find that there are many SiC submicron particles in alumina grain, because the SiC particles exist in alumina grain on the cleavage surface

表1 Valid temperature region of self-crack-healing for several ceramics

Materials	Valid Temperature Region			
Si_3N_4/ 20 vol% SiC particles composite (8 wt% Y_2O_3)	1073	-	1573	K
Alumina/ 15 vol% SiC particles composite	1173	-	1573	K
Mullite/ 15 vol% SiC particles composite	1273	-	1473	K
SiC sintered with Sc_2O_3 and AlN	1473	-	1673	K

マルチ複合材料とは，ナノサイズのSiC粒子とSiCウイスカーを合計25～30％複合して，自己き裂治癒能力，破壊靭性値及び強度が優れた材料を創製することである。SiC粒子とSiCウイスカーとの配合割合は，自己き裂治癒能力と破壊靭性値の要求を勘案して決定し，SiC粒子が多ければ，き裂治癒速度が速まり，SiCウイスカーが多ければ破壊靭性値が向上する。本稿で使用したナノ複合セラミックスの成分系，き裂治癒可能な温度範囲を表1に，マルチ複合セラミックスの成分系，き裂治癒材の室温曲げ強度及び破壊靭性値を表2に示した。

ところで，き裂を有するセラミックスが，加熱により強度が回復あるいは向上することは，古くから知られているが，その機構には次の3種類がある[3]。

(1) 本稿で解説するき裂治癒現象による場合。

(2) 再焼結による場合。この場合には，き裂治癒現象に比べて著しい高温まで，即ちほぼ焼結温度まで加熱することが必要である。

(3) 引張残留応力の解放による場合。この場合には，強度回復率は小さく，き裂は依然として

表2　Strength and Fracture Toughness of multicomposite Alumina and Mullite

Sample name	Content				Strength (MPa)	Fracture Toughness ($MPam^{1/2}$)
	Alumina	Mullite	SiC Particle (Diameter:0.27 μm)	SiC Whisker (Diameter:0.8-1.0 μm, (Length:30-100 μm)		
AS15P	85		15		850	3.2
AS30P	75		30		1050	3.6
AS20W	80			20	970	4.8
AS30W	70			30	830	5.8
AS20W10P	70		10	20	980	5
MS15P		85	25		470	2.2
MS15W		85		15	710	2.8
MS20W		80		20	840	3.6
MS25W		75		25	820	4.2
MS15W5P		80	5	15	750	3.2
MS15W10P		75	10	15	740	3.5

残留している。

以上のような3現象のうち，本稿で使用する自己き裂治癒能力とは，以下のごとき能力を全て備えている場合である。

i）　材料自身がき裂の発生を検知し，き裂治癒活動を開始する。

ii）　強度を50～90%低下させるき裂をも完全に自己治癒し，強度を完全回復させる。

iii）　き裂治癒部は約1673Kまで母材部と同等以上の強度を有する。

3　セラミックスの基本的なき裂治癒挙動

3.1　き裂治癒の基本機構

これまでに筆者らが開発してきた，Al_2O_3, Si_3N_4，SiC, ムライトおよびZrO_2のき裂治癒機構は，き裂治癒物質の分析等により，次のような酸化反応に依るものである[1]。

$$SiC + 2O_2 \rightarrow SiO_2 + CO_2(CO) + 943kJ \quad (1)$$

$$Si_3N_4 + 3O_2 \rightarrow 3SiO_2 + 2N_2 \quad (2)$$

$$2SiC + Y_2O_3 + 4O_2 \rightarrow Y_2Si_2O_7 + 2CO_2(CO) \quad (3)$$

ここで，Al_2O_3，SiC，ムライトおよびZrO_2の場合には，(1)式によるが，Si_3N_4の場合にのみ，

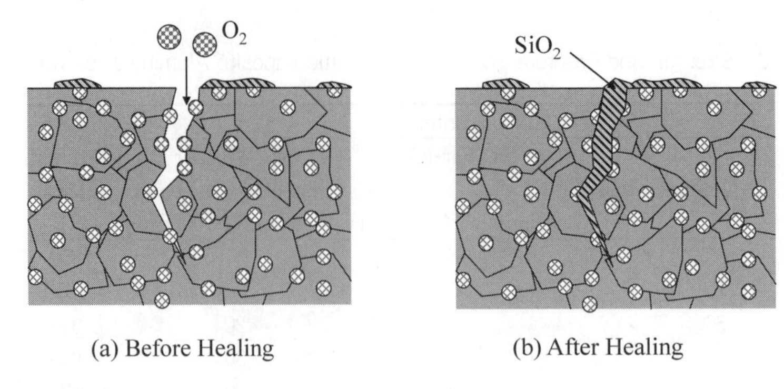

図２　Schematic illustration of crack-healing mechanism

⑵⑶式も作動する。上式から，ムライト単体やアルミナ単体では，酸化が飽和しているために，き裂治癒能力を発現しないことを容易に理解できる。

き裂治癒の模式図を図２に示した[4]。上記反応により，き裂治癒部の強度が完全回復する条件は，次の３条件であるが，具体的な数値に関しては，⑴式のみについて説明する。

① き裂治癒物質が完全にき裂を埋めること。この条件は，SiC に比べて SiO_2 の体積が約80%増大することにより達成される。

② き裂治癒物質の強度が，母材部と同等以上であること。⑴式の SiO_2 にはガラス相と結晶相とがある。室温付近では，いずれの相が生成していても強度にあまり差が無いが，結晶相が生成している方が，耐熱限界や高温強度は遙かに優れている。逆に言うならば，き裂治癒物質の中に，如何に多くの結晶相を析出させるかが，き裂治癒技術のキーポイントであると言える。この条件満足には，⑴式の 943kJ という大きな発熱が関係していると思われるが，詳細は不明である。

③ き裂治癒物質が，母材部と強く接合される。この条件は，943kJ なる大きな発熱により，母材部と治癒物質が溶融・混合されることにより達成される。

上記の完全なるき裂治癒条件が満足されるためには，何%程度 Al_2O_3 にナノサイズ SiC 粒子を添加することが必要かを調査し，その結果を図３に示した[7]。本来は，焼結条件は添加した SiC 量で変化させるべきであるが，ここでは比較のために同一条件で焼結した。試験片に付与されたき裂は，長さ 100μm，深さ 45μm の半楕円き裂である（以後標準き裂と言う）。図中○印はき裂治癒が完全で母材部から破断した例である。図３においては，強度面では 7.5～10%添加が最適であるが，き裂治癒能力面では，10%以上の添加が推奨される。しかし SiC 添加率が 30%を超えると，SiC 粒子の分散に課題があり強度が大きくばらつきだす。その一方で，SiC 添加率が多いほど大きなき裂を治癒可能である。そこで，筆者らは，SiC 粒子の標準添加率として 15～30%を採用している。

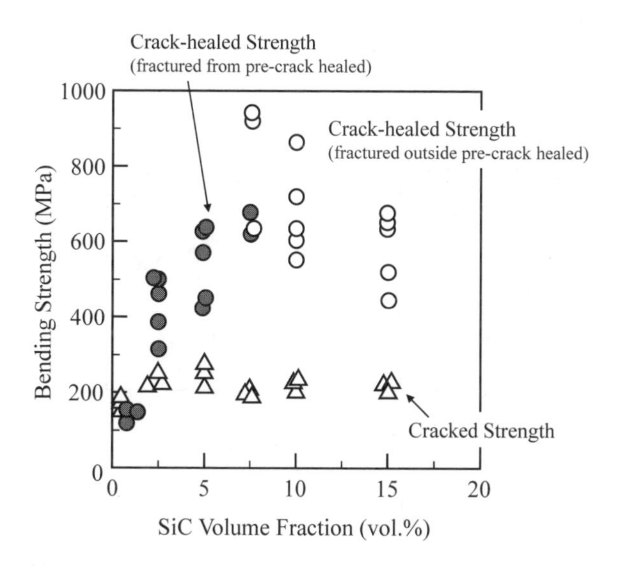

図3　Crack-healed and cracked strength of alumina-SiC composites as a function of SiC volume fraction.

3.2　き裂治癒挙動の酸素分圧および温度依存性

き裂治癒材の曲げ強度（σ_B）の評価には，JIS規格に従って製造された図4のごとき3点曲げ試験片を用いた。但し，曲げスパンのみは，JIS規格の30 mmとは異なる16 mmとした。曲げスパンのみをJIS規格の30 mmより短くしたのは，き裂治癒部の強度を評価するためである。それを評価するために，図4の試験片の中央部に表面でのき裂長さ2Cが約100 μmで，き裂の深さが約45 μmの半楕円き裂を導入した。このき裂は，ビッカースの硬度計を利用して，押し

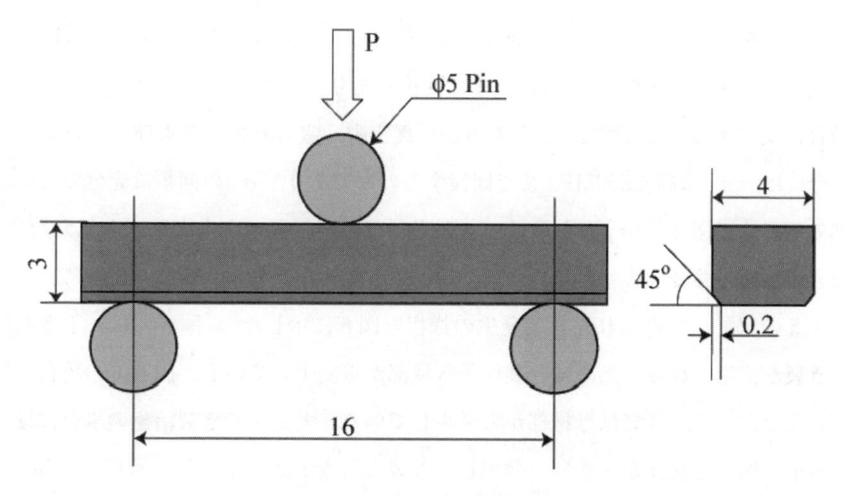

図4　Dimensions of three point bending specimens

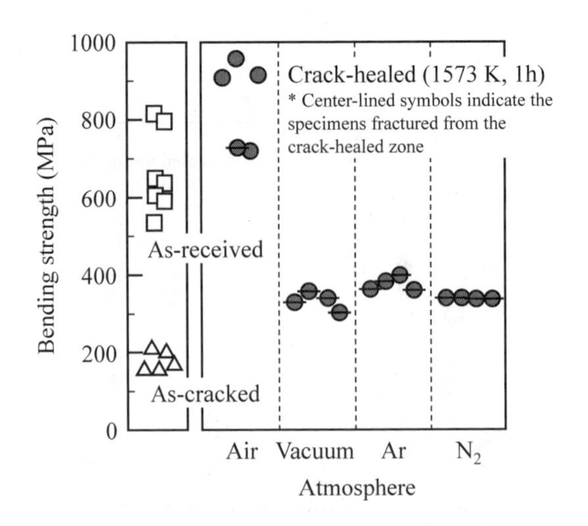

図5　Crack-healing behavior of alumina / 15 vol% 0.27 μm SiC particles composite under several atmospheres

込み荷重を制御することにより導入した。このき裂による強度の低下率は，材料の K_{1C} に大きく依存するが 50～85%である。

図5に，Al_2O_3 のき裂治癒挙動に及ぼす雰囲気の影響を示した。これは，Al_2O_3 に平均粒径 0.27 μmの微細な SiC 粒子を15体積%添加して焼結した材料の結果である。JIS 規格に従って製作された平滑試験片（但し曲げスパンは 16mm）の曲げ強度（σ_B）は約 650MPa である。これに標準き裂を導入した時には，σ_B = 180MPa であり，σ_Bは約 73%低下している。しかし，このき裂材を，1573K の大気中で1時間き裂治癒すれば，曲げ強度（σ_B）は約 800MPa まで向上している。き裂治癒材のσ_Bが平滑材のσ_Bより大きいのは，平滑材の表面に存在していた微小なき裂までが完全に治癒されたためである。以下では，「き裂の完全な治癒」なる用語は，標準き裂材の曲げ強度σ_Bが平滑材のσ_B以上まで回復したり，き裂治癒材の大部分が母材部から破断した場合に使用することとする[4]。ところが，真空中，窒素ガス中およびアルゴンガス中で加熱した場合には，σ_Bは高々350MPa まで回復するのみであり，σ_Bの回復は充分でない。なお，この加熱処理による若干のσ_Bの上昇は，き裂先端部の引張残留応力が除去されたためである。この様なき裂治癒・強度回復挙動は，Al_2O_3 のみならず，ムライト，Si_3N_4，SiC，ZrO_2 でも同様である。図5の試験片で得られたき裂発生の様相を図6に示した[5]。図6(a)は，予き裂材の場合であり，き裂が治癒されないためにき裂は予き裂部から発生している。図6(b)の場合には，き裂の治癒が完全なために，き裂は母材部から発生している。大気中でき裂治癒の場合には，図5において5例中4例で母材部からき裂が発生し，き裂の治癒が完全なことを示している。

3. 1節で述べたごとく，き裂の治癒は酸化反応に依存している。そのため，き裂治癒挙動は酸

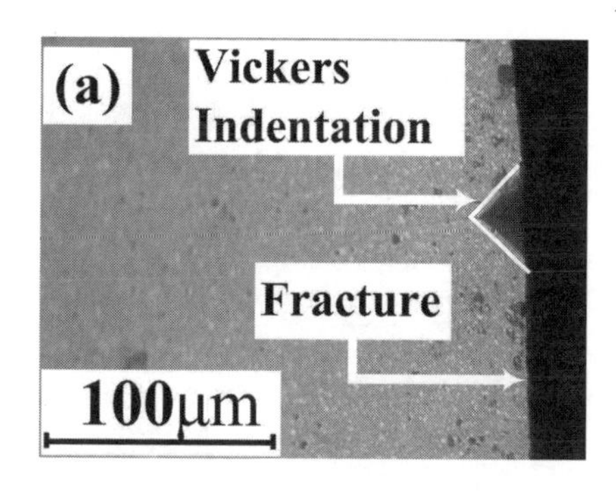

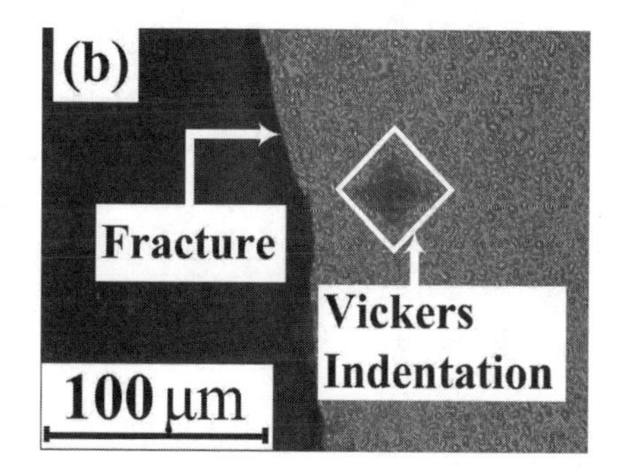

図6　Fracture initiation of alumina/ 15 vol% 0.27 μm SiC particles composite (a) as-cracked (b) crack-healed at 1573 K for 1 h in air, from that one can find that pre-crack healed is stronger than the other part.

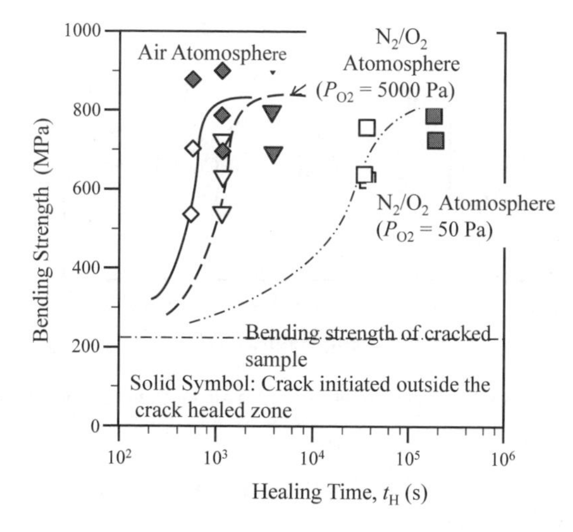

図7　Effect of partial oxygen pressure on crack healing behavior at 1673K

素分圧に大きく依存することが想定される。図7に，き裂治癒挙動に及ぼす酸素分圧の影響を示した。これは，Al_2O_3/SiC 複合材の場合である。1673K でき裂治癒した場合，大気中（酸素分圧：21kPa）では約 20 分で完全にき裂が治癒されているが，酸素分圧が 5000Pa の場合には約 1 時間で，酸素分圧がさらに低い 50Pa の場合でも約 70 時間でき裂は完全に治癒されていた。また，希薄酸素中で治癒した試験片は，1673K まで母材部と同等の曲げ強度を示した。ガスタービンや自動車の排ガス中の酸素分圧は，大気中の約半分の 8kPa～10kPa 程度であると言われている。以上により，極端な環境を除けば，実用上あまり酸素分圧を気にしなくてよいようである。

図8に，一定の時間でのき裂治癒挙動に及ぼす温度の影響を示した。これより，き裂治癒時間が 10 時間と 300 時間の場合に，き裂が完全に治癒される温度は，それぞれ約 1473K と約 1273K

であることが分かる。図8のような実験を各種材料について実施することにより，ある温度 T_{HL} に対して，完全にき裂を治癒できる最短時間 t_{HM} を求めることができる。得られた結果をアレニウス曲線に打点し，図9に示した。これより，$1/t_{HM}$ と $1/T_{HL}$ との関係は下式のごときアレニウスの式で示せることが分かる[1)]。

$$(1/t_{HM}) = Q_0 \exp(-Q_H/RT_{HL}) \tag{4}$$

図9から，各材料の活性化エネルギー（Q_H）と比例係数（Q_0）を求めて表3に示した。表3

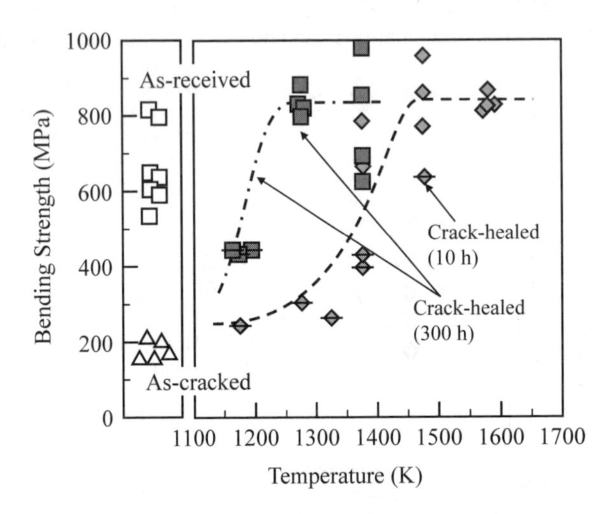

図8　Relationship between crack-healing temperature and strength recovery for alumina / 15 vol% 0.27 μm SiC particles composite

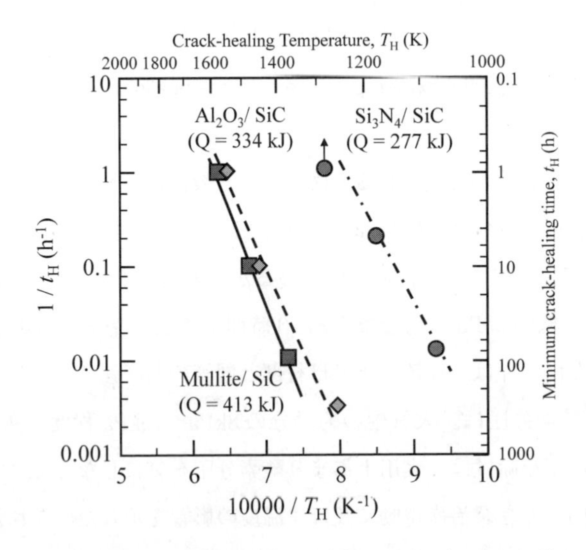

図9　Arrhenius plots on the crack-healing of several ceramics having self-crack-healing ability

表3　Activation Energy and Proportional Coefficient for Crack-Healing

Material	Activation Energy Q_H (Kj/mol)	Proportional Coefficient Q_0 (1/hour)
Si_3N_4/SiC	277	4.2×10^{11}
Si_3N_4	150	5.3×10^{4}
Al_2O_3/SiC	334	1.7×10^{11}
Mullite/SiC	413	4.7×10^{13}

を用いることにより，標準き裂を完全に治癒するために必要な時間（t_{HM}）とき裂治癒温度との関係を容易に求められる。但し，(4)式が利用可能な t_{HM} は，概ね1時間～300時間である[1)]。

3.3　き裂治癒挙動および強度のき裂長さ依存性

破壊応力やき裂治癒挙動のき裂寸法依存性は工学上重要である。そこで，アルミナをSiCウイスカーで強化した材料で得られた破壊応力やき裂治癒挙動のき裂寸法依存性を図10に示した。き裂治癒条件は，標準の1673K，1hである。図中の2Cは，半楕円き裂の表面長さであり，き裂のアスペクト比はいずれの場合にも約0.9である。△印は，予き裂材の曲げ強度（σ_B）であり，●印はき裂治癒材の強度である。予き裂長さが約250μm以下の場合には，強度はほぼ完全に回復し，1例を除いては母材部より破断している。これより，完全にき裂治癒可能な予き裂長さは約250μmであると言える。なお，表1と表2に示した材料では，完全にき裂治癒可能な予き裂長さは図10の場合と同様に約250μmである。

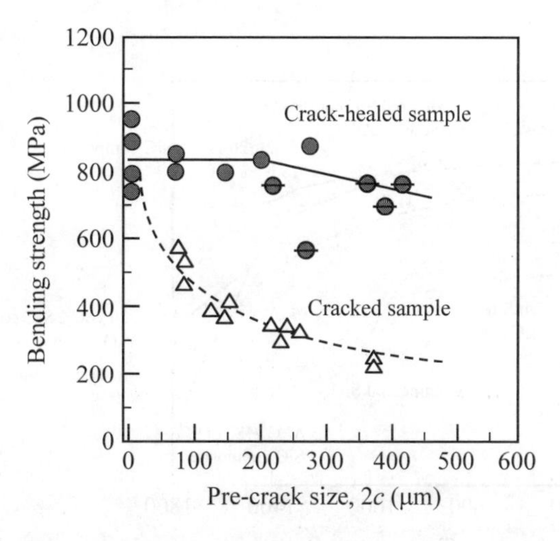

図10　Bending strength of the crack-healed alumina / 30 vol% SiC whiskers (diameter= 0.8-1.0 μm, length= 100 μm) composite as a function of surface length of a semi-elliptical crack.

本実験実施時には，治癒可能なき裂長さに注目していたが，き裂を完全治癒可能か否かはき裂の長さではなくき裂の深さに依存していることが判明した。従って本実験結果より，本供試材の場合には，完全にき裂治癒可能なき裂は，深さは約 110 μ m のき裂であると言える[7]。

4　き裂治癒材の高温強度特性

き裂治癒材の曲げ強度（σ_B）の温度依存性を図 11 に示した。試験片は，いずれも標準き裂を導入後，最適条件でき裂を治癒したものである。微細な SiC 粒子を 15％添加した Al_2O_3/SiC 複合材の σ_B は，アルミナ単体のそれに比べて遙かに高いのみならず，耐熱限界も約 1573K であり，アルミナ単体のそれに比べて約 300K 向上している。この様に，アルミナ単体に比べて，Al_2O_3/SiC 複合材がき裂治癒能力，曲げ強度および耐熱限界で著しく優れた特性を示す理由は，2 節で述べたナノ複合効果によるものである。

市販炭化ケイ素（SiC）母材部の耐熱限界は，約 1673K であるが，き裂治癒部の耐熱限界は約 873K と母材部のそれより相当低い。図に示したごとく，き裂治癒部の耐熱限界が約 1673K の SiC が最近開発され，その利用方法が検討されている。Al_2O_3 を添加した窒化ケイ素き裂治癒部の耐熱限界は約 1273K であるが，成分系を改良して Al_2O_3 を添加しない窒化ケイ素の耐熱限界は約 1673K であり，Al_2O_3 を添加した窒化ケイ素のそれに比べて大幅に向上している。この様な耐熱限界の大幅な向上は，結晶粒界やき裂治癒物質の結晶化により達成された。なお，図 11 の材料の内，市販 SiC 以外は，耐熱限界温度以下において，大部分の試験片が母材部より破断しており，き裂治癒部は充分な曲げ強度を有していた[6]。

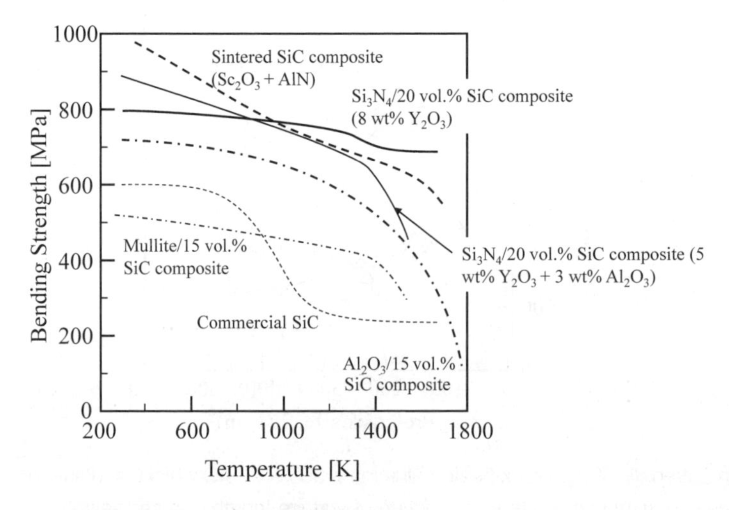

図 11　Temperature dependences of the bending strength of the typical several ceramics crack-healed.

き裂治癒能力が優れた材料を開発するためのチェックすべき項目は，以下の5点である。

① 加熱処理によりき裂は完全に消失したか？

② 室温での曲げ強度は回復したか？

③ 高温域での曲げ強度は回復したか？

④ 高温域での疲労強度は充分であるか？

⑤ 稼働下でもき裂を治癒でき，しかもき裂治癒部はその治癒温度において充分な強度を有するか？

以上の5項目を全て満足していれば，き裂治癒能力が優れた材料であると言える。現在のところ，この基準を満足する材料は，Si_3N_4，Al_2O_3，SiC，ZrO_2 及びムライトの5種類のみであるが，今後拡張していくことが期待される[1)]。

5　機械加工材のき裂治癒挙動

多くのセラミックス部品では，焼結後に機械加工が施される。通常，この機械加工時に多くのき裂が導入されるために，その後き裂が無くなるまで超精密研磨仕上げを施す必要がある。あるいは，大きなき裂が発生しないように，極少量ずつ機械加工し，その後超精密研磨仕上げをする必要がある。また，仮にこの方法を採用したとしても，微小なき裂が存在しない保証はなく，信頼性に問題がある。つまり，材料のき裂治癒能力を利用しない場合には，加工効率が低く，加工コストが高く，しかも信頼性が低いという問題が起こる。しかし，機械加工後に，表面に存在するき裂を全て治癒することができれば，上記問題を容易に解決することができる。以下では，その可能性を検討した結果を解説する。

供試材は，炭化ケイ素ウィスカーを20 vol％複合したアルミナ複合材である。加工には，Φ4mm, ＃140ダイアモンド粒子電着砥石のボールドリルを用いた。加工部は，半径2mm, 深さ200 μm の丸底溝であり，5〜15 μmずつ研削して仕上げた。この溝の応力集中係数は1.4であり，曲げ強度の評価に際しては，この応力集中係数を考慮した。尚，本供試材の場合，1パスあたりの切込深さ15 μm は，ダイアモンド粒子剥離の限界加工率である。

図12と図13に上記供試材の丸底溝機械加工後の局所破壊応力，及びそれに及ぼすき裂治癒温度と時間の影響を示す[5,6)]。加工材のき裂治癒条件は，温度1673K，時間は1 hあるいは10 hである。●印は平滑材を大気中で1573K, 1hの熱処理を施した試験片（以後，熱処理平滑材と呼ぶ）の曲げ強度を示している。この熱処理平滑材は，JIS規格に従って製作されたものであり，事実上の表面無欠陥材である。図12で，◇印は機械加工材の局所破壊応力である。丸底溝加工により，熱処理平滑材に比べて，曲げ強度が50〜70％低下していることが分かる。破面のSEM観察

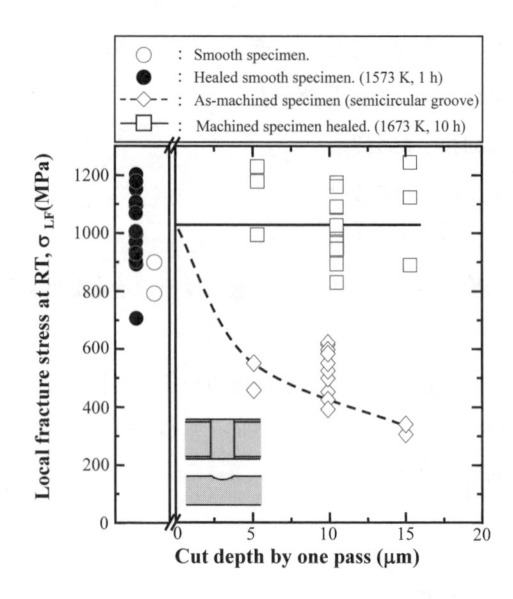

図 12　The effect of depths of cut by one pass on the local fracture stress at room temperature of the machined specimens healed.

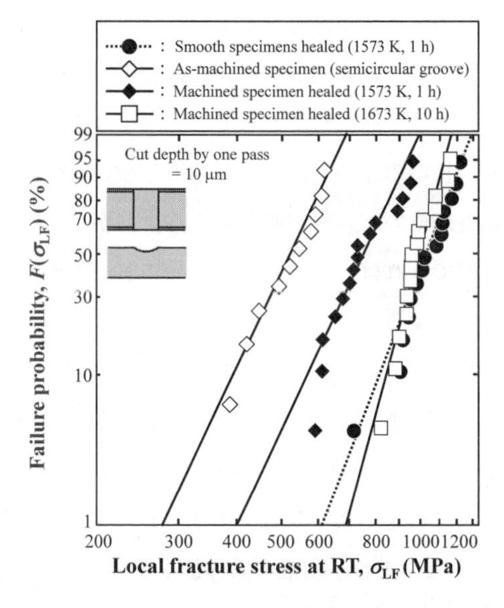

図 13　Weibull plot of local fracture stress.

の結果，この強度低下は，丸底溝の底部に連続して形成された深さ 40～80 μ mのき裂によることが判明した。その 1 例を図 14 に示す。図 13 には，図 12 の結果をワイブルプロットで示した。図 13 で，◆印および□印は，それぞれ 1h および 10h の条件で治癒した機械加工治癒材の強度を示している。これら機械加工治癒材と熱処理平滑材の強度を比較すると，丸底溝加工時に導入

図14　SEM images of fracture surface of as-machined specimen.(Bending Strength=382 MPa)

された加工き裂は，1673K，10 h の条件で完全に治癒されていることが分かる。

図13に示した機械加工治癒材および熱処理平滑材の母集団の強度が統計的に同一か否かを χ^2 検定（独立性の検定）を用いて調査した。その結果，機械加工治癒材と熱処理平滑材の強度には有意差がないことが判明した。つまり，機械加工によって大幅に低下した強度は，き裂が完全に治癒されることにより熱処理平滑材の強度にまで完全に回復したことが分かる。同様な実験をムライトや窒化ケイ素についても実施し，強度の回復特性を統計的に調査した。その結果，いずれの材料においても，強加工時に発生したき裂が完全に治癒され，き裂治癒材は1673Kまで母材部と同等の強度を示すことが判明した。以上のことより，自己き裂治癒能力の応用により，高能率な加工が可能となり，加工コストの削減，および加工部材の性能と信頼性向上に大きく貢献できることが分かる。

6　セラミックスの稼働中のき裂治癒挙動

力学機能材料にとり，最も危険なき裂は表面き裂である。このき裂は，製造中に導入されることもあるが，多くの場合使用中に導入される。もし，使用中にき裂が発生した場合には，セラミックス部品の信頼性が大幅に低下する。しかし，もし使用されているセラミックスが，使用中にき裂を治癒する能力（以後，稼働中のき裂治癒能力）を備えており，しかもそのき裂治癒部がその条件下で母材部に匹敵する強度と疲労強度を有していれば，この問題に対する懸念は払拭される。そこで，以下においては，筆者等が開発したセラミックスの稼働中のき裂治癒挙動について述べる。なお，ここでの稼働中の自己き裂治癒能力とは，次のような能力である[1)]。

①　強度を約80%低下させるき裂を，一定の引張応力下あるいは繰返し応力下においても完全に治癒し，強度を完全回復させる。

② き裂治癒部は，その治癒温度において母材部と同等以上の強度を有する。

稼働中のき裂治癒に関する試験方法の模式図を図15に示した[6)]。き裂治癒能力が優れたセラミックスに標準き裂を導入し，一定応力あるいは応力比 R = 0.2，周波数 f = 5Hz の繰り返し応力を負荷してから，試験片の温度を1073K～1573Kに昇温して，その温度において(4)式で算定さ

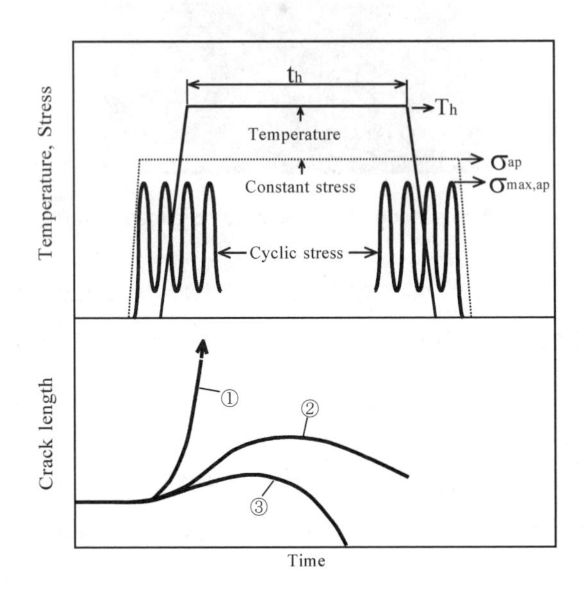

図15 Schematic illustration of crack-healing under stress and crack growth behaviors

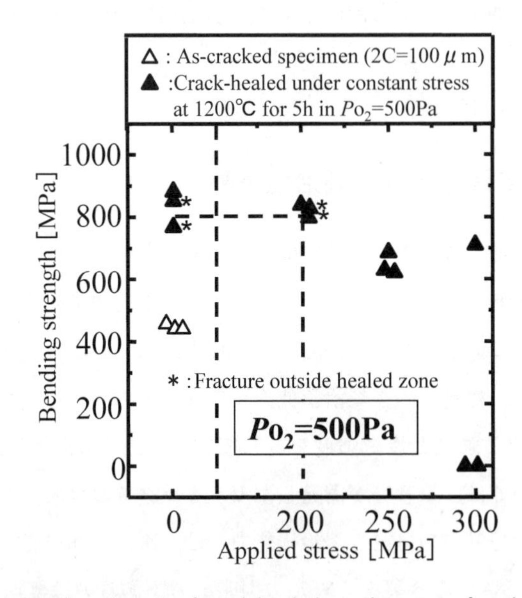

図16 Room temperature bending strength of crack-healed specimen as a function of applied stress during crack-healing in P_{O2}=500Pa at 1473K.（Si_3N_4/SiC）

れる時間き裂を治癒後，それぞれのき裂治癒温度あるいは室温において曲げ強度を評価した。その一例を図16に示した。これは，窒化ケイ素で一定応力が作用し，酸素分圧が大気圧に比べてかなり低い500Paの場合である。なお，室温における予き裂材の破壊応力は約420MPaである。図より，作用応力が200 MPa以下の場合には，治癒材の室温での強度は完全に回復している。しかし，作用応力が250 MPaの場合には，き裂成長力とき裂治癒力が拮抗し，強度は完全には回復していない。多くの材料で一定応力下あるいは繰返し応下でのき裂治癒挙動を調査した。全ての場合において，き裂治癒の限界応力は一定応力の方が低い値を示した。従って，この場合におけるき裂治癒の限界応力は200 MPaとなる。

図17に，標準き裂に対して，治癒可能な限界応力と室温での強度との関係を示した。この結果は，全て大気中の結果であり，図16は含まれていない。これより，大気中においては，室温の曲げ強度の約65%以下の応力であれば，その応力下でもき裂を完全に治癒でき，しかもその温度において母材部と同等以上の強度を有することが分かる[7)]。図18は，窒化ケイ素を用いて，最大応力が210 MPaの繰返し応力下でき裂を治癒し，その治癒温度での曲げ強度と疲労限度を示したものである。疲労限度は曲げ強度の下限値にほぼ等しい値を示している。この原因は，疲労試験中に微小なき裂が発生しても，試験中にそれを治癒してしまうためである。但し，1273Kでき裂治癒時間が15 hの場合には，治癒時間が不足のために，やや低い疲労限度を示している。

図15と図16から明らかなように，応力下でのき裂治癒挙動は，き裂進展力とき裂治癒力との競合問題であるといえる。き裂進展力をG_{CD}，き裂治癒力をF_{CH}とすれば，応力下でのき裂治癒挙動は，次の3ケースに大別される。

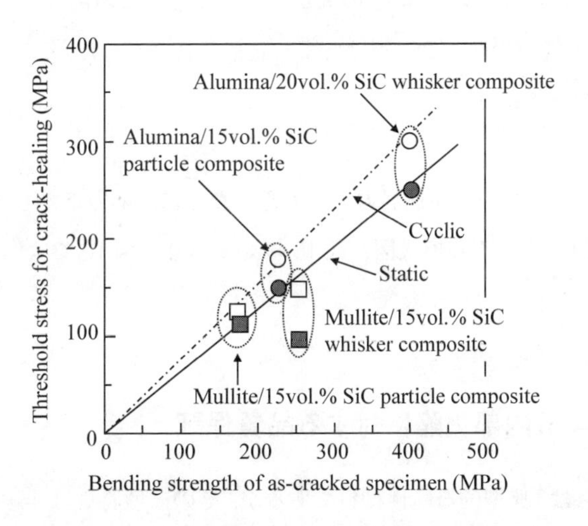

図17　Relation between threshold stress during crack-healing and the fracture strength for the corresponding as-cracked specimens.

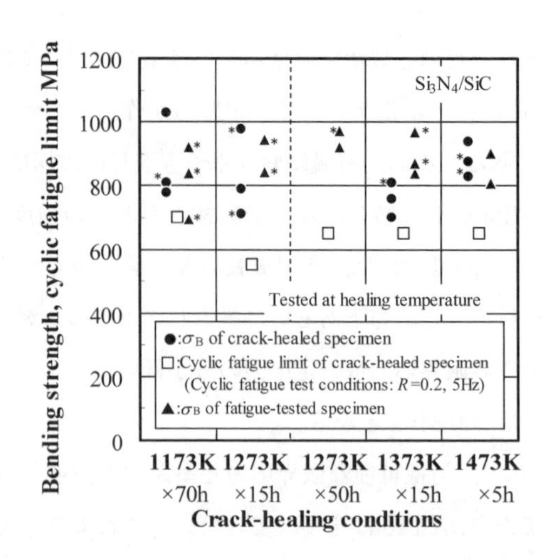

図 18　Results of bending tests and cyclic fatigue tests of Si_3N_4/SiC at healing temperatures between 1173 K and 1473 K. Cyclic stress during crack-healing: σ_{max} = 210 MPa, R = 0.2 and f = 5Hz. Data marked with an asterisk indicate that fracture occurred outside of the crack-healed zone.

(1)　$G_{CD} > F_{CH}$ の場合

この場合には，き裂進展力がき裂治癒力より大きいために，き裂はどんどん成長し，ついには破断する。これは極めて一般的な場合であり，多くの材料で観察されている。図 15 の①がこれに相当し，図 16 では作用応力が 300 MPa の場合の 2 例である。

(2)　$G_{CD} \fallingdotseq F_{CH}$ の場合

この場合には，き裂進展力とき裂治癒力がほぼ等しいために，き裂長さはあまり変化せず，き裂材の強度は完全には回復しない。図 15 の②がこれに相当。この例は，図 16 で作用応力が 250 MPa の場合である。大気中では，この例はあまり観察されなかったが，図 16 のごとき希薄酸素中では，かなり多く観察された。

(3)　$G_{CH} > G_{CD}$ の場合

この場合には，き裂治癒力がき裂進展力より大きいために，応力下でもき裂は治癒されてしまい，強度が完全に回復する。この模式図が図 15 の③であり，図 16 では作用応力が 200 MPa 以下の場合である。

7　保証試験による内部欠陥に対する品質保証

構造用セラミックスは，典型的な脆性材料であるが，その破壊特性は非線形である。すなわち，図 19 に点線で示した如く，K_{1C} 一定条件のみでは，強度のき裂長さ依存性を説明できないが，安藤らによる(5)式のプロセスゾーン寸法破壊基準でよく評価・説明できる。

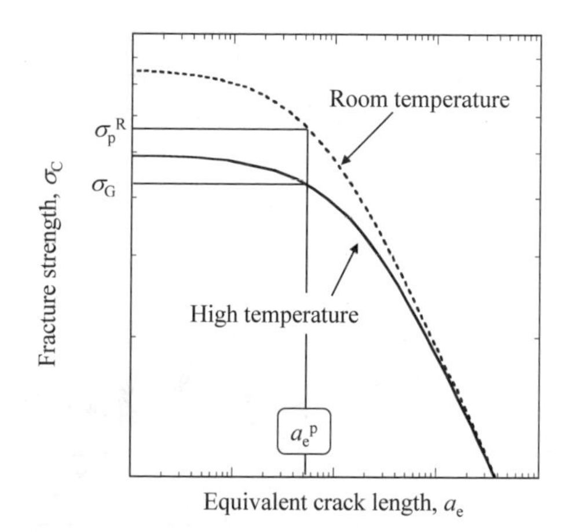

図 19　Schematic illustration of proof-test theory and the effect of equivalent crack length on fracture strength at room temperature and high temperature.

$$D_c = \pi/8 \cdot (K_{1C}/\sigma_0)^2 \cdot = a_e \{\sec(\pi\sigma_C/2\sigma_0) - 1\} \tag{5}$$

ここで，D_c は限界プロセスゾーン寸法，a_e は等価き裂寸法，K_{1C} は平面ひずみ破壊靭性値，σ_0 は平滑材の破壊応力，σ_C はき裂材の破壊応力である。

いま，保証試験が室温で実施され，その時の保証試験応力を $\sigma_P{}^R$ とすれば，この保証試験時に残留する最大の等価き裂寸法 $a_e{}^p$ は(5)式を変形した下式で与えられる[1)]。

$$a_e{}^p = \pi/8 \cdot (K_{1C}{}^R/\sigma_0{}^R)^2 \cdot \{\sec(\pi\sigma_P{}^R/2\sigma_0{}^R) - 1\}^{-1} \tag{6}$$

ここで，$K_{1C}{}^R$ は室温での平面ひずみ破壊靭性値，$\sigma_0{}^R$ は室温での平滑材の破壊応力，$\sigma_P{}^R$ は室温での保証試験応力である。内部き裂は治癒されないために，$a_e{}^p$ は温度で変化しない。従って，保証試験を実施した温度とは異なる温度Ｔにおいて保証される最低破壊応力 $\sigma_G{}^T$ は下式のように与えられる[1)]。

$$\sigma_G{}^T = 2\sigma_0{}^T/\pi \cdot \arccos\left[\{(K_{1C}{}^T/K_{1C}{}^R)^2(\sigma_0{}^R/\sigma_0{}^T)^2(\sec\pi\sigma_P{}^R/2\sigma_0{}^R - 1) + 1\}^{-1}\right] \tag{7}$$

ここで，$K_{1C}{}^T$ は温度Ｔでの平面ひずみ破壊靭性値，$\sigma_0{}^T$ は温度Ｔでの平滑材の破壊応力，$\sigma_G{}^T$ は温度Ｔで保証される最低破壊応力である。

上式で与えられる温度Ｔで保証される最低破壊応力 $\sigma_G{}^T$ を実験値（σ_F）と比較した結果の一例を図 20 に示した。これはアルミナの結果である。供試材は少し低温で焼結されたために◇印で示す如く，室温及び 873K での強度は大きなばらつきを示している。◆印は，室温で 435MPa の保証試験応力を通過した供試材のそれぞれの温度における破壊応力であり，実線は(7)式による

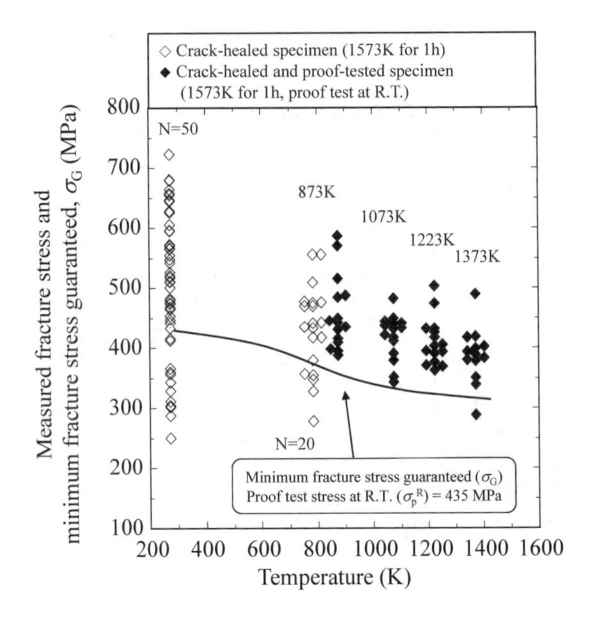

図 20　Fracture stress of the crack-healed and proof tested specimens as a function of temperature with the evaluated minimum fracture stress guaranteed of the crack-healed alumina/ 20 vol.% SiC particles composite proof tested under 435 MPa

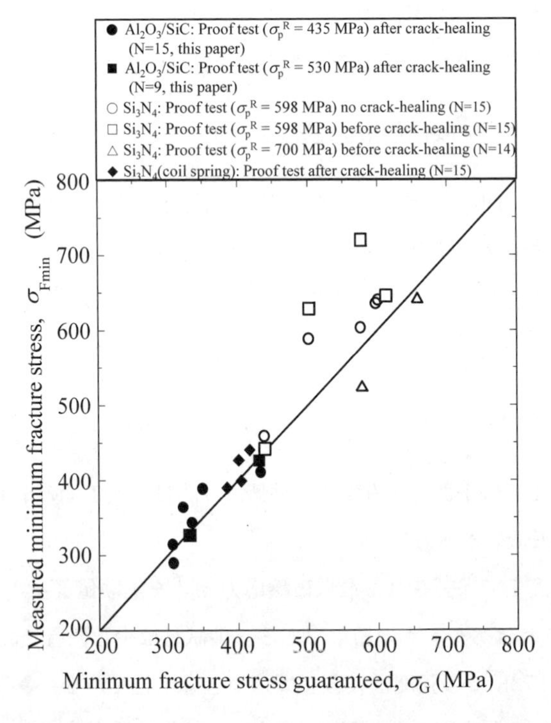

図 21　Comparison between minimum fracture stresses guaranteed and measured minimum fracture stress

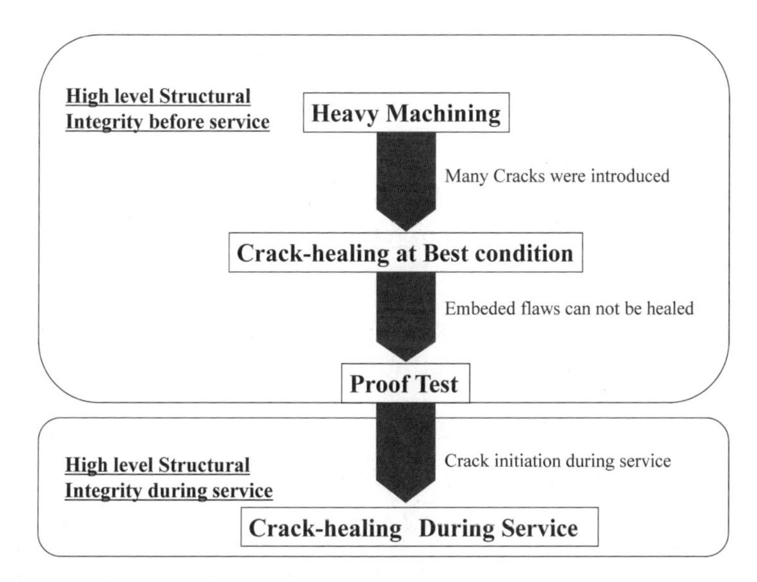

図22　Through life reliability management of ceramic component using crack-healing and proof test

計算値である。合計59本の試験片のうち，計算強度を下回ったのは僅か1本のみである。図21は，(7)式で得られた最低破壊応力と図20のごとき実験で得られた最低破壊応力（σ_{Fmin}）を比較したものである。これより，多くの材料を用いて実験で得られた最低破壊応力は計算値と良い一致を示しており，(7)式は妥当なものであるといえる[6)]。

8　セラミックス要素の全寿命期間における品質保証方法

図22に，筆者らが提案した，き裂治癒能力を応用した構造用セラミックス部品の全寿命期間における信頼性保証方法のフローチャートを示した[5~7)]。本提案は，次の3段階より構成されている。

①　機械加工後に，最適のき裂治癒条件下で，機械加工等による表面欠陥を完全に治癒してしまう。

②　保証試験を実施して，内部に有害な欠陥を有する要素を排除する。

③　使用開始後に，き裂が発生したら，その場でき裂を治癒してしまい，使用を継続する。

現在の技術レベルでは，(1)~(3)式から明らかなように，き裂の治癒には酸素が必要である。しかし，図16から明らかなごとく，大気中の酸素分圧よりはるかに低い酸素分圧の500Paでも十分稼働中のき裂治癒が可能である。しかしながら，内部欠陥や粗大粒子等の組織的欠陥は治癒できない。そのために，高い信頼性を保証するためには，図19~21の如き保証試験が必要である。

加工後のき裂治癒と保証試験を組み合わせることにより，使用前におけるセラミックス部品の信頼性は保証される。しかし，使用中の一定応力や繰返し応力あるいは異物の衝突によりき裂が発生した場合には，き裂の大きさにも依るが，セラミックス部品の信頼性が大幅に低下することが懸念される。この問題に関する対策としては，次の3方法が考えられる。

ⅰ）定期的に非破壊検査を実施して危険なき裂を検出し，補修あるいはその部品を交換する。

ⅱ）定期的に保証試験を実施し，危険な部品を排除する。

ⅲ）使用中にき裂が発生したら，その場でき裂を治癒してしまい，使用を継続する。即ち稼働中のき裂治癒能力の応用である。

上記ⅰ）およびⅱ）は共に重要な技術であり，今後の研究・開発が期待されるところである。しかし，上記ⅲ）は，革新技術として，現在利用可能であり，使用開始後のセラミックス部品の信頼性を容易に保証できる。しかし課題も多く，この方法のさらなる発展が期待される。

更に，これらの技術を統合することにより，セラミックス部品の使用前から使用中に至るまでの信頼性保証方法が確立される。そこで，最適な条件下でのき裂治癒挙動とき裂治癒材のその場強度特性，および従来の保証試験理論を組み合わせて，新しいセラミックス部品の信頼性保証方法である「最適のき裂治癒条件下でのき裂治癒＋保証試験＋その場き裂治癒能力の応用」について提案した。これにより，全寿命期間を通じて，構造用セラミックス部品の信頼性を保証できる。

9　おわりに

本稿では，著者らが開発した，自己き裂治癒能力が優れた構造用セラミックスのき裂治癒挙動，き裂治癒材の強度特性，及びそれを応用した構造用部材の品質保証方法を紹介した。また，このき裂治癒能力を応用した新しいセラミックス部品の品質保証方法，「最適なき裂治癒条件下でのき裂治癒＋保証試験」の概要を紹介した。これにより，使用前におけるセラミックス部品の品質を保証することが可能である。しかし，使用中にき裂が発生した場合の信頼性を保証することも極めて重要である。その有力な方法としては，稼動中に発生したき裂を稼動中に治癒し，使用を継続する方法を提案した。そのためには，使用温度域の応力下でもき裂を治癒でき，しかもそのき裂治癒温度において，き裂治癒部が充分な強度を有することが必要である。現時点でこの能力を有する材料は，Si_3N_4 で 1073K～1573K，Al_2O_3 で 1173K～1573K，ZrO_2 で 873K～1173K，SiC で 1473K～1673K，ムライトで 1273K～1573K のみである。今後，本方法をより一般化するためには，き裂治癒能力，特に稼働中のき裂治癒能力が優れた材料をより多く開発することが必要である。今後の課題として，微力ながら努力していきたいと考えている。

文　　献

1) 安藤柱，第5章セラミックスの自己き裂治癒（稼働下でもき裂を治癒できるセラミックス）—ここまで来た自己修復材料—工業調査会，p127-157 (2003)

2) 安藤柱，中尾航，特集：自己修復材料 —夢の構造材への展望—，金属，75巻4号，アグネ技術センター，p4-16 (2005)

3) 安藤柱，高橋宏治，中尾航，特集：構造用材料におけるき裂の無害化と自己治癒，金属，77巻10号，アグネ技術センター，p38-49 (2007)

4) 安藤柱，高橋宏治，中尾航，特集：材料表面き裂の無害化と自己治癒の最前線，金属，79巻10号，アグネ技術センター，p33-44 (2009)

5) Wataru Nakao, Koji Takahashi and Kotoji Ando, "*Self-healing of surface cracks in structural ceramics*", *Self-healing Materials Edited by Swapan Kumar Ghosh*, Wiley-VCH, p183-217 (2009)

6) Kotoji Ando, Koji Takahashi and Wataru Nakao, *Self-Crack-Healing Behavior of Structural Ceramics, Handbook of Nanoceramics and their based Nanodevices*, Vol.3, Edited by Tseung-Yuen Tseng and Hari Singh Nalwa, American Scientific Publishers, p2-26 (2009)

7) Wataru Nakao, Koji Takahashi and Kotoji Ando, "*Self-healing of Surface Cracks in Structural Ceramics*", *Advanced Nanomaterials*, Vol.2, Edited by Kurt E. Geckeler and Hiroyuki Nishide, Wiley-VCH, p555-593 (2010)

第2章　コンクリートの自己修復

三橋博三*

1　はじめに

コンクリート材料は，圧縮強度も高く維持管理も比較的容易な建設材料であり，社会基盤構造や建築構造物を形作る主要材料として用いられ始めてから100年以上が経過している。その間，さまざまな新しい社会的要求に対応して，従来からコンクリートに備わっている強度性能や施工性をさらに向上させたり，あるいは弱点を克服するさまざまな技術が開発され，今日に至っている。例えば，高強度，高流動，超軽量，高耐久，高靭性，低収縮，低発熱などの各種コンクリートが使われるようになっており，このような高性能コンクリートのセメントの開発あるいはシリカフューム等の混和材の利用など，近年の技術の急速な発展には目覚しいものがある。

近年，コンクリート構造物の早期劣化の可能性が顕在化して以降，その高耐久性化への社会的要請が大きい。また，宇宙構造物，放射性廃棄物処理施設あるいは毒性の強い廃棄物用タンクの障壁など，高気密性が要求される新しい分野でのコンクリートの利用も検討されている。

しかし，このような高性能コンクリートも含めて，基本的にはコンクリート構造物が完成した時点で付与されたものがその材料の性能であり，時間の経過とともに，劣化することはあっても，硬化した後はより優れた方向に変わることはあまりない。そのために，建設する予定のコンクリート構造物が使用される長い期間にわたって遭遇すると思われるさまざまな環境条件（荷重や劣化外力）をあらかじめ想定して，それらに対処し得るだけの十分に高い性能を付与できるように，通常は材料および構造設計がなされている。

コンクリートは，基本的にはセメントと水を練り混ぜて水和反応を生じさせて結合材となし，大小様々な骨材を結合してできるものであるために，水和反応に伴う自己収縮や水分の蒸発，逸散による乾燥収縮は必然的に起こるものである。従って，極めて特別な対策を講じない限り，大小の差はあっても収縮ひび割れの発生を避けることは難しい。また，圧縮応力の作用に対しては比較的高い強度を有してはいるものの，引張応力に対しては圧縮強度の約10分の1と弱く，構造用材料として用いる場合には通常，引張応力の作用部分に対しては鉄筋を適切に配置して補強する事が求められる。従って，コンクリートにひび割れが発生すると，部材剛性の低下に加えて，

＊ Hirozo Mihashi　東北大学大学院　工学研究科　都市・建築学専攻　教授

雨水の浸透などにより鉄筋の錆びを引き起し，構造安全性の低下にもつながるために，構造物の変状を定期的に検査・判断し，適切な維持管理を行うことが求められている。

更に，使用期間中に補修が必要であるとの診断が下された場合であっても，原子力発電施設や常時稼動状態にある高速道路やトンネルなどの社会基盤構造物では，構造物の立地や形状，用途によっては人間が近づくことはできないために，あるいは長期間にわたる稼動の中断が許されないために，補修が困難となる場合がある。また，構造物が大規模であるほど，物理的には検査と補修が可能であっても，コストや時間の面からも包括的な検査と補修の実施は不可能あるいは非常に困難となる。そこで，診断のプロセスで修復の必要性が認められると同時に自動的に修復を行うことができれば，その構造物には高い信頼性を付与することができるものと考えられる[1)]。中でも，コンクリートに不可避的に発生するひび割れについて，その発生初期の段階から制御や補修を行い，劣化駆動因子の侵入や遮断性能の低下を抑止することで，コンクリート構造物そのものの耐久性を向上させて，長寿命化を図ることが期待されている。そこで，「コンクリートに発生したひび割れをコンクリート自らが検知し，その補修の必要性を自ら判断し，その決定に基づいて自ら補修を実行する」機能を有する，自己修復コンクリートの開発の現状と今後の展望をテーマにとり上げた研究委員会が，国内外で設けられ，活発な活動がくりひろげられている[2,3)]。

本章では，コンクリートに生じたひび割れを自己修復するようなシステム開発に関する研究の現状について概説する。

2　自己修復機構の分類

コンクリートを「修復する」といっても，生じる劣化は様々であり，その全てを修復可能な自己修復コンクリートの開発は，最終的な目標ではあっても，現時点では現実的なものではない。ここで取り上げる研究例は，いずれもコンクリートに生じたひび割れを対象とし，その修復を試みるものではあるが，ターゲットとするひび割れの程度や，修復のための手法はそれぞれ異なっている。また，どのような事象の確認によって「自己修復」が行われたと見做すか，その時の修復度合いや回復率の評価方法，どの範囲までを自動化するのかといった，「自己修復」の定義に関わるような範囲まで含めて，研究例ごとに違いが見られる。そのため，本章の範囲では，コンクリートに生じるひび割れを，人間の手による直接の補修作業を必要とせずに，コンクリートに予め用意された機構によって，自動的に塞ぐものを対象とした。

ここで対象とした自己修復コンクリートに関する既往の研究には，その研究方針によって大きく2種類に分類することができる。すなわち，自己修復という新たな機能を持つコンクリートの開発を目指すものと，コンクリートが本来的に有する自己修復機能の検証を行うものである。本章で取り上げた研究例について，自己修復の機構の特徴毎に分類して簡単にまとめたものを表1に示す。なお，「センサ，プロセッサ，アクチュエータの3つの機能を兼ね備えた新しい材料」というインテリジェント材料本来の定義（航空・電子等技術審議会第13号答申）[4]を厳格に受け止めれば，機能要素が材料そのものの中に含まれる必要があるため，表1に示す例の全てがその条件を満足するとは限らない点に留意されたい。

ところで，表1にも示すように，自己修復機能をコンクリートに付与しようとする場合には，(1)自己修復のための補修機構や材料として何を用いるか，(2)どのような機構でその補修材料をひび割れ内に移動させて充填させ得るか，が課題となる。

既往の研究では，(1)のコンクリートのひび割れの補修剤として，例えば気硬性のエチルシアノアクリレート系接着剤，一液型のエポキシ系接着剤，水ガラス系補修剤などが用いられている。(1)にはこれらに加えて，通常は混和材として用いられているものの，セメントとの水和反応によって補修材料に変化するフライアッシュや膨張材も用いられている。特殊な補修材料としては，生化学反応によって炭酸カルシウム結晶を析出するバクテリアや形状記憶合金を用いた例も報告されている。

また，構造安全性のために強度を回復するのか，あるいは耐久性保持のためにひび割れを充填するだけで強度回復を求めないのか等，補修の目的によっても適用できる補修材料やその供給機構が異なる。更には，対象とするひび割れ幅の範囲によっても，補修材料や機構の適用性が大きく影響を受ける。

自己修復コンクリートの開発を目指す研究例は，(1)自己修復機能を付与するための手法によって，更に以下の2種類に分類することができる。即ち，(i)機能要素となる補修剤を封入したカプセルやパイプ状繊維を，コンクリートの混練時にランダムに混入し，一体化させたものを打設するもの，もう1つは，(ii)鉄筋と同様に機能要素を予め所定の位置に配置しておき，コンクリートを打設してこれらを一体化し，機能を付与する方法である。

一方の(2)補修材料の供給機構としては，(i)ひび割れの発生自体が修復機能発現の引き金となるパッシブ型自己修復と，(ii)必要に応じて外部から何らかの入力や信号を送ることで修復機能発現の引き金とするアクティブ型自己修復の2種類があげられる。前者のパッシブ型は，機構の仕組みが単純なのでごく自然に自己修復機能が発揮できれば問題ないが，機能発現の確実性を確保する事が課題となる。それに対して後者のアクティブ型自己修復では，実際に補修を行うためのデバイスに加え，このデバイスを確実に起動させるための外部入力あるいは信号を送り込むデバイスを併せて設ける必要がある。

また，日本コンクリート工学協会に設けられた「セメント系材料の自己修復性の評価とその利用法研究専門委員会」[3]では，「自己修復コンクリート」に関連する言葉についての深い議論の末，

表1　自己修復コンクリートの機構による分類

自己修復機能付与機構		補修材料の供給機構	研究の特徴	文献
積極的な自己修復機能付与	コンクリート中に機能要素を所定の位置に埋設（自動修復）	コンクリート中に，接着剤供給用脆性パイプを埋設	ひずみ硬化型FRCの特徴を利用しての適用。パイプの破損や補修剤放出過程の観察。剛性の回復によって効果を評価。	5)
			脆性パイプに補修剤貯蔵タンクを連結して供試体外部に補修剤の量を確保。更には，パイプをコンクリート内部でネットワーク状に連結して，2回目・3回目のひび割れに対応。	7), 12)
			補修剤がひび割れに放出後，その内部に留まって硬化するために，高粘性補修剤を圧入して供給することを提案。	8)
			剛性や靭性など，回復させる対象ごとに接着剤を変更，再載荷時のひび割れの本数によって回復度合いを評価。	9)
		形状記憶合金を鉄筋として使用し，ひび割れを修復	ひび割れ幅が数cmに達するような大変形後になった場合には，1/10以下のひび割れ幅まで修復。	13)
	混練時に機能要素をランダム混入（自律治癒）	内部に接着剤を封入したカプセルを混練時に混入	補修剤を封入した中空パイプやマイクロカプセル等をコンクリート混練時に混入。	2), 3)
		セメントに代わる結合材として，バクテリアを使用	砂にバクテリアを添加することで炭酸カルシウム結晶を沈殿させる。これをセメントに代わる結合材として使用することを提案。	14)
自己治癒による自己修復効果（自然治癒）		ひび割れ内部へ水が供給されると，ひび割れ表面で再水和が生じてひび割れを塞ぐ	ひび割れ表面での再水和の機構を提示。これによって漏水を止めることのできる許容ひび割れ幅を水圧ごとに提示。	19)
			上記の再水和に対する水温の影響を20～80℃の範囲で検証。この範囲では水温が高いほど効果は高い。	20)
		腐食環境下の繊維補強コンクリートのひび割れが塞がれる	少量のPP繊維を混入した場合，腐食環境下でひび割れが自動的に塞がることを報告（ひび割れと鉄筋腐食の関係を検討）。	22)
		炭酸カルシウムは，ひび割れを架橋する細い繊維に析出し易い	水中に溶けたCO_2は，コンクリートから誘導されるCa^{2+}と反応して炭酸カルシウム結晶となってひび割れを架橋する細い繊維上に析出。	23), 24)
		膨張材の水和物析出による追加膨張	アルカリ炭酸塩を混和した膨張コンクリートやエトリンガイト系膨張材とジオマテリアルなどを混和材としている。	25)
		フライアッシュのポゾラン反応による生成物	乾燥収縮や凍結融解によるマイクロクラックの充填	26)

図1および表2に示すように定義を明確化している。表1の自己修復機能付与機構の欄に示す（　）内の名称は，その定義に対応している。

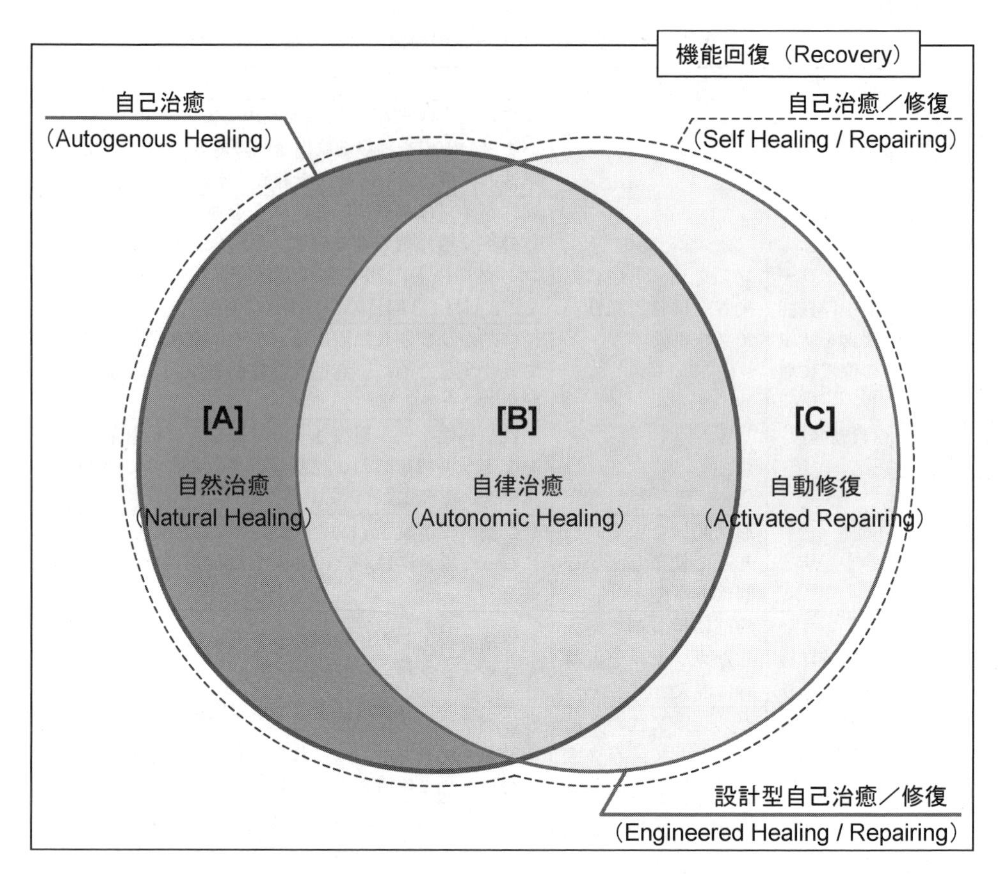

図１　自己治癒／修復コンクリートの定義[3)]

表２　各現象のメカニズムと分類[3)]

自然治癒（Natural healing）：材料設計などに特別な配慮を講じずとも，例えば水分などが存在する環境下でコンクリートのひび割れが自然に閉塞する現象
自律治癒（Autonomic healing）：水分などが存在する環境下でコンクリートのひび割れを閉塞，あるいはそれを促進させることを期待し，適切な混和材の使用などの材料設計を行ったコンクリートにおいて，ひび割れが閉塞する現象
自動修復（Activated healing）：自動的な補修作業を行うことを目的としたデバイス類があらかじめ埋設されたコンクリートにおいて，その機構によってひび割れが閉塞する現象
自己治癒（Autogenous healing）：自然治癒と自律治癒を包含する概念で，水分などが存在する環境下でコンクリートのひび割れが閉塞する現象全体
設計型自己治癒／修復（Engineered healing/repairing）：自律治癒と自動修復を包含する概念で，ひび割れの閉塞・補修を目的として材料設計が行われたコンクリートを用いることにより，ひび割れが閉塞する現象
自己治癒／修復（Self healing/repairing）：これらの人間の手に拠らないひび割れ閉塞現象の全体
【参考】Healing, autogenous — a natural process of filling and sealing cracks in concrete or in mortar when kept damp.（ACI の定義より）

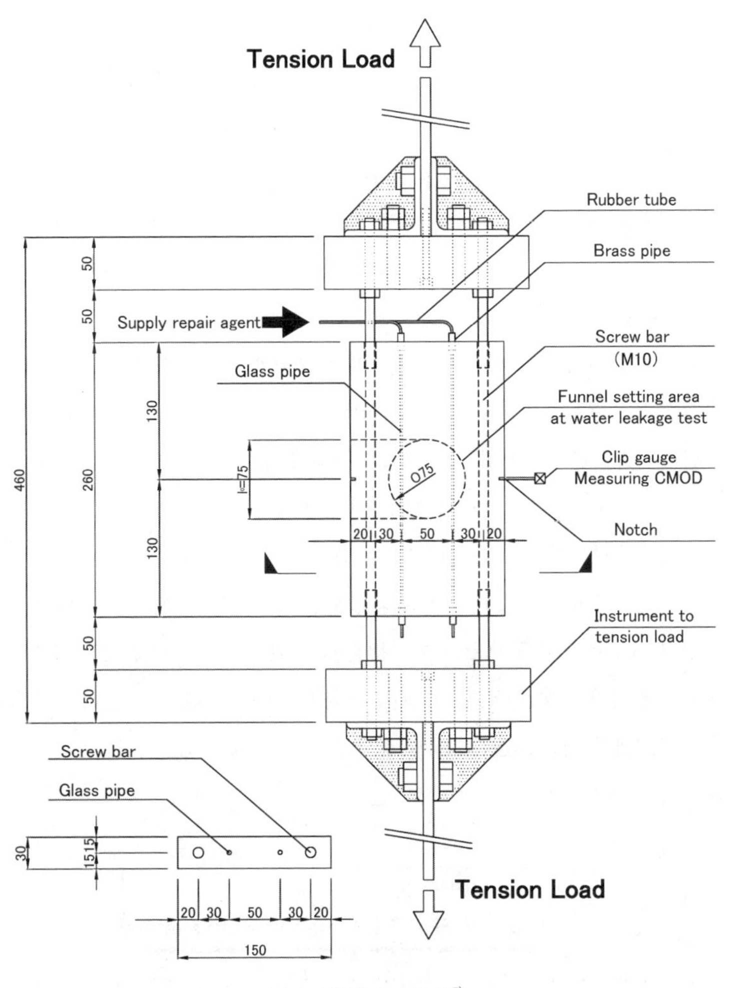

図2　供試体の形状[7)]

3　自己修復コンクリートの開発

3.1　パッシブ型自己修復コンクリート

Li[5)]らは，補修剤を封入した非常に細いガラスパイプを，擬似ひずみ硬化の特徴を示す繊維補強セメント系複合材 ECC（Engineered Cementitious Composite）の内部に埋設することで，パッシブな自己修復機能を持つことができるとしている。そして，通常のコンクリートではなく，微細なひび割れを多数生じさせることのできる ECC の特徴を生かして自己修復機能を発揮させる点の重要性を指摘している。すなわち，密封されたガラスパイプから，発生したひび割れに対して外部からの圧力を必要とせずに補修剤を重填させるためには，毛細管現象を利用する必要がある。このためには，ひび割れ幅はガラスパイプの内径よりも細い必要があり，ECC のような材料を用いてひび割れ幅を制御することが求められるとしている。

一方，Josephら[6]は，複数の中空パイプを埋設した矩形断面の供試体を用いた実験を行い，パイプ埋設型補修剤供給機構の問題点を指摘している。即ち，細いパイプの場合には補修剤をひび割れの中へ放出させるべきところ，毛細管現象が逆に作用してパイプ内部へと引き込まれること，あるいはパイプの端部が閉じている為に補修剤をひび割れに放出する駆動力が十分に働かないこと，更にはコンクリートのひび割れと同時に破断することが求められるガラスのような脆性パイプを設計図通りの位置に埋設することの施工上の困難さなどである。

また，脆性パイプ埋込み型のみならずマイクロカプセルを用いる場合にも言えることであるが，補修剤の体積が限定的となるために，ひび割れを十分に充填できるだけの量を確保できるかどうかが問題となる一方，それを放出した後には空洞を残すことになるので極力小さく抑える必要がある。更には，2回目・3回目の補修には適用できない点も指摘されている。

このような補修剤供給量確保の問題を解決する方法として，脆性パイプにコンクリート供試体外部の補修剤貯蔵タンクを連結して用いる提案もなされている。例えば西脇ら[7]は，補修剤の供給を得られるガラスパイプを高靭性セメント複合材（HPFRCC）に埋設し，ひび割れ幅を材料的に制御しながら，水密性の自己修復について検討している（図2）。ここでは水ガラス系の補修剤が用いられたが，補修剤の浸透特性から最大ひび割れ幅が0.2mm以上の場合に補修効果が顕著に現れている（図3）。

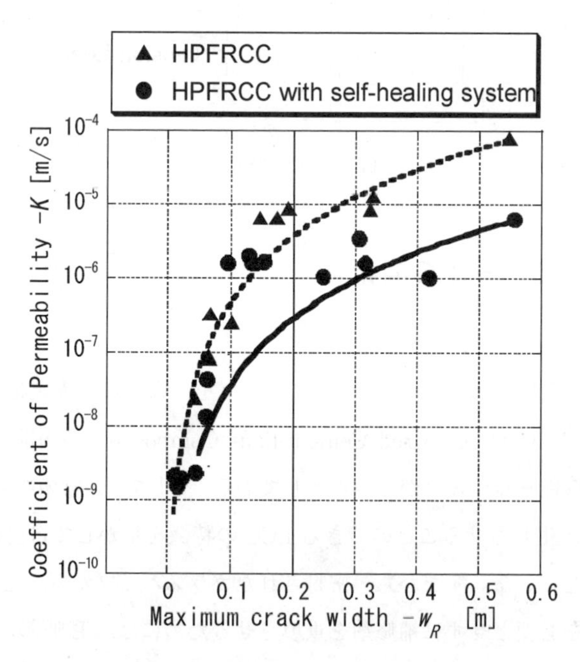

図3　最大ひび割れ幅と透水係数の関係[7]

Ouら[8]は，脆性パイプを利用した自己修復法を研究する中で，使用する補修剤の粘性の影響について検討している。即ち，粘性が小さすぎるとひび割れ中を充填しないままに流出してしまうこと，粘性が高すぎるとひび割れ中に放出されずにパイプ中に残ってしまうことなどが考えられる。この問題を解決する手段としてOuら[7]は，ポンプなどを用いて外部から一定程度の圧力をかけた状態で粘性の高い補修剤を送り込むことを提案している。

Dry[9]は，門型ラーメン内部に，化学的に不活性な補修剤を内包する脆性パイプを埋設した試験体を作製して，自己修復が可能であることを独自の自己修復評価指標を用いて確認している。この中で，性質の異なる3種類の接着剤の有効性が比較検討されている。即ち，剛性の高いシアノアクリレート系接着剤，比較的柔かく変形追随性の高い二液混合型エポキシ系接着剤並びにシリコン系接着剤の3種類である。結果的には，シアノアクリレート系接着剤を用いた場合が最も良い結果を与えたと報告している。

尚，二液混合型エポキシ系接着剤の利用については，三橋[10]が指摘しているように，細いひび割れの中で主剤と硬化剤を均質に混合することは不可能であり，その適用性には限界がある。そこで大濱ら[11]は，エポキシ樹脂がセメントのアルカリ性と反応して硬化する性質を利用して，硬化剤無添加エポキシ樹脂を混入したポリマーセメントモルタルによる自己修復を提案している。

また，前述の脆性パイプを単独で使用しても2回目・3回目のひび割れ発生に対する自己修復が困難である点に関して，西脇ら[12]は，パイプをコンクリート内部でネットワーク状に連結する方法を提案している。

一方，脆性パイプに補修剤を内包する方法とは全く異なる補修方法として，Sakaiら[13]は，主筋に形状記憶合金（SMA）を用いたモルタル試験体に対して曲げ載荷試験を行い，自己修復機能の付与が可能であることを確認している。しかしながら，最大変形に至る過程で，SMAとモルタルの付着が完全に破壊されることも確認されている。従って，一旦大きく開いたひび割れが小さく閉じられたことのみで自己修復効果の有効性が確認されたと判断することが妥当かどうかは，議論の余地があると考えられる。

上記の他にも，全く異なる方法で自己修復コンクリートの可能性を探っている例がある。例えば，Ramakrishnanら[14]はバクテリアを利用したコンクリートの補修方法を提案している。これは，結合材にセメントを使用せずに，砂にバクテリア（*Bacillus Pasteurii*）を混入したものを，コンクリートのひび割れ補修に用いるというものである。これは，通常の自然環境下での炭酸カルシウムの析出が，生物学的な反応を伴って生じることを応用したもので，砂とバシルス菌をアンモニアや塩化カルシウムの溶液中に浸漬すると，砂の周囲に炭酸カルシウムが析出するという反応を利用している。バシルス菌は通常の地中で見られるごく一般的なバクテリアであり，有機系樹脂等の接着剤だけでなく，セメントすら使用せずに硬化させることが可能であるため，環境負荷の極めて小さい補修材料となる可能性がある。より詳細な研究例については，本書中のセラミックス・コンクリート・金属編の第3章を参照されたい。

3.2 アクティブ型自己修復コンクリート：破損部発熱センサーを用いた自己修復コンクリートの開発

上述の研究例のほとんどは，ひび割れ発生を検知する脆性パイプあるいはマイクロカプセル中に補修剤を内包させるものであった。それに対して西脇らは[15~17]，ひび割れ発生箇所を選択的に加熱することのできる破損部発熱センサーと，補修剤を内包する熱可塑性のパイプをコンクリート中に併せて埋設する方法を提案した。図4に示す概念図のように，コンクリートにひび割れが発生した場合，損傷箇所でのセンサーの局所的な電気抵抗の上昇による選択的な加熱によって埋設パイプが融解され，その結果補修剤がひび割れ中に放出される。これでひび割れに補修剤を充填し，加熱によって短時間に硬化することで自己補修が可能になるというものである。

破損部発熱センサーは，長いガラス繊維を核として，導電体である炭素の微粒子を分散させた樹脂を含浸させて成形したもので，ひずみなどの変形を受けた場合に導電パスが部分的に切断され，局所的に電気抵抗値が増大する特徴がある。従ってこのセンサーに局所的に大きなひずみが発生した状態で通電すると，大きなひずみ部分において抵抗が上昇しているために発熱が集中し，選択的な加熱を行うことができる。

このセンサーを横断するひび割れ箇所での発熱量を制御するためには，ひび割れ幅と電気抵抗の関係を一定に保つ必要がある。そこで図5に示すように，センサーとコンクリートの付着を

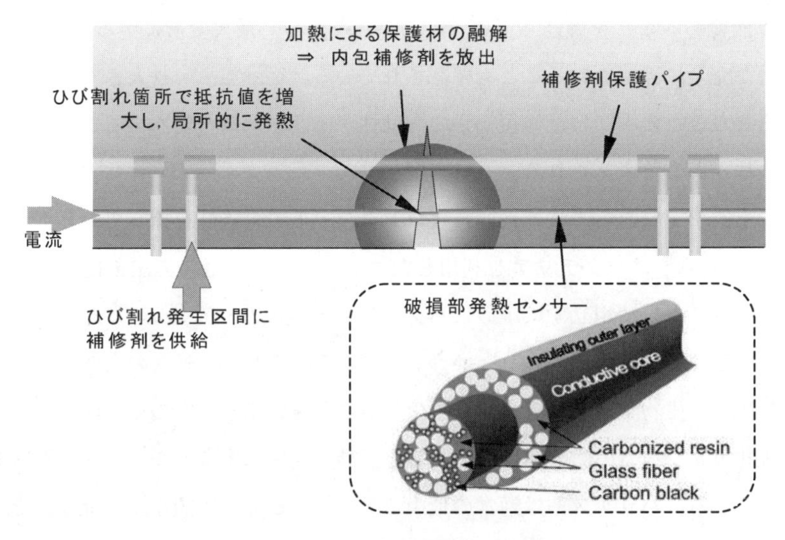

図4　自己修復機能付与の手法

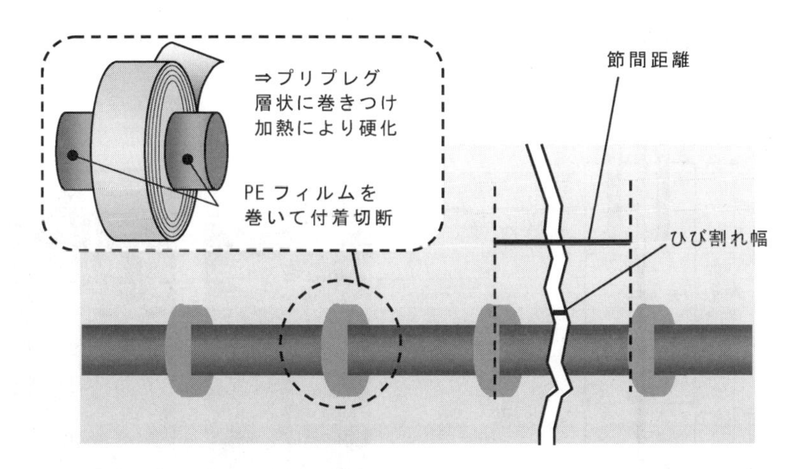

図5　ひび割れ幅とセンサーの電気抵抗を対応させるための異形化

切った上でセンサーに異形鉄筋のような節を取り付ける方法が提案された。この方法により，節間距離を適切に設定することで，ひび割れ幅に応じて抵抗上昇率の増分を設定し，対象とするひび割れ幅を考慮した自己修復システムを設計することが可能となった。

提案された方法を検証するために，確認試験が実施された。試験体の形状とセンサーの配置を，図6に示す。また，ひび割れ発生前後の熱の発生状況を図7に示す。載荷に先立って，ひび割れが発生していない状態で通電を行い，サーモグラフィー観察により試験体表面の温度分布を調べた。続いて，載荷試験によって切欠き位置にひび割れを発生させた。載荷にはインストロン型万能試験機を用い，試験体の両端に埋設されたねじ鉄筋を介して，直接引張によってひび割れを発生させ，ひび割れ幅と自己診断材料の抵抗値を計測しながら，所定の抵抗上昇率が得られるまで載荷を行った。その後，ひび割れが発生した状態で再度通電を行った。図7より，ひび割れ発生前は一様に発熱しているが，ひび割れ発生後には，ひび割れが横断する節間に発熱が集中しており，ひび割れの検知が節間の電気抵抗上昇によって確認できることが示された。

次に，コンクリートのひび割れ発生に伴って，その近傍のみを加熱することができたことを受けて，その熱を効率良く補修剤保護パイプに伝えて融解するために，熱伝導率の高い金属材料を用いてセンサーとパイプを連結するユニットを開発した[18]。

作製した連結材ユニットをモルタルに埋設し，自己修復機能が有効に働くかどうかを検証するために行った曲げ試験体の形状を図8に示す。

図9より，ひび割れが発生していない状態では，自己診断材料は一様に発熱しているが，一旦ひび割れが発生すると，ひび割れ周囲で電気抵抗が上昇して，ひび割れを含む節間から集中的に発熱することが確認できた。またひび割れが発生した方の連結材部分の温度も高くなっていることから，発生した熱が連結材を通して補修剤保護パイプへと伝達する様子が観察される。その結

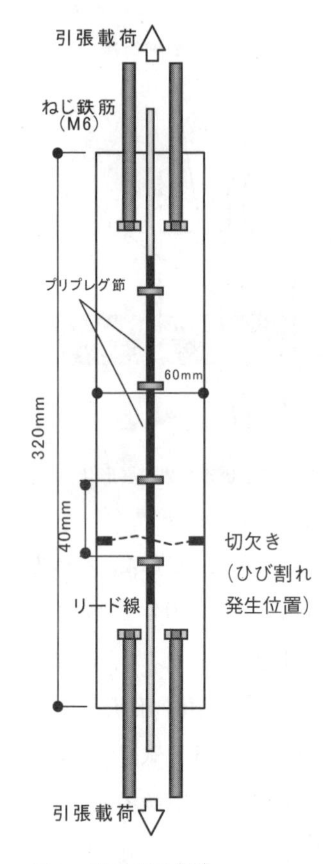

図6　試験体形状[17)]

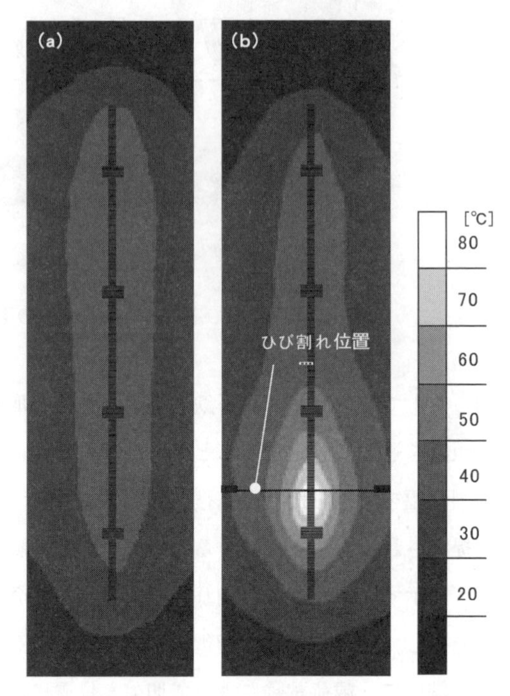

図7　試験体表面温度分布（通電開始30分後）[17)]
(a)ひび割れなし
(b)ひび割れあり

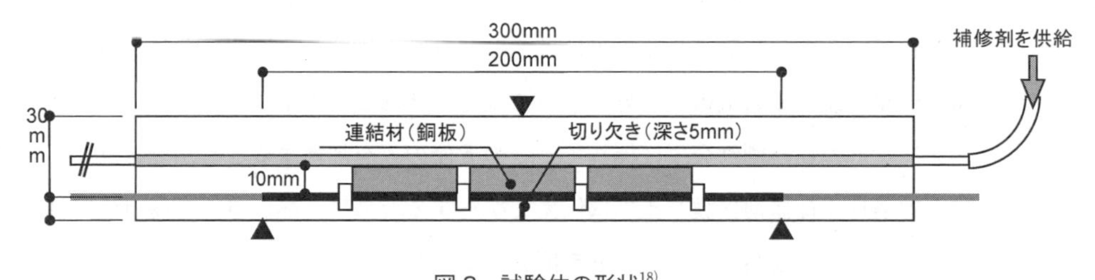

図8　試験体の形状[18)]

果，センサーがひび割れと交差する部分で発生する選択的な発熱による熱エネルギーを，連結材ユニットにより補修剤保護パイプへ効率よく伝達することが可能であることを確認した。また通電開始から約8分後には，図10のように，ひび割れからの補修剤の流出が見られ，補修剤保護パイプの融解と，それに伴う内包補修剤の放出が確認できた。その結果，本研究で提案する自己修復コンクリートを，より現実性の高いものとすることができたと報告している。

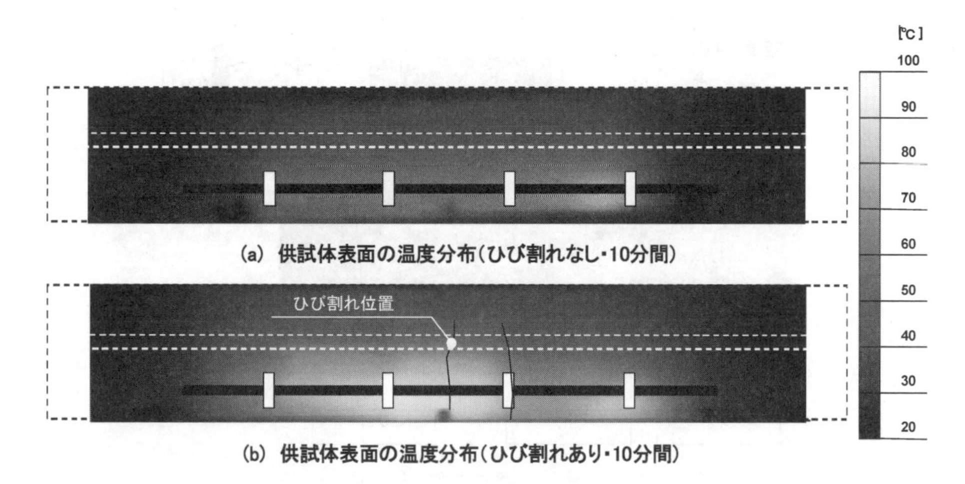

図9　実験から得られた温度分布[18]

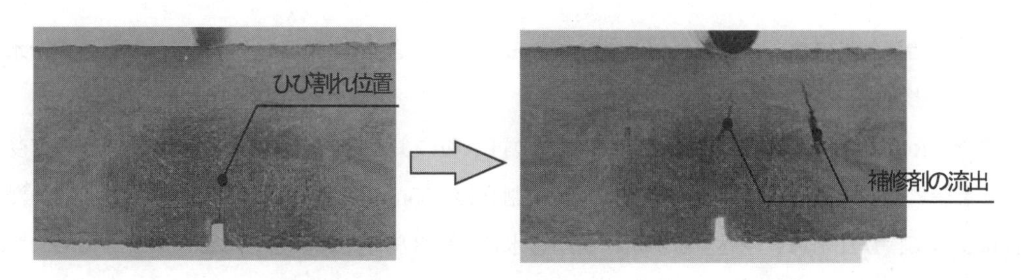

図10　補修剤の流出[18]

4　コンクリートの自己治癒型修復特性とその利用

ダムなど，水中のコンクリートではひび割れは時間の経過と共に自己修復される場合のあることが，土木工学の分野ではよく知られている。しかしながら，このようにコンクリートに対して自己修復という機能を特別に付け加えることなく副次的に得られた自己修復効果の発生機構については，近年まで十分には解明されていなかった。それに対して，Edvardsen[19]は，一般的なコンクリートが本来的に有する自己治癒（autogenous healing）機能について検討を行っている。ひび割れ中に圧力を受けた状態で水分が供給されると，図11に示すような $CaCO_3$-CO_2-H_2O の系の中で，以下の反応式に従ってひび割れの表面に炭酸カルシウムの結晶が析出する。

$$Ca^{2+} + CO_3^{2-} \leftrightarrow CaCO_3 (pH_{water} > 8)$$

$$Ca^{2+} + HCO_3^{-} \leftrightarrow CaCO_3 + H^{+} (7.5 < pH_{water} < 8)$$

すなわち，コンクリートから誘導される Ca^{2+} と，水から得られる HCO_3^{-} もしくは CO_3^{2-} の反応によって，不溶性の炭酸カルシウムがひび割れの表面に析出し，ひび割れを塞ぐことができる。

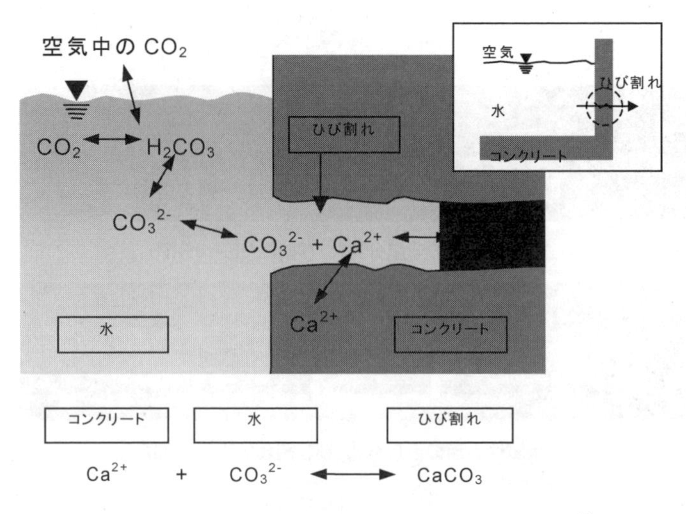

図 11　ひび割れ表面での炭酸カルシウムの析出機構[19]

この自己治癒効果には，ひび割れ幅と供給される水圧が大きく影響し，コンクリートの組織や水の硬度の影響は小さいことが分っている。

また，Reinhardtら[20]らは，未水和セメントの再水和による自己治癒効果が，温度によって受ける影響について検討している。例えば，ひび割れ幅 0.05mm，80℃の条件下では，75 時間の浸漬によって，ひび割れを透過する水量は初期透水量の約 3 %まで減少させることができるとしている。

但し，温度を上げたとしても，自己治癒可能なひび割れ幅には限界がある。Liら[21]は，ビニロン 2 vol%を含む前述の ECC を用いてひび割れ幅を制御した状態下で乾湿繰返しを含む様々な環境作用を与える実験を行い，自己治癒効果の発現性について検討している。その結果，ひび割れ幅が 150 μm 程度以下では環境条件により自己治癒効果も確認できるが，150 μm 以上の場合にはひび割れは回復しにくいと報告している。また，ECC には多量のフライアッシュが含まれていることから低水セメント比と同様の条件となるせいか，ひび割れ部位で C-S-H ゲルと同じ水和物が新たに形成されている事が観察されている。

一方，Sanjuanら[22]は，収縮ひび割れに対する補強として 0.2vol%程度の少量のポリプロピレン繊維を混入した繊維補強コンクリートについて，ひび割れの発生と鉄筋腐食の関係を確認する中で，自己修復効果も発現されたと報告している。腐食環境下に 8ヶ月間おかれた供試体は，若材齢時には確認されていたひび割れが修復され，ひび割れ幅が小さくなる一方で，繊維を混入しない供試体では，同様の環境下でひび割れは幅と長さともに進展していることが確認されている。しかしながら，この自己修復機構についての考察や説明は論文中には示されていない。

それに対して，本間ら[23,24]は，繊維の種類とひび割れ幅を変化させながら，繊維補強セメント

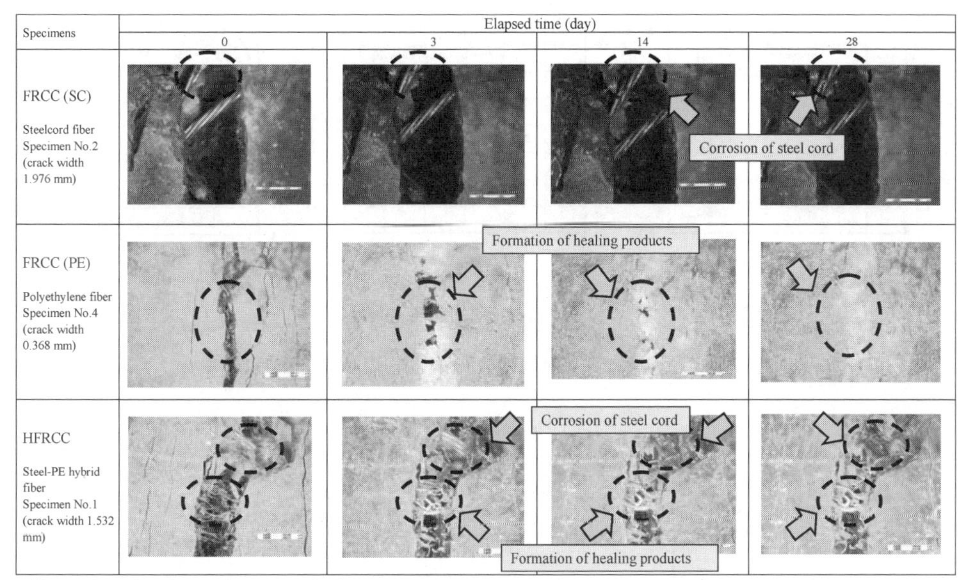

*Immediately after tension test before immersion in water.

図12　ひび割れ面の繊維架橋と析出物による自己修復[23, 24]

系複合材料を用いた場合の自己治癒の様子を，マイクロスコープ画像と透水試験により確認している。更に，自己治癒前後の引張応力－変位曲線を評価すると共に，ラマン分光分析の結果，自己治癒の原因物質は炭酸カルシウム結晶であることを明らかにしている。これらの試験結果より，単位体積当りの細い繊維混入本数がひび割れの自己治癒作用に大きな影響を及ぼすこと，即ちひび割れを架橋している細い繊維が炭酸カルシウム結晶の析出を助けて大きく寄与する結果，自己治癒作用につながり易いこと（図12），ポリエチレン繊維のみでは強度回復は除荷時荷重程度までと限定的であるのに対して，スチールコードとポリエチレンのハイブリッド型繊維補強の場合には初期載荷時の引張強度を上回る程度までの強度回復が確認されたこと（図13）などが報告されている。

この他にも，混和材に高炉スラグやフライアッシュを用いたコンクリートの自己治癒効果について報告した研究例が幾つか報告されている[3)]。中でも細田ら[25)]は，膨張材を用いて実際のトンネル覆工の水密性を自己治癒効果により修復した事例を本書・第Ⅱ編の事例7に報告している。また，濱ら[26)]は，フライアッシュの継続的な水和反応を活用して，凍結融解や乾燥収縮によるマイクロクラックが実環境下を模擬した養生条件下でも治癒されることを報告しているが，詳細は本書・第Ⅱ編の事例8を参照されたい。

コンクリートの修復対象は，ひび割れに限らない。例えば盛岡ら[27)]は，高流動コンクリートの過剰な水和発熱の防止と材料分離抵抗性の向上のために通常広く用いられている石灰石微粉末

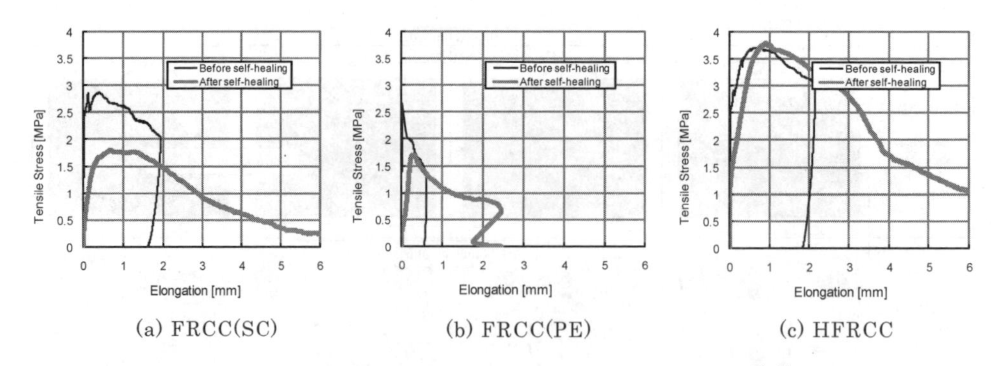

(a) FRCC(SC)　(b) FRCC(PE)　(c) HFRCC

図13　自己修復前後の試験体の引張応力-変形関係の変化[23),24)]

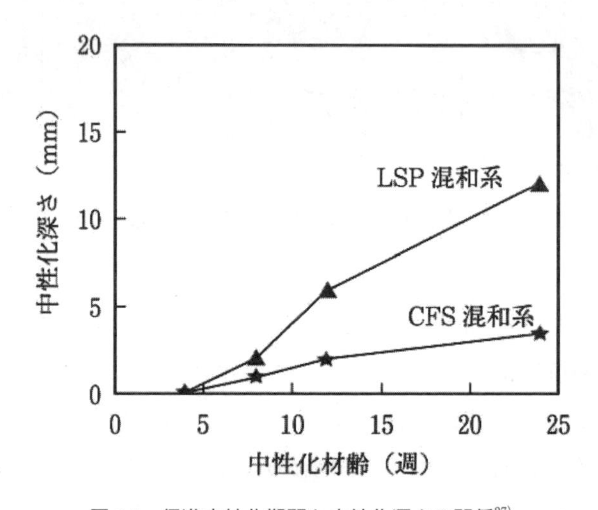

図14　促進中性化期間と中性化深さの関係[27)]

(LSP）に代わって高炉徐冷スラグ微粉末を用いると，中性化の自己抑制効果が期待できることを報告している。すなわち，高炉徐冷スラグ微粉末は，図14に示すように，中性化が始まるまでは石灰石微粉末と同様に不活性の無機粉末として振舞うが，一旦中性化が開始されると反応性物質として振舞い，中性化によってより緻密な微細組織を形成することでその後の中性化を抑制する働きを有することを明らかにした。

また，近年電気化学的手法を用い，コンクリート内のイオンの移動によって劣化したコンクリート構造物の機能を回復させる試みがなされている。塩害あるいは，中性化により劣化したコンクリート構造物に対する補修工法として用いられている脱塩工法[28)]と再アルカリ化工法[29)]はその一例である。また大即ら[30)]は，図15に示すように，この電気化学的手法の一つである電着工法を用いてコンクリートのひび割れの閉塞および表面の改質により，有害イオンの浸透を防ぐとともに，コンクリートの機能を向上させる方法について報告している。

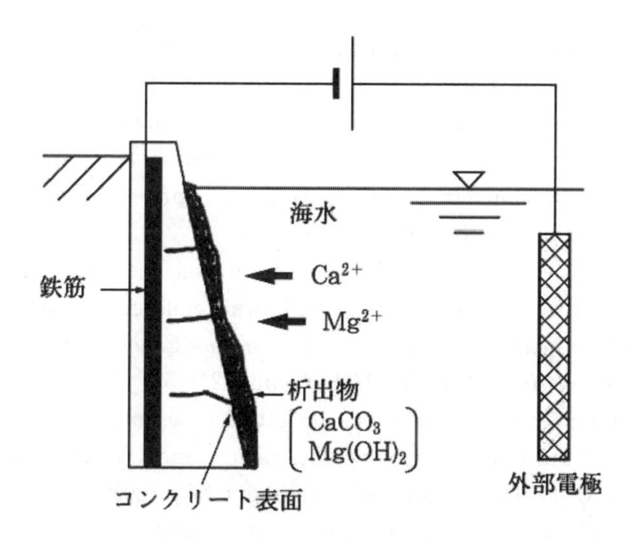

図15　海洋構造物への電着工法の適用[30)]

5　おわりに

「自己修復コンクリート」の開発研究の現状について概説したが，このテーマに関する研究は国内外で現在急速に進みつつある。その中には，バクテリアによるコンクリートの自己修復（本書，セラミックス・コンクリート・金属編第3章参照）など，既往のコンクリート工学研究の枠を越えた全く新しい夢に満ちたアイディアも提案されている。また，実際のコンクリート構造物にも近い将来には適用される可能性が出てきている。現に本書第Ⅱ編にも自己修復コンクリートの実構造物への応用事例（事例7）や実用化の事例（事例8）が報告されている。今後一層の発展が期待される。

文　献

1)　三橋博三：自己修復型コンクリート実現の夢，コンクリート工学，Vol.44, No.1, pp.91-95 (2006)
2)　JCI文献調査委員会（西脇智哉）：ひび割れを対象とした自己修復コンクリート，コンクリート工学，Vol.45, No.16, pp.169-175 (2007.10)
3)　日本コンクリート工学協会：セメント系材料の自己修復性の評価とその利用法研究，専門委員会報告書（2009.3)
4)　科学技術庁年報，大蔵省印刷局，Vol.35, pp.130-131 (1991)

5) V.C. Li, Y.M. Lim and Y.W. Chan: Feasibility Study of a Passive Smart Self-Healing Cementitious Composite, *Composites Part B, 29B*, pp.819-817 (1998)
6) C. Joseph, A.D. Jefferson and M.B. Cantoni: Issues Relating to the Autonomic Healing of Cementitious Materials, Self-healing materials (an alternative approach to 20 centuries of materials science), van der Zwaag S. (editor), Springer Series in MATERIALS SCIENCE, Dordrecht, The Netherlands (2007)
7) T. Nishiwaki, J.P. de B. Leite, and H. Mihashi: Enhancement in Durability of Concrete Structures with Use of High-Performance Fibre Reinforced Cementitious Composites, *Proceedings of the Fourth International Conference on Concrete under Severe Conditions: Environment & Loading; CONSEC' 04*, Vol.2, pp.1524-1531 (2004.6)
8) J.P. Ou and H. Li: Smart Concrete and Structure, Proc. Int. Workshop on Durability of Reinforced Concrete under Combined Mechanical and Climatic Loads, T. Zhao, F.H. Wittmann & T. Ueda (eds.), Aedificatio Publishers 2005, (2005)
9) C.M. Dry: Design of Self-growing, Self-sensing and Self-repairing Materials for Engineering Applications, *Proc. of SPIE*, Vol.4234, pp.23-29 (2001)
10) 三橋博三：コンクリートの自己修復，ここまできた自己修復材料，(自己修復研究会編)，工業調査会，pp.160-180 (2003)
11) 勝畑敏幸，大濱嘉彦，出村克宣：低ポリマーセメント比の硬化剤無添加エポキシ樹脂混入ポリマーセメントモルタルの微細ひび割れの自己修復機能，日本建築学会大会学術講演梗概集，A-1 材料施工，pp.664-666 (2001)
12) 西脇智哉，水上卓也，三橋博三，杉田稔：コンクリートに対する自己修復機能付与のための細孔ネットワーク作製に関する実験的検討，日本建築学会大会学術講演梗概集 (近畿)，A-1 材料施工，pp.121-124 (2005.9)
13) Y. Sakai, Y. Kitagawa, T. Fukuta, and M. Iiba: Experimental Study on Enhancement of Self-restoration of Concrete Beams using SMA Wire, *Proc. of SPIE*, Vol.5057, pp.178-186 (2003)
14) S.K. Ramachandran, V. Ramakrishnan, and S.S.Bang: Remediation of Concrete Using Micro-Organisms, *ACI Material Journal*, Vol.98, No. 1, pp.3-9 (2001)
15) 西脇智哉，三橋博三，張炳國，杉田稔：発熱デバイスを利用した自己修復機能を有するインテリジェントコンクリートの開発に関する基礎的研究，コンクリート工学論文集，Vol.16, No.2, pp.81-88 (2005.5)
16) T. Nishiwaki, H. Mihashi, B. K. Jang and K. Miura: Development of Self-Healing System for Concrete with Selective Heating around Crack, *Journal of Advanced Concrete Technology*, Vol. 4, No.2, pp.267-275 (2006)
17) 西脇智哉，三橋博三，郡司幸弘，奥原芳樹：自己修復コンクリートの開発を目的とした機能要素の開発に関する研究，コンクリート工学年次論文報告集，Vol.29, No.2, pp.817-822 (2007.7)
18) 西脇智哉，三橋博三：連結材ユニットを利用した自己修復コンクリートの補修効果に関する実験的検討，日本建築学会大会学術講演梗概集 (中国)，A-1 材料施工，pp.249 250 (2008.9)

19) C. Edvardsen: Water Permeability and Autogenous Healing of Cracks in Concrete, *ACI Materials Journal*, Vol.96, pp.448-454 (1999)
20) H.W. Reinhardt and M. Jooss: Permeability and Self-healing of Cracked Concrete as a Function of Temperature and Crack Width, *Cement and Concrete Research*, Vol.33, pp.981-985 (2003)
21) V.C. Li and E.H. Yang: Self-healing in Concrete Materials, Self-healing materials (an alternative approach to 20 centuries of materials science), van der Zwaag S. (editor), Springer Series in MATERIALS SCIENCE, Dordrecht, The Netherlands, pp.161-193 (2007)
22) M.A. Sanjuan, C. Andrade, and A. Bentur: Effect of Crack Control in Mortars Containing Polypropylene Fibers on the Corrosion of Steel in a Cementitious Matrix, *ACI Materials Journal*, Vol.94, pp.134-141 (1997)
23) 本間大輔，三橋博三，西脇智哉，水上卓也：繊維補強セメント系複合材料のひび割れ自己修復機能に関する実験的研究，セメント・コンクリート論文集，No.61, pp.442-449 (2007)
24) D. Homma, H. Mihashi and T. Nishiwaki: Self-Healing Capability of Fibre Reinforced Cementitious Composites, *Journal of Advanced Concrete Technology*, Vol.7, No.2, pp.217-228 (2009)
25) T. Kishi, T.H. Ahn, A. Hosoda, S. Suzuki and H. Takaoka: Self-healing Behavior by Cementitious Recrystallization of Cracked Concrete Incorporating Expansive Agent, Self-healing materials (an alternative approach to 20 centuries of materials science), van der Zwaag S. (editor), Springer Series in MATERIALS SCIENCE, Dordrecht, The Netherlands (2007)
26) 濱幸雄，谷口円，桂修：早強・低熱系セメントおよびフライアッシュを用いたコンクリートの自己修復性能，日本建築学会大会学術講演梗概集 A-1，pp.515-516 (2006)
27) 盛岡実，山本賢司，坂井悦郎，大門正機：高炉徐冷スラグ微粉末を混和した高流動コンクリートの中性化とその機構，コンクリート工学論文集，Vol.13, No.2, pp.41-46 (2002)
28) 芦田公伸，半田実，石橋孝一，酒井裕智，大瀬宝：電気化学的処理による鉄筋コンクリート構造物からの塩分除去工法における適用事例，JCI-C, pp.63-68 (1994)
29) 日本コンクリート工学協会：コンクリートのひび割れ調査，補修・補強指針-2003, pp.91-94 (2003)
30) 大即伸明，J.S. Ryu，西田孝弘，宮里心一：「鉄筋コンクリートに対する電着工法の有効性に関する実験的検討」，コンクリート工学論文集，Vol.11, No.1, pp.85-93 (2000)

第3章　Self-healing of cracks in concrete using a bacterial approach

Henk M. Jonkers*

1　Summary

A typical durability-related phenomenon in many concrete constructions is crack formation. While larger cracks hamper structural integrity, also smaller sub-millimeter sized cracks may result in durability problems as particularly connected cracks increase matrix permeability. Ingress water and chemicals can cause leakage problems, premature matrix degradation, and corrosion of embedded steel reinforcement. As regular manual maintenance and repair of concrete constructions is costly and in some cases not at all possible, inclusion of an autonomous self-healing repair mechanism would be highly beneficial as it could both reduce maintenance and increase material durability. Therefore, within the Delft Centre for Materials at the Delft University of Technology, the functionality of various self healing additives is investigated in order to development a new generation of self-healing concretes. In this paper the crack healing capacity of a specific bio-chemical approach, i.e. the application of mineral-precipitating bacteria, is reviewed.

2　Introduction

Concrete is a strong and relatively cheap construction material and is therefore presently the most used construction material worldwide. The material however does tend to have a few drawbacks. One is that due to its heterogeneous characteristics various durability problems may occur during the service life of a construction, and another drawback is that its massive production exerts some negative effects on the environment. Its main ingredients, i.e. cement and aggregate material, need to be produced and mined on massive scale and transported

---

* Delft University of Technology, Faculty of Civil Engineering & Geosciences, Department of Materials & Environment

over considerable distances increasing energy consumption, greenhouse gas emissions and landscape mutilation. It is estimated that cement (Portland clinker) production alone contributes 7 % to global anthropogenic CO_2 emissions, what is particularly due to the sintering of limestone and clay at a temperature of 1500°C, as during this process calcium carbonate ($CaCO_3$) is converted to calcium oxide (CaO) while releasing CO_2 (Worrell *et al.* 2001). Therefore, from an environmental viewpoint, portland-based concrete does not appear to be a sustainable material (Gerilla *et al.* 2007). Another aspect of concrete is its liability to cracking, a phenomenon that hampers the material's structural integrity and durability. The impact of durability-related problems on national economies can be substantial and is reflected by the sums of money spent on maintenance and repair of concrete structures. It is estimated that alone in the United States the annual direct cost for maintenance and repair of concrete highway bridges due to reinforcement corrosion amounts to 4 billion dollars (FHWA report, 2001). Particularly cracking of the surface layer of concrete reduces material durability as ingress water and detrimental chemicals cause a range of matrix degradation processes as well as corrosion of the embedded steel reinforcement (Neville 1996). In order to reduce the production costs, several industrial by-products such as fly ash, silica fume and blast furnace slag are nowadays commonly used as clinker (cement) replacements in concrete mixtures. Besides reducing the costs this practice also contributes to a more sustainable material as significant amounts of clinker can be saved, e.g. in the Netherlands in cement type CEM III/B more than 65% of clinker is replaced by blast furnace slag. Although the need to produce more sustainable cement-based products is thus recognized and implemented, the development of sustainable maintenance and repair methods for concrete constructions appears to lag behind. Durability problems such as crack formation are typically tackled by manual inspection and repair, i.e. by impregnation of cracks with cement or epoxy-based or other synthetic fillers (Neville 1996). One way to circumvent manual repair is to incorporate an autonomous self-healing mechanism in the applied concrete. Several self-healing mechanisms are currently under investigation. Most classical types of concrete do feature some self-healing capacity what is due to variable amounts of unhydrated cement particles present in the material matrix. These particles can undergo delayed or secondary hydration upon reaction with crack-ingress water resulting in the formation of new hydration products which can partial or in some cases even complete seal formed cracks. However, this type of autogenous self healing is largely restricted to concretes prepared with low water-to-binder ratio mixtures. Moreover, it also appears to be effective only for small cracks, i.e. with a maximum width in the range of 100μm (Li and Yang 2007). The limited effectiveness appears largely due to the restricted expansive potential of the small unhydrated cement particles lying exposed at the crack surface. The restricted self-healing capacity of such classical concretes has led to the development of mixtures purposely designed to yield concrete with superior self healing properties. Examples are high strength- and high performance concretes which are based on mixtures with a very low water-to-binder ratio, thus yielding a cement stone matrix with a high proportions of unhydrated binder particles present. Some special mixtures such as engineered cementitious composites (EEC) feature a very efficient self healing capacity due to addition of large amounts of PVA fibers. The high fiber content reduces localized brittle fracture but instead favors the formation of numerous evenly distributed typically about 50μm-sized microcracks which were demonstrated to be healed effectively by secondary hydration of the numerously present unhydrated cement particles (Li and Yang 2007). Thus, concretes based on low water-to-cement ratios usually feature a significant self-healing capacity. However, as current policies advocate limitation of cement content in concrete for sustainability reasons, alternative and more sustainable self-healing mechanisms are wanted. One such an alternative repair mechanism is currently being investigated and developed in several laboratories, i.e. a technique based on the application of mineral-producing bacteria. E.g. efficient sealing of surface cracks by mineral precipitation was observed when bacteria-based solutions were sprayed onto damaged surfaces or injection into cracks (Bang *et al.* 2001; De Muynck *et al.* 2008a and b). As in those studies bacteria were manually and externally applied to existing structures, this mode of repair can not be categorized as truly self healing. In several follow up studies therefore, the possibility to use viable bacteria as a sustainable and concrete-embedded self healing agent was explored (Jonkers 2007; Jonkers *et al.* 2010).

3 Viable bacteria as self healing agent

The bacteria to be used as self healing agent in concrete should be fit for the job, i.e. they should be able to perform long-term effective crack sealing, preferably during the total constructions life time. The principle mechanism of bacterial crack healing is that the bacteria themselves act largely as a catalyst, and transform a precursor compound to a suitable filler

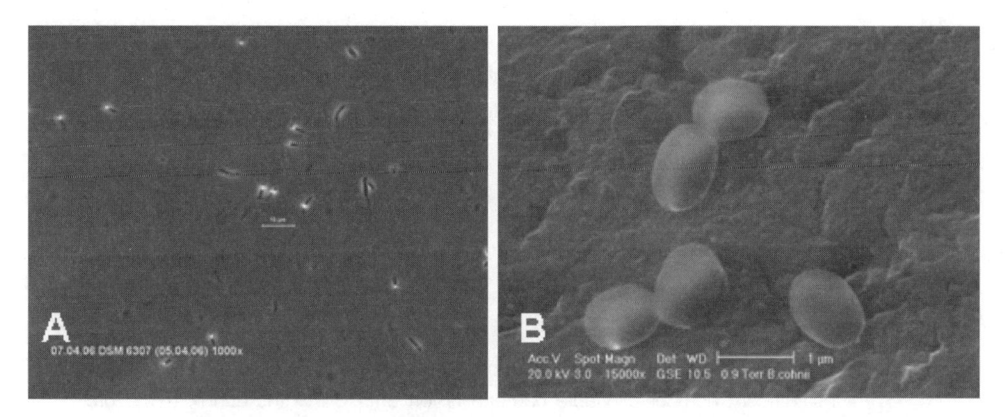

Figure 1. (A) Optical photomicrograph (1000x magnification) of alkali-resistant spore-forming bacteria showing active cells (rods) with intracellular spores (bright spheres). (B) ESEM photomicrograph (15000x magnification) of isolated spores, showing that spore diameter sizes are in the order of one micrometer.

material. The newly produced compounds such as calcium carbonate-based mineral precipitates should than act as a type of bio-cement what effectively seals newly formed cracks. Thus for effective self healing, both bacteria and a bio-cement precursor compound should be integrated in the material matrix. However, the presence of the matrix-embedded bacteria and precursor compounds should not negatively affect other wanted concrete characteristics. Bacteria that can resist concrete matrix incorporation exist in nature, and these appear related to a specialized group of alkali-resistant spore-forming bacteria. Interesting feature of these bacteria is that they are able to form spores, which are specialized spherical thick-walled cells somewhat homologous to plant seeds. These spores are viable but dormant cells and can withstand mechanical and chemical stresses and remain viable for periods over 50 years (Figure 1).

However, when bacterial spores were directly added to the concrete mixture, their life-time appeared to be limited to a few months only (Figure 2A). The decrease in life-time of the bacterial spores from several decades to only a few months appeared to be due to continuing cement hydration resulting in matrix pore-diameter widths smaller than the 1-μm sized bacterial spores what causes cell collapse (Figure 2B).

Protection of the bacterial spores by immobilization inside porous expanded clay particles before addition to the concrete mixture (see Figure 4 below) prolong their life-time from weeks to years.

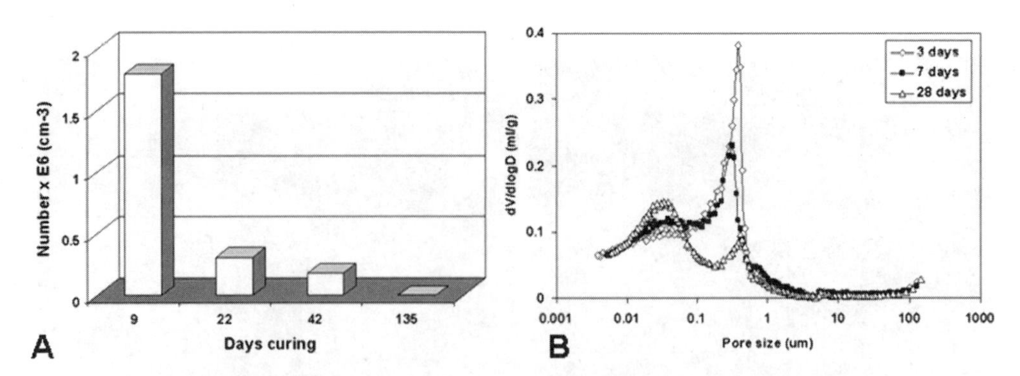

Figure 2. (A) Survival rate of bacterial spores incorporated in cement stone. Only insignificant number of viable bacteria is left after 3 months curing. (B) Pore-diameter size distribution of ageing cement stone. The up to 1-μm size class, the class that accommodates bacterial spores (see Figure 1) rapidly decreases in ageing cement stone in favor of the much smaller 0.01-0.1μm size class.

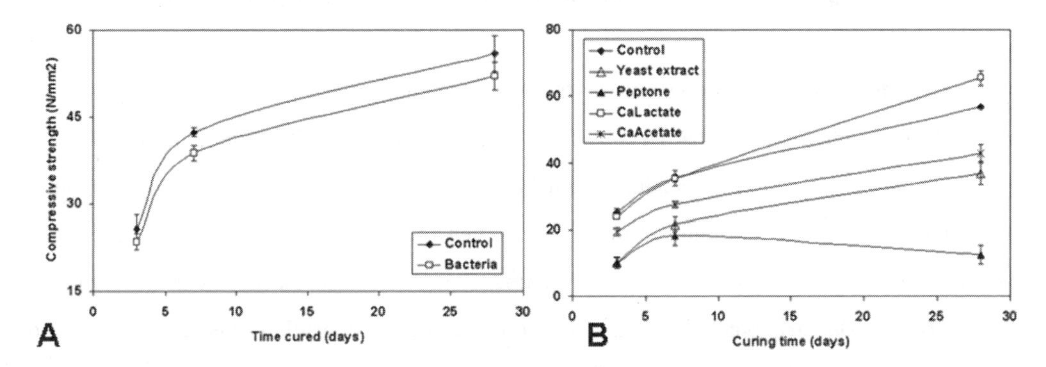

Figure 3. Development of compressive strength of ageing control and bacterial spore-amended (10^9 cm^{-3}) (A) and organic bio-cement precursor compound amended (1% of cement weight) (B) cement stone specimens. Addition of bacterial spores resulted in a 5% strength loss while calcium lactate increased strength by 5%.

Another concern is whether addition of bacteria or additionally needed bio-cement precursor compounds would not result in unwanted loss of other concrete properties. To check for that, a series of aging cement stone specimens with or without a high number of bacterial spores or potential bio-cement precursor compounds were tested for compressive strength characteristics. Although a high number of bacterial spores (10^9cm^{-3}) hardly affected strength (Figure 3A) various organic bio-cement precursor compounds resulted in a dramatic decrease of compressive strength. The only exception appeared to be calcium lactate what actually resulted in a minor increase in compressive strength compared to control specimens (Figure 3B).

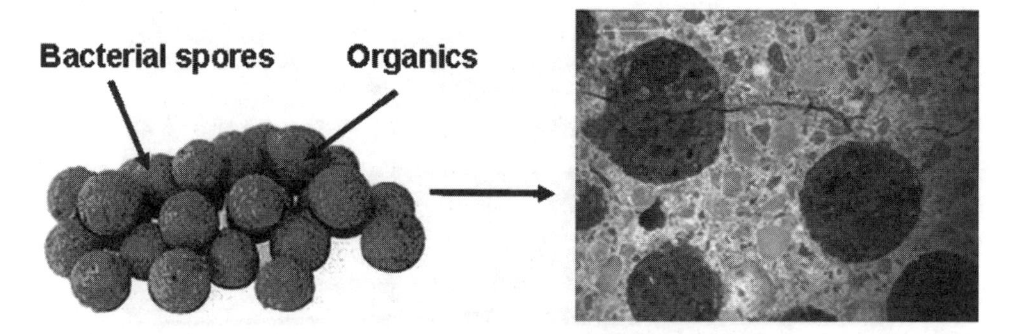

Figure 4. Self healing admixture composed of expanded clay particles loaded with bacterial spores and organic bio-cement precursor compound.

In order to ensure prolonged bacterial spore viability, both spores and calcium lactate where immobilized by application of vacuum techniques in porous expanded clay particles prior to addition to the concrete mixture (Figure 4). The expanded clay particles loaded with the two-component bio-chemical healing agent were subsequently used as self healing additive to the concrete mixture.

4　Autonomous crack repair of bacteria-based self-healing concrete

Concrete test specimens were prepared in which part of the aggregate material, i.e. the 1-4 mm size class, was replaced by similarly sized expanded clay particles (LWA) loaded with the bio-chemical self-healing agent. Control specimen had a similar aggregate composition but in these expanded clay particles were not loaded with the bio-chemical agent. Composition of concrete specimens is shown in Table 1.

The self-healing capacity of pre-cracked concrete slabs sawed from 56 days cured concrete

Table 1. Composition of concrete specimens

Aggregate size (mm)	Volume (cm^3)	Weight (g)
2 - 4 LWA	196	167
1 - 2 LWA	147	125
0.5 - 1 Sand	147	397
0.25 - 0.5 Sand	128	346
0.125 - 0.25 Sand	69	186
Cement CEMI 42.5N	122	384
Water	192	192
Total	1001	1796

Figure 5. Pre-cracking of concrete slab and subsequent permeability testing.

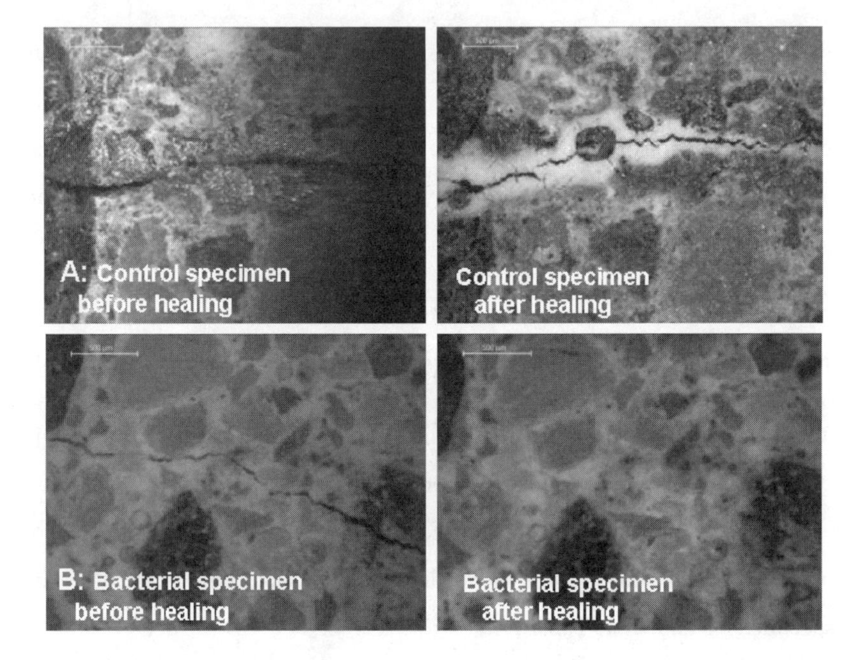

Figure 6. Light microscopic images of pre-cracked control (A) and bacterial (B) concrete specimen before and after healing. Mineral precipitation occurred predominantly near the crack rim in control but inside the crack in bacterial specimens. Efficient crack healing only occurred in bacterial specimens.

cylinders was determined by taking light microscopic images before and after permeability quantification. For the latter, pre-cracked concrete slabs were glued in an aluminum ring and mounted in a custom made permeability setup. Subsequently, during a 24 hour period, permeability and crack-healing was quantified by automated recording of water percolation in time (Figure 5).

Figure 7. ESEM photographs of precipitates formed on crack surfaces of control (A) and bacterial (B) specimens.

Comparison between bacterial and control specimen revealed a significant difference in self-healing capacity. In both type of specimens precipitation of calcium carbonate-based mineral precipitates occurred. However, while in control specimen precipitation largely occurred near the crack rim leaving major parts of the crack unhealed, efficient and complete healing of cracks occurred in bacterial specimen as here mineral precipitation occurred predominantly within the crack itself (Figure 6).

Environmental scanning electron microscopic (ESEM) analysis of precipitated minerals on crack surfaces of both control and bacterial specimens revealed a further major difference in type of precipitate formed. While those in control specimens showed typically smaller 5-10μm sized calcium carbonate-based cubicles as well as CSH-based filamentous forms (Figure 7A), bacterial specimens produced primarily larger 50-100μm sized calcium carbonate-based robust structures (Figure 7B).

5　Discussion and conclusion

The outcome of this study shows that crack healing in bacterial concrete is much more efficient than in concrete of the same composition but without added bio-chemical healing agent. The reason for this can be explained by the strictly chemical processes in the control and additional biological processes in the bacterial concrete. Unhydrated cement particles exposed on the crack surface of control concrete will undergo secondary hydration producing CSH like filamentous structures as can be seen in Figure 7A. In addition some calcium carbonate will be formed due to the reaction of CO_2 present in the crack ingress water with portlandite (calcium hydroxide) present in the concrete matrix according to the following reaction:

$$CO_2 + Ca(OH)_2 \rightarrow CaCO_3 + H_2O$$

The amount of calcium carbonate production in this case in only minor due to the limited amount of CO_2 present in the crack ingress water. In fact, as portlandite is a rather soluble mineral, most of it present on the crack surface will dissolve and diffuse out of the crack into the overlying water mass. Subsequently, as more CO_2 is present in the overlying water, dissolved portlandite will as yet precipitate in the form of calcium carbonate but somewhat away from the crack itself, as can be seen in Figure 6A. The self healing process in bacterial concrete is much more efficient due to the active metabolic conversion of calcium lactate by the present bacteria:

$$Ca(C_3H_5O_2)_2 + 7O_2 \rightarrow CaCO_3 + 5CO_2 + 5H_2O$$

This process does not only produce calcium carbonate directly but also indirectly via the reaction of on site produced CO_2 with portlandite present on the crack surface. In the latter case, portlandite does not dissolve and diffuse away from the crack surface, but instead reacts directly on the spot with local bacterially produced CO_2 to additional calcium carbonate. This process results in efficient crack sealing as can be seen in Figure 6B.

Main objective of this study was thus to establish whether bacteria incorporated in the cement stone matrix could act as self-healing agent to catalyze the process of autonomous repair of freshly formed cracks. One major problem associated with crack formation is that the process results in a drastic increase in material permeability increasing the risk of matrix and embedded reinforcement degradation by ingress water and other aggressive chemicals. Active bacterially-mediated mineral precipitation can thus result in crack-plugging and concomitant decrease in material permeability.

The conclusion of this work is that the proposed two component bio-chemical healing agent, composed of bacterial spores and a suitable organic bio-cement precursor compound, using porous expanded clay particles as a reservoir is a promising bio-based and thus sustainable alternative to strictly chemical or cement-based healing agents.

Acknowledgements

Financial support from the Delft Centre for Materials (DCMat: www.dcmat.tudelft.nl) for this work is gratefully acknowledged.

References

- Bang, S.S., Galinat, J.K., and Ramakrishnan, V. (2001) Calcite precipitation induced by polyurethane-immobilized Bacillus pasteurii. *Enzyme Microb Tech* **28**: 404-409.
- De Muynck, W., Debrouwer, D., De Belie, N, and Verstraete, W. (2008a) Bacterial carbonate precipitation improves the durability of cementitious materials. *Cement Concrete Res* **38**: 1005-1014.
- De Muynck, W., Cox, K., De Belie, N., and Verstraete, W. (2008b) Bacterial carbonate precipitation as an alternative surface treatment for concrete. *Constr Build Mater* **22**: 875-885.
- FHWA-RD-01-156, September (2001) Corrosion cost and preventive strategies in the United States, Report by CC Technologies Laboratories, Inc. to Federal Highway Administration (FHWA), Office of Infrastructure Research and Development.
- Gerilla, G.P., Teknomo, K. and Hokao, K. (2007) An environmental assessment of wood and steel reinforced concrete housing construction. *Build Environ* **42**: 2778-2784.
- Jonkers, H.M. (2007) Self healing concrete: a biological approach. *In Self healing materials - An alternative approach to 20 centuries of materials science* (ed. S. van der Zwaag), pp. 195-204. Springer, The Netherlands.
- Jonkers HM, Thijssen A, Muyzer G, Copuroglu O & Schlangen E (2010) Application of bacteria as self-healing agent for the development of sustainable concrete. Ecological Engineering **36**: 230-235.
- Li, V.C. and Yang, E. (2007) Self healing in concrete materials. *In Self healing materials - An alternative approach to 20 centuries of materials science* (ed. S. van der Zwaag), pp. 161-194. Springer, The Netherlands.
- Neville, A.M. (1996) Properties of concrete (4th edition). Pearson Higher Education, Prentice Hall, New Jersey.
- Worrell, E., Price, L., Martin, N., Hendriks, C., Ozawa Meida, L. (2001) Carbon dioxide emissions from the global cement industry. *Annual Review of Energy and the Environment* **26**: 303-329.

第4章　金属材料の機械的損傷の自己修復

新谷紀雄*

1　はじめに

金属材料，特に，鋼の弱点は腐食とされてきた。しかし，耐食・耐候性鋼の開発により，錆びにまみれた鋼構造物を目にすることは少なくなった。機械的性質については，最も高強度で高靭性の材料であり，よほど不注意な使い方をしない限り，破損事故を起こすことはないと思われてきた。しかし，時々，人の命を奪うような破壊事故を起こしている。このような破損・破壊事故の主なる原因は，実験室では把握しにくい，長期間の使用による損傷の累積によることが多い。このような損傷として，疲労損傷とクリープ損傷とがある。本章では，疲労損傷とクリープ損傷の自己修復についての最近の研究を紹介する。

2　アルミニウム合金の疲労損傷の自己修復

疲労クラックは，応力の繰り返しに伴い，生成し，少しずつ成長するが，微小なため，検出するのが難しく，突然破壊するように思われ，時には重大な事故を引き起こす。従って，最も自己修復が必要で，期待されているのは疲労クラックの自己修復である。

2.1　疲労クラックの生成と自己修復の素過程

2.1.1　疲労損傷の生成と形態

応力を繰り返すと，塑性変形の集中する領域や表面近くのスリップバンド，結晶粒界や介在物に局所的な不均質変形が生じ，さらに，スリップラインやストライエーションを形成する。このスリップラインやストライエーションには，微小なキャビティやクラックがみられ，キャビティはクラックの先端部分に列状に生成している。疲労キャビティは，スリップラインやストライエーションの空孔を凝集して生成され，連結してクラックとなり，クラックはキャビティを合体させながら成長すると考えられる[1)]。

---

* Norio Shinya　㈱物質・材料研究機構　材料信頼性萌芽ラボ　一次元ナノ材料グループ　リサーチアドバイザー

ある程度成長した疲労クラックを自己修復するのは，想定される室温でのプロセスからは困難と考えられる。可能なのは，クラックに成長する前のスリップラインやストライエーション上にある初期の疲労キャビティである。

2.1.2 疲労キャビティ・クラックの自己修復素過程

材料の自己修復プロセスの中で，最も困難なのは，修復剤をどうやって損傷生成している所に運ぶかである。それが困難なため，高分子材料では，修復剤内包のカプセルやファイバを高密度に分散，あるいは配向させている。高温では，自己拡散が活発なため，修復機能をもった原子や分子を損傷部に集めることも可能であるが，室温の金属では不可能と思われていた。しかし，Lumleyら[2,3]は疲労過程で増殖される多数の転位を，修復機能をもつ原子の通り道とし，転位芯拡散のパイプディフュージョンにより，損傷部に運び，自己修復させることを提案している。

パイプディフュージョンは，室温のような比較的低温度領域では，体拡散や粒界拡散よりはるかに高速であり，転位芯を通る溶質原子の拡散速度は，バルク材料の体拡散より10^5～10^6倍と考えられる[4]。アルミニウム合金中のCu原子についての計算では，10^6倍になると想定された[5]。このような高速の拡散は，転位芯に偏析したCu原子を疲労キャビティ・クラックの表面に容易に到達させ，その場で偏析・析出させることを可能とする。

Hautakangasらは[6]，陽電子消滅法を用いて，空孔，転位およびナノクラックの欠陥の回復過程，回復量を定量的に計測し，転位芯上のCuやMg原子により，これらの欠陥が回復することを示した。

これらから，疲労損傷についても，疲労過程で生じる転位のパイプディフュージョンを利用すれば，室温で自己修復可能であることが示された。

2.2 アルミニウム合金の疲労損傷の自己修復メカニズム

Lumleyら[2,3]は，溶質元素を固溶する時効ピーク前のアルミニウム合金において，つぎの3種の疲労キャビティ・クラックの自己修復方法を提案した。①疲労キャビティ・クラック表面に析出物を析出させて，キャビティ・クラックを閉口させる方法，②疲労キャビティ・クラックの塑性変形領域への集中的な析出に伴う体積膨張により，キャビティ・クラックを閉口させる方法，③析出物の転位上への動的析出による連続的な強化による方法，である。

2.2.1 析出物の堆積による疲労キャビティ・クラックの閉口

粉末焼結により作製したアルミニウム合金（Al-8Zn-2.5Mg-1Cu）を用いて，析出物のポロシティ閉口効果が調べられている[7]。η相（$MgZn_2$）が時効処理により，ポロシティ表面に析出し，ポロシティを埋め，閉口させるのを確認している。アルミニウム合金中の溶質原子がパイプディフュージョンにより，疲労キャビティ・クラック表面に運ばれ，そこで析出し，キャビティ・ク

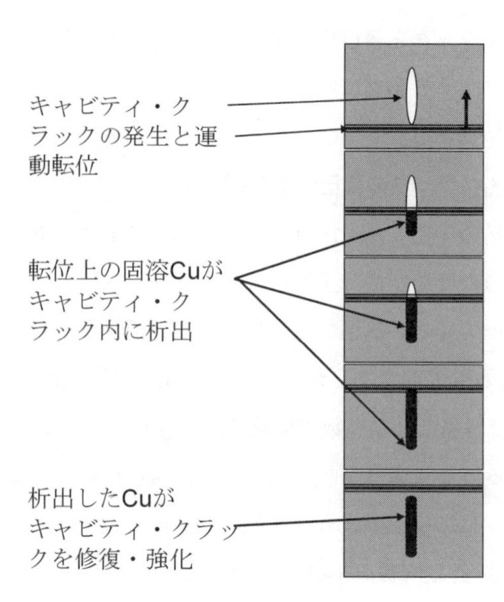

図１　固溶 Cu のパイプディフュージョンによる疲労キャビティ・クラックへの移動と析出による自己修復[2)]

ラックを閉口させることは可能である。図１に疲労キャビティ・クラック表面への溶質原子の繰り返し析出により閉口するプロセスを示す。

2. 2. 2　析出に伴う体積膨張による疲労キャビティ・クラックの閉口

Cu を含むアルミニウム合金において，θ' 相（$CuAl_2$）の析出に伴い大きな体積膨張を生じることが知られており[8)]，この体積膨張はθ' 相の析出量に比例する。このことは，疲労で生じたスリップバンドの転位上にθ' 相が局所的かつ動的に析出すれば，スリップバンド周辺に不均質な体積膨張を連続的に引き起こすことになる。その結果，疲労キャビティ・クラック周辺の引っ張り応力は緩和され，さらには圧縮応力が生じ，疲労キャビティ・クラックの成長は鈍化する。

Lumley ら[3)]は，ピーク時効前の Al-Cu-Mg-Ag 合金を 185℃で 13h 時効し，θ' 相析出に伴う体積膨張を定量的に計測し，1300 μm/m 膨張することを確認した。この体積膨張は，疲労キャビティ・クラックを収縮させるだけでなく，閉口させることも可能である。

2. 2. 3　析出物の転位上への動的析出による連続的な強化

アルミニウム合金に固溶している Cu 原子は，疲労過程で，転位上に偏析し，その場で析出する。ピーク時効前の Cu 添加のアルミニウム合金の電子顕微鏡観察で，転位上にθ' 相が動的に析出し，転位の動きを止めることを確認している[2)]。このことは，転位上に固溶元素が偏析し，飽和状態にあることを示し，また，固溶元素の転位上への動的な析出は，強く変形された所で生じ，転位の動きを止め，局所的に強化し，疲労キャビティ・クラックの生成を遅らせると考えられる。

Lumleyら[2,3]の提案している疲労キャビティ・クラック自己修復に用いる素過程はよく知られている現象である。これらのメカニズムが疲労損傷を自己修復しているという意識を特にもつことなく，これまで，高強度化や耐久性向上に利用してきた可能性がある。

2.3　アルミニウム合金の疲労キャビティ・クラックの自己修復効果と問題点

2.3.1　アルミニウム合金の疲労損傷自己修復効果

Lumleyら[2]はAl-5.6Cu-0.45Mg-0.45Ag-0.3Mn-0.18Zrの押し出し棒を熱処理し，疲労試験を行った。固溶化処理は525℃で6h加熱，水冷し，油中で時効した。時効処理は，(a)185℃で10hのピーク時効と(b)185℃で2hのピーク前時効処理とを行い，時効処理後直ちに，または－4℃で保存後，疲労試験を行った。

疲労試験結果を図2[2]に示す。ピーク前時効処理の方が，疲労寿命が長く，この優位性は疲労寿命が長くなる程，顕著となっていた。走査型電子顕微鏡による破面観察では，疲労クラックは試験片の表面ではなく，内部に発生すること，また，透過型電子顕微鏡観察では，θ'相が転位上に動的に析出することを示していた。このことは，疲労試験中にトラップされていないフリーな溶質原子が転位上に偏析・飽和することを示している。

Lumleyら[2,3]は，ピーク前時効処理が優れた疲労特性を示す主な理由として，次のような自己修復メカニズムを考えている。

①　転位上へのCu原子の偏析およびθ'相の動的析出により，転位が固着される。

②　疲労キャビティ・クラックにCu原子が流れ込み，キャビティ・クラックを閉口させ，そ

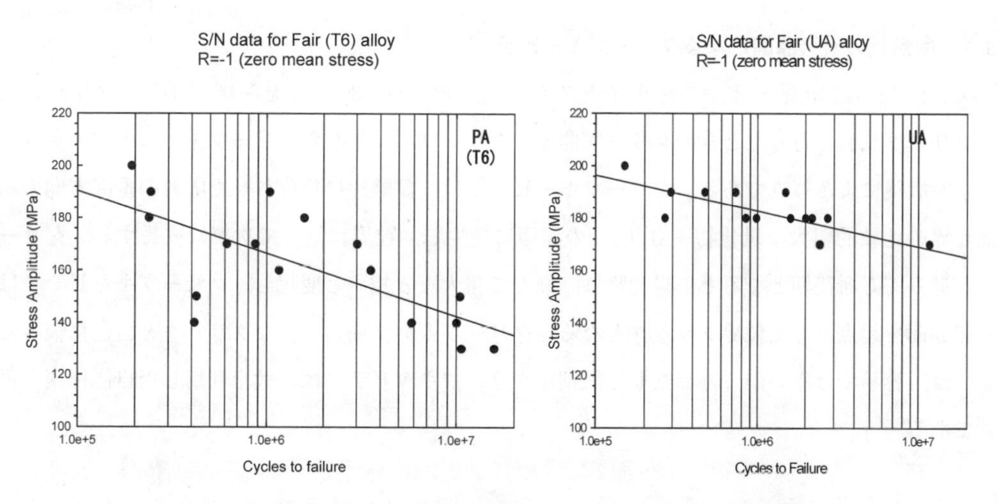

図2　アルミニウム合金の疲労キャビティ・クラック自己修復効果[2]
PA：ピーク時効，自己修復無し　UA：ピーク前時効，自己修復

の成長を遅らせる。

2.3.2 アルミニウム合金の自己修復効果の実用性

アルミニウム合金の最大の問題は疲労破壊を起こしやすいという欠点であるが，疲労損傷が自己修復されれば，信頼性・耐久性が格段に向上する。果たして，実際に航空機等に使用して，その効果を発揮できるのであろうか。Wanhil[9]は，自己修復アルミニウム合金を航空機に用いた場合には，その効果は限定的であるとしている。というのは，アルミニウム合金の疲労キャビティ・クラックが自己修復できるのは，合金の内部に生成したものを内部に働くメカニズムにより修復するが，実使用においては，疲労クラックは表面に生成し，外部環境に曝され，クラック表面は水分や酸素が付着する。このようなクラック表面の汚れは，内部の真空環境のものに比べ，成長を著しく促進するとしている。航空機の機体への応用には課題が残されているようである。

3 耐熱鋼のクリープ損傷の自己修復

耐熱鋼を高温・応力下で長時間使用すると，次第にクリープ変形し，遂にはクリープ破壊を生じる。高温強度を高めた耐熱鋼の実使用温度・応力領域では，破断伸びが少なく，突然破壊するクリープキャビティによる破壊がみられる[10]。クリープキャビティは結晶粒界に発生し，粒界に沿って成長して粒界クラックとなり，破壊を生じる。クリープキャビティ発生から破壊まで長時間を要すること，また，高温で使用されるので，粒界拡散や体拡散が盛んに起きるので，これらの自己拡散を利用した，時間をかけて自己修復する方法が開発されている。

3.1 耐熱鋼の破壊原因となるクリープキャビティ

図3は18Cr-8Ni系のオーステナイトステンレス鋼（SUS304H）を温度750℃，応力37MPaでクリープ試験を行ったときのクリープ曲線とクリープ中に生じたクリープキャビティの走査型電子顕微鏡による写真である。クリープキャビティは，試験片に負荷させた応力の垂直方向の結晶粒界の比較的粗大な炭化物（$M_{23}C_6$）の界面に発生し，粒界に沿って次第に成長する。クリープが進み，寿命後期となると，炭化物は，硬くて粗大なσ相へと変化し，クリープキャビティはσ相界面を起点とした粒界クラックとなる。クリープ寿命後期の粗大なクラックを自己修復させるのは，容易ではないが，寿命初期の微細なクリープキャビティは拡散を利用した自己修復が可能である。

3.2 焼結によるクリープキャビティの自己修復

高温で加熱すれば，クリープキャビティは，キャビティ表面の余分の表面エネルギーを減少さ

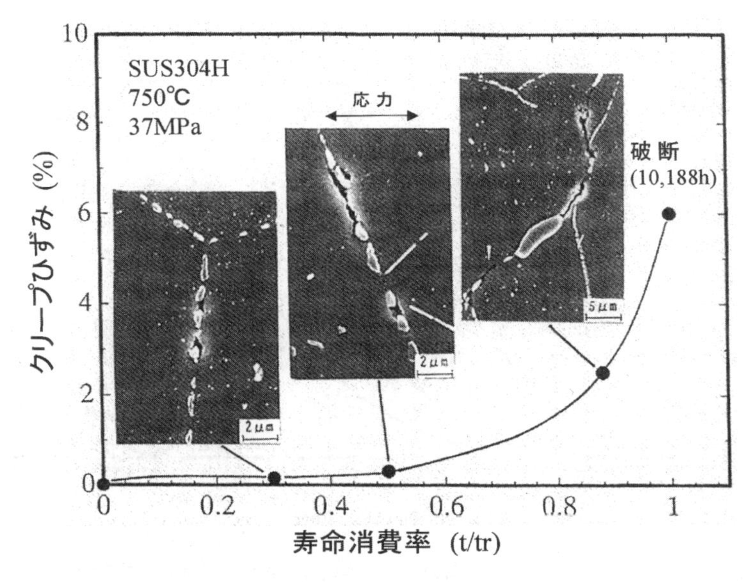

図3　オーステナイトステンレス鋼のクリープ曲線とクリープキャビティ生成

せるため，焼結におけるポロシティと同様に収縮し，さらには消失するはずである。高温下では不安定なクリープキャビティがクリープ中に生成・成長するのは，応力負荷によるためである。クリープキャビティが収縮しないで，安定でいられる最小の応力は次式で表される。

$$\sigma = 2\gamma / r \tag{1}$$

ここで，σは粒界に負荷する応力の垂直分力，γはクリープキャビティの表面エネルギー，rはクリープキャビティの半径である。

従って，高温機器の稼働停止時に，応力除荷を先に行い，σ以下とし，温度をゆっくり低下させていけば，クリープキャビティの自己修復が可能と考えられる。そこで，クリープ試験を中断し，応力を除き，加熱は継続した場合のクリープキャビティの収縮・消失速度を計算し，さらには実測した。

高温機器が使用されるのは，体拡散が盛んに働くような高温ではなく，粒界拡散によりクリープキャビティが生成・成長する温度領域である。従って，クリープキャビティの収縮も，粒界拡散により律速される。クリープキャビティの収縮速度計算には，Speight と Beere[11]のクリープキャビティの粒界拡散による成長速度式を用い，同式の応力を0として，計算した。計算に用いたのは，1.3Mn-0.5Mo-0.5Ni 鋼の拡散，表面エネルギーのデータと，中断クリープ試験片に生成していたクリープキャビティのデータ[12]である。クリープキャビティの収縮速度は，クリープキャビティの生成している中断試験片を再加熱し，加熱後のクリープキャビティのサイズ等を走査型電子顕微鏡で，トータルの定量的な量を密度測定[13]により計測し，評価した。試験に用いた

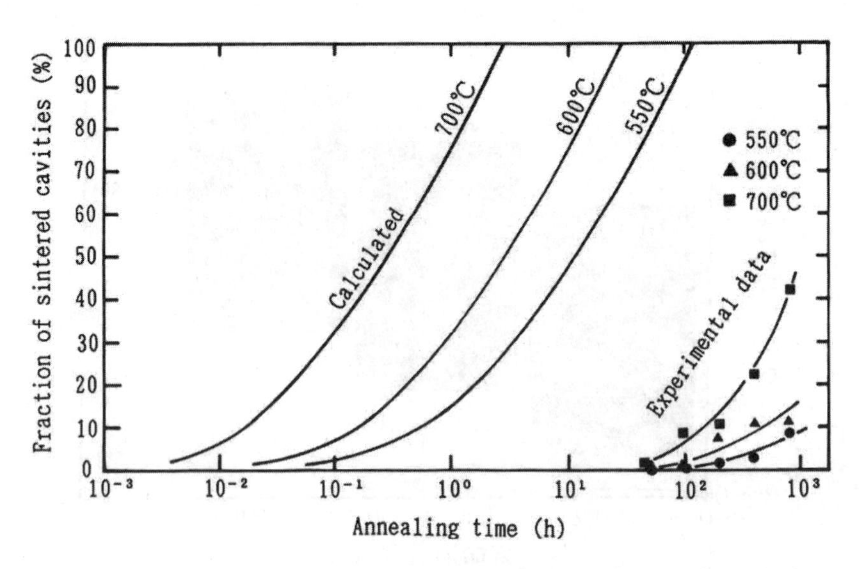

図４　クリープキャビティの等温加熱による焼結速度の計算値と実測値との比較
供試材は 1.3Mn-0.5Mo-0.5Ni 鋼で，クリープ試験によりクリープキャビティ導入

1.3Mn-0.5Mo-0.5Ni 鋼クリープ中断試験片に生成していたクリープキャビティの平均サイズは 1.8 μm で，クリープキャビティ間の平均間隔は 2 μm であった。

図 4[12] にクリープキャビティ収縮・消失速度に関する計算値と実測値を比較して示す。計算では，クリープキャビティの収縮・消失速度は大きく，比較的短時間で消え去ることになる。しかし，実測値は 4 桁近く遅く，実用的にクリープキャビティを収縮・消失させることは困難である。何故このようにクリープキャビティの収縮・消失速度が遅いかというと，クリープキャビティの焼結に伴い，粒界からクリープキャビティへと原子が流れ込むが，原子が流失した粒界に引っ張り応力が働き，(1)式で示したように，この引っ張り応力がクリープキャビティの収縮を抑制してしまうためである[12]。この引っ張り応力を圧縮応力負荷や HIP 処理により除けば，急速にクリープキャビティは収縮・消失する[12,14]が，高温機器に適用するのは現実的でない。なお，HIP 処理によるクリープキャビティ焼結化は，タービンブレードのような小型の耐熱部品に応用されている。

3.3　クリープキャビティ表面への偏析および析出による自己修復

クリープキャビティの焼結を利用する自己修復方法は，その効果が限られており，通常の高温機器への応用は困難である。そこで，クリープキャビティを収縮・消滅するのでなく，通常の使用条件下での含有元素の自律的な偏析や析出を利用したクリープキャビティ成長抑止方法を開発した。

3.3.1　クリープキャビティの成長メカニズム

クリープキャビティは，図3に示したように，通常，寿命の初期に発生し，次第に成長し，クリープ破壊を招く。従って，クリープキャビティの成長を抑止，または，遅らせれば，クリープ破断寿命は格段に向上する。クリープキャビティの成長を抑止するには，先ず，クリープキャビティの成長メカニズムを知る必要がある。

図5はクリープキャビティ成長に関わるプロセスをイラスト化したものである。クリープキャビティは負荷応力の垂直方向の粒界上に生成し，クリープキャビティ表面の原子はキャビティ表面の表面拡散により，粒界に移動し，さらに粒界拡散により，原子は離れた粒界へと移動する。この流れと逆に，粒界上の空孔は粒界を通り，クリープキャビティに流れ込み，クリープキャビティを成長させる。従って，クリープキャビティ成長速度に関わるプロセスとして，粒界拡散速度とクリープキャビティ表面の表面拡散速度があり，遅い方の拡散速度が成長を律速する。

3.3.2　クリープキャビティ表面の表面拡散制御のための偏析および析出

耐熱鋼に含まれる微量元素の中には，拡散によってクリープキャビティ表面に偏析し，クリープキャビティ表面の物性，特に表面における拡散速度に大きな影響を与えることが知られている。よく知られているのは，微量不純物として含まれるSであり，クリープキャビティ表面に容易に偏析する。Sの融点は112.8℃で低いため，キャビティ表面の拡散速度を数桁も大きくする。その結果，クリープキャビティの成長速度も大きく加速し，破壊強度・寿命は著しく低下する。

著者の提案する方法は，クリープキャビティ表面への安定な元素の偏析や化合物の析出を利用する方法である。これらの偏析や析出により，クリープキャビティの拡散を抑制，さらには阻止してクリープキャビティの成長を抑制する方法である。これらの偏析や析出は，耐熱鋼の使用温度領域で生じるので，自律的なクリープキャビティの自己修復方法である。

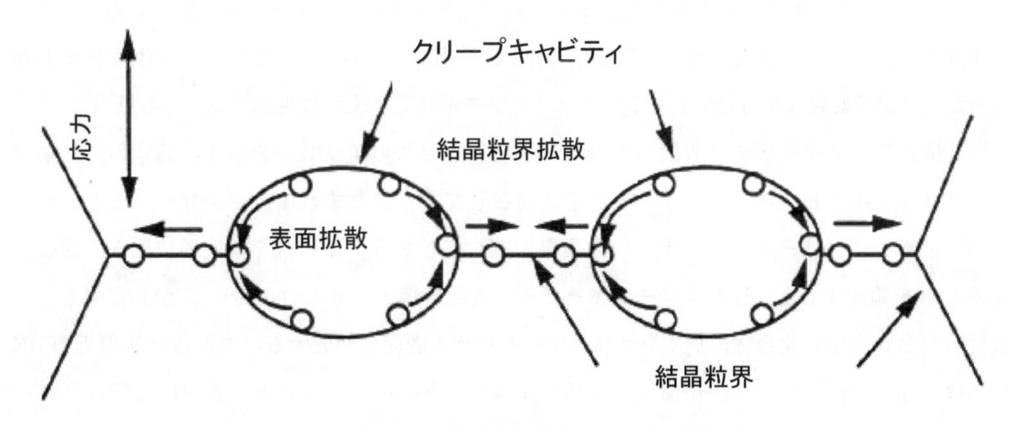

図5　クリープキャビティ成長を支配する自己拡散プロセス

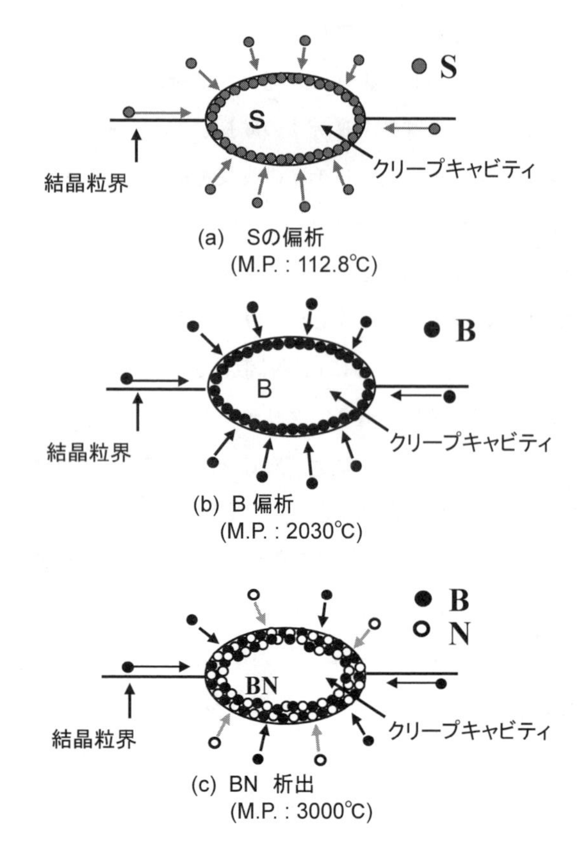

図6　クリープキャビティ表面への偏析と析出
(a)通常鋼のS偏析，(b)高融点Bの自己修復偏析，(c)高融点BNの自己修復析出

先ず，表面活性が大きく，クリープキャビティ表面に容易に偏析するSを，硫化物形成元素を添加するなどにより，徹底的に除き，次に，クリープキャビティ表面に偏析し易く，かつクリープキャビティ表面を覆うように偏析し，表面の拡散速度を著しく低下させる元素を添加する。このような元素としてBが適切であることを著者らは見出している[15,16]。また，このBはNと共存すると，高温で安定な化合物であるBNをクリープキャビティ表面に生成することも見出した[17]。

図6はクリープキャビティ表面への偏析と析出プロセスのイラストを示す。通常の耐熱鋼では，クリープキャビティが生成すると，不純物として僅かに含まれるSがクリープキャビティ表面に偏析し，クリープキャビティの成長を加速してしまう。このSを徹底的に除き，高融点元素のBを添加すると，Bがクリープキャビティ表面を覆う，かなりの量のNが共存すると，偏析したBは高融点化合物のBNをクリープキャビティ表面で形成する。これらのB偏析やBN析出は，通常の高温機器の使用温度で容易に起きる。クリープキャビティ表面に偏析したBや析出したBNがクリープ変形などにより，クリープキャビティ表面から剥がれたり，新たな表面

が形成されたりしても，偏析や析出が連続的に生じるので，自律的に修復される。また，クリープキャビティの成長が抑止されるので，クリープキャビティの自律的な自己修復といってよい。

3.4　クリープキャビティ表面へのB偏析による自己修復効果

3.4.1　微量元素の偏析

Holt と Wallace[18]は，よく知られた微量元素をクリープ破断強度に有害のものと有益のものとに分けた。有害な元素として，SとOがあり，極めて微量のppmレベルでも破壊を招くような脆化を生じさせる。従って，これらの固溶元素は微量でも除かなければならない。溶解過程やその後の析出過程で除くことになるが，Ceのような希土類元素の微量添加が効果的である。CeはCe_2O_2Sを形成し，SやOを効果的にほぼ完全に取り除く。

耐熱鋼へのB添加はクリープ破断強度を著しく向上させることが知られている。このB添加の効果は結晶粒界を強化し，クリープキャビティの生成・成長を抑制することによると考えられてきたが，粒界強化の理由や機構については，よく分かってない。Bは粒界に偏析し，さらに，粒界上の析出物や析出物とマトリクス界面に侵入し，析出物やその界面を安定させ，そのことにより，クリープキャビティの生成を抑制させると考えられてきた。B添加によるクリープ特性への効果を示す報告は多くあるが，Bの耐熱鋼中の作用や確実な効果などはよく分かっていない。クリープ破壊やクリープキャビティの挙動は複雑で，いくつもの要素が重なる現象のためであろう。

3.4.2　クリープキャビティ表面へのB偏析による自己修復[15,16]

クリープキャビティ表面にBを偏析させるため，347オーステナイトステンレス鋼の化学成分を調整し，真空アーク炉で熔解した。この改良347オーステナイトステンレス鋼を用いて，Bがクリープキャビティ表面に偏析すること，さらには，この偏析したBがクリープキャビティの自己修復効果をもつことを実証した。

表1に実験に用いた標準となる347オーステナイトステンレス鋼と改良347オーステナイトステンレス鋼（347BCe）を示す。347BCe鋼には，SとOを除くため，0.016mass%のCeを添加し，Ce_2O_2SおよびCe_2S_3を形成させることにより，ほぼ完全に除去させた。前記Ceの硫化物等が形成されることは，電界抽出残渣のX線回折法により確認している。この347BCe鋼には，Ceに

表1　改良347（347BCe）鋼と標準347鋼の化学成分（mass%）

鋼種	C	Si	Mn	P	S	Cr	Ni	Nb	N	B	Ce
標準347	0.080	0.59	1.68	0.001	0.002	17.96	12.04	0.41	0.077	—	—
改良347BCe	0.078	0.68	1.67	0.001	0.002	18.15	11.90	0.38	0.072	0.069	0.016

加え，Bを0.07mass%添加した。347および347BCe鋼とも，1200℃で20minの固溶化後，水冷した。

クリープ破断試験は，750℃で行った。試験結果を図7に示す。BとCeを添加した347BCe鋼は標準の347鋼より，クリープ破断強度は著しく高く，破断伸び・絞りとも大きい。特に実用的に重要な長時間側でその優位性が目立つ。図8はクリープ破断試験片に観察されたクリープキャビティの走査型電子顕微鏡写真であるが，347BCe鋼に生成しているクリープキャビティは少なく，小さい。標準の347鋼では，クリープキャビティは成長してクラックとなり，粒界破壊を生じているが，347BCe鋼では，クラックに成長しているものはみられず，粒界破壊でなく粒内破断であった。

クリープキャビティの成長速度を調べるため，Ar中のクリープ試験を行い，クリープの各段階で中断し，各中断時に試験片表面に生成しているクリープキャビティの大きさを走査型電子顕微鏡で計測した。計測は同じクリープキャビティについて，連結してクラック状になるまで継続

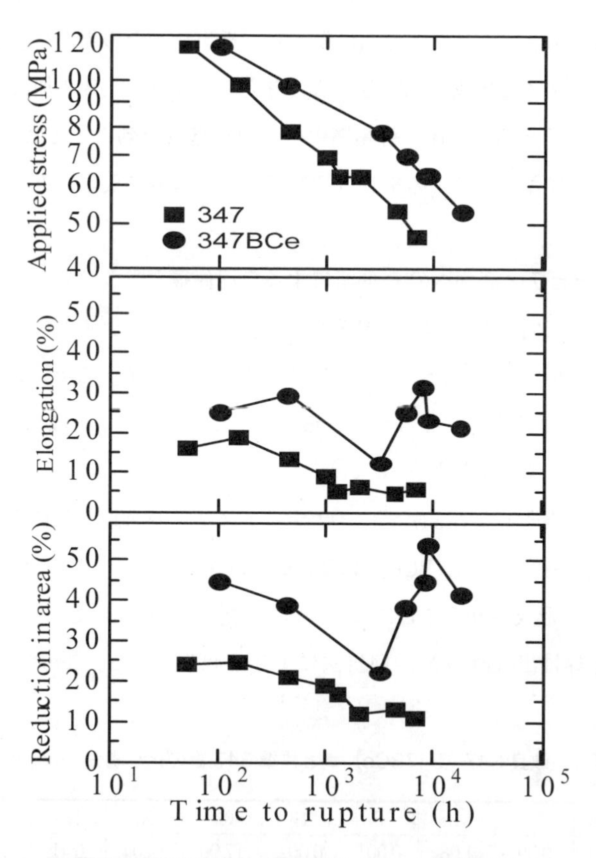

図7　347BCe鋼と347鋼のクリープ破断性質

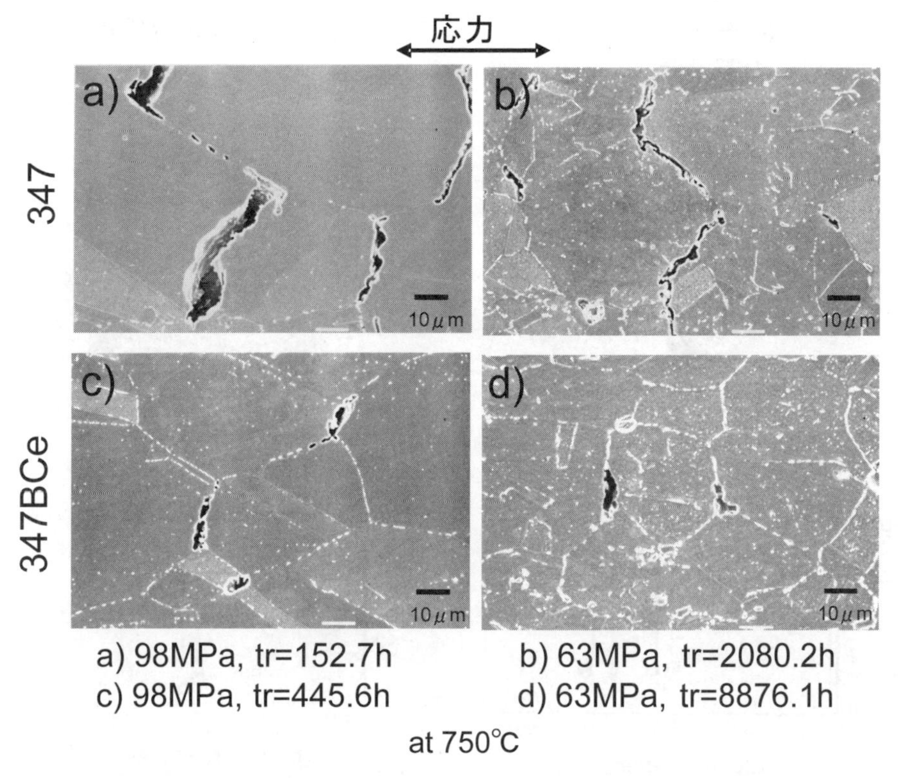

図8　347BCe 鋼および 347 鋼に生成したクリープキャビティの比較

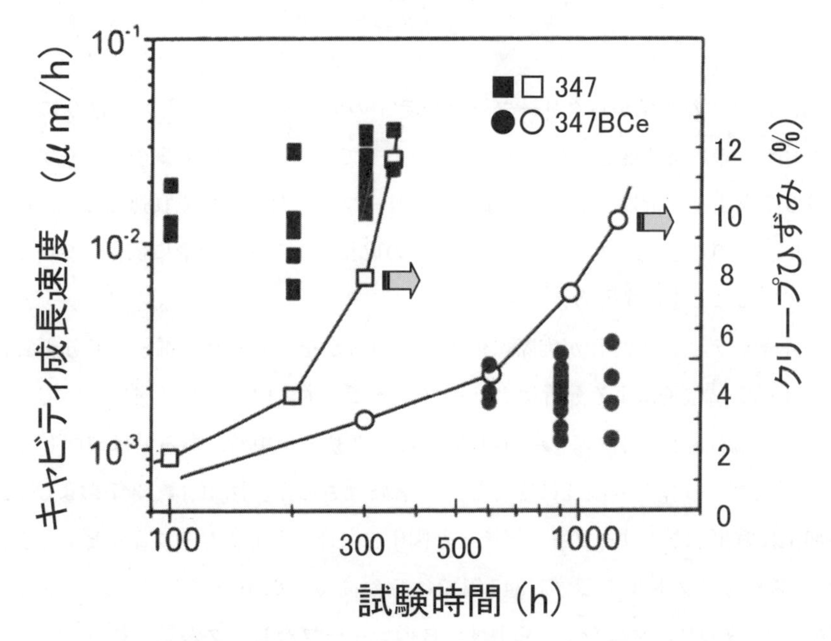

図9　347BCe 鋼および 347 鋼のクリープキャビティ成長速度の比較
クリープ試験条件：750℃，78MPa

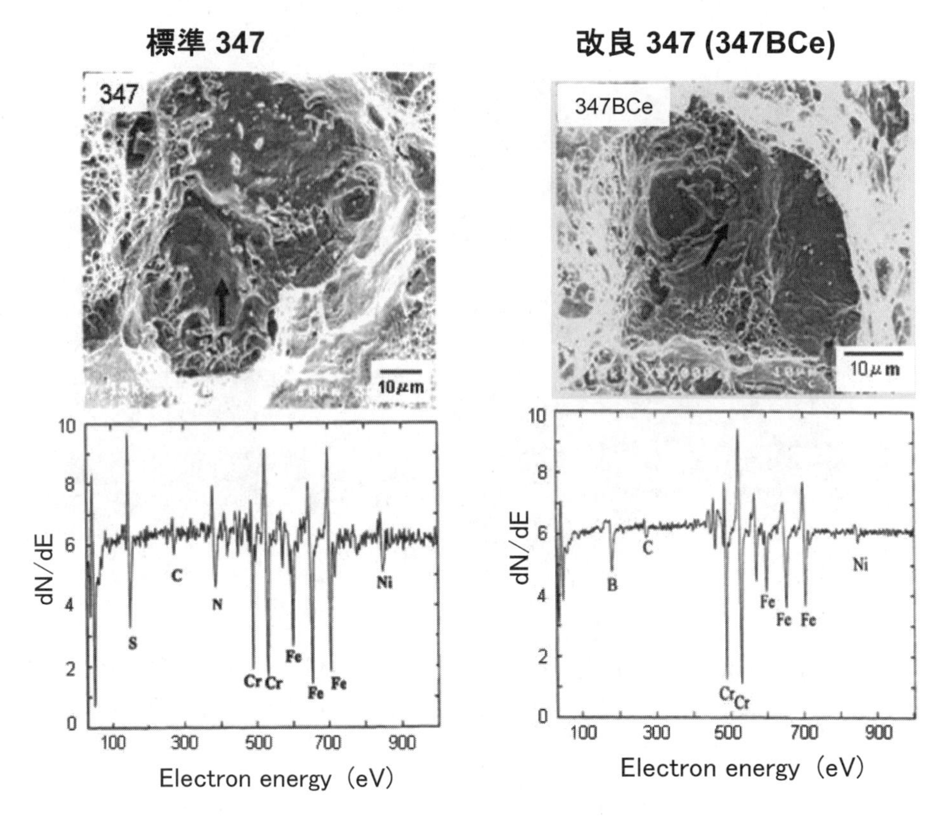

図 10　オージェ電子分光分析装置内の衝撃破壊により露出した
クリープキャビティとその表面から得られたオージェスペクトル

して実施し，大きさの変化からクリープキャビティの成長速度を算出した。図 9 に両鋼の各クリープキャビティの成長速度をクリープ曲線と合わせて示す。347BCe 鋼のクリープキャビティ成長速度は 347 鋼より 1 桁以上小さい。また，クリープキャビティの成長速度は，試験中ほとんど変わらない。このことは，クリープキャビティの成長はクリープ変形に依存しないで，拡散速度に依存していることを示すと考えられる。

クリープキャビティ表面に B が実際に偏析しているかを，オージェ電子分光分析装置を用いて調べた。オージェ電子による分析はクリープキャビティ表面の数原子層について計測するので，微量元素の偏析過程を調べるのに適している。クリープ中断，あるいは破断した試験片をオージェ装置内で，液体窒素温度に冷却し，衝撃破壊させた。図 10 は，347 および 347BCe 鋼の粒界破面上に露出したクリープキャビティと図中に矢印で示しクリープキャビティ表面から得られたオージェスペクトルを示す。347 鋼では S の高く，シャープなピークが見られるが，347BCe 鋼では，S のピークは全く見られず，B のシャープなピークが見られる。C や N のピークも見られるが，これらはオージェ装置内に残留したガスによるコンタミと考えられ，他のピークはマトリクスによるものである。従って，このオージェ電子スペクトルから，347鋼のクリープキャビティ表面はSにより，347BCe鋼のクリープキャビティ表面はBにより全面が覆われていると考えられる。

標準の347鋼のS含有量は0.002mass%以下（表1）であるが，このような微量でもクリープキャビティ表面に偏析し，表面を覆ってしまうのであるから，いかに表面活性が大きく，偏析し易いかが分かる。Whiteら[19]は304鋼のクリープキャビティ表面にバルクに比べ，10^3倍ものSが偏析していることを確認している。Bがクリープキャビティ表面等に偏析するのは，Bのオーステナイトステンレス鋼の結晶格子との整合歪みが大きいためと考えられている。

3.4.3　B偏析自己修復のクリープ破断性質への影響

Bの融点は2080℃で，高温で極めて安定であるので，クリープキャビティ表面に偏析したBはその表面を安定化させ，表面拡散も著しく低下させ，その結果クリープキャビティの成長速度も低下させる（図9）と考えられる。このクリープキャビティ成長抑制がクリープ破断寿命と破断延性を低下させる粒界破壊を阻止し，粒内破断を維持させて，長寿命化と破断延性の増大をもたらすと考えられる。このBのクリープキャビティ表面への偏析は高温機器の通常の使用条件下で自律的に起き，クリープ破壊を防ぐことから，クリープキャビティの自己修復といってよいであろう。

3.5　クリープキャビティ表面へのBN析出による自己修復効果[15,17]

化合物のBNは，融点が3000℃とBより高く，より安定であり，BN析出もクリープキャビティ成長を抑止し，自己修復効果をもつと考えられる。

3.5.1　真空中加熱による外部表面へのBN析出

化合物のBNは真空中での加熱により，Bを含むオーステナイトステンレス鋼の外部フリー表面に析出することが知られている。Stulenら[20]はBを10ppm含む21Cr-6Ni-9Mnオーステナイトステンレス鋼を用い，真空中での700℃以上の加熱により，Bが外部表面に偏析することを確認した。これはBが700℃以上では，強い表面活性をもつためである。700℃以上でBとNが共存する場合には，表面でBNを形成し，BN層が表面を覆う。Niiら[21]もN, BおよびCeを添加した304オーステナイトステンレス鋼の真空中加熱により，その外部表面にBNが析出し，BN層が外部表面を覆うのを確認している。また，このBN層は，剥離しても，真空中の再加熱により，自己修復されることも確認している。

このようなBN析出は，クリープキャビティ表面にも適用可能である。クリープキャビティ内は，ほぼ真空である。オーステナイトステンレス鋼の使用温度領域は700℃近辺である。BとNを含むオーステナイトステンレス鋼中に生成するクリープキャビティ表面に高温で安定なBNを析出させ，クリープキャビティ表面を覆うことにより，クリープキャビティの表面拡散を止め，成長速度も抑制させることは十分可能である。

3. 5. 2 引っ張り試験により形成される引っ張りキャビティ表面への BN 析出[22)]

304 タイプのオーステナイトステンレス鋼のクリープ中に BN を析出させることを意図し，0.07mass％の B，0.064mass％の N，0.33mass％の Ti および 0.008mass％の Ce を添加した。この改良型 304 オーステナイトステンレス鋼（304BNTi）および比較に用いた標準タイプの 304 オーステナイトステンレス鋼（304）の化学成分を表 2 に示す。304BNTi 鋼において，Ce と Ti は固溶している S をできるだけ除くために添加した。これらの元素は，$Ce_2O_2S_2$ や $Ti_4C_2S_2$ を形成して，固溶 S をほとんど除く。熱処理は，304BNTi 鋼は 1180℃で 20min 固溶化処理後水冷，304 鋼は 1130℃で 29min 固溶化後水冷した。

両鋼から引っ張り試験片を採取し，引っ張り試験を行い，引っ張り試験中にネッキングが形成されるのを確認し，確認後，直ちに除荷した。このネッキング部には引っ張りによるキャビティが形成しているのを走査型電子顕微鏡観察により確認した。引っ張り試験片のネッキング部の試料を 750℃で 2h 加熱し，加熱後，オージェ電子分光分析装置内で，液体窒素温度に冷却し，衝撃破壊させた。破壊させた表面には，引っ張りキャビティが露出していた。このキャビティ表面

表 2　改良 304 鋼（304BNTi）と標準 304 鋼の化学成分（mass%）

鋼種	C	Si	Mn	P	S	Ni	Cr	B	N	Ti	Ce
標準 304	0.082	0.49	1.62	0.021	0.009	10.05	19.07	—	0.0072	—	—
改良 304BNTi	0.096	0.50	1.52	0.020	0.002	10.07	19.16	0.070	0.0635	0.33	0.008

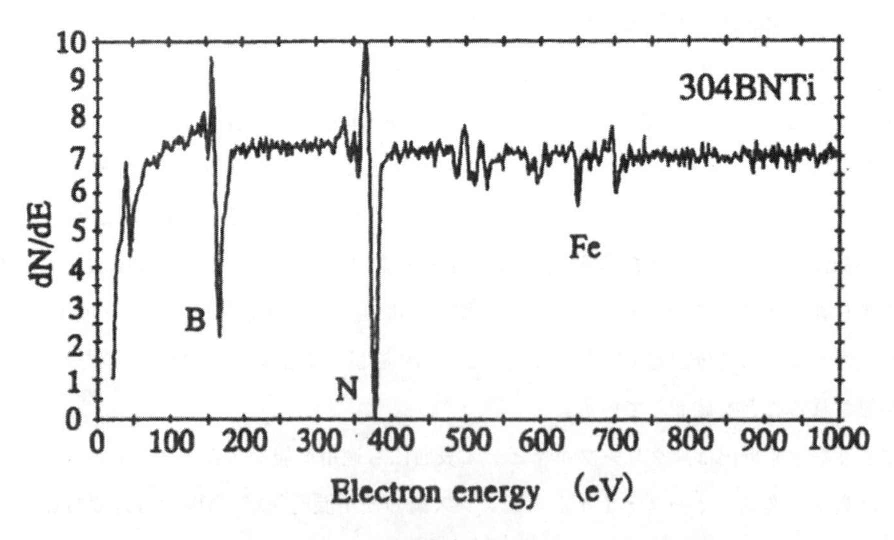

図 11　引っ張りキャビティ表面から得られたオージェスペクトル

から得られたオージェスペクトルを図11に示す。高く，シャープなBのピークとNのピークがみられる。他の元素のピークはほとんどなく，マトリクスのFeの低いピークが見られる程度である。このことから，引っ張り試験で形成されたキャビティ表面は，BとNがほぼ完全に覆っていることが分かる。BとNのピーク形状およびBとNのピーク比から，キャビティ表面に偏析したBとNはBNを形成している[20]と考えられる。なお，304鋼のキャビティ表面からのオージェスペクトルには，Sのピークだけが確認された。この予備試験により，クリープキャビティ表面に，クリープ中にBNが析出すると判断された。

3.5.3　クリープキャビティ表面へのBN析出による自己修復効果[15,17]

表2に示す304BNTi鋼および304鋼についてのクリープ破断試験を行った。試験結果を図12に示す。304BNTi鋼は，304鋼に比べ，著しく高強度で破断延性が大きく，特に長時間破断領域での強度と延性が相対的に大きい。図13に750℃，63MPaにおける両鋼のクリープ試験中のク

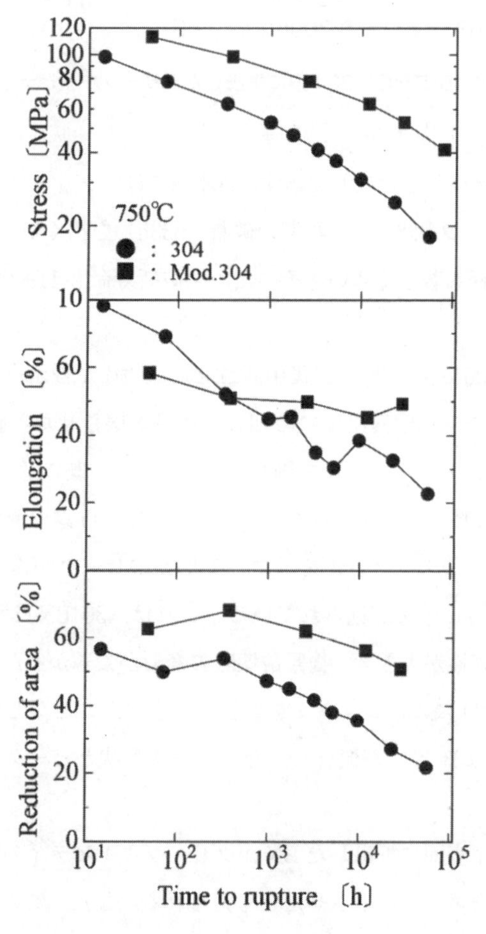

図12　304BNTi鋼と304鋼のクリープ破断性質

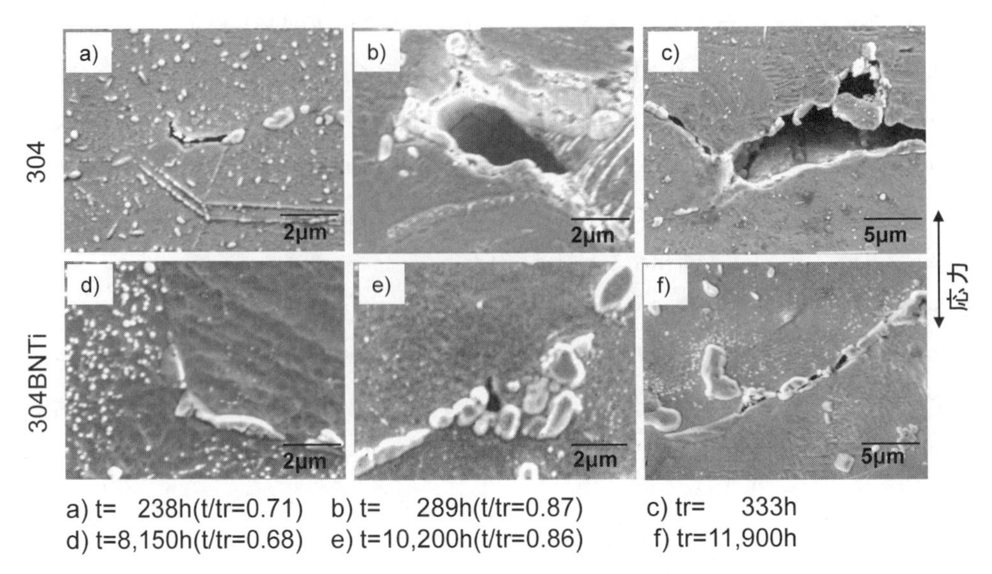

図 13　304BNTi 鋼と 304 鋼に生成したクリープキャビティの比較

リープキャビティの生成と成長を比較して示す。304 鋼では，クリープキャビティが早い段階で生成し，成長が早く，クラック状となり，早期の破断（333h）を招くが，304BNTi 鋼では，クリープキャビティの生成も成長も著しく遅い。そのため，破断寿命も 11900h と著しく長くなっている。

クリープ試験を寿命の 86 から 87％実施後中断させた試験片からオージェ電子分光分析装置用試料を採取し，同装置内で液体窒素温度に冷却し，衝撃破壊させた。破面に露出したクリープキャビティ表面からオージェスペクトルを得た。304 鋼には，既に示した図 10 の 347 鋼と同様で，S の高く，シャープなピークがみられた。図 14 に 304BNTi 鋼の衝撃破壊面上に露出したクリープキャビティとオージェスペクトルを示す。B と N のピークがみられるが，B と N のピークが比較的低く，C の高いピークが見られている。これは，304BNTi 鋼のクリープキャビティが極めて小さく，また，靱性が大きく，衝撃破壊時の変形が大きかったことや分析に手間取り，その間に残留ガスの C や O によるコンタミを生じてしまったことなどに起因する。しかし，クリープキャビティ表面には B と N が偏析し，そのピーク形状とピーク比から BN を形成していることが確認できる。

このクリープキャビティ表面に析出した BN がクリープキャビティの成長を抑制し，クリープ破断強度および破断延性を著しく向上させたと考えられる。また，この BN はクリープ試験中に連続的に析出し，特に，新たに生成したクリープキャビティ表面やクリープ変形により，露出し

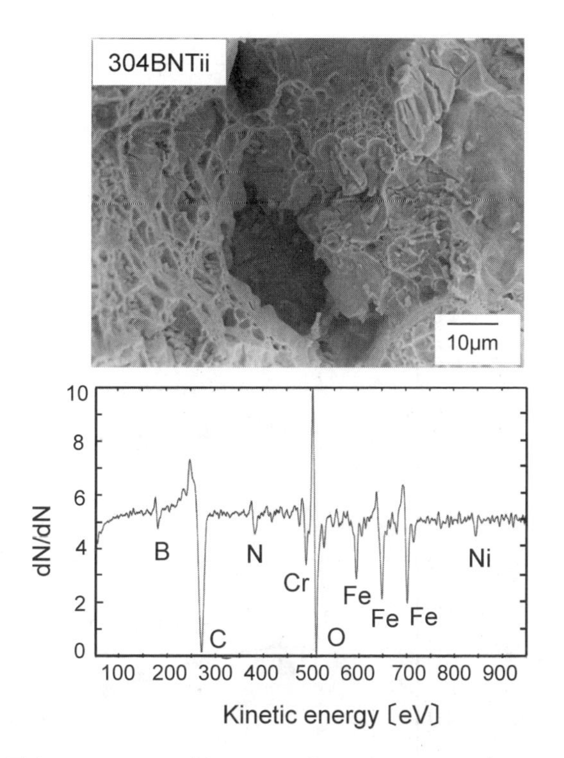

図 14　衝撃破壊により露出した 304BNTi 鋼のクリープキャビティとその表面からのオージェスペクトル

た BN に覆われていないクリープキャビティ表面に優先的に析出するので，自己修復効果がある。

3. 5. 4　クリープキャビティ自己修復によるクリープ破断特性の向上[22)]

実験に用いた 304BNTi 鋼は，比較に用いた 304 鋼に比べ，格段に高強度，高破断延性を示すが，ここでは，実験用供試鋼ではなく，市販鋼と比較してみた。304BNTi 鋼は Ti が添加されているので，類似している市販の SUS321H と比較した。図 15 にクリープ破断強度，破断伸び，破断絞りを比較した。クリープ破断強度，破断伸びおよび破断絞りとも 304BNTi 鋼が圧倒的に高く，特に実用上重要な長時間で，より顕著であった。これは，クリープキャビティ生成による破壊は長時間クリープ破断においてより顕著に生じ，その自己修復効果は長時間破断においてより効果的なためである。クリープキャビティ表面への BN 析出によるクリープキャビティ自己修復効果は，クリープキャビティによる突然の破壊を防ぐため，耐熱鋼の信頼性，耐久性を格段に向上させるが，それだけでなく，新たな高強度，高特性の材料開発手段としても効果的といえる。

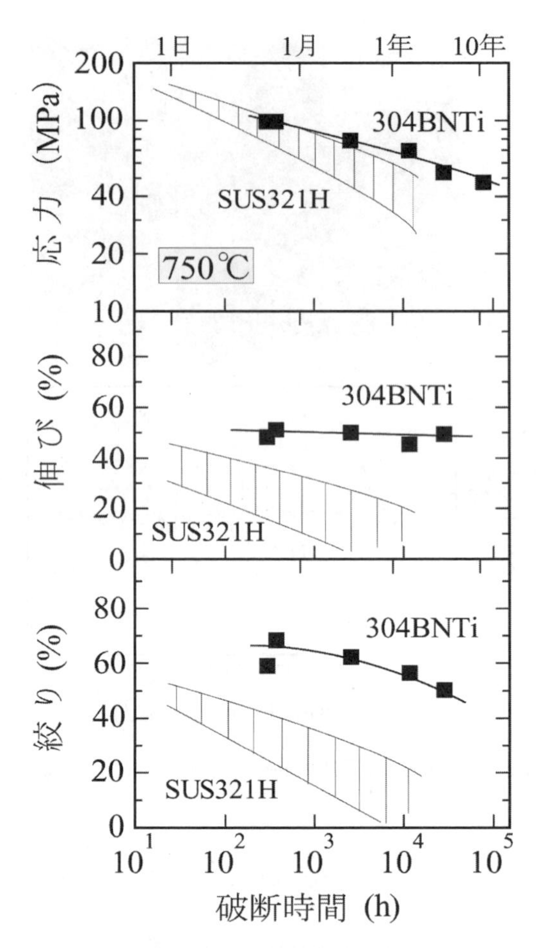

図 15　自己修復耐熱鋼（304BNTi）と類似市販耐熱鋼（SUS321H）とのクリープ破断性質の比較

4　期待される金属材料の機械的損傷の自己修復

金属材料の機械的損傷で，特に問題なのは，破壊するまで，外部からの検査では分かりにくい疲労損傷やクリープ損傷である。長期間使用後に初めて生成されたり，検出可能となったりする疲労損傷は，現在でも多くの人身事故を引き起こしている。疲労損傷の自己修復は，この分野の研究者の夢であったが，Lumleyら[2,3]がその道を切り開いた。疲労クラック発生時の局所的塑性変形により発生する転位と転位芯のパイプディフュージョンを利用するという，容易な方法である。著者らのクリープキャビティの自己修復は溶質元素の偏析と析出というよく知られた現象をクリープキャビティ表面に利用している。いずれもカプセルなどを分散することや微細加工などのプロセスを必要とせず，成分調整だけでよい。材料損傷の生成過程や構造などをよく知り，材料中での自己修復に関わる現象をよく把握し，利用することにより，金属材料中の損傷の多くは自己修復可能となるであろう。金属材料は，社会や産業を支える基盤材料であるから，破損事故などを引き起こしてはならないし，安価で大量に供給する必要があるから，それに適う自己修復方法が次々と開発されることを期待したい。

文　献

1) I. J. Polmer and I.F. Bainbridge, *Phil. Mag.*, **4**, 1293 (1959)
2) R. N. Lumley *et al., Mater. Forum.*, **29**, 256 (2005)
3) R. N. Lumley *et al.*, Proc. 1st Conf. Self Heal. Mater., Noordwijk ann Zee (2007)
4) Landolt-Bornstein Numerical Data and Functional Relationships in Science and Technology, 3, 26, Diffusion in Metals and Alloys, Ed. H. Mehrer, Springer-Verlag, 195 (1991)
5) E. Jannot *et al., Defect and Diffusion Forum*, **249**, 47 (2006)
6) S. Hauutakangas *et al.*, Proc. 1st Int. Conf. Self. Heal. Mater., Noordwijk ann Zee (2007)
7) R. N. Lumley and G.B. Schaffer, *Scr. Metall.*, **55**, 207 (2006)
8) M. Y. Hunsicker, *Metall. Trans. A*, **11A**, 759 (1980)
9) R. J. H. Wanhil, Proc. 1st Int. Conf. Self. Heal. Mater., Noordwijk ann Zee (2007)
10) R. Viswanathan, *J. Pre. Vess. Technol.*, **107**, 218 (1985)
11) M. V. Speight and W. Beere, *Met. Sci.*, **9**, 190 (1975)
12) 京野純郎ほか，鉄と鋼，**79**, p.604 (1992)
13) N. Shinya and S.R. Keown, *Met. Sci.*, **13**, 89 (1979)
14) 村田正治ほか，材料，**39**, p.489 (1990)
15) K. Laha *et al., Philis. Mag.*, **87**, 2483 (2007)
16) K. Laha *et al., Scr. Mater.*, **56**, 915 (2007)
17) N. Shinya *et al., J. MaterTrans.*, **47**, 2302 (2006)
18) R.T. Holt and W. Wallace, *Int. Met. Rev.*, **21**, 1 (1976)
19) C.L. White *et al., Scr. Metall.*, **15**, 777 (1981)
20) R. H. Stulen and R. Bastasz, *J. Vac. Sci. Technol.*, **16**, 940 (1979)
21) K. Nii and K. Yoshihara, *J. Mater. Eng.*, **9**, 41 (1987)
22) 京野純郎，新谷紀雄，材料，**52**, p.1211 (2003)

第1章　コーティングによる金属表面の自己修復

矢吹彰広*

1　はじめに

子供たちが外で遊んでいると，こけてひざを擦りむいたり，手をケガしたりといった擦り傷，切り傷が絶えない。このようなちょっとした傷は，放っておいても知らない間に自然と治ってしまう。骨折などの大ケガになると，病院に行って治療をする必要があるが，最終的にケガが治るのは，私たちが自然治癒力，自己修復能力を持っているからである。人間や動物，植物などの生物にとって自己修復能力はあたりまえのものであるが，建物や自動車などの人工的な構造物にも自己修復能力があれば，どんなに素晴らしいことであろう。

建物や自動車などに用いられる金属材料の表面を環境から守り，美しい外観を保つために各種のコーティング処理がなされる。コーティング処理の目的の一つは金属を環境から遮断し，腐食を防止することであるが，コーティングに傷が生じると，金属が環境にさらされ，腐食が生じる。この場合，通常はコーティングの補修あるいは塗り替えが行われるが，これらの人的な作業を必要とせず，腐食反応が自然に止まる機能を有したコーティングがある。自己修復コーティングである。

本章では，金属表面に生じる腐食と防食を述べた後に，自己修復コーティングの開発思想について概説する。その後に，これまでに開発した自己修復コーティングの例を挙げ，最後に今後の展開について述べる。

2　金属の腐食，防食

金属が使用される環境中には，水分，酸素，各種イオンなどが存在し，また部分的な温度差が生じることがある。これらの因子が複合されて，局部電池が形成され，腐食が生じる。一般的な水溶液中における金属の腐食反応は電気化学反応として取り扱われ，アノード反応（金属の溶解反応）とカソード反応（金属の溶解反応で生じた電子を消費する反応）の組み合わせで起こる（図1）。

＊　Akihiro Yabuki　広島大学　大学院工学研究科　准教授

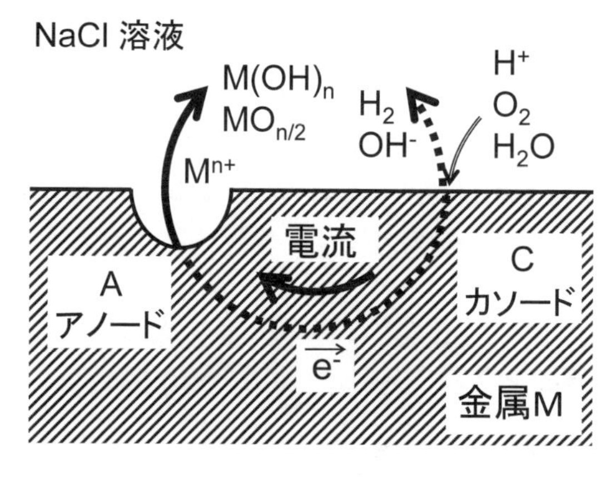

図1　金属の腐食反応

一般的な水溶液中における金属Mのアノード反応（金属の溶解反応，e^-は電子）は以下のように表される。

$$M \rightarrow M^{n+} + ne^- \quad (1)$$

酸性水溶液中におけるカソード反応はH^+の還元反応であり，電子はアノード反応で生成したものが使われる。

$$2H^+ + 2e^- \rightarrow H_2 \quad (2)$$

酸性水溶液中での腐食は式(1)，(2)の組み合わせで起こり，溶出した金属イオンは液中で水和（水と結合した状態）して水中に溶解し，金属の表面がそのまま露出している。

一方，酸素を含む中性の塩水溶液や淡水中ではO_2の還元反応がカソード反応となる。

$$O_2 + 2H_2O + 4e^- \rightarrow 2OH^- \quad (3)$$

この場合，腐食は式(1)，(3)の組み合わせで起こり，金属表面では生成した金属イオンとOH^-が反応し，水酸化物が生成される。

$$M^{n+} + nOH^- \rightarrow M(OH)_n \quad (4)$$

溶解度を越える水酸化物が表面で生成すれば，水酸化物の沈殿が表面を覆うことになる。さらに，水酸化物が脱水反応を起こせば，

$$M(OH)_n \rightarrow MO_{n/2} + {}^{n}\!/\!_{2}\, H_2O \quad (5)$$

のように，酸化物が表面にできる。つまりさびが表面に生成する。このようにして，酸素を含む中性水溶液中の金属表面は水酸化物や酸化物で覆われている。ステンレス鋼，チタンなどの表面にできる水酸化物や酸化物の沈殿は緻密で安定で保護性の高い皮膜となることが多く，腐食に強いのはこの皮膜のおかげである。通常，これを不動態皮膜と呼んでいる。アルミニウム表面にも不動態皮膜が形成されるが，ステンレス鋼，チタンの表面に形成される皮膜よりも耐食性は低い。

金属表面に生じる腐食を防止する方法として，腐食環境を制御する方法と材料側を制御する方

法がある。環境制御については，カソード反応の要因である酸素の除去，pH の制御，腐食抑制剤（インヒビター）の添加による表面皮膜の形成などがある。材料側の制御方法として，耐食材料の適用，表面コーティングによる環境遮断などがある。これらは要求性能とコストとの兼ね合いで決定される。自動車，構造物の材料としては，安価な鉄鋼材料，軽金属材料の表面に耐食コーティングを施工することがほとんどである。

3　自己修復コーティング

3.1　コーティングとは

コーティングは，無機被膜，有機被膜，金属被膜に分けることができる。無機被膜には陽極酸化（anodic oxidation），化成処理（conversion coating），PVD（physical vapor deposition：物理蒸着）法，CVD（chemical vapor deposition：化学蒸着）法によるセラミックコーティング，水ガラスおよびシリカゾル系被覆などがある[1)]。有機被膜は樹脂と顔料を混合させた塗料になる。使用する樹脂によって分類すると，エポキシ樹脂塗料，フェノール樹脂塗料，ポリエステル樹脂塗料，ビニルエステル樹脂塗料，フッ素樹脂塗料などに分けられる[2)]。金属被膜では電気めっき，溶融めっき，無電解めっき，金属溶射がある[3)]。

自動車，電気製品の防食コーティングには，前処理として無機皮膜を形成させる化成処理，および塗料を用いて防食塗膜を形成させる方法がある。化成処理は化学反応を使用して皮膜を形成させる方法であり，代表的なものとしてりん酸塩化成処理およびクロメート処理がある。これはスプレーまたは浸漬によって皮膜形成が行なわれる[4)]。その上に有機ポリマーコーティングを，下塗り・中塗り・上塗りの順で行う。下塗りには腐食反応を抑制する顔料が配合されたさび止め塗料（多くは電着塗料）が使用される。中塗りや上塗りに用いられるものにはフェノール樹脂，エポキシ樹脂，フッ素樹脂などがあり，水や酸素の透過性が低いことや耐ピッチング機能などが要求される。

コーティングの厚さについては化成処理皮膜では数 nm～1 μm 程度，ポリマーコートでは数10 μm である。化学装置用機器・配管類の内面防食を主な目的とする有機被覆の分野では，膜厚が比較的厚い（概ね 1 mm 以上）場合をライニング，膜厚が薄い（概ね 0.5 mm 以下）場合をコーティングと呼んでいる。ここで取り扱うコーティングとしては金属表面を被覆する厚さ 0.5 mm 以下のものを対象とする。コーティングの方法についてはディップコート，スピンコート，スプレーコートなどいろいろな方法がある。

3.2　コーティングによる自己修復

防食コーティングは金属を環境から遮断し，金属が腐食するのを守るためのものであり，通常は顔料を混合させて，水分や酸素の遮断性を高めたり，ハードコーティングにより機械的作用による傷の防止を図る。ところが，このような処理を行っていても，設計値以上の機械的あるいは化学的な外力が働き，金属素地に達する傷が生じると，金属が環境にさらされ，腐食が生じてしまう。この場合，通常はコーティングの補修あるいは塗り替えが行われるが，これらの人的な作業を必要とせず，腐食反応が自然に止まる機能を持ったコーティングが自己修復コーティングである。修復プロセスについては図2に示すように，コーティングに傷が入った場合，コーティング内部から修復成分が溶出する。それが傷部に達し，その部分で2次被膜を形成し，露出された金属と環境とを遮断する。この被膜が緻密であれば，腐食の進行を止めることができる。

前述の化成処理であるクロメート処理はこの自己修復性を有している[5~8]。この処理は，航空機に使われるアルミニウム合金や自動車，家電製品に使われる亜鉛めっき鋼板に適用され，添加剤にはクロム酸塩（CrO_3，Na_2CrO_4，$SrCrO_4$）などが使用される[6]。修復メカニズムとして，表面には Cr^{6+} が還元された Cr^{3+} の水和酸化物の重合物が緻密な皮膜を作り，腐食反応を抑制する。このように6価のクロム化合物は非常に優れた自己修復性を有しているが，強い毒性と発がん性のために[9]，その使用が規制された。現在は，クロム酸に代わる環境にやさしい自己修復性の保護皮膜を形成させることが強く求められており，環境に考慮した新規な自己修復コーティングの開発は社会的な要求課題となっている。

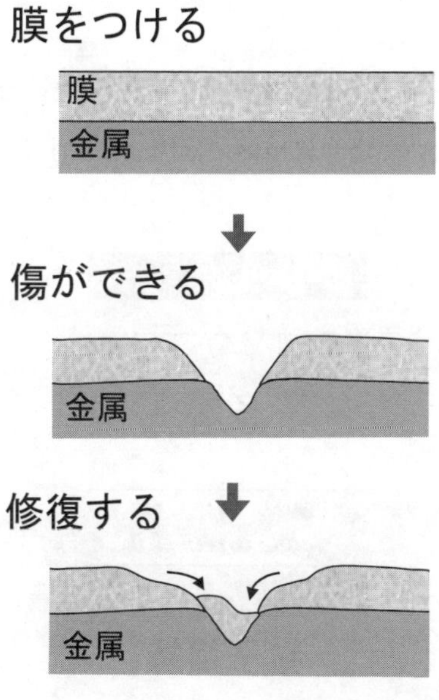

図2　コーティングによる金属表面の自己修復

3.3 自己修復コーティングの開発思想

コーティングによる修復機構については，人体における修復を考えると理解しやすい。人間の皮膚に切り傷が生じ，その傷が血管まで達すると，血液が出る。血液に含まれる血小板が傷口で凝固し，出血が止まる。その後，傷口で凝固した血液が乾燥し，かさぶたとなる[10)]。このかさぶたができるまでがコーティングによる金属表面の自己修復に相当する。かさぶたができる過程で，重要な項目は「血液中に血小板があること」,「血管の構造」,「血液が出ること」である。これら3つを自己修復コーティングに適用すると，

① 「血液中に血小板があること」→修復剤に何を使うか

② 「血管の構造」→修復剤をどのようにコーティング中に入れるか

③ 「血液が出ること」→傷が入ったときにどうやって修復剤を溶出させるか

になる。

3.3.1 修復剤

修復剤については，従来から広く用いられている腐食抑制剤（インヒビター）の使用が考えられる。インヒビターは作用機構から，酸化皮膜型，沈殿皮膜型，吸着皮膜型インヒビターの3種類に分類される[11)]。自己修復の観点から見れば，中性水溶液で有効な酸化皮膜型あるいは沈殿皮膜型インヒビターが傷部分で起こりやすい腐食反応を抑制するので，表面の近く，すなわちコーティング中に待機させておくのがよいと思われる。単分子吸着で緻密な膜を形成するものであれば，吸着皮膜型インヒビターも有効である。これら修復剤については環境負荷の小さいものを選定すべきであることは言うまでもない。

3.3.2 コーティングの構造

修復剤をコーティング中にどのように入れるかについては，コーティングの構造が重要となる。ポリマーコーティングを用いた場合については図3に示すように，単層コーティング，多層

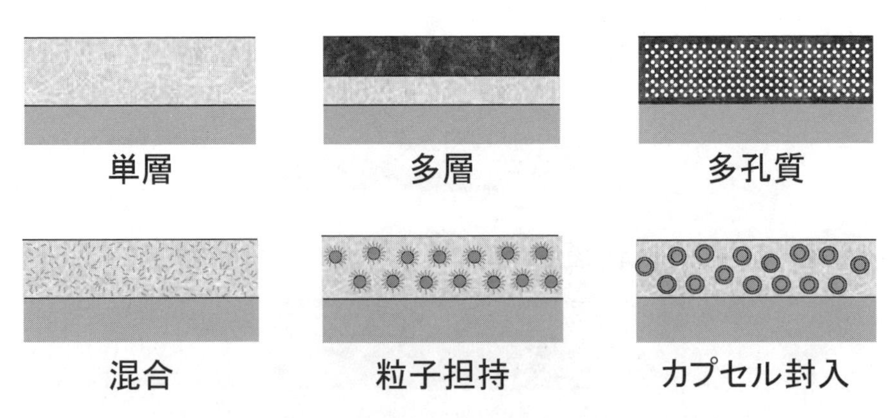

図3 自己修復コーティングの構造

コーティング，多孔質膜コーティングが挙げられる。さらに，これらコーティングへの修復剤の導入方法は単純に混合するのみ，あるいは予め粒子表面に修復剤を吸着させておいたものをコーティングに練りこむ方法，あるいは修復剤をカプセル中に入れておき，それをコーティング中に入れる方法が考えられる。

単層コーティングはプロセスが簡単であるが，コーティングの表面が環境に露出しているため修復剤が環境中に放出されることが問題となる。そのため，修復剤の入ったコーティング上にバリア性の高いコーティングを行う多層コーティングにより，修復剤が環境中に放出されるのを防ぐことができる。また，修復剤をコーティング中に単純に添加するだけであると，修復剤の溶出が起こりにくいと考えられるので，血管を模擬した多孔質構造にしておくことが望ましい。修復剤を担持するための媒体としては粒子だけでなく，フレーク状，ファイバー状のものの方がより好ましいと思われる。

3.3.3　修復のドライビングフォース

環境負荷の低い修復剤の選定，さらに修復剤のコーティング中への効果的な導入ができたとしても，傷が生じたときに修復剤が環境に溶出しなければ，当然修復は起こらない。さらに修復剤が溶出したとしても，傷表面で被膜の形成，あるいは吸着が生じないと金属の防食作用は発現しない。

傷が生じた場合の修復剤の溶出については，修復剤溶出の推進力（ドライビングフォース）を考える必要がある。人体において傷が生じ血管から血液が出るのは，心臓の働きにより圧力がかかっているからである。自己修復コーティングにおいては，中性環境で傷が生じ，腐食が進行する場合は式(3)に示すように OH^- が生成され，カソード面における pH が上昇する。これを推進力とする方法が有効である。すなわち，pH 変化をドライビングフォースとする場合は，pH 感受性のある修復剤を選定することや修復剤を粒子に吸着させる場合，pH 依存性のある修復剤と粒子の組み合わせが望ましい。その他の修復のドライビングフォースとしては腐食による電位の変化，環境中の水や空気の接触によるもの，太陽光による熱や紫外線によるものが考えられる。

コーティングによる金属の自己修復については，現在開発途上であり，今後は上記とは異なるアイディアによる修復剤，修復機構に基づく自己修復コーティングが出てくるものと信じており，上記は一例として認識されたい。

3.4　自己修復の評価方法

腐食反応を評価するには，電気化学測定による評価が適している。作製したコーティングにスクラッチ試験機で金属素地に到達するような傷を入れる。その試験片を，対象とする腐食環境を模擬した試験液に浸漬させ，電気化学測定を行う。試験中は傷部表面の状態をできるだけ変化さ

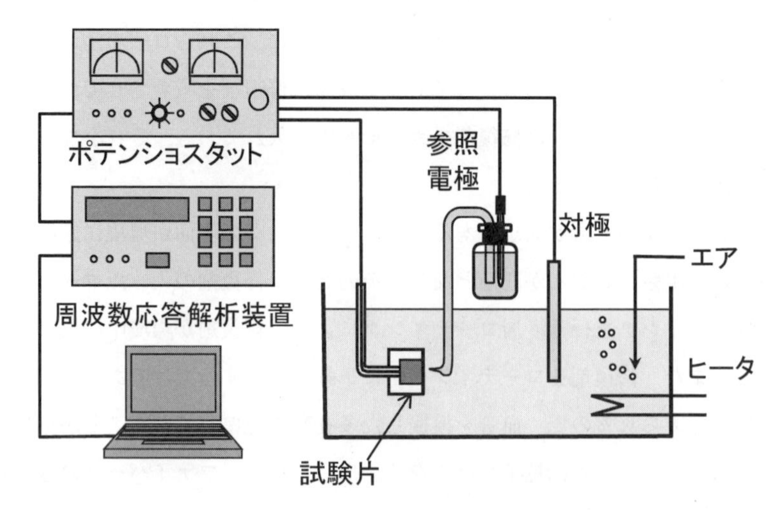

図4　電気化学インピーダンス測定装置

せない方法として，電位を数 mV 程度で変動させて試験を行う交流インピーダンスの測定がよい[12,13]。インピーダンスの測定にはポテンショスタットおよび周波数応答解析装置を用いる（図4)。試験片に± 10 mV の交流を 0.05～20000 Hz の範囲で変化させて，そのインピーダンスおよび位相差を測定し，低周波数域および高周波数域で測定されたインピーダンスの差を分極抵抗（腐食に対する抵抗）として評価する。傷を付与した試験片を試験液に浸漬させた直後は金属素地が出ているため，分極抵抗は低い。その面に修復被膜が形成すると，分極抵抗が上昇する。自己修復性の評価はこの分極抵抗の上昇を測定することによって判断される。

4　自己修復コーティングの開発例

以下に，筆者がこれまでに行ってきた自己修復コーティングの開発例を挙げる。現在はより環境に配慮した修復剤の使用や，新規な修復メカニズムを用いた自己修復コーティングの開発を行っている。

4. 1　自己修復性ポリマーコーティング[14]

アルミニウム合金（A3003）基板上に 7 種類の塗膜（ゾルゲルセラミック（無機タイプ)，ゾルゲルセラミック（ハイブリッドタイプ)，ゾルゲルセラミック（ハイブリッドタイプ硬化剤添加)，三フッ化樹脂，シリコン樹脂，有機無機ハイブリッド（焼付硬化タイプ)，有機無機ハイブリッド（常温硬化タイプ)）を厚さ約 30 μm でコーティングを行い，それらに欠陥を付与した。試験液として，液温 70℃の 3％食塩水を pH 1.5 に調整した。試験液を入れたビーカーに試験片を浸漬し，120 時間の腐食試験を行った。

図5に浸漬試験 120 時間後の試験片の表面写真を示す。ゾルゲルセラミック塗膜（ハイブリッドタイプ），シリコン樹脂では孔食が生じた（図5右図）。ゾルゲルセラミック塗膜（ハイブリッドタイプ硬化剤添加）および三フッ化樹脂塗膜は欠陥部がわずかに拡大しただけであり，耐食性

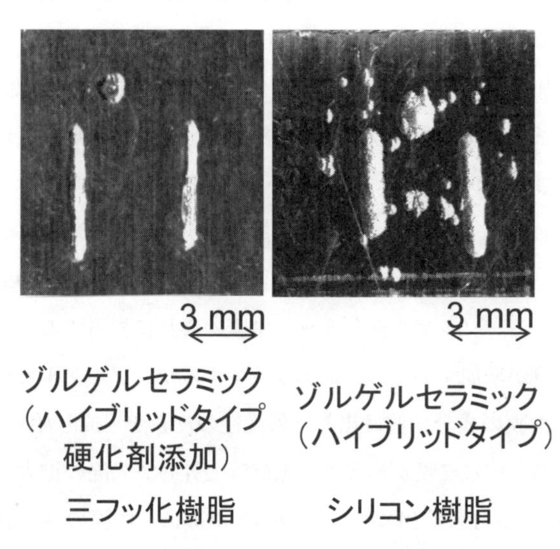

図5　浸漬試験 120 時間後の塗膜の表面状態

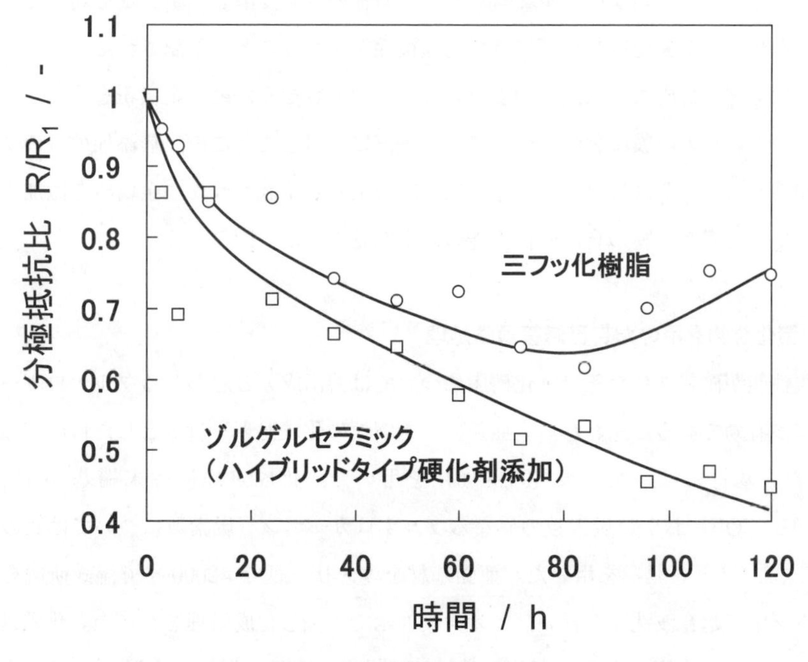

図6　分極抵抗比の経時変化

に優れていた（図5左図）。

耐食性に優れていた2種類の塗膜の欠陥部の状態を調べるために交流インピーダンス法を用いて，分極抵抗の経時変化を測定した（図6）。欠陥の評価には試験を開始する前につける欠陥の大きさや形状によって抵抗の絶対値が異なるため，浸漬1時間の分極抵抗で規格化した分極抵抗比を用いた。ゾルゲルセラミックの分極抵抗比は浸漬時間とともにほぼ一定速度で減少している。三フッ化樹脂塗膜は浸漬後期については約80時間まではゾルゲルセラミック塗膜（ハイブリッドタイプ硬化剤添加）と同様に分極抵抗が減少しているが100時間以降では分極抵抗比の上昇が見られた。これは三フッ化樹脂塗膜では欠陥部に自己修復膜が形成されたためであると考えられる。

三フッ化樹脂塗膜において100時間以降で分極抵抗比が上昇した理由については次のように考えられる。本試験において塗膜に欠陥をつけた場合，腐食は深さ方向への進展および面積の増加によって，抵抗が減少する。ゾルゲルセラミック塗膜はこれに相当する。三フッ化樹脂塗膜の場合も浸漬時間初期は面積が増加するため，抵抗は減少するが，ゾルゲルと比較すると減少速度は小さい。この段階から塗膜の成分が溶け出し，保護性の皮膜が形成し始めていると考えられる。100時間以降では欠陥部全体に皮膜が形成され抵抗は上昇し，欠陥の拡大が止まる（自己修復性能）。三フッ化樹脂の塗膜成分の溶出について調べるために，塗膜のみを試験液に浸漬し，その質量減量を調べ，浸漬初期は表面から塗膜成分が溶出しやすいことがわかった。さらに，この溶液にコーティングをしていないアルミニウム合金基板のみを浸漬し，腐食量を調べたところ，防食効果が見られ，三フッ化樹脂塗膜には自己修復性能があることが確認された。

さらに，欠陥部に形成する保護性の皮膜の性能を向上させるため，金属粉を三フッ化樹脂塗膜に添加した。これらの塗膜に欠陥をつけて，腐食液に浸漬したところ，無添加のものより，欠陥部の拡大が抑えられ，それに対応して分極抵抗比の上昇が確認された。金属粉を添加することによって，三フッ化樹脂塗膜の自己修復性能の向上が見られた（図7）。

4.2　フッ素化合物を用いた自己修復薄膜処理[15]

自己修復性能が確認された三フッ化樹脂については溶出成分と思われるフルオロカーボンによる皮膜形成が有効であると思われる。亜鉛めっき鋼板の化成処理を対象とした自己修復皮膜の開発を行った。基材には，亜鉛板（99.99％）を用いた。化成処理には末端基（CH_3，COCl，COOH，OH，COF）および炭素数の異なるフルオロカーボン（炭素数については数の少ないものからC1, C2, C3と表記）を用いた。亜鉛基材をエメリー紙で #2000 まで湿式研磨を行った後に，アセトン中で超音波洗浄を行い，イオン交換水で水洗し化成処理を行った。化成処理液中のフルオロカーボンの濃度を100～5000 ppmまで変化させ，液の温度を室温から80℃まで変化さ

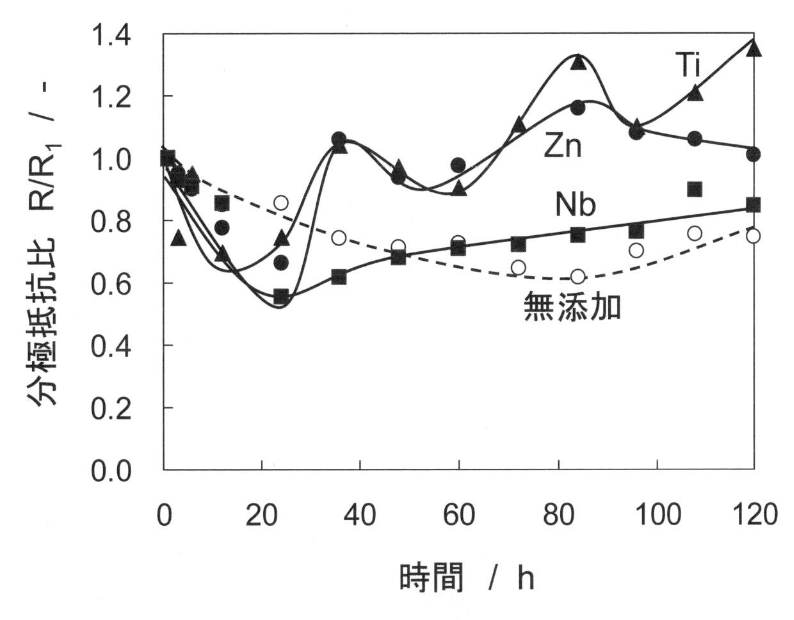

図7　分極抵抗比の経時変化

せた。

各種のフルオロカーボンを用いた化成皮膜の分極抵抗を測定したところ，末端基COFのフルオロカーボンで処理された化成皮膜が優れた耐食性を示すことがわかった。特に末端基COF（C2）のフルオロカーボンで処理された皮膜はりん酸処理皮膜の分極抵抗よりもはるかに大きく，クロメート処理皮膜とほぼ同等の値を示した。クロメート処理皮膜と同等のバリア性を示した末端基COF（C2）のフルオロカーボンの製膜条件（処理液濃度，化成処理時間，pH）について調べた結果，濃度2000 ppm，処理時間が120秒，pH 5でクロメート処理皮膜よりもバリア性に優れた皮膜が得られることがわかった。

次に末端基COF（C2）のフルオロカーボン皮膜の自己修復性の評価を行った。皮膜に欠陥を付与した後，試験液に浸漬させ，電気化学インピーダンス法による分極抵抗の測定を行った。比較のため，クロメート処理皮膜および亜鉛基材についても同様の試験を行った。試験の結果，末端基COF（C2）のフルオロカーボンについては5時間以降で分極抵抗の上昇が観察され，自己修復性を有していることが確認された（図8）。

欠陥を付与した試験片について7日間浸漬させた後に表面観察を行った。浸漬後の表面写真を図9に示す。末端基COF（C2）のフルオロカーボンの化成皮膜試験片は試験片全体に小さな腐食ピットが確認されたものの，欠陥部は大きくならなかった。クロメート処理した試験片および亜鉛基材は全体に白い腐食生成物が生成されていた。この結果より，末端基COF（C2）のフルオロカーボンによる皮膜は優れた自己修復性を有していることがわかった。

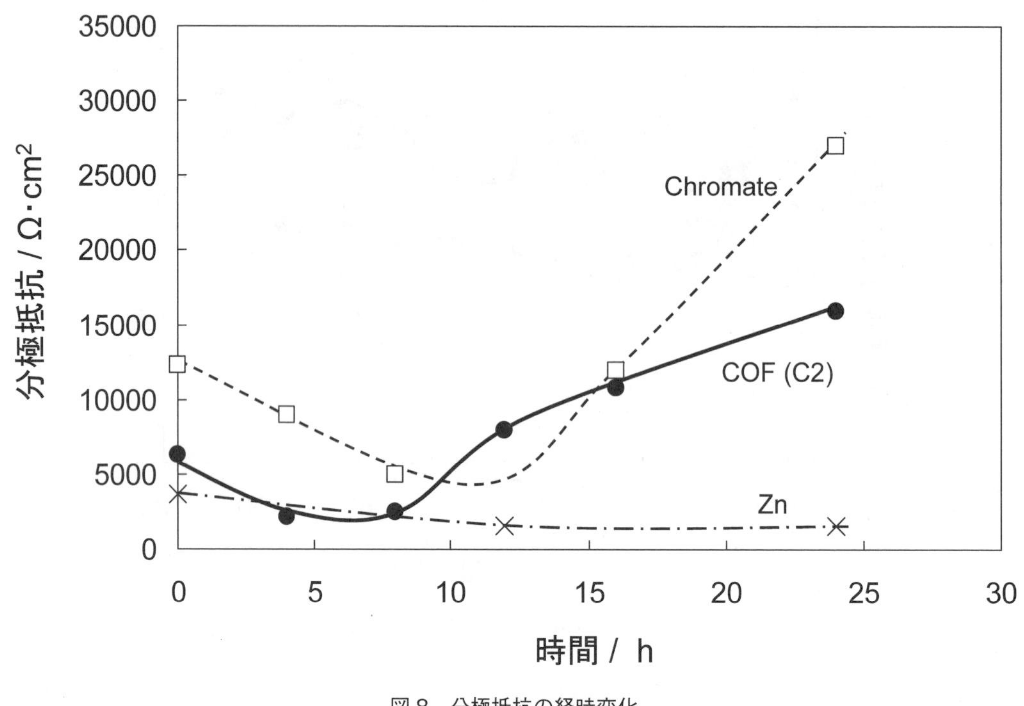

図８　分極抵抗の経時変化

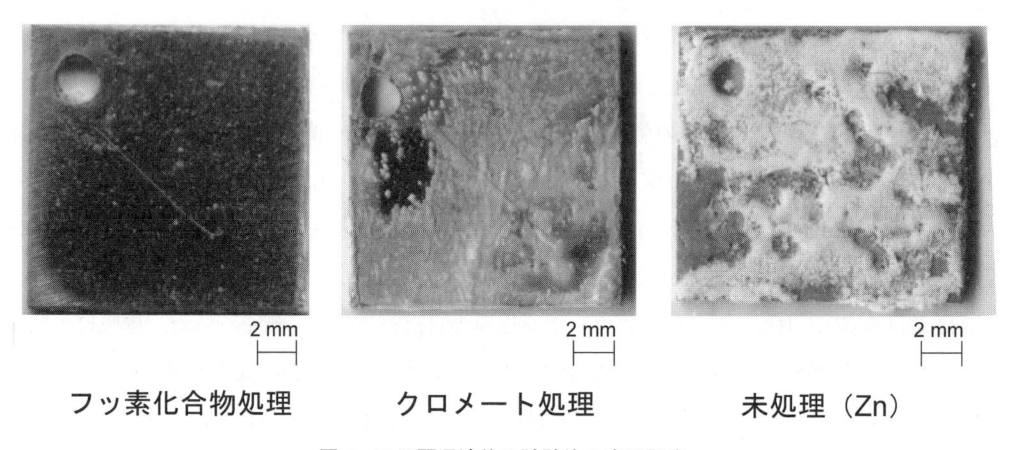

図９　７日間浸漬後の試験片の表面写真

4.3　無機微粒子と有機修復剤による自己修復コーティング[16)]

マグネシウムは実用金属中で最も軽量であり，研磨によって美しい金属光沢を得ることができるため，自動車のホイールやパソコン・携帯電話の筐体などに利用されている。マグネシウム合金表面に無機微粒子による膜を形成させ，それに有機修復剤を保持させ電気化学測定により自己修復性の評価を行った。

基材にはマグネシウム合金 AZ31（Mg 96.3%，Al 2.8%，Zn 0.81%）を用いた。試験片はエメリー紙で #2000 まで研磨した後に試験に用いた。無機微粒子はサブミクロンサイズのものを用いイオン交換水に分散させ，濃度を 1 wt%に調整した。有機修復剤はイオン交換水に溶解させ，濃度を 1 wt%に調整した後に用いた。ここでサブミクロンサイズの無機微粒子は修復剤を基材表面に保持する材料として，また有機修復剤はマグネシウム合金の修復剤として用いた。有機修復剤は pH 感受性のあるもの，すなわち pH によって凝集および分散状態へと変化するものを選定した（図 10）。

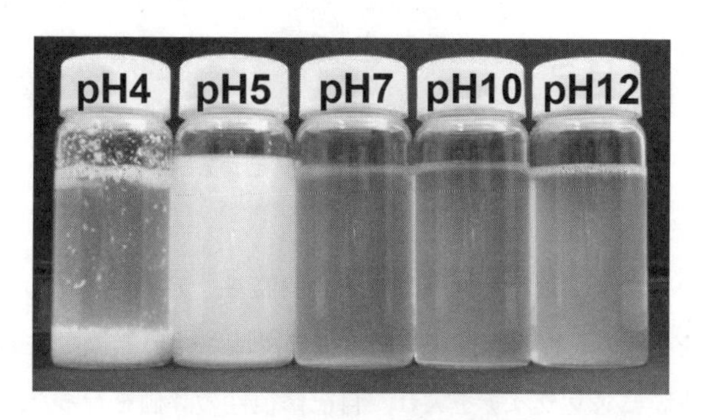

図 10　有機修復剤の分散状態

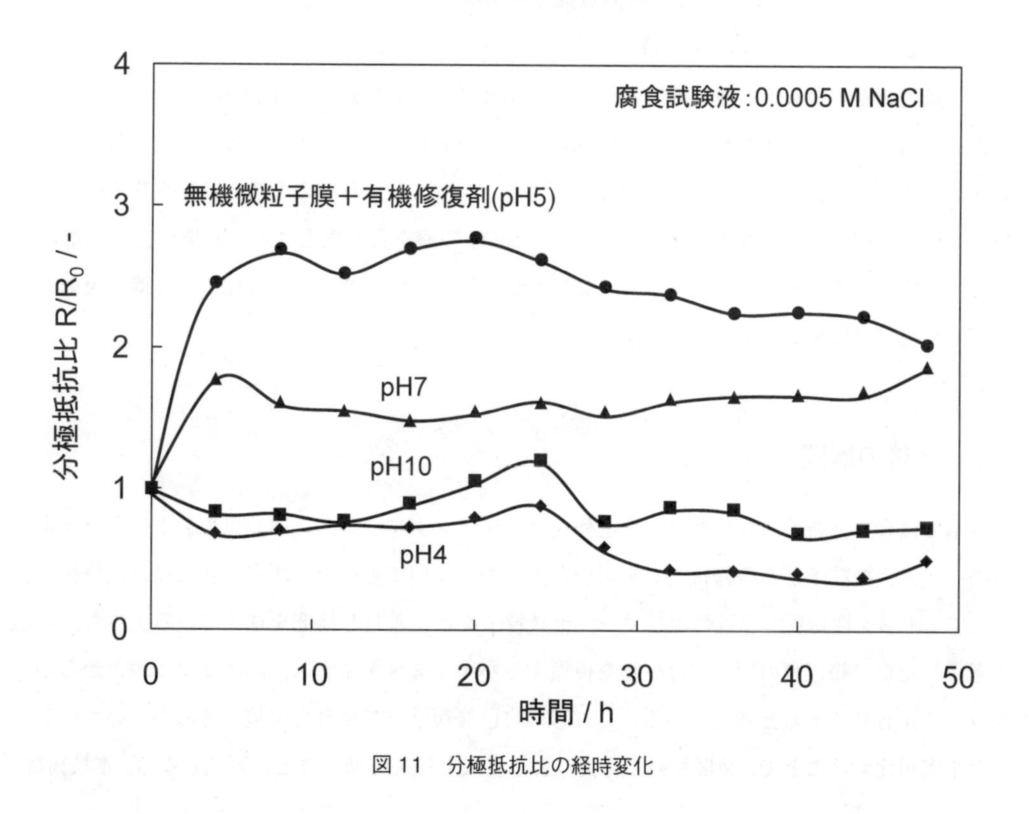

図 11　分極抵抗比の経時変化

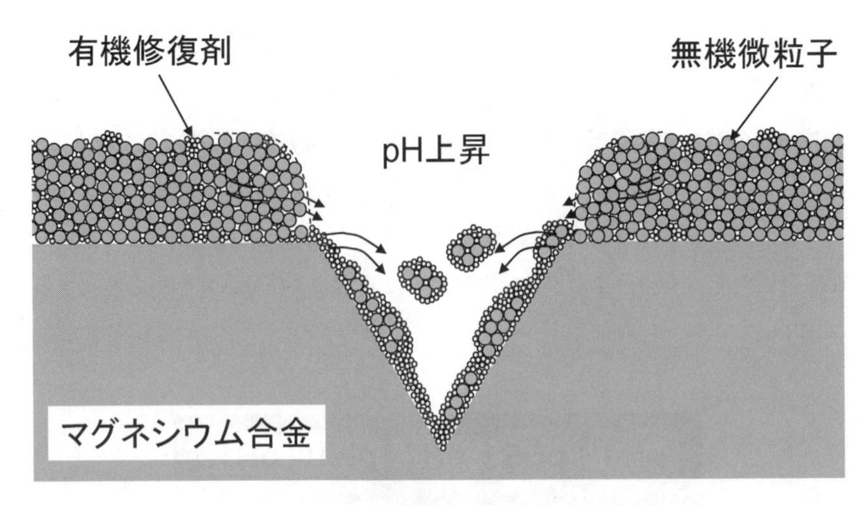

図12　自己修復メカニズム

研磨したマグネシウム合金試験片を無機微粒子分散液で，ディップコートを行い，空気中で焼成した。次に試験片をpHの異なる有機修復剤溶液に浸漬させ，無機微粒子膜に有機修復剤を保持させた。作製した皮膜にスクラッチを入れ，自己修復性の評価を行った。測定の結果，有機修復剤溶液のpHを5にした場合に5時間以降で分極抵抗の上昇が観察され，自己修復性を有する被膜を作製することができた（図11）。

自己修復メカニズムは次のように考えられる（図12）。腐食液中では腐食反応（カソード反応）によって，水酸化物イオンが発生し，欠陥部のpHが上昇する。一方，有機修復剤はpH上昇により凝集状態から分散状態へと変化する（図10）。これにより有機修復剤は無機微粒子膜から溶出し，欠陥部周辺で皮膜を形成する。さらに，SEM観察を行ったところ，有機修復剤の溶出とともに無機微粒子膜が傷部に入り込み，欠陥部が修復されており，無機微粒子と有機修復剤を用いた優れた自己修復コーティングが開発された。

5　今後の展開

本章では金属材料の防食に関わる自己修復コーティングについて，開発思想および「フッ素化合物」，「無機微粒子と有機修復剤」を用いた開発例について述べた。現在，新たな自己修復材料としてpH感受性物質，導電性ポリマー，ナノ粒子などに着目し研究を進めている。また，環境を考慮した自己修復膜の開発には生物を模倣するバイオミメティクス，バイオフィルムからのアプローチが有効であると考えている。これらの自己修復性能に優れた環境負荷の小さいコーティングを実用化することで，金属材料の腐食による多大な損失を防ぐことが可能となる。本技術は，産業界にとって非常に有用なものとなる。

文　　献

1) 防錆・防食技術総覧編集委員会，防錆・防食技術総覧，㈱産業技術サービスセンター，p.239-299 (2000)
2) 防錆・防食技術総覧編集委員会，防錆・防食技術総覧，㈱産業技術サービスセンター，p.300-303 (2000)
3) 防錆・防食技術総覧編集委員会，防錆・防食技術総覧，㈱産業技術サービスセンター，p.195-231 (2000)
4) 腐食防食協会編，"腐食・防食ハンドブック"，丸善，p.427，p.437 (2000)
5) G. S. Frankel, R. L. McCreery, *Interface*, **10**, No. 4, 34-38 (2001)
6) 腐食防食協会編，"腐食・防食ハンドブック"，丸善，p.430 (2000)
7) L. Xia, R. L. McCreery, *J. Electrochem. Soc.*, **145**, No.9, 3083-3089 (1998)
8) 須田 新，浅利満瀬，材料と環境，**46**, No.2, 95-102 (1997)
9) B. L. Hruley, R. L. McCreery, *J. Electrochem. Soc.*, **150**, No.8, B367-B373 (2003)
10) 真島英信，生理学，㈱文光堂，p301, p302, p311 (1989)
11) 防錆・防食技術総覧編集委員会，防錆・防食技術総覧，㈱産業技術サービスセンター，p.326 (2000)
12) A. J. Bard, L. R. Fraulkner, Electrochemical Method, p.86, John Wiley & Sons, New York (1980)
13) 逢坂哲弥ほか，電気化学法—基礎測定マニュアル，㈱講談社，p.157 (1989)
14) A. Yabuki, H. Yamagami, K. Noishiki, *Materials and Corrosion*, **58**, 497-501 (2007)
15) A. Yabuki, R. Kaneda, *Materials and Corrosion*, **60**, 444-449 (2009)
16) 酒井真理子，矢吹彰広，軽金属学会第113回秋季大会講演概要，119, 237-238 (2007)

第2章　ナノ粒子自己形成触媒の構造モデルの探索
—計算機マテリアルデザイン先端研究事例—

笠井秀明[*1]，岸　浩史[*2]

1　計算機マテリアルデザイン

21世紀に入り科学技術の進歩は目覚ましく，これまで未来絵巻として描かれていた新規デバイスや新規材料が次々と開発されている。その一方では，従来の手法では解決できないような問題も浮上してきている。ナノテクノロジーの発展は目を見張るばかりだが，新規デバイス開発がナノメートルオーダーやそれ以下の微細領域に及ぶにつれ，量子効果を考慮しなければならなくなっている。また，効率良く新規材料を開発するためには，計算機シミュレーションで予測してから実験を行う必要がある。このような状況において，今日，量子力学に基づき，実験に頼らない高信頼性シミュレーションが求められている。

これらの要望に応える計算手法である第一原理計算は，量子力学から導かれる密度汎関数理論[1,2]に基づいており，実験値等の経験的パラメータに頼らない物性予測が可能である。第一原理計算手法の開発と，最近の計算機性能の飛躍的な発展により，第一原理を根幹とした計算機マテリアルデザイン（Computational materials Design:CMD®）[3,4]が現実性を増しており，この計算機マテリアルデザインによる知的設計が産業へ応用展開されることが期待される。計算機マテリアルデザインによる先行特許出願についても，その戦力的重要性が高まるものとして期待される（2005年出版の「計算機マテリアルデザイン入門」より，文献3)。

5年を経過して，まさに，その通りだと実感している。この計算機マテリアルデザインについて説明しよう。図1には計算機マテリアルデザインエンジンを示す。先ず，望む物性をもつ候補となる物質を構築し，その構造に基づいて量子シミュレーションを行う（量子シミュレーション)。その結果からこの物質が持つ物性やその発現機構を定量的に評価する（物理機構の演繹)。そして，その定量的評価に基づいて，より望ましい物性を発現するであろう仮想物質を推論し（仮想物質の推論)，その仮想物質が望む物性をもつかどうかを検証するために再度量子シミュ

＊1　Hideaki Kasai　大阪大学　大学院工学研究科　精密科学・応用物理学専攻　教授
＊2　Hirofumi Kishi　大阪大学　大学院工学研究科　精密科学・応用物理学専攻　特任研究員

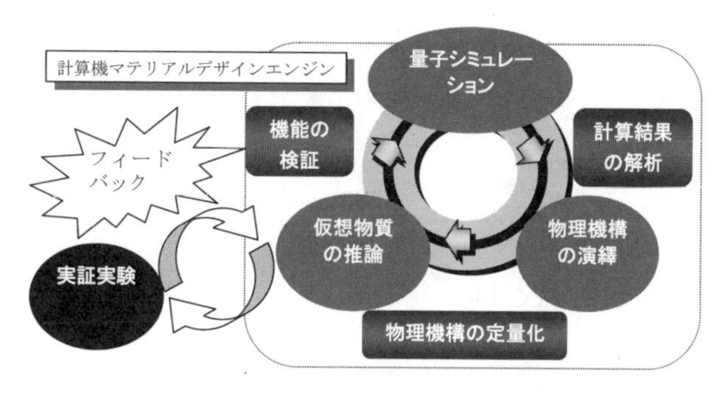

図1　計算機マテリアルデザインエンジンの概要図
計算機マテリアルデザインエンジンを構成する3つの主要部分（量子シミュレーション，物理機構の演繹，仮想物質の推論）と実証実験との相関性を示している。

レーションを行う。ここで望む物性が得られれば良し，望む物性が得られない場合は，不発現機構を演繹し，再度，リファイルして仮想物質を推論する。というように，これまでの処理を再帰的に行うことによってより望ましい物質に仮想物質を近づけていく。このような，量子シミュレーションに基盤をおく新規物質の研究開発は，研究開発当初から実際に物質を製造する実験的なアプローチに比べ，設備投資等のコストを計算コストに置き換えることができるといった点で優れていると考えられる。もちろん，計算機マテリアルデザインの解析結果を実験で実証する必要がある。そうすることで新物質・新デバイスが実現される。本稿では，計算機マテリアルデザイン先端研究事例として，元素戦略プロジェクトにおいて実施中のナノ粒子自己形成触媒の研究を取上げよう。次節では，元素戦略プロジェクトを紹介しよう。

2　元素戦略プロジェクト

元素戦略プロジェクト（プロジェクト名称：脱貴金属を目指すナノ粒子自己形成触媒の新規発掘[5]，代表者：西畑保雄博士 ㈱日本原子力研究開発機構 量子ビーム応用研究部門 放射光科学研究ユニット，研究主幹）は，平成19年7月に開始した。日本原子力研究開発機構・SPring-8，ダイハツ，北興化学，大阪大学が参画している。本プロジェクトでは産業界で広く利用されている自動車排出ガス浄化触媒や有機合成触媒中の貴金属の大幅削減，更には脱貴金属触媒の実用化を目指している。触媒活性種の構造，電子状態等を解析するため，新しい放射光その場観察法を確立し，大規模理論計算を組み合わせることにより，効率良く研究開発を推進しており，現在，5年間プロジェクトは折り返し点にある。大阪大学は，量子シミュレーションによる計算機マテリアルデザインを担当し，原子核と電子の世界から，ナノ粒子自己形成触媒[6]の長寿命メカニズムの解明につながる研究成果を挙げている。さらに，脱貴金属触媒のデザインを進めており，実験グループの検証と相俟って，有望な新規触媒の創製が現実味を帯びてきた。次節では，ナノ粒子自己形成触媒について紹介しよう。

3　ナノ粒子自己形成触媒とは

ガソリンを燃料とする自動車の排ガス中に含まれる有害物質は，主に炭化水素，一酸化炭素，窒素酸化物であるが，これらの排ガス中の有害成分を還元・酸化によって浄化するため，三元触媒が広く用いられている。この三元触媒により，炭化水素は水と二酸化炭素に，一酸化炭素は二酸化炭素に，窒素酸化物は窒素に，それぞれ酸化もしくは還元される。効率よく酸化・還元をするためには，ガソリンと空気が完全燃焼し，かつ，酸素の余らない理論空燃比であることが必要であり，このため排ガス中の酸素濃度を酸素センサー等により絶えず測定して，この情報を基に燃料噴射量等をコントロールしている。従来の三元触媒は，Rh，Pd，Pt などの貴金属を Al_2O_3 や CeO_2 等のセラミック担体に担持させ[7]，高い浄化活性を保たせていたが，この三元触媒を高温で使い続けると次第に貴金属の粒がくっついて大きくなり，浄化能力が落ちてしまうといった欠点を持っていた。貴金属の使用量を増やせば能力は保てるが，製造コストが増大してしまうことから使用量を低減する研究が多くなされている。

そこで，貴金属を増やさずに浄化能力を保つことのできる触媒として開発されたのがナノ粒子自己形成触媒である[8~15]。このナノ粒子自己形成触媒とは，ダイハツによって2002年に開発され，貴金属を金属イオンとして酸素イオンと結合させた結晶構造の一つであるペロブスカイト型結晶構造を持つ。この触媒では，触媒雰囲気が酸化環境下の場合に貴金属原子が金属イオンとして触媒結晶内に固溶し，還元環境下で金属ナノ粒子として析出する性質を持つ[16,17]。この固溶・析出のサイクルを繰り返すことで，貴金属粒子の過剰な凝集を抑制し，貴金属の使用量を低減する触媒を実現化したのである。この自己再生能力により，排ガス浄化性能もアップし，貴金属使用量もこれまでの30%まで削減可能となった。

大阪大学CMDグループは，文部科学省実施事業「元素戦略プロジェクト」において，このナノ粒子自己形成触媒を開発したダイハツ研究グループとの共同研究体制を整え，当該触媒の利点を更に推し進め，脱貴金属触媒の実用化に向けた知見を見出すことを目的とした研究を進めている。まず我々は第一原理計算を援用した理論的研究手法を駆使して，既存の貴金属複合ペロブスカイト型酸化物触媒が雰囲気環境の変動に機能的に応答して，ナノ粒子を自己形成する機構の解明を行ってきた[18~20]。そして明らかにした自己形成機構の要因から，新規ナノ粒子自己形成触媒を設計する指針を検討している。さらに見出した知見を応用し，新規ナノ粒子自己形成触媒を設計・合成し，実用化に結びつけることを目指している。次節では，解析結果に基づいて，固溶・析出によるナノ粒子自己形成触媒の構造変化について説明しよう。

4　固溶・析出によるナノ粒子自己形成触媒の構造変化

ナノ粒子自己形成触媒のメカニズムや機能の解明と脱貴金属触媒デザインを行うため，まず，既存の貴金属複合ペロブスカイト型酸化物：$La(Fe_{0.9}Pd_{0.1})O_3$[21]を対象として研究を始めた。対象とする触媒は，その置かれた環境，特に雰囲気ガス種に依存し組成や構造を変化させるため，環境雰囲気に依存した構造変化を解析する必要がある。

ペロブスカイト酸化物は，理想的には図2のようなABO_3といった組成の立方晶系の単位格子を持つ。ナノ粒子自己形成触媒は，Aサイト：La原子，Bサイト：Fe原子を基本構造として，Bサイトに約10%の割合でPd原子をドープした構造をもつ。このナノ粒子自己形成触媒の基本構造である$LaFeO_3$について，最も安定的な格子定数を評価したところ，3.86 Åといった計算結果を得た。これは実験値：3.932－3.970 Å[22]と比べ，2%程度の誤差といった精度で評価することが出来たことを示す。

この基礎データを基に，さらにBサイトにPd原子がドープされたナノ粒子自己形成触媒について解析した。計算手法としては，単位格子を大きく取るスーパーセル法を用いることでLa$(Fe_{1-x}Pd_x)O_3$の不純物問題に対応する手法をとった（図3参照）。この計算手法により，最も安定的な格子定数を評価したところ，格子定数：3.90 Åといった計算結果を得た。この安定構造を用い，貴金属原子および酸素原子の出入りに関するポテンシャルエネルギーを評価して，その酸

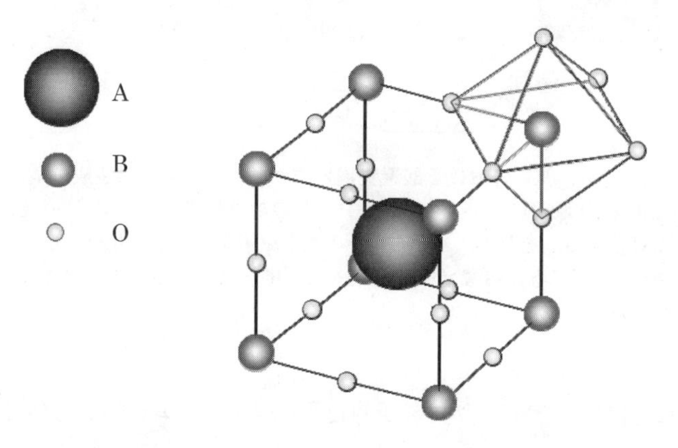

図2　理想的ペロブスカイト型構造
単位格子はAサイト原子×1，Bサイト原子×1，O原子×3で構成される。Aサイト原子，Bサイト原子は2価と4価の金属原子である。

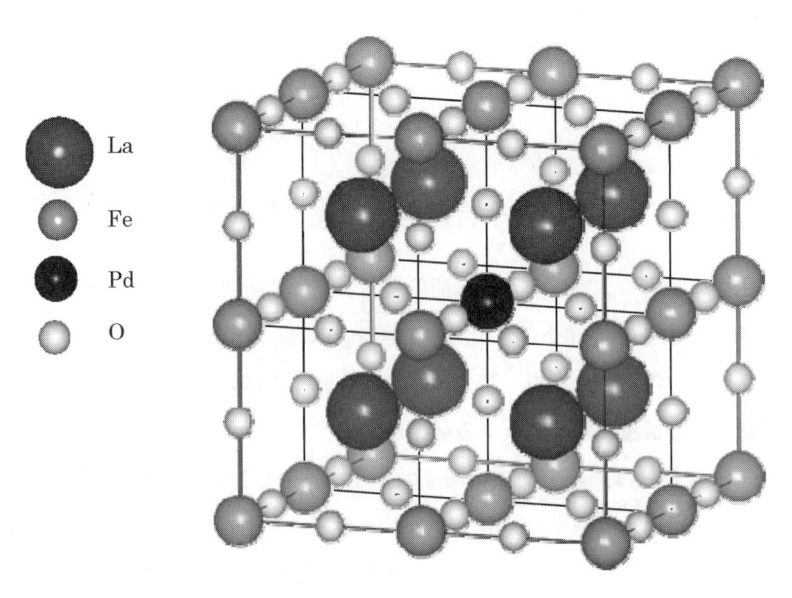

図3　La($Fe_{0.875}Pd_{0.125}$)O_3 の構造
単位格子を La 原子×8，Fe 原子×7，Pd 原子×1，O 原子×24で構成することにより，ペロブスカイト型 ABO_3 構造のBサイトに Fe 原子：87.5%，Pd 原子：12.5%といった比率で不純物を考慮した貴金属複合ペロブスカイト型酸化物の構造を再現した。立方晶の各体心に配置される La 原子は省略した。

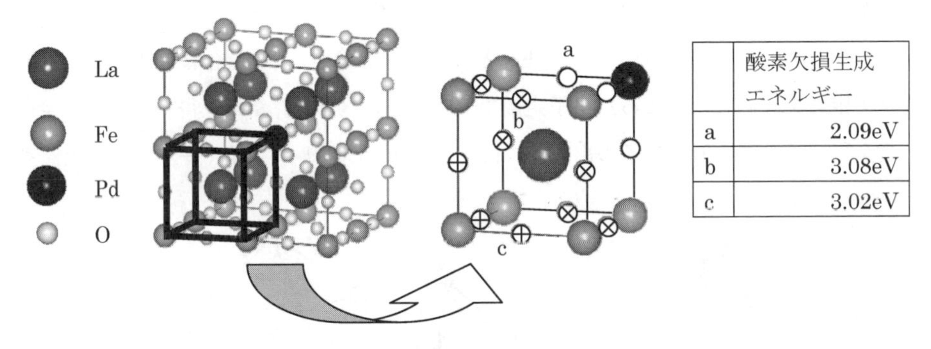

	酸素欠損生成エネルギー
a	2.09eV
b	3.08eV
c	3.02eV

図4　La($Fe_{0.875}Pd_{0.125}$)O_3 における酸素欠損生成サイトと酸素欠損生成エネルギーの比較
単位格子に含まれるO原子について，Pd 原子からの対称性を考慮するとa，b，cの3種類のO原子サイトが存在する。そこで，aサイトから酸素原子を除去した場合，bサイトから酸素原子を除去した場合，cサイトから酸素原子を除去した場合について，それぞれの酸素欠損生成エネルギーを比較した。

素と貴金属原子の相関関係を調べ，ナノ粒子自己形成メカニズムについて検討した。

図4に示す単位格子に含まれる3種類のO原子サイトにおける酸素欠損生成エネルギーを比較評価すると，aサイトから酸素欠損が生じやすいことがわかった。さらに，酸素欠損が増加した状態を評価するため，図4の単位格子のaサイトに酸素欠損が生じている構造からの酸素欠損

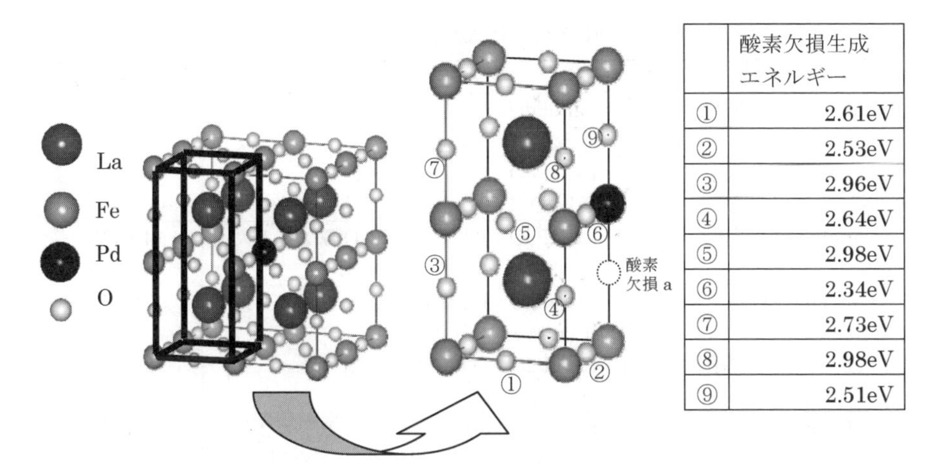

	酸素欠損生成エネルギー
①	2.61eV
②	2.53eV
③	2.96eV
④	2.64eV
⑤	2.98eV
⑥	2.34eV
⑦	2.73eV
⑧	2.98eV
⑨	2.51eV

図5　La$(Fe_{0.875}Pd_{0.125})O_3$［aサイト酸素欠損有］における酸素欠損生成サイトと酸素欠損生成エネルギーの比較
aサイトに酸素欠損を有する単位格子において，①～⑨サイトから酸素原子を除去した場合について，それぞれの酸素欠損生成エネルギーを比較した。

生成エネルギーを評価した。この結果，すでに酸素欠損が生じているaサイトの近傍であるサイトから酸素欠損が生じやすいことが判明した（図5参照）。この酸素欠損生成エネルギーの比較より，図3に示す単位格子において，Pd原子の近傍から酸素欠損が生成しやすいということが判った。

上記の計算結果から酸素欠損が増加した際の構造変化を考察することが可能となった。この構造変化をもとに，酸素欠損がない状態と酸素欠損が発生した状態のポテンシャルエネルギーの差を算出することで，酸素欠損に伴う状態の遷移に必要なエネルギーを評価した。また，Pd原子が触媒中に含まれている状態と，析出した状態のポテンシャルエネルギーを比較することでPd原子の析出に必要なエネルギーを評価できることから，酸素欠損の有無で場合分けし，Pd原子析出における定常状態の遷移に必要なエネルギーを評価した。計算結果を表1に示す。

この計算結果より，各プロセスともにPd原子やO_2分子を排出した状態がエネルギー的に高いことがわかった。触媒がおかれた環境下に変化が無ければ，ナノ粒子自己形成触媒にはPd原子が固溶している状態が安定的であり，Pd原子の析出は起こらないといえる。

一方，Pd原子固溶状態のナノ粒子自己形成触媒のおかれた環境が還元雰囲気に変化した場合について考察する。還元雰囲気下では，O_2分子の供給が少ないため，H_2分子，CH_4分子，C_2H_6分子のような水素もしくは炭化水素ガスが気相中に存在し，これらの気体が還元剤として働くことが知られている。この還元剤としての反応が起こる際に，燃焼エネルギーが生じる。例えばH_2分子，CH_4分子，C_2H_6分子がO_2分子と反応した際には，それぞれ2.94eV，2.30eV，2.30eV

表１　Pd 原子析出を伴う状態遷移におけるエネルギー変化

反応前	反応後	エネルギー差
LaFePdO：欠損無	LaFePdO：Pd 原子×１欠損 ＋Pd 原子	+1.66eV
LaFePdO：欠損無	LaFePdO：O 原子×１欠損 ＋1/2O_2 分子	+2.09eV
LaFePdO：欠損無	LaFePdO：Pd 原子×１，O 原子×１欠損 ＋Pd 原子＋1/2O_2 分子	+4.95eV
LaFePdO：O 原子×１欠損	LaFePdO：Pd 原子×１，O 原子×１欠損 ＋Pd 原子	+2.86eV
LaFePdO：O 原子×１欠損	LaFePdO：O 原子×２欠損 ＋1/2O_2 分子	+2.34eV
LaFePdO：O 原子×１欠損	LaFePdO：Pd 原子×１，O 原子×２欠損 ＋Pd 原子＋1/2O_2 分子	+5.28eV

LaFePdO＝$La(Fe_{0.875}Pd_{0.125})O_3$ を表す。正の値で示されたエネルギー差は反応前の方が，反応後よりもエネルギー的に安定であることを示す。

の燃焼エネルギーを発する[23,24]。仮に水素もしくは炭化水素ガスがナノ粒子自己形成触媒を構成している O 原子と反応し，燃焼エネルギーを発すると考えると，表１に挙げられた反応過程のうち，O_2 分子を生成している反応過程において，この燃焼エネルギーは反応を促進する働きをもつと考えられる。

さらに表１に挙げられた反応過程においては，Pd は１原子として析出していると仮定した解析結果であるが，実際には Pd 原子が析出した際には既に析出した Pd 原子と凝集するため，凝集エネルギーが得られると考えられる。この凝集エネルギーについて Pd の二原子分子では 0.65eV，バルクの Pd では 3.89cV[25] と凝集される Pd の含有原子数に大きく依存することが判っている。この凝集エネルギーも反応後の Pd 原子が析出した状態を安定化させる働きがあるため，Pd 原子の析出反応を促進すると考えられる。

上記の燃焼エネルギー及び凝集エネルギーを考慮したエネルギー変化を表２に示す。この計算結果より，各プロセスともに Pd 原子や O_2 分子を排出した状態がエネルギー的に低いことがわかった。触媒のおかれた環境が還元雰囲気に変化すれば，ナノ粒子自己形成触媒は Pd 原子が析出している状態が安定的であるといえる。

表１，及び表２に示した計算結果により，Pd 原子の凝集エネルギーと気相中に存在する水素や炭化水素ガスの燃焼エネルギーを考慮することにより，固溶・析出のサイクルで安定性が反転することがわかった。この安定性の反転が，酸化雰囲気・還元雰囲気下において Pd 原子の固溶・析出を引き起こす要因であると考えられる。このような解析を経て，貴金属代替材料の知的設計が可能となる。次節，次々節でその辺りを説明しよう。

表2　還元環境下におけるPd原子析出を伴う状態遷移におけるエネルギー変化

反応前	反応後	エネルギー差
LaFePdO：欠損無	LaFePdO：Pd原子×1欠損 ＋Pd原子	−2.23eV
LaFePdO：欠損無	LaFePdO：O原子×1欠損 ＋1/2O_2分子	−0.85eV
LaFePdO：欠損無	LaFePdO：Pd原子×1，O原子×1欠損 ＋Pd原子＋1/2O_2分子	−1.88eV
LaFePdO：O原子×1欠損	LaFePdO：Pd原子×1，O原子×1欠損 ＋Pd原子	−1.03eV
LaFePdO：O原子×1欠損	LaFePdO：O原子×2欠損 ＋1/2O_2分子	−0.60eV
LaFePdO：O原子×1欠損	LaFePdO：Pd原子×1，O原子×2欠損 ＋Pd原子＋1/2O_2分子	−1.55eV

負の値で示されたエネルギー差は反応後の方が，反応前よりもエネルギー的に安定であることを示す。燃焼エネルギーとしてH_2分子が燃焼した際の値：2.94eVを採用し，凝集エネルギーとしてバルクの値：3.89eVを採用した。

5　貴金属代替材料を見出すためのスクリーニング―固溶・析出に伴う安定性変化の比較―

前節の解析により，ナノ粒子自己形成触媒の固溶・析出状態を繰り返す要因のひとつに，置かれた環境とくに雰囲気ガス種への依存性が挙げられることがわかった。本節では，Pdに代わり固溶・析出することが可能な金属活性種を検討する。Pd原子の場合と同様，酸素欠損が増加した際の，構造変化を解析し，この構造変化をもとに酸素欠損がない状態と酸素欠損が発生した状態のポテンシャルエネルギーの差を算出することで，酸素欠損に伴う状態の遷移に必要なエネルギーを評価した。また，金属原子が触媒中に含まれている状態と，析出した状態のポテンシャルエネルギーを比較することで金属原子の析出に必要なエネルギーを評価できることから，酸素欠損の有無で場合分けし，金属原子析出における定常状態の遷移に必要なエネルギーを評価した。計算結果を表3に示す。

この計算結果より，活性種としてCuを選択したプロセスでは，Cu原子の凝集エネルギーと気相中に存在する水素や炭化水素ガスの燃焼エネルギーを考慮することにより固溶・析出のサイクルで安定性が反転することがわかった。一方，CoやNiでは凝集エネルギーと気相中に存在する水素や炭化水素ガスの燃焼エネルギーを考慮しても固溶・析出のサイクルで安定性が反転しないことがわかった。

Cu，Co，Ni以外の遷移金属原子についても上記の評価を進めているが，これまでのところ，Cuが有望である。固溶・析出反応を示す活性種としてPdの代替材料の候補となるのはCuであ

表３　還元環境下における遷移金属原子析出を伴う状態遷移におけるエネルギー変化

反応前	反応後	エネルギー差 ΔE_a	エネルギー差 ΔE_b
LaFeCuO：欠損無	LaFeCuO：Cu 原子×１欠損 ＋Cu 原子	+3.31eV	－0.18eV
LaFeCuO：欠損無	LaFeCuO：O 原子×１欠損 ＋$1/2O_2$ 分子	+2.93eV	－0.01eV
LaFeCuO：欠損無	LaFeCuO：Cu 原子×１，O 原子×１欠損 ＋Cu 原子＋$1/2O_2$ 分子	+6.60eV	+0.17eV
LaFeCuO：O 原子×１欠損	LaFeCuO：Cu 原子×１，O 原子×１欠損 ＋Cu 原子	+3.67eV	+0.18eV
LaFeCuO：O 原子×１欠損	LaFeCuO：O 原子×２欠損 ＋$1/2O_2$ 分子	+2.83eV	－0.11eV
LaFeCuO：O 原子×１欠損	LaFeCuO：Cu 原子×１，O 原子×２欠損 ＋Cu 原子＋$1/2O_2$ 分子	+6.09eV	－0.34eV
LaFeCoO：欠損無	LaFeCoO：Co 原子×１欠損 ＋Co 原子	+6.06eV	+1.67eV
LaFeCoO：欠損無	LaFeCoO：O 原子×１欠損 ＋$1/2O_2$ 分子	+3.43eV	+0.49eV
LaFeCoO：欠損無	LaFeCoO：Co 原子×１，O 原子×１欠損 ＋Co 原子＋$1/2O_2$ 分子	+9.35eV	+2.02eV
LaFeCoO：O 原子×１欠損	LaFeCoO：Co 原子×１，O 原子×１欠損 ＋Co 原子	+5.92eV	+1.53eV
LaFeCoO：O 原子×１欠損	LaFeCoO：O 原子×２欠損 ＋$1/2O_2$ 分子	+3.44eV	+0.50eV
LaFeCoO：O 原子×１欠損	LaFeCoO：Co 原子×１，O 原子×２欠損 ＋Co 原子＋$1/2O_2$ 分子	+8.34eV	+1.01eV
LaFeNiO：欠損無	LaFeNiO：Ni 原子×１欠損 ＋Ni 原子	+5.09eV	+0.65eV
LaFeNiO：欠損無	LaFeNiO：O 原子×１欠損 ＋$1/2O_2$ 分子	+3.03eV	+0.09eV
LaFeNiO：欠損無	LaFeNiO：Ni 原子×１，O 原子×１欠損 ＋Ni 原子＋$1/2O_2$ 分子	+8.39eV	+1.01eV
LaFeNiO：O 原子×１欠損	LaFeNiO：Ni 原子×１，O 原子×１欠損 ＋Ni 原子	+5.35eV	+0.91eV
LaFeNiO：O 原子×１欠損	LaFeNiO：O 原子×２欠損 ＋$1/2O_2$ 分子	+3.17eV	+0.23eV
LaFeNiO：O 原子×１欠損	LaFeNiO：Ni 原子×１，O 原子×２欠損 ＋Ni 原子＋$1/2O_2$ 分子	+7.77eV	+0.39eV

LaFeCuO＝$La(Fe_{0.875}Cu_{0.125})O_3$，LaFeCoO＝$La(Fe_{0.875}Co_{0.125})O_3$，LaFeNiO＝$La(Fe_{0.875}Ni_{0.125})O_3$ を表す。各活性種金属原子の得られる凝集エネルギーとしてバルクの値[25]を採用し，燃焼エネルギーとして H_2 分子が燃焼した際の値を採用して，活性種金属原子の析出を伴う状態遷移におけるエネルギー変化を評価した。ΔE_a は凝集エネルギー及び水素の燃焼エネルギーを考慮しない場合のエネルギー差を示し，ΔE_b は凝集エネルギー及び水素の燃焼エネルギーを考慮した場合のエネルギー差を示す。

ると推察することができる。このスクリーニングにより，新たなナノ粒子自己形成触媒構造の指針を見いだせたといえる。

6　ナノ粒子自己形成触媒による脱貴金属の実現に向けて— NO_x 還元活性の向上—

前節のスクリーニングで見出した新規触媒構造は元素戦略プロジェクトの中で，大阪大学CMDグループから提案され，共同参画機関である日本原子力機構，ダイハツ工業，北興化学工業で構成される実験グループにより固溶・析出反応が検証され，有望な新規触媒であることが実証されつつある。このように，本プロジェクトでの新規触媒の創製が現実味を帯びてきている。今後の課題としては，当該ナノ粒子自己形成触媒を基礎とし，さらに応用を進めることで触媒活性，特に NO_x 還元反応の活性を高めることが重要である。

この NO_x 還元活性を支配する要因を見出し，その指針に基づいて触媒構造の発展を検討する必要がある。そこで大阪大学CMDグループではRh，Pd，Ptの NO_x 還元活性の違いに着目して，NO_x 還元活性を支配する要因を見出すことを試みた。

自動車排ガス触媒として，Rh，Pd，Ptは多く使われている金属活性種である。この中で NO_x 還元活性のみに注目するとRhはPd，Ptに比べて活性が高いことが知られている[26]。そこで触媒の設計指針を検討するため，金属活性種の表面上における排ガス分子の挙動について解析を進めた。対象としてはNO分子の還元プロセスに重点をおき，金属活性種の表面上における排ガス分子の挙動について評価した。まず，Rh，Pd，Pt（111）表面におけるNO分子の吸着構造[27〜30]について，比較検討した[31]。その結果を表4に示す。

表4　各金属表面におけるNO分子の吸着エネルギーの比較

	分子状吸着	解離吸着
Rh(111) 表面	1.97eV	2.19eV
Pd(111) 表面	1.71eV	0.74eV
Pt(111) 表面	1.26eV	0.41eV

Rh(111) 表面，Pd(111) 表面，Pt(111) 表面におけるNO分子の分子状吸着エネルギー，および解離吸着エネルギーを比較した。分子状吸着エネルギーは，(111) 表面のトップサイト，ブリッジサイト，fccホローサイト，hcpホローサイトの4種類のサイトに吸着した構造について評価し，最も安定的な吸着サイトにおける吸着エネルギーを示した。解離吸着エネルギーも同様にN原子，O原子それぞれ4種類のサイトに吸着した構造（例　N原子：fccホローサイト，O原子：hcpホローサイト）について評価し，最も安定的な吸着サイトにおける吸着エネルギーを示した。

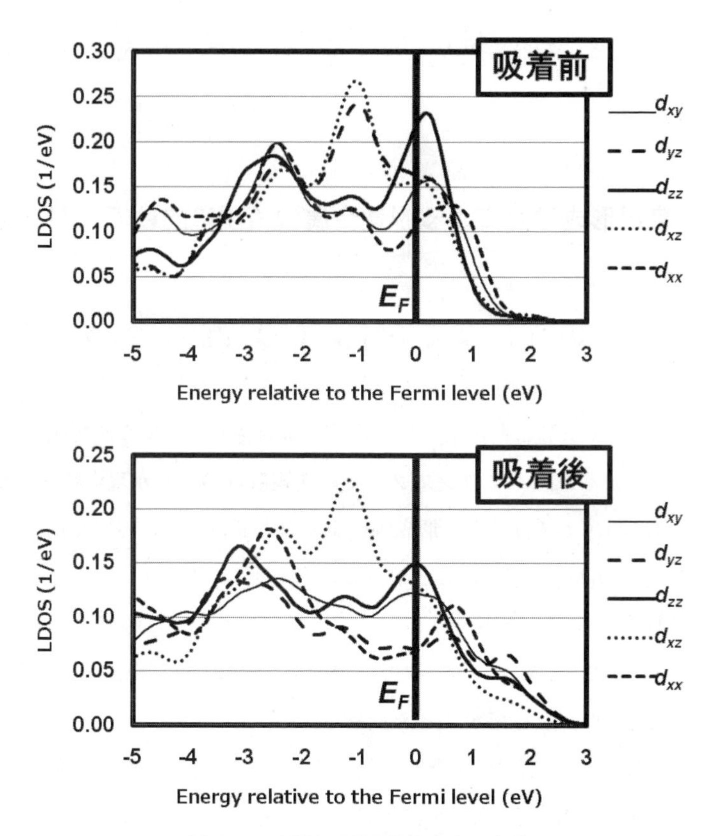

図6　Rh原子の電子状態密度の変化
Rh(111) 表面に解離吸着したNO分子，特にN原子が吸着した近傍のRh原子の電子状態密度（d軌道）の変化を示す。

各金属表面におけるNO分子の吸着エネルギーを比較した結果，NO還元性の高い金属活性種表面（Rh表面）では，NO分子が分子状吸着するよりも解離吸着した構造が安定的であることが判った。この原因を解明するため，これらの金属表面において，NO分子の解離吸着前と解離吸着後の電子状態の比較検討を行った。その結果，NO分子が解離吸着しやすいRh表面においては d_{zz} 軌道が非占有軌道から占有軌道に変化していることが判った（図6参照）。また d_{yz} 軌道においても吸着前と吸着後で大きく変化していることが判った。これらの解析結果から，NO分子の解離吸着には，表面金属の d_{zz} 軌道および d_{yz} 軌道が強く関与していることが推察される。

さらに，CO分子など，NO分子を還元させる働きを持つ分子の挙動を解析するため，Rh表面を対象として，NO分子から N_2 分子までの還元プロセスを解析評価した。その結果，NO分子が解離吸着した後，その近傍においてNO分子が分子状吸着する反応が活性化障壁なくスムーズに進むことがわかった。この構造に対して，還元剤であるCO分子は，酸素原子を取り除くだけでなく，N原子を表面拡散させ，N原子同士の会合を促す働きがあることがわかった（図7）[32]。

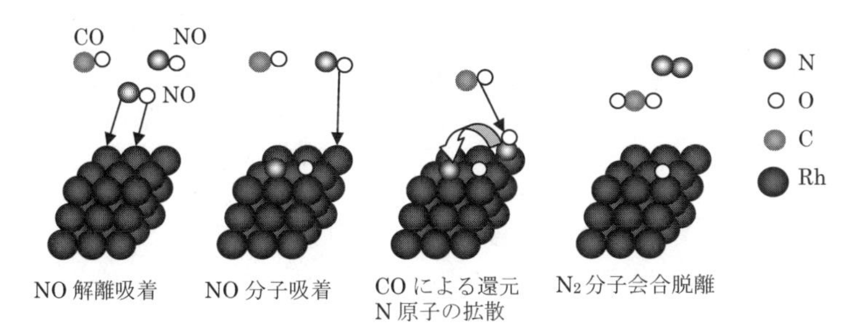

図7　Rh 表面における NO 還元プロセス
Rh(111) 表面では，まず NO 分子が解離吸着する。次にその近傍において NO 分子が分子状吸着する。その分子状吸着した NO 分子に CO 分子等の還元作用を持つ分子が飛来し，NO 分子を還元して N_2 分子が会合脱離する。

Rh 表面における NO 分子の還元プロセスも踏まえ，Rh，Pd，Pt 表面と NO 分子との相互作用の違いについて考察すると，還元プロセスの初期段階において NO 分子が吸着する際に，分子状吸着構造よりも解離吸着構造の方が安定的であるといった特徴が Rh 表面の NO_x 還元活性の高さの要因のひとつであると推察することができる。この NO 分子の解離吸着特性を NO_x 還元活性の高い触媒構造を設計する上での指標のひとつとして，NO_x 還元活性の高いナノ粒子自己形成触媒を開発していく予定である。

7　総括

元素戦略プロジェクト（プロジェクト名称：脱貴金属を目指すナノ粒子自己形成触媒の新規発掘）において，ナノ粒子自己形成触媒をもとに，更なる自動車排ガス触媒の発展を目指して研究を進めている。主に「活性種金属の固溶・析出に望ましい触媒構造の探索」と「NO_x 還元に望ましい活性種の探索」といった2つの観点に着目してナノ粒子自己形成触媒を開発しており，前者においては Cu といった貴金属代替材料を見出すまでに至っている。今後，Rh，Pd，Pt 表面の比較解析によって得られた NO_x 還元活性の要因を足がかりに，NO_x 還元活性の高い触媒を実現することで，ナノ粒子自己形成触媒技術の普遍的発展につながることを目標に，プロジェクトを進めたい。

ここでは，紙面の都合があり，大阪大学（森川，草部，笠井の3グループ）の本プロジェクトでの研究成果の中から，笠井グループの研究成果（触媒のおかれた雰囲気の変化による触媒の構造変化等）を中心に紹介させていただいた。森川，草部グループの研究成果については，別の機会に譲りたい。

謝辞

本研究内容は，日本原子力研究開発機構・SPring-8，ダイハツ工業，北興化学工業，大阪大学が共同参画している文部科学省実施事業・科学技術振興費「元素戦略プロジェクト（脱貴金属を目指すナノ粒子自己形成触媒の新規発掘）」による支援のもと，得られた研究成果の一部である。

また，大阪大学大学院工学研究科，精密科学・応用物理学専攻，中西寛助教にはナノ粒子自己形成触媒のメカニズム解明に向けた，計算やデータ解析の実施において，協力をお願いしている。ここに明記し，感謝の意を表する。

文　献

1) P. Hohenberg and W. Kohn, *Phys. Rev.* **136** (1964) B864.
2) W. Kohn and L. J. Sham, *Phys. Rev.* **140** (1965) A1133.
3) 笠井秀明，赤井久純，吉田博（編），「計算機マテリアルデザイン入門」，大阪大学出版会，2005年
4) 笠井秀明，津田宗幸，「固体高分子形燃料電池要素材料・水素貯蔵材料の知的設計」，大阪大学出版会，2008年
5) 「元素戦略プロジェクト（脱貴金属を目指すナノ粒子自己形成触媒の新規発掘）」 http://www.dyn.ap.eng.osaka-u.ac.jp/web/gensosenryaku/
6) Y. Nishihata, J. Mizuki, T. Akao, H. Tanaka, M. Uenishi, M. Kimura, T. Okamoto and N. Hamada, *Nature*, **418** (2002) 164.
7) T. Taniike, M. Tada, Y. Morikawa, T. Sasaki, and Y. Iwasawa, *J. Phys. Chem. B*, **110** (2006) 4929.
8) H. Tanaka, I. Tan, M. Uenishi, M. Kimura and K. Dohmae, *Topics in Catalysis*, **16** (2002) 63.
9) H. Tanaka, N. Mizuno and M. Misono, *Applied Catalysis A: General*, **244** (2003) 371.
10) T. Akao, Y. Azuma, M. Usuda, Y. Nishihata, J. Mizuki, N. Hamada, N. Hayashi, T. Terashima and M. Takano, *Phys. Rev. Lett.*, **91** (2003) 156405.
11) H. Tanaka, M. Taniguchi, N. Kajita, M. Uenishi, I. Tan, N. Sato, K. Narita and M. Kimura, *Topics in Catalysis*, **30** (2004) 389.
12) I. Tan, H. Tanaka, M. Uenishi, K. Kaneko and S. Mitachi, *J. Ceram. Soc. Japan*, **113** (2005) 71.
13) S. Lohmann, S. P. Andrews, B. J. Burke, M. D. Smith, J. P. Attfield, H. Tanaka, K. Kaneko and S. V. Ley, *Synlett*, **8** (2005) 1291.
14) M. Uenishi, M. Taniguchi, H. Tanaka, M. Kimura, Y. Nishihata, J. Mizuki and T. Kobayashi, *Applied Catalysis B: Environmental*, **57** (2005) 267.
15) M. Taniguchi, I. Tan, Y. Sakamoto, S. Matsunaga, K. Yokota and T. Kobayashi, *Applied Catalysis A: General*, **296** (2005) 114.

16) Y. Nishihata, J. Mizuki, H. Tanaka, M. Uenishi and M. Kimura, *J. Phys. Chem. Solids*, **66** (2005) 274.
17) H. Tanaka, I. Tan, M. Uenishi, M. Taniguchi, M. Kimura, Y. Nishihata and J. Mizuki, *Journal of Alloys and Compound*, **408**-12 (2006) 1071.
18) 笠井秀明，岸浩史，中西寛，谷口昌司，上西真里，田中裕久，西畑保雄，水木純一郎，第55回応用物理学関係連合講演会予稿集（2008）.
19) H. Kishi, M. Y. David, H. Nakanishi and H. Kasai, Nanoscience and Nanotechnology International Symposium-From Nano-structure to Nano-functionality- (2009).
20) 岸浩史，中西寛，笠井秀明，第56回応用物理学関係連合講演会予稿集（2008）.
21) 水木 純一郎，表面科学，**27** (2006) 291.
22) Jostein K. Grepstad, Yayoi Takamura, Andreas Scholl, Ingebrigt Hole, Yuri Suzuki and Thomas Tybell, *Thin Solid Films*, **486** (2005) 108.
23) 「身の回りの化学　燃焼の化学」
http://www3.u-toyama.ac.jp/kihara/chem/fire/combustion_heat.html
24) 「物理定数・数学公式・単位変換など」
http://homepage3.nifty.com/mnakayama/research/memo/memo.htm
25) チャールズ キッテル（著），Charles Kittel (原著)，宇野良清（翻訳），新関駒二郎（翻訳），山下次郎 (翻訳)，津屋昇 (翻訳)，森田章 (翻訳)，「キッテル 固体物理学入門 第8版〈上〉」，丸善，2005年
26) W. Mannstadt and A. J. Freeman, *Physical Review B*, **55** (1997) 13298.
27) M. Mizuno, H. Kasai and A. Okiji, *Surf. Sci.*, **275** (1992) 290.
28) H. Kasai, S. Enomoto and A. Okiji, *J. Phys. Soc. Jpn.*, **57** (1988) 2249.
29) H. Kasai, S. Enomoto and A. Okiji, *J. Phys. Soc. Jpn.*, **55** (1986) 2508.
30) H. Kasai, W. Brenig and H. Muller, *Z. Phys. B*, **60** (1985) 489.
31) 岸浩史，中西寛，笠井秀明，第70回応用物理学会学術講演会予稿集（2008）.
32) 岸浩史，国方伸一，中西寛，笠井秀明，大阪大学サイバーメディアセンター平成21年度スーパーコンピュータシンポジウム SS2009 稿集（2009）.

第Ⅱ編
自己修復材料の実応用化・商品化の事例

事例1　自動車ボディーへの自己修復塗装の適用

山本祥三*

1　まえがき

本稿では，自己修復材料の商品化の事例として，「傷が付き難く，又，ある程度の擦り傷であれば時間の経過とともに復元する」とのコンセプトで開発を行い，2005年12月に市場投入した「耐擦り傷クリアコート」（スクラッチシールド）について概説する。

2　自動車ボディー塗装

一般的に，自動車ボディー塗装は，複層で構成されている。たかだか0.1mmの厚さながら，各層が有機的に機能を分担し合い，鮮やかな意匠の醸成とボディーの防護を果たしている（図1）。

中でも，最表層のクリアコートは，一声10年の長期に渡り，光・熱・水の3大負荷を始めとして，大気汚染物質や石跳ねなど，物理的・化学的に多種多様な負荷から下層を護ると言う，極めて過酷な責務を担っている。

自動車用クリアコートを組成物から俯瞰すると，代表的なものとしては，最も広く適用されている「1液型アクリルメラミン塗装」，1990年代半ばに北米酸性雨対策として登場した「1液型酸エポキシ塗装」，特に樹脂小物部品で適用の多い「2液混合型アクリルウレタン塗装」などが挙げられる（図2）。

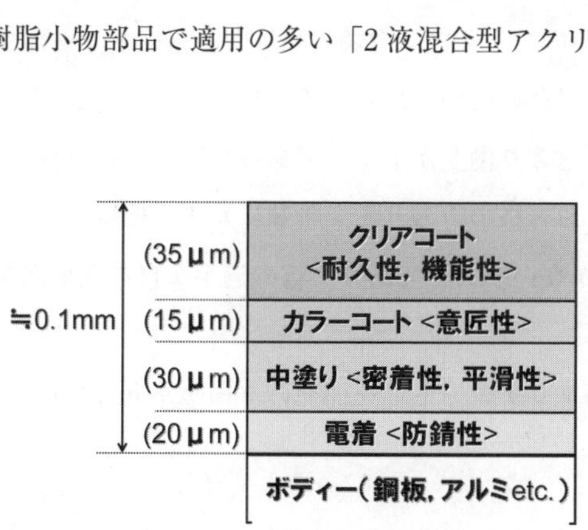

	膜厚	層
≒0.1mm	(35μm)	クリアコート <耐久性，機能性>
	(15μm)	カラーコート <意匠性>
	(30μm)	中塗り <密着性，平滑性>
	(20μm)	電着 <防錆性>
		ボディー（鋼板，アルミetc.）

図1　一般的な自動車塗膜の構成

*　Shozo Yamamoto　日産自動車㈱　車体技術開発部　塗装・防錆開発グループ　主管

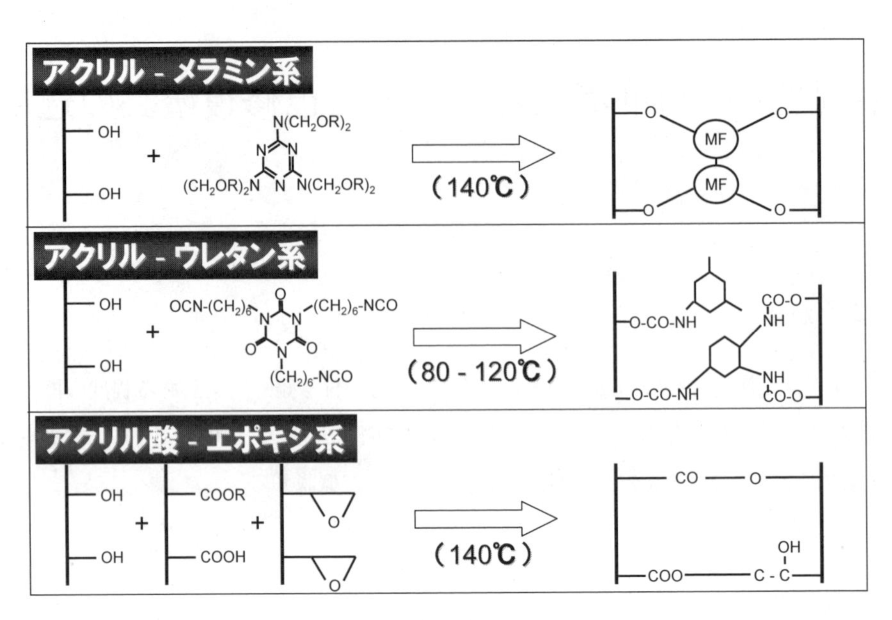

図２　代表的な自動車用クリアコート

3　開発の背景

当社では，1980 年代後半から，前述の１液型塗装に撥水機能を付与した「フッ素塗装」をオプション設定してきたが，機能性商品としての一つの使命を全うしたものと判断し，後継商品の開発に着手した。

開発コンセプトの策定にあたり，お客様のニーズを把握する為，日米のターゲットパネラを対象に，予め用意をした６つのコンセプト塗装（高外観，超撥水，耐擦り傷，高耐久，耐剥がれ，防汚）に対する，購買意欲（買いたいと思われるか）とバリュ（幾らなら払って頂けるか）を伺った結果は，日米ともに，「耐擦り傷」がトップであった。又，新車販売時のアンケート調査では，「車両外観」に寄せられたお客様の声のうち，塗装に対する期待コメントが約 1/4 を占めており，期待のトップが「傷が付かない」ことであり，傷の過半が自動洗車機などによる擦り傷であることが判明した。

以上を基に，「耐擦り傷クリアコート」を開発のターゲットとした。

4　塗膜設計

従来より，塗膜の硬質化や軟質化によって耐擦り傷性を向上させる試みが為されているが，硬質化は，内部応力の増大や他層塗膜との線膨張係数の差異が，割れや剥がれを誘引し易く，軟質化は，汚染物質の侵入や分散を助長し，耐汚染性の低下を誘引し易い。高い耐擦り傷性と塗膜の耐久性を，高次に両立させる為には，柔軟（耐擦り傷性）かつ強靭（耐久性）な塗膜構造が必要である。

自動洗車機にかけた通常塗膜の表面をミクロに観察した結果，洗車傷には，塗膜が鋭くえぐられた痕の様に見える「破断傷」と，円柱を押し当てた痕の様に見える「凹み傷」の2つの形態があることが確認された。

この観察結果を，塗膜の引張り試験特性から考察し，洗車中に発生する大小さまざまな負荷のうち，破断強度を超える負荷に対して「破断傷」が，又，破断強度には至らぬが弾性限を超える負荷に対しても「凹み傷」が残存するものと仮定し，破断強度，弾性限（破断伸びで代用）ともに増大させる様な塗膜構造を志向した（図3）。

これらを，塗膜の粘弾性パラメータを用いて表現すると，以下に示す4つのパラメータ全てが大きな数値をとる塗膜構造と言うことになる。

・動的 T_g（低過ぎると耐汚染性が低下）

・tan δ max（大きい程力学的エネルギの吸収能が大）

・架橋密度N（大きい程架橋構造が密）

・活性化エネルギEa（大きい程架橋構造が均一で密）

ここで，活性化エネルギEaは，計測周波数と動的 T_g のアレニウスプロットから算出[1]。

具体的には，官能基の増量や機能性樹脂の導入のポテンシャルの高さから，基本システムを「2液混合型アクリルウレタン塗装」とし（表1），これをベースに，特殊高弾性樹脂を高密度に配合させるとともに，硬化剤の種類と量や全体分子量の最適化を図り，より緻密で均一な塗膜構造を実現させた（図4）。

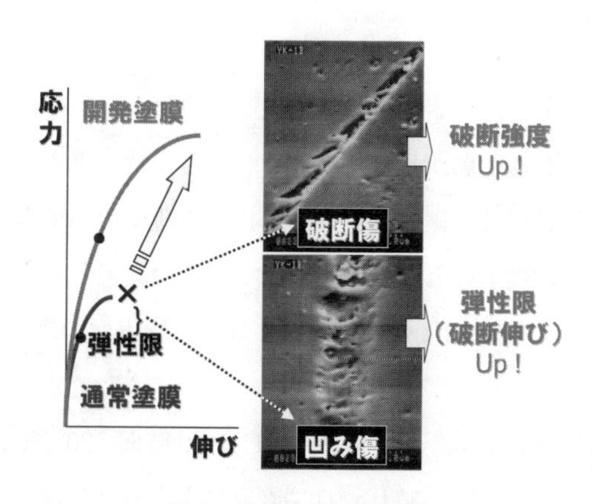

図3　塗膜設計の考え方

表1 システム選択

物性の狙い	設計の考え方		1液型			2液型
			アクリルメラミン	酸エポ	アクリルウレタン	アクリルウレタン
破断強度UP	架橋密度UP（官能基量UP）		○	○	△ ブロック剤不乖離	○
破断強度UP／破断伸びUP	架橋構造均一化		× 副反応	○	○	○
破断伸びUP	主材	軟質樹脂導入	○	× 合成困難	○	○
		側鎖長UP	○	× 合成困難	○	○
	硬化材	軟質樹脂導入	× 環構造	○	○	○
他			× 耐酸性		× ブロック剤変色	○ 鮮映性

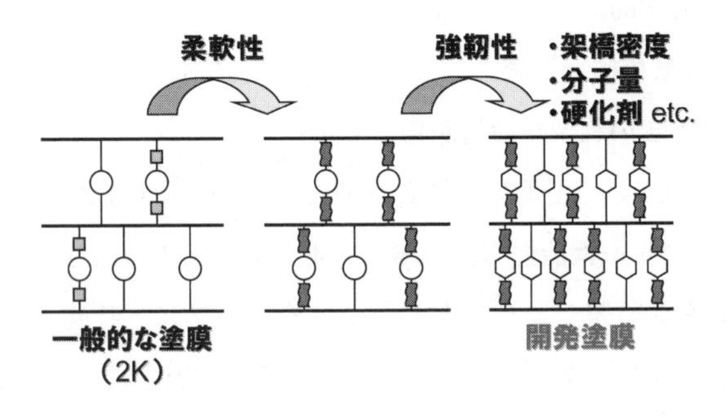

図4 塗膜設計のイメージ

5 検証

自動洗車機をシミュレートしたラボ試験の結果，通常塗膜が多数の傷でつやを消失する様な負荷に対して，開発塗膜はほとんど傷が目立たないレベルを維持出来ることを確認した（図5)。

又，この過程で，通常塗膜では「破断傷」に至る様な負荷においても，開発塗膜は，ある程度まで「凹み傷」の様な塗膜の変形にとどまり，これが時間の経過とともに徐々に復元していくと言う特性を確認した（図6)。復元の度合いに関しては，塗膜表面の傷面積が，復元前後で約1/4に減じていた。

傷の復元速度は温度に依存し，80℃なら数秒，40℃で20時間，20℃では50時間程度であった。従って，気温の低い冬季であっても，晴れた日に直射日光を浴びれば，数日のうちにある程度の復元効果が得られるものと期待されたが，実際，極寒のカナダ，ロシアのモニタ走行試験におい

図５　ラボ洗車試験結果

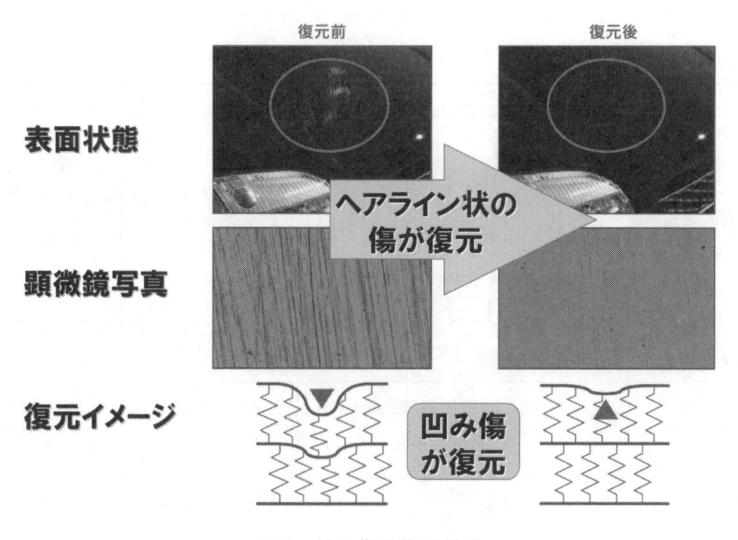

図６　擦り傷の復元効果

て，「付いたと思った微小な傷がいつの間にか目立たなくなっている」と言う効能を体感した。

耐擦り傷性と引張り試験特性の関係は，常温では良い相関が得られなかったが，低温では，破断強度・破断伸びともに良い相関が得られた（図７)。計測温度により相関が異なるのは，引張り試験の歪速度が，自動洗車時の塗膜の歪速度よりもかなり遅い為，いわゆる「温度－時間換算側」的な作用が働いているものと考察する。

粘弾性パラメータにより，各種塗膜の架橋構造を推察した結果，開発塗膜は他の塗膜と比較して，動的 T_g を大きく低下させることなく，緻密で均一な架橋構造を形成し，粘性変形による高いエネルギ吸収能を発揮して，「傷が付き難く，又，ある程度の擦り傷であれば時間の経過とともに復元する」と言う特性を示すものと考察する（表２)。

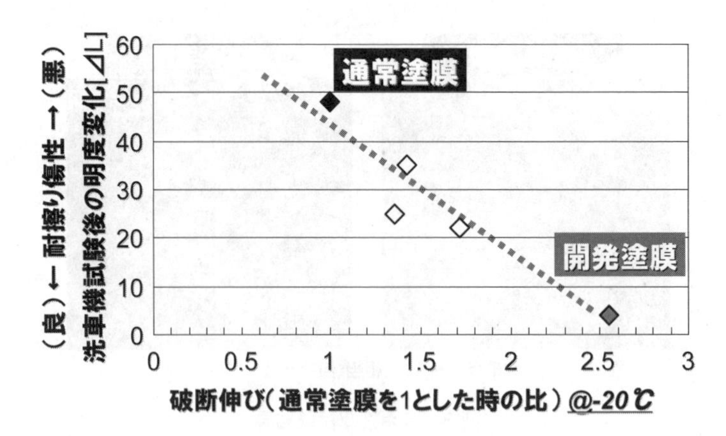

図7　耐擦り傷性と引張り試験特性（破断伸びの例）

表2　塗膜架橋構造の比較

	開発塗膜（2K）	比較塗膜（2K）	比較塗膜（1K）
架橋構造イメージ			
動的 T_g[℃]	中	低	高
tan δ max	高	高	低
N[mol/cc]	高	低	中
Ea[KJ/mol]	高	高	低

6　あとがき

自己修復性高分子に関する研究は，急速な進歩を遂げている。近い将来，完全に破断した塗膜を文字通り再生させる様な技術が実用化される日を，楽しみにしている。

文　　献

1)　上田隆宣，塗料・塗膜の物性と評価方法，色材協会関西支部塗料入門講座資料，(1997)，8.

事例2　エンジン内部の鉄の自己修復

石川　哲*

1　不思議な鉱石

当社は，2003年より，鉄の自己修復機能を持った自動車用エンジン修復剤「メタライザー」を製造販売している。

その製品の基礎となる鉄の自己修復のテクノロジー自体は30年以上も前にロシアにおいて確立されており，現地では，一般乗用車，バス，ディーゼル機関車，雪上車，大型貨物船などのエンジンのメンテナンスの他，発電機の軸受け，ビール工場の充填ライン，鉄道の線路など，鉄の磨耗による劣化や損失を回復，または予防する手段として幅広く応用され使用されてきた。

鉄の自己修復テクノロジーの発見は，1976年，ウラル山脈のある地域でボーリング調査中にドリルカッターの刃が摩滅せず切れ味が変わらない不思議な地層の発見がきっかけであった。当時のソ連邦の科学者達の研究により，この地層中の鉱石のある成分が触媒となって，摩擦のエネルギーによって鉄イオンが再結晶化して増えてゆくメカニズムが解明された。

その鉱石をいくつかの工程を経て精製した粉末をオイルやグリースなどを媒介して摩擦面に供給することにより磨耗した擦動面を復元し機械の性能を回復することが出来るようになり，先にあげたような様々な用途で使われてきた。

1991年，ソ連邦の崩壊後の混乱のなかで，研究者達はルスプロムレモント社を設立，この金属修復テクノロジーを修理・復元・素材（技術）を意味する単語の頭文字P（エル）B（ヴェー）C（エス）をとってエルベーエステクノロジー（英語表記でRVS　TECHNOLOGY）と名づけビジネスを展開。

ロシアのトップブランドのビールメーカー「バルチカ」の工場の老朽化した設備を再生したり，バルト海航路の1万トン級の貨物船のエンジンに施工して大幅な燃費削減に貢献したりしたが，各案件に対する個別対応的なビジネス展開で，規模が拡大できず，汎用性のある商品開発を目指し，自動車産業のアフターマーケットに展開できるオイル添加剤の製品化が検討された。

しかし，1990年代のロシアでは，安定した資材の調達や製造が困難で，また作れたとしてもロシア製のブランドに対するイメージがあまり良くないと判断し，世界に通用する日本製のブラ

＊　Tetsu Ishikawa　㈲メタライザーコーポレーション

ンドを立ち上げるためRVSテクノロジージャパン社を立ち上げ,「メタライザー」のブランドで製品を製造。

その後，社名をメタライザーコーポレーションに変更し現在に至る。

2 金属修復の概要

「メタライザー」の金属修復の過程は，電気化学反応の原理でエンジンオイル中の鉄イオンを移動させ金属表面に鉄の修復層を作る。

鉄は摩擦によって電気化学的腐食を起こし，鉄イオンとしてオイル中に溶け込む性質があるが，メタライザーの修復触媒は摩擦のエネルギーによって逆に摩擦の多い箇所から選択的に鉄イオンを再結晶化し自己修復することが出来る（図1)。

実際のメタライザーの施工は，エンジンの場合，まず,「メタライザー」をエンジンに注入し1時間のアイドリングを行う（図2)。

最初の5分から10分の間に，平均5μm程の修復剤の粒子が細粒化されて行く。

このときにマイナスイオンが大量に発生し，金属表面をマイナスに帯電させ，金属表面に吸着しているカーボンなどの汚れ（スラッジ）を電気分解的に洗浄し修復層を形成しやすくする。この作用により，シリンダー内では，スラッジによって固着していたピストンリングのバネが効くようになりシリンダー内の圧縮圧が正常値に回復する（図3)。

汚れの除去された表面に鉄を再結晶化させる修復触媒層が形成されるが，この時，アイドリング状態の一定の回転数と摩擦のパワーの中でゆっくりと触媒層を形成しないと均一で安定した触媒層が出来ない。

1時間のアイドリング終了までに鉄を再結晶化させる修復触媒層が形成されれば，その後は車を通常走行させることで，摩擦のエネルギーによってオイル中の鉄イオンを再結晶化して行く。

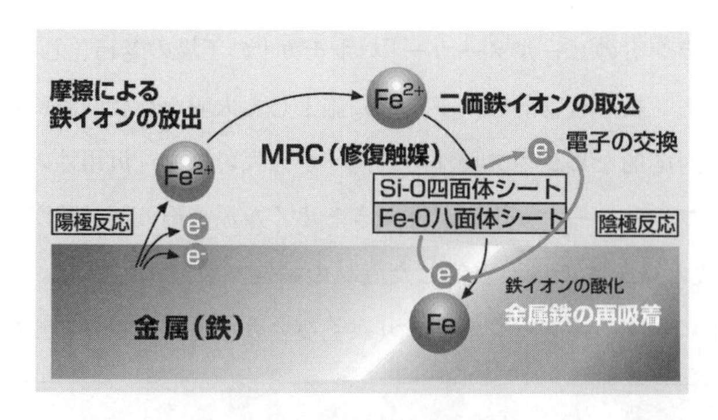

図1　再結晶化プロセス

事例2　エンジン内部の鉄の自己修復

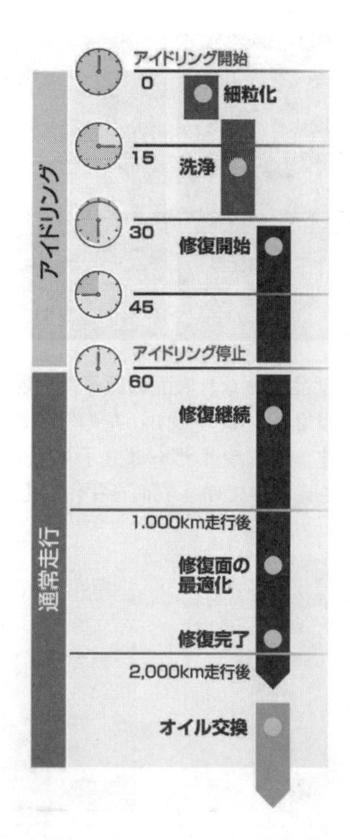

図2　メタライザーの処理プロセス

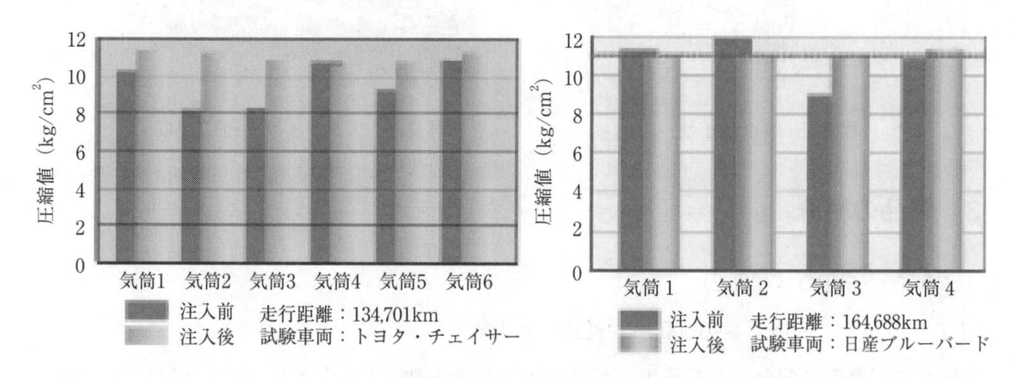

図3　圧縮圧の回復

約 1000km～2000km 走行する間に修復が完了する（写真 1）。

圧縮圧が正常化し，シリンダー内の燃焼効率が向上することで，トルクが回復し燃費が改善，排気ガスも清浄化する。各気筒間の圧縮圧のばらつきが減少するため，振動や騒音も減少する。

また，鉄の再結晶化が進み，金属表面が平滑化し寸法精度が向上することでフリクションロスが減少，燃費の向上やエンジンのスムースな回転を実現し，振動や騒音の低減につながりエンジン性能が新車時に近い状態に回復する。

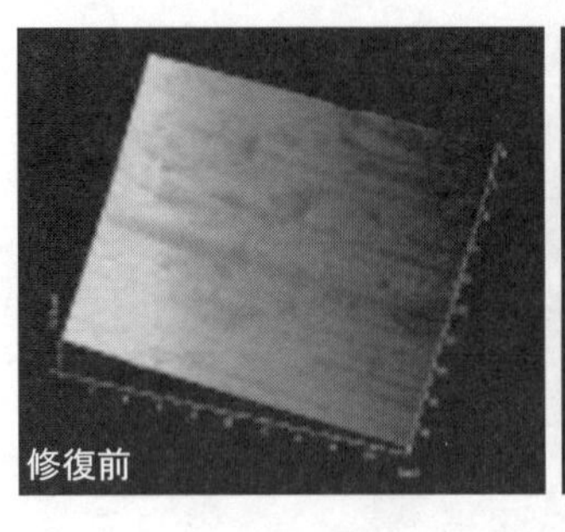

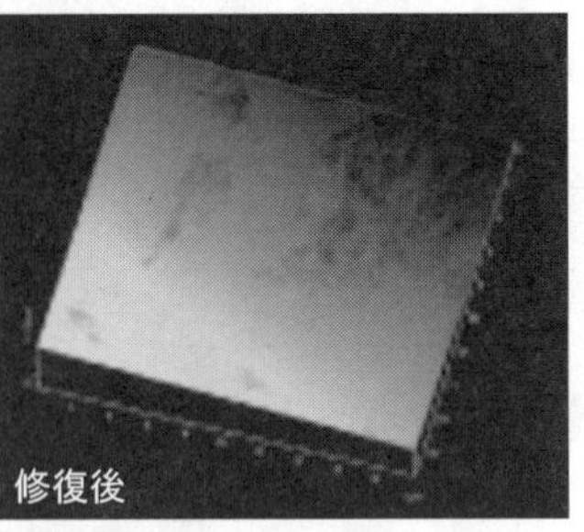

写真１　部品「カム」表面の原子間力顕微鏡写真
スケールの１目盛は２ミクロンです。左の写真の横縞は部品を加工する際の研磨痕です。メタライザーは分子単位で鉄を復元していくのでこの細かい傷さえ埋めてゆき表面を平滑にします。

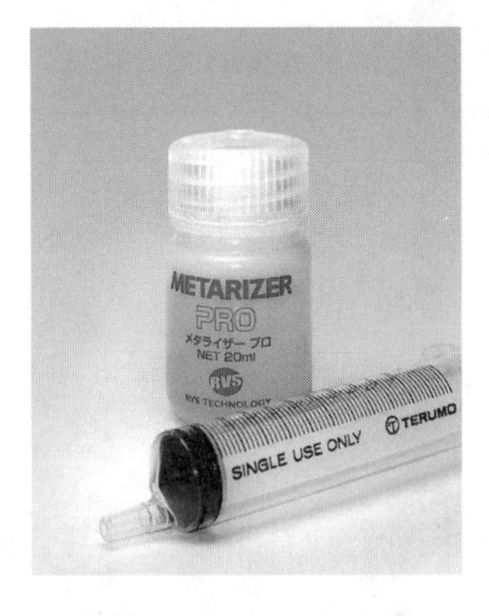

写真２　メタライザーPRO

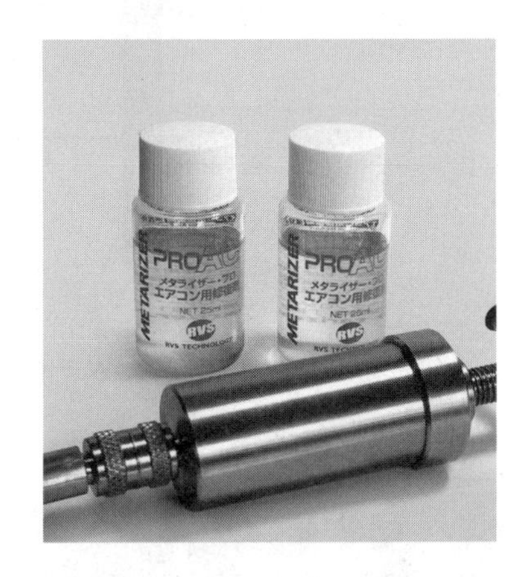

写真３　メタライザーPRO-AC

3　製品の紹介

・メタライザーPRO（写真２）

NET：20ml　　価格：￥10,500－（税込）＋工賃

修復剤を高濃度に配合した業務用の製品。エンジンの他，ミッション，デファレンシャルギア，パワーステアリングポンプなど，整備士の方が用途に合わせて必要量を測って添加する汎用タイプの製品。

・メタライザーPRO-AC（写真３）

NET：25ml　　価格：￥3,360－（税込）＋工賃

冷凍機油に修復剤を配合したエアコン専用の製品。エアコンのコンプレッサーを修復し冷却性能を回復させる。専用の注入器を使用しR-12，HFC-134aどちらのカーエアコンにも対応可能。また，家庭用エアコンへの応用も可能。

事例2　エンジン内部の鉄の自己修復

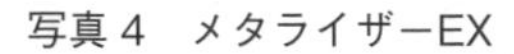
写真4　メタライザーEX

写真5　メタライザーLight

・メタライザーEX（写真4）

NET：140ml　　価格：¥11,340 −（税込）

一般小売タイプのエンジン専用の製品。化学合成オイルの基油に修復剤を配合し，1本でエンジン排気量約3000ccまでのガソリン車を修復することが出来る。

・メタライザーLight（写真5）

NET：100ml　　価格：¥3,990 −（税込）

メタライザーEXの補充的な製品で，修復剤の量はEXの半分だが，窒化ボロンを潤滑剤として配合。一度メタライザーを使用し金属表面が平滑化していると潤滑剤の働きで，エンジンの回転がよりスムーズになる（特に高回転域）。定期的な追加処理にお勧め。

・メタライザー軽ワザ（写真6）

NET：40ml　　価格：¥1,995 −（税込）

パワーステアリング用の製品。パワーステアリングフルードに混入し，ステアリングに油圧を送るポンプを修復する。ポンプの能力を強化することによりハンドル操作を軽くする。

・メタライザーAC（写真7）

NET：50ml　　価格：¥3,990 −（税込）＋工賃

HFC-134a専用のガス缶タイプのカーエアコン添加剤。エアコンのコンプレッサーを修復し冷却能力を向上させる。エアコン作動時のエンジンのパワーロスを減少させるので省燃費に貢献。

写真６　メタライザー軽ワザ

写真７　メタライザーAC

4　今後の展開

現在は，カーディーラーや大手カー用品店などで上記の商品を販売しているが，今後はエアコン室外機のメンテナンス用，建設重機や発電機のエンジンや油圧装置の作動油用，機械の軸受けやジョイント部分のグリースなど，鉄の修復により設備の寿命を延ばせる様々な分野への応用を進め，環境へ貢献できる製品を開発して行きたいと考えている。

ロシアでの生産設備を更新し，修復剤の生産量が増加，製造コストを減少することが出来た。そのためリーズナブルな製品価格の設定が出来るようになってきている。

機械メーカー，オイル，グリースのメーカーなどでこの技術に関心があれば修復剤の供給をして行きたいと考えている。

事例3　自己修復自動車タイヤ

長屋幸助*

1　自己修復タイヤのニーズ

タイヤのパンク対応として，パンクが起こった後でもある程度の距離走行できるようなランフラットタイヤが開発されているが，後でパンク修理が必要である。もし，パンクしても即座にパンク穴を自己修復することができれば，パンク修理も必要なく，また自己修復するシステムが軽い弾性に富む材料でできていれば，エネルギロスも小さく，乗り心地もほとんど通常のタイヤと変わらなくできるはずである。このような観点から吸水ポリマーを用いた自己修復タイヤが著者らにより開発されている[1~5]。本稿では，その概要を紹介する。

2　タイヤの構造と自己修復の原理

自己修復パンクレスタイヤの自己修復の原理は事例9の遮水シートと同じで，閉じられた小さなゴム袋の中に吸水ポリマーを入れ，この中に水を注入すると，内部の吸水ポリマーが半固体のゲル状になり膨張する（事例9の図1参照 ）。このとき，吸水ポリマーは袋の内に閉じこめられているので，内部に膨潤圧が発生し，袋内に膨潤圧による圧力が閉じ込められる。この状態で袋の外側から釘を刺すと，釘の太さ分だけゲル化した吸水ポリマーが押しのけられるが，釘を抜いた瞬間に穴がゴムの弾性で小さくなるが，最終的にあけられた穴も膨潤圧がゲル化した吸水ポリマーに作用して瞬時に塞ぐ。このように空気漏れを防ぐのは漏水を止めるより難しく，袋内の吸水ポリマーをあらかじめ膨潤させておき，圧力を袋（格子）内に閉じこめておく必要がある。自己修復パンクレスタイヤの構造は図1に示すようなもので，上記の袋に相当するシーラント層（吸水パット）がタイヤ内面に接着されたものである。シーラント層は図2に示されるように2枚のゴムシートの間に吸水ポリマーブロックがサンドイッチされており，適当な間隔で格子状に上下面が縫い合わされている。

---

*　Kosuke Nagaya　群馬大学　名誉教授

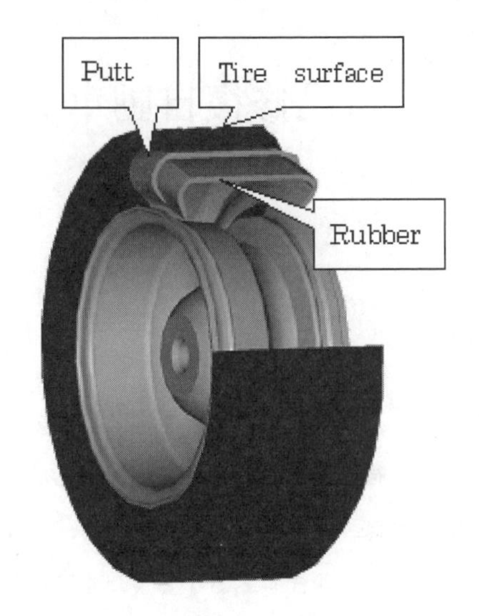

図１　自己修復タイヤの構造

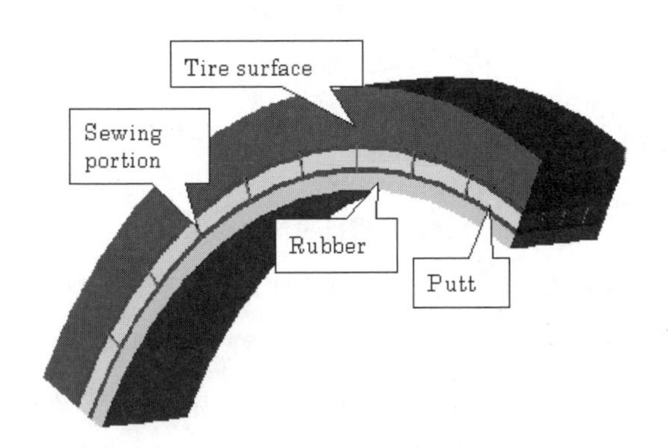

図２　タイヤ内面に貼り付けられる自己修復パット

3　自己修復パット（シーラント層）の製造方法

自己修復タイヤに用いる吸水ポリマーは粉末であるが，水を吸収すると半固体のゲル状になり，形を変えて互いに接触して隙間を塞ぐ。しかし，これに高圧の空気が流入すると，ポリマーが押しのけられて空気の流路が形成され，空気漏れが起こる。そこで，吸水ポリマーには接着力が必要で，これでゲル化したポリマーの動きを固定する。これはまた，自動車が急加速・急減速したときにポリマーが偏らないための有効な手段ともなる。このとき，接着力のあるゲル化したポリマーはブチルゴムのように，流動変形性はあるが，接着力のある半固体状のゲルとなっているので，釘によりあけられた程度の穴から吸水ポリマーが外部へ漏れだすことは無い。接着力を得るためには，接着剤を用いる方法もあるが，この方法では接着剤により膨潤効果が妨げられる。

図3　シーラント層の試験片

著者らは，エチレングリコール液に水を混合した溶液を吸水ポリマーに混入し，ポリマーに熱と圧力を与えることで，ポリマーに粘着力を発現させ，ポリマー粉末をねばねばしたゴム状に固める方法を開発している。このような方法を用いて吸水ポリマーブロックを作ると，接着剤は必要なくなる。本タイヤのパットの作成には，この方法が採用されている。

自己修復パットの製法については，いろいろな方法が著者らにより試されている。ここでは，そのなかでも実用性があると思われるシーラント層の製造手順を示す[4~5]。すなわち，まずタイヤ１本分の長さを有するシーラント層を作るための型を作成する。ついで，1. 加硫釜で半加硫した1.5mm厚の生ゴムをその型に入れて形をつける。2. 霧吹きで微量の膨潤液（エチレングリコール70パーセント，水30パーセントの混合液）を吹きかけて撹拌し，少し軟らかくした吸水ポリマーを型に充填する。3. 接続部に0.5mm厚の生ゴムを貼り付け，その上から半加硫した1.5mm厚のゴムを圧接する。4. ミシンで20mm × 20mmの格子を縫製する。5. 注射器で膨潤液を注入する。6. 試験片を平らにするため圧縮する。7. タイヤの内側になる面に1mm厚の生ゴムを，タイヤとの接着面となるパットの外側面に1mm厚のブチルゴムを圧接する。8. 加硫釜で加熱する。このとき，通常のゴムは加硫材の影響で固くなるが，ブチルゴムは固くならず，粘着力を有したままであるので，それをタイヤ内面に貼り付けることができる。このようにして作られたシーラント層の断面を図3に示す。なお，漏洩試験に用いる試験片の作成では，手順7でタイヤ面となる面に2mm厚の加硫ゴムを圧接している。

4　基礎的空気漏洩試験

上記のようにして作成されたシーラント層の試験片に対して，空気漏洩試験が行われている。空気漏洩試験装置は試験片をねじで締め付けて試験容器に固定できるようになっており，試験容

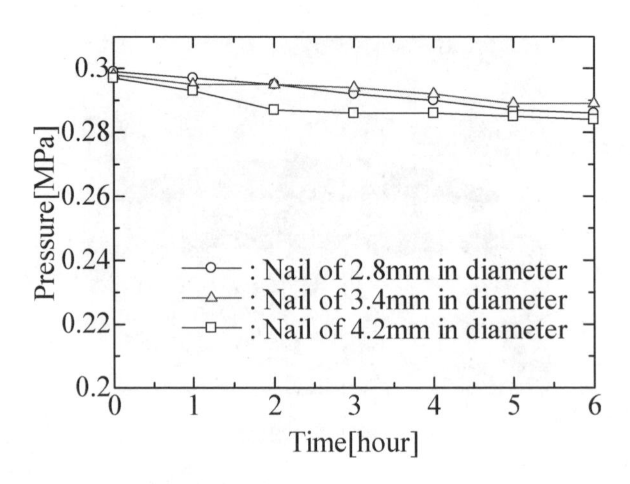

図４　穴があけられ自己修復した後の空気圧変化

器内には，コンプレッサより高圧空気が送られ，空気圧は圧力計で計測できるようになっている。直径 2.8mm，3.4mm，4.2mm の３種類の釘で試験片に穴を開け，その後６時間の圧力が測定されている。空気の漏洩の判断には圧力計と洗剤が用いられ，釘で穴を開け，その釘を抜いた後，圧力計に変化が無く，また洗剤をかけた時に気泡が認められなければ漏洩していないと判断できる。空気圧は乗用車のタイヤ空気圧が 0.20MPa 前後，貨物車のタイヤ空気圧が 0.30〜0.40MPa 程度であるので，0.30MPa で実験されている。図４がその結果であり，釘の直径 2.8mm，3.4mm，4.2mm のすべてにおいて，若干の圧力低下（0.009〜0.013MPa）が認められるが，穴をあけた部分に洗剤をかけても気泡は確認されなかった。実験装置の接合部などに洗剤をかけても気泡が確認されなかったことから，これは圧力による試験片の圧縮によって試験装置内の体積が増加した影響と考えられる。釘を抜いた瞬間の圧力低下を比較すると，釘の直径が 2.8mm で 0.001MPa，3.4mm で 0.002MPa，4.2mm で 0.003MPa の圧力低下が見られるので，釘が太くなるとその分釘を抜いた瞬間に漏洩する空気の量も増加している。しかし，微量の空気漏洩であるので問題はなく，その後すべてのケースにおいて自己修復し，空気漏洩が無くなっている。

本シーラントでは，吸水ポリマーに粘着力を発現させ，圧縮してポリマーブロックを形成しているので，縫い目の部分に十分な吸水ポリマーがあるため，縫い目部分に穴があけられても空気漏洩を防止することができる。それを確認するため，縫い目部に釘で穴をあけたものに対しても検討されているが，縫い目部が無いものと同じ結果が得られている。

5　タイヤでの実装試験

タイヤのシーラント層の製造方法は上記試験片の場合と同じであるが，加硫時はタイヤ内面径に近い直径の型にシーラント層を巻き付けて加硫し，加硫後のシーラント層をタイヤ内面にブチルゴムを用いて接着している。図5はシーラント層を貼り付けたタイヤ内面を示したものである。このタイヤに直径3.4mmの釘で穴を開け，その後の圧力を測定したものが図6である。この図は走行試験の結果でもあり，図で左縦軸はタイヤ圧を，右縦軸は自動車の走行距離を表し，横軸はパンク穴を開けてからの経過日数である。図中実線が本パンクレスタイヤの結果を示し，点線はパンク穴をあけていない通常のタイヤの圧力変動を表す（ただし，計測は実験開始時と100日経過後の2回の点を結んでいる）。まず，通常のタイヤでも100日走行で0.01 MPa程度の自然な圧力低下がある。一方本自己修復タイヤで3.4mm直径の釘を突き刺し，引抜いた後の圧力変動は60日走行で約0.025 MPa程度であり，自然に起こる空気漏れの分を差し引くと，0.015 MPaである。この圧力低下はゲージを当てて圧力を計測するときに起こる空気漏れのためと推定される。その理由は計測の回数とともに圧力は低下しているが，60日から100日までの間に

図5　シーラント層を貼り付けたタイヤ内面

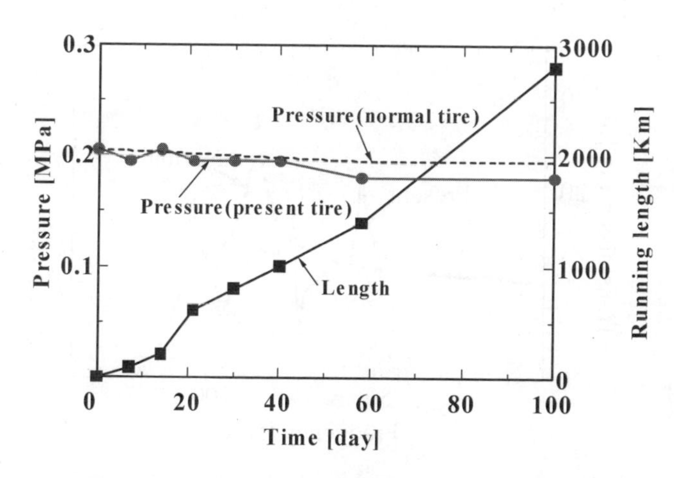

図6　穴があけられた後の自己修復タイヤの空気圧変化

計測を行わずに放置した場合は圧力低下がほとんど認められないことからも分かる。なお，微少な圧力変動は外気温の変動によるものと考えられる。この図をみたかぎり，空気漏れはほとんどなく，パンク穴は完全に修復していると言える。

6　動的特性

タイヤ内面にシーラント層を取り付けるとアンバランスが生じやすくなるが，これについては，釣り合いおもりで完全にバランスさせることができる。一方，本タイヤではシーラント層の分だけ質量が増加する。例えば，上述のタイヤでは，ホイール装着時のパンクレスタイヤの質量は18.05kg，シーラント層を接着していない同じタイヤの質量は14kgであるので，約28％程度質量が増加している。タイヤ質量が増加するとタイヤの共振振動数が小さくなるので走行安定性に対する検討が必要であるが，このような問題も著者らにより検討されている[2]。図7は同種の同じサイズの自己修復タイヤとノーマルタイヤの伝達率（計算値）の比較を行ったものであり，実線が本タイヤの結果を，破線はノーマルタイヤの結果である。数値計算では，シーラント層の厚さを10 mmとして計算している。質量がノーマルタイヤより大きくなっているため，固有振動数が低下している。しかし，その分減衰の作用も大きくなっており，第1次のピークはノーマルタイヤに比べかなり減少している。このときのタイヤの危険速度は約330km/h（v_c=54 × 3600 × 2π × 0.273/1000=333 km/h）であり，通常のタイヤの走行速度より相当大きいことから，シーラント層を最大1cm厚程度までとしても，走行中にタイヤの共振は起こらないと思われる。実際にはシーラント層の厚みは6 mm程度として良いので，危険走行速度は上記より相当大きくなるため，シーラント層の質量増加による固有振動数の低下は問題にならないと考えられる。

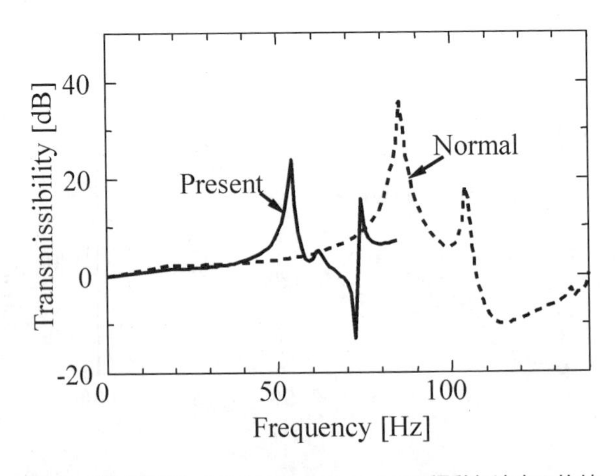

図7　自己修復タイヤとノーマルタイヤの振動伝達率の比較

なお，本解析の伝達率はタイヤの振動変位による復元力を全周積分で求められるので，変位の小さいところで計算誤差が生じる。図7で60Hz近傍にみられるピークは計算誤差である。

文献2ではタイヤが突起を乗り越すときの応答のFFT解析も行っている。それによると，100Hz～130Hzにおける本タイヤの振動振幅が小さくなっており，また，200～300Hz近傍の周波数でも振動振幅が小さくなっていることが認められた。すなわち，本タイヤを使用することで，ロードノイズも低減できる。なお，シーラント層は遠心力により変形するが，本シーラント層はゴム状の固体であるので，そのつぶれは小さく，かつ偏りも発生しない構造であるので，遠心力による影響は張力の変化による固有振動数の増加としては現れるが，応答振幅としては本解析より若干小さくなるので，いずれも安全側に作用すると思われる。

文　献

1) 長屋幸助，井開重男，千葉学，超旭京，穴があいても自己修復するタイヤの開発，日本機械学会論文集，C編 Vol.71-708，pp.2635-2642 (2005)

2) 金哲紅，三輪卓，陳志超，長屋幸助，複合格子シーラント層を有する自己修復タイヤの開発と振動解析，日本機械学会論文集，C編，Vol.72, No.719, pp.2101-2108 (2006)

3) Kosuke NAGAYA, Sigeo IKAI, Manabu Chiba, Xujing CHAO, Tire with self-repairing mechanism, *JSME International Journal*, Series C, Vol.49, No.2, pp.379-384 (2006)

4) 長屋幸助，關口隆弘，陳志超，村上岩範，貯水容器および配管に穴があいても漏れない漏洩防止テーピングの開発，保全学（日本保全学会），Vol.6, No.1, pp.28-33 (2007-4)

5) 黒石杏実，群馬大学工学部機械システム工学科卒業論文，No.10, pp.1-3 (2006)

事例4　インテリジェント触媒

上西真里*1，田中裕久*2

1　はじめに

貴金属が自己再生（修復）する機能を持つ自動車排ガス用触媒「インテリジェント触媒[1~3]」は，ダイハツ工業より2002年10月まずパラジウム（Pd）系から実用化を開始した。2005年12月にロジウム（Rh）系，2006年6月に白金（Pt）系を実用化し，「インテリジェント触媒」は2009年10月末で累計512万台の車に搭載，現在もその数を伸ばし続けている。

インテリジェント材料の概念[4]より，触媒における「インテリジェンス」とは使用される環境変化を敏感に察知し，自らの構造や機能を変えてその環境に常に適切な性能を発揮する能力と定義できる。ガソリン車の通常使用される環境をそのまま利用し自己再生するインテリジェント触媒は，排ガス触媒に新しいコンセプトを導入し，貴金属使用量を大幅に低減することに成功した。

われわれは，1989年よりペロブスカイト触媒の研究に着手した。当初，優れた酸化活性を持つペロブスカイト型酸化物にNOx活性を付与する目的でパラジウム（Pd）を担持した。耐久後の透過型電子顕微鏡（TEM）観察では，従来の担持触媒のように粒成長したPdを見つけ出すことができなかった反面，X線光電子分光分析（XPS：X-ray photoelectron spectroscopy）では金属Pdの信号が検出されるなど興味深い挙動を示した。そこで，ペロブスカイト結晶中へのPdの固溶析出による自己再生機能と仮定し，粉末X線回折（XRD：X-ray diffraction）を用いたペロブスカイト結晶の格子定数の解析やPdの溶解濃縮法などの分析手法を駆使[5~7]，最終的にX線吸収微細構造解析（XAFS：X-ray Absorption Fine Structure）とX線異常散乱（XAD：X-ray anomalous diffraction）により証明することができた[8]。その後もXAFS解析を活用し，排ガス触媒に使用する貴金属である白金（Pt）やロジウム（Rh）へも自己再生機能を付与する触媒材料を開発し，実用化した。

現在は，このコンセプトを発展させ排ガス触媒の脱貴金属化を目指し，文部科学省実施事業「元素戦略プロジェクト」にて，従来の実験的手法に加え第一原理計算を援用した統計学的理論

＊1　Mari Uenishi　ダイハツ工業㈱　先端技術開発部　テクニカル・エキスパート

＊2　Hirohisa Tanaka　ダイハツ工業㈱　先端技術開発部　エグゼクティブ・テクニカル・エキスパート

を用いて素材探索を開始している（本書，第Ⅰ編自己修復材料研究の最前線，コーティング・触媒編，第2章　ナノ粒子自己形成触媒の構造モデルの探索を参照）。

本章では，このインテリジェント触媒の実用化への道のりをデータをもとに解説する。

2　インテリジェント触媒の研究開発と実用化

2.1　インテリジェント触媒の設計と耐久性能

これまでの排ガス触媒はアルミナやジルコニアなどの比表面積の高いセラミックス粒子の表面に貴金属を分散させていた。これは貴金属間の距離を稼いで，貴金属が高温環境下で物質移動により集合（肥大化）し活性点が減少するのを防ぐためであった。また，セリアやジルコニアを用いて貴金属と担体の酸素原子を介した強い結合（SMSI：Strong Metal-Support Interaction）により粒成長を抑制する手法も広く活用されている。しかしながら，このような努力にもかかわらず触媒性能の劣化は避けられず，自動車の一生を無交換で活性を維持させるためには劣化分を見込んだ多量の貴金属を必要としていた。

一方，インテリジェント触媒は，ABO_3型の原子配列を持つペロブスカイト酸化物の結晶中にPdをイオンとして配位することにより，自動車排ガス中で自己再生する能動的な機能を与えようというものである。従来は，貴金属を排気ガスと接触しにくいコート層内部に分散するだけでも活性を損なうものと考えられていた。ましてや貴金属を複合酸化物として結晶格子中に配位することは，活性を失い貴金属を無駄にすると思われていた。われわれは，ペロブスカイト酸化物自身の持つ触媒活性と耐熱性を貴金属と組み合わせることにより，高い活性を発揮し続ける触媒の実現をねらった。

アルコキシド法によりPdを含有する$LaFe_{0.57}Co_{0.38}Pd_{0.05}O_3$ペロブスカイト酸化物を合成した[8,9]。このペロブスカイト酸化物をハニカム（蜂の巣）状のセラミックス担体にコートした。試験用サンプルのPd担持量は触媒1リッター容積あたり3.24 gとした。比較のため従来技術に従い同量のPdをアルミナに担持した触媒を調製した。

この触媒を実エンジン排気管に装着し，市場での劣化を模擬するために900 ℃にて100時間加速耐久させたところ，触媒性能の低下は見られず高活性な状態を維持していることが確認できた（図1）。一方，同量のPdをアルミナに担持した従来型触媒は10 %近い活性低下が観察された。

耐久試験後に燃料リッチ（還元）雰囲気のまま冷却しエンジンを止めた後，ペロブスカイト触媒上のPd粒子を透過型電子顕微鏡により観察したところ1～3 nmという微細な状態で保たれ，従来型触媒のPd粒子が120 nmまで肥大化したのと比べて顕著な差があることがわかった（図

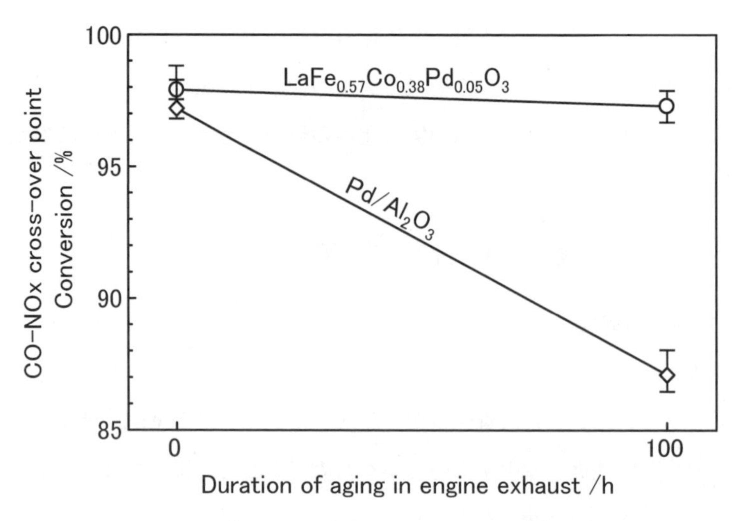

図1　エンジン耐久後の触媒活性[8)]

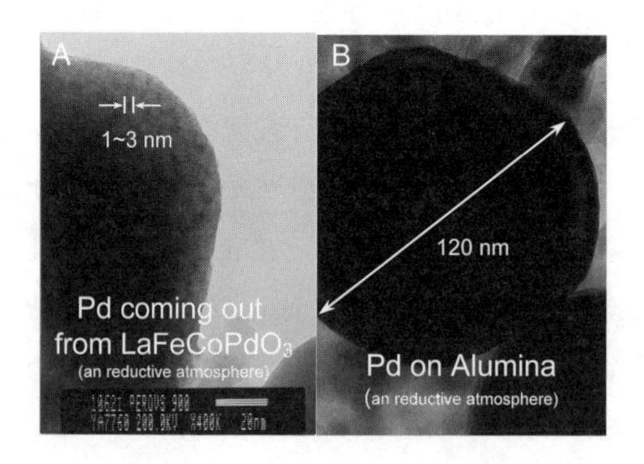

図2　パラジウム粒子の TEM 観察[8)]

2)。このような長時間高温での耐久後に Pd 粒子がユニットセルの数倍という粒径を保っているのは極めて注目に値する。このメカニズムを材料解析により解明した。

2.2　自己再生機能の解明

貴金属粒成長の抑制機構を調べるために，排ガスの酸化還元雰囲気変動をモデル化し，ペロブスカイト触媒を酸化（大気），還元（水素 10 %），再酸化（大気）の順に各々800 ℃にて 1 時間の熱処理を行った。この熱処理は実際の排ガスの雰囲気変動（1～4 Hz）に比べて十分長い時間なので，酸化と還元に対応した極限の構造変化を観察することに相当する。

Pd に的絞りしてその存在形態を詳細に調べるには，Pd の含有率がわずか数%にすぎないため強力な X 線が必要であった。そこで第三世代大型放射光施設 SPring-8 を用いて Pd の K 吸収端エネルギー（24.35 keV）近傍での詳細な解析を行った。

各処理後のペロブスカイト結晶のPdについてBL14B1およびBL01B1にてXAFS（X-ray Absorption Fine Structure）測定を行った。図3(a)ではXANES（X-ray Absorption Near Edge Structure）スペクトルを比較する。標準物質として用意したPdOの吸収端の位置はPdの原子価が+2価であることを示す。酸化処理後の吸収端は高エネルギー側へシフトしており，ペロブスカイト結晶中のPdの原子価が+2価より大きいことを示唆している。次に還元処理後の吸収端はPd箔と良く一致しており，金属状態であることが分かる。再酸化により吸収端位置

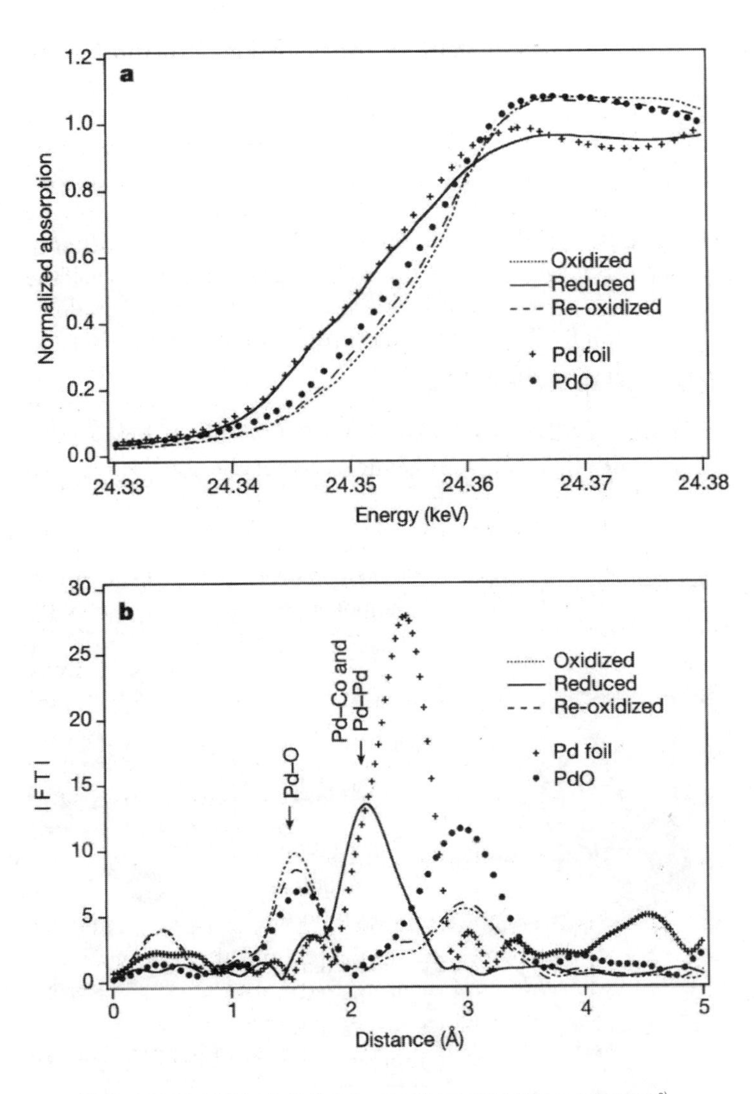

図3　XAFS測定により求めたパラジウム原子周りの局所構造[8)]
(a) XANESスペクトル，(b) Pdの周りの動径構造関数

はほぼ酸化試料の位置に戻る。

図3(b)にはEXAFS（Extended X-ray Absorption Fine Structure）信号をフーリエ変換することにより求められたPdの周りの動径構造関数を示す。酸化処理後のPd周りの第1近接ピークは6個の酸素原子に囲まれていることを表しており，Pdはペロブスカイト結晶の酸素八面体の中心（Bサイト）を占有している[10]（Pdの固溶）（図4）。次に還元処理後の第1近接のピークはPdとCoの合金（面心立方格子）として説明できる（Pdの析出・粒子化）。再酸化処理後のPd周りの局所構造はほぼ完全に復元している（Pdの固溶・再生）。

実際の排ガス浄化触媒として使用される時間の流れの中で，貴金属の粒成長モデルを図5にまとめ，従来型触媒と比較した[10]。図中のインテリジェント触媒の楕円はサブミクロンサイズのペロブスカイト結晶の粒子を表している。酸化雰囲気ではPdはペロブスカイト酸化物に固溶しているが，還元雰囲気では金属として結晶外に析出しナノ粒子を形成する。そして再酸化によりPdは再びペロブスカイト結晶中に固溶する。この機構が実際のエンジン排ガスの自然な雰囲気変動によって引き起こされ，貴金属が微細に維持されると考えられる。一方，従来型触媒の担持された貴金属は肥大化し続け，活性は劣化するばかりである。

2.3 インテリジェント触媒の実用化開発

実用化にあたり環境への配慮と高温での結晶安定性の点からCoを使わない新組成のペロブスカイト酸化物（$LaFe_{0.95}Pd_{0.05}O_3$）を開発した[10,11]。これはドイツの大気環境汚染防止技術指針

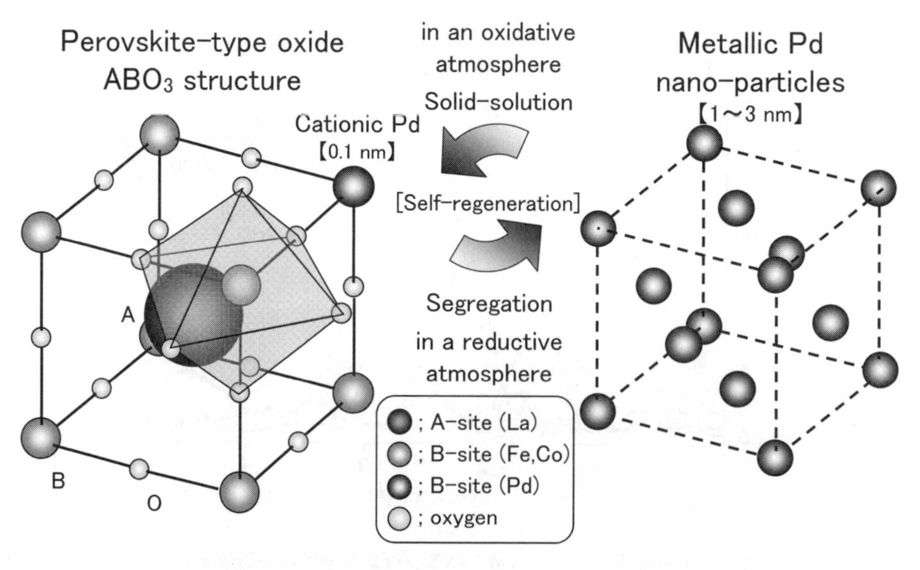

図4 パラジウムの自己再生メカニズム[10]

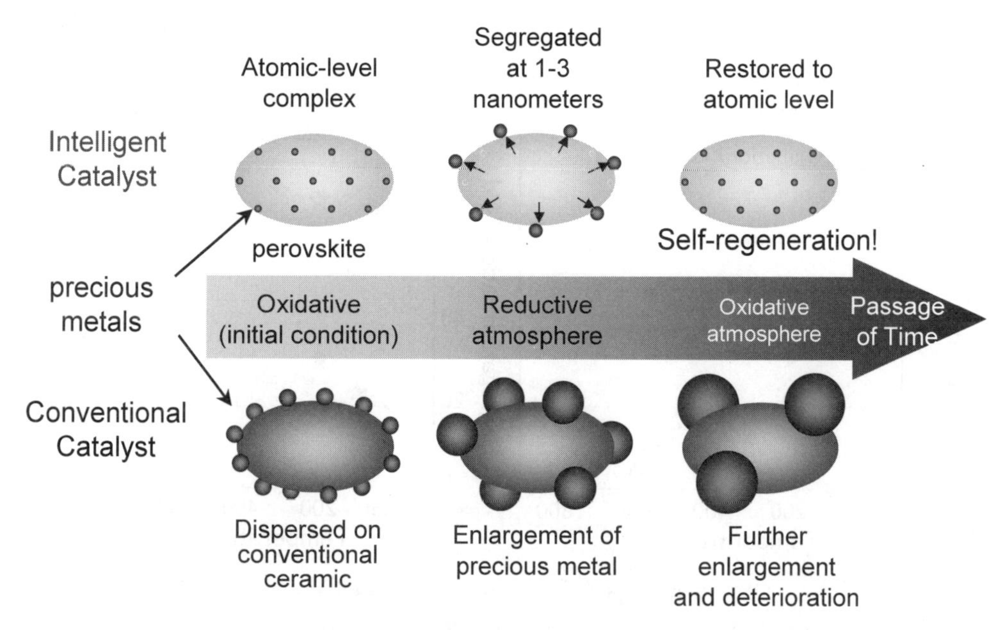

図5 貴金属の粒成長比較[10)]

(TA-Luft) など，一部の国ではあるがCoの使用自粛が求められていることを受け，グリーンケミストリーの考え方に基づき全く環境に負荷を与えない成分で構成することを実現したものである[12, 13)]。

$LaFe_{0.95}Pd_{0.05}O_3$ については，前述と同様に詳細な解析を行いPdのペロブスカイト結晶からの固溶析出を確認した[14, 15)]。更に，この固溶・析出によるPdの自己再生が排ガス触媒の使用温度である低温から高温まで広範囲で機能しているか調査した[15~17)]。

$LaFe_{0.95}Pd_{0.05}O_3$ について，800℃酸化処理後のサンプルをおのおの100 ℃，200 ℃，300 ℃，400 ℃，600 ℃にて各1時間還元処理し，XPSおよびXAFSによりそれぞれペロブスカイト表面，バルク内のPdの状態を測定した。図6に $LaFe_{0.95}Pd_{0.05}O_3$ の表面とバルク全体でのPd析出割合を比較した結果を示す。100 ℃～300 ℃という低温では，表面Pdの析出率が高いが，400℃ではペロブスカイト結晶内をPdがスムーズに拡散してバルク全体でのPd析出率が表面での割合と等しくなっていることは注目に値する。触媒反応に最も寄与する表面においても100℃からPdの析出が起こっており，排ガス触媒の使用温度である低温から高温まで広範囲で自己再生が機能し，良好な活性を発現していることを示すものである。

この $LaFe_{0.95}Pd_{0.05}O_3$ を採用することにより貴重な資源である貴金属の使用量を70%以上低減しても従来触媒と同等以上の触媒活性を維持できることから[15, 18)]，触媒コストの大幅な削減が可能となるだけでなく，他産業への影響が大きかった自動車用途での貴金属需要の安定化を図るこ

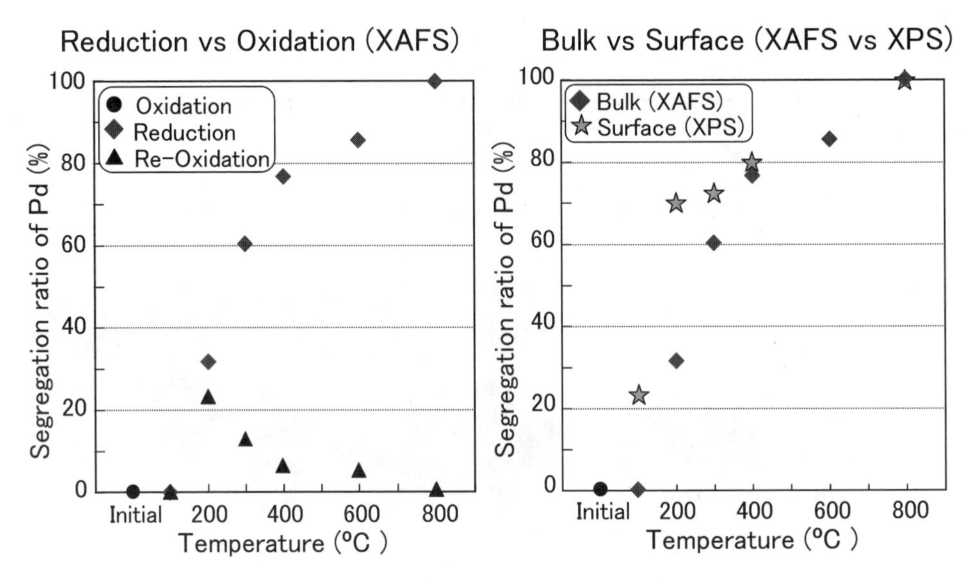

図６　表面とバルクの Pd 析出割合比較[15, 20]

とが可能となった。

2. 3. 1　自己再生機能の動的解明

自己再生機能の動的挙動の解明は，触媒の使用環境を考慮した新しい触媒設計の有力な知見となる。このため，我々は *in-situ* 時分割 DXAFS（energy dispersive XAFS）手法による解析に取り組んだ。実際の排ガスをモデル化した環境下である高温での酸化還元雰囲気の変動でのサンプルの構造変化を直接測定しようと試みた。

$LaFe_{0.9}Pd_{0.1}O_3$ をこれまで同様アルコキシド法により調製し，ペレット状に成型して石英ガラス管（ϕ 5.0 mm）にセットした。酸化・還元ガスとしてそれぞれ 50 %酸素・50 %水素（ともに窒素バランス）を用いた。サンプルの直前に TCD（Thermal Conductivity detector）を配置し，酸化・還元ガス切り替え時の信号の変化から測定プログラムをスタートさせる信号を得た。サンプルを 400 ℃に加熱しながら 100 ml/min の流速でガスを流し，酸化ガスと還元ガスを切り替えながら Pd K-edge の XAFS を時間分解能 10 ms で測定した。

その結果，$LaFe_{0.9}Pd_{0.1}O_3$ において Pd は非常に高速に固溶・析出していることが明らかになった。さらに一般的な触媒の $Pd/\gamma\text{-}Al_2O_3$ の Pd の単純な酸化還元変化よりも，高速であることが分かった（図 7）。これにより実際のエンジンからの排ガス変動にも Pd の固溶・析出が追従できることを証明できた[19, 20]。

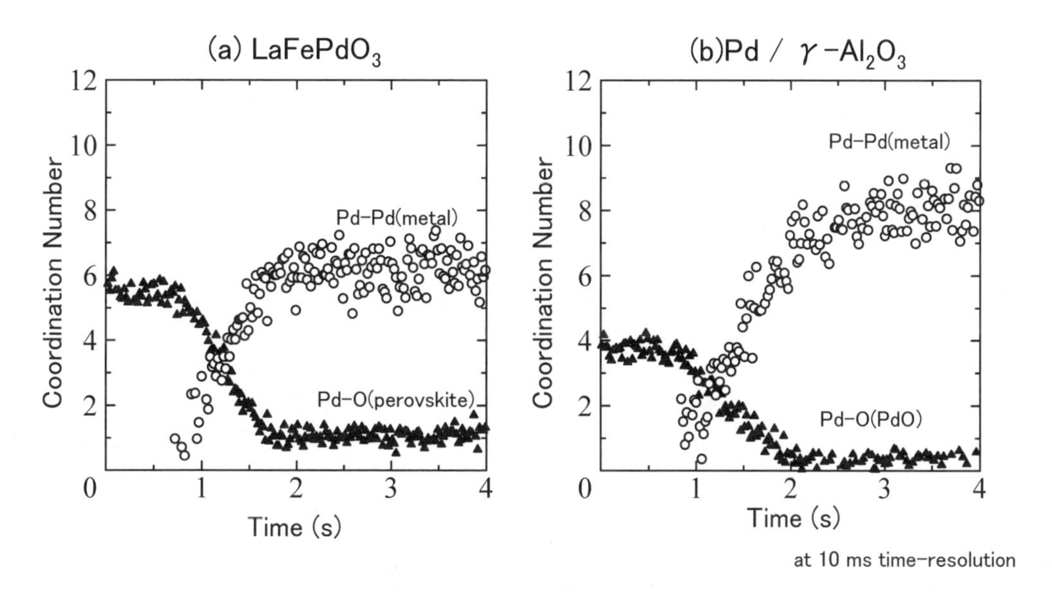

図7　*in-situ* DXAFS 測定により求めた Pd 配位数の時間変化[20]
酸化→還元ガス切替時

2.4　他の貴金属への発展

Pd だけでなく排ガス触媒に用いられる残りの貴金属（Rh, Pt）へのインテリジェント触媒技術の応用を目指し研究開発を実施した[20,21]。

図8に Rh を Pd に使用したものと同組成の $LaFeO_3$ 系ペロブスカイトへ適用した XAFS 結果を示す。実験は，前述と同様に 800 ℃酸化，還元後の Rh の状態を解析している。800 ℃で還元後も Rh-O のピークが半分ほど残っており Rh がペロブスカイト中に固溶したままで，あまり析出していないことが分かる。これに対して，これまで触媒として注目されていなかった2価4価のカチオンの組み合わせからなる $CaTiO_3$ 系ペロブスカイトへ Rh を固溶した $CaTiRhO_3$ の XAFS 結果（図9）では，Rh の析出量が大幅に増加した。$A^{3+}B^{3+}O_3$ というペロブスカイト構造を持つ $LaFeRhO_3$ においては，Rh が B サイトにおいて安定原子価である Rh^{3+} で存在するため析出しにくくなっていると考えられる。このペロブスカイトを $A^{2+}B^{4+}O_3$ の $CaTiRhO_3$ に代えることにより Rh がペロブスカイト結晶中で安定でなくなり，還元時の析出量が増加したものと考えられる。一方，Pt は，Rh とは逆に安定な複合酸化物をつくり難く析出よりも，酸化雰囲気で固溶体をつくるために $A^{2+}B^{4+}O_3$ 構造とした。

組成の異なるペロブスカイトと貴金属との固溶析出特性の XAFS 解析結果を図10に示す。この実験結果に対し，第一原理計算による各貴金属のグランドポテンシャルと酸素化学ポテンシャル依存性も同傾向の結果を示していることが確認できた（第Ⅰ編自己修復材料研究の最前線，

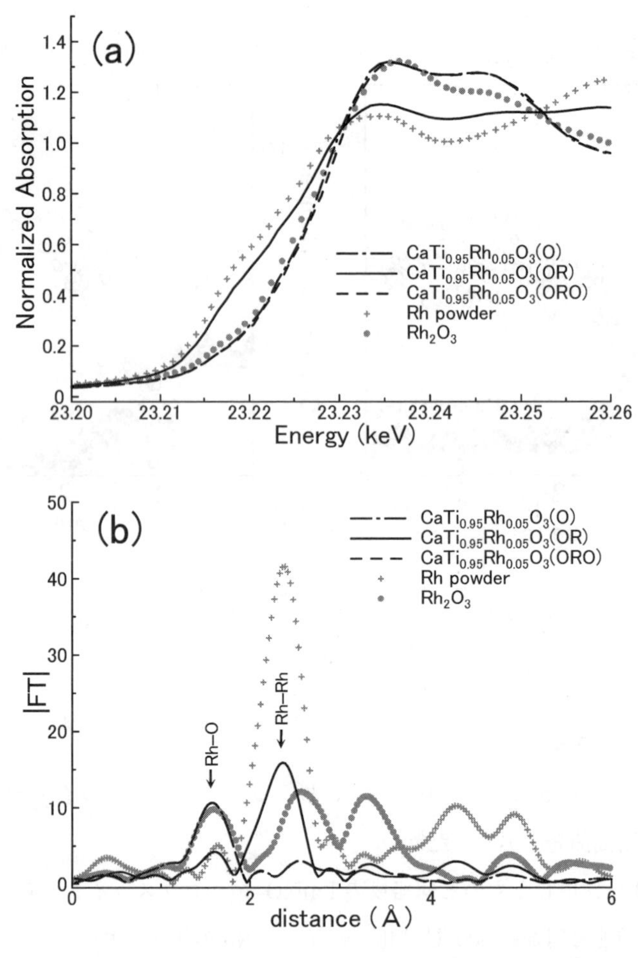

図8　XAFS 測定により求めた $LaFeRhO_3$ の局所構造[21)]
(a) XANES スペクトル，(b) Rh の周りの動径構造関数

コーティング・触媒編，第2章　ナノ粒子自己形成触媒の構造モデルの探索を参照)。

貴金属がペロブスカイト中に固溶している状態を不安定にすることにより，ペロブスカイトから析出しやすくすることができたが，不安定にしすぎると逆に固溶しなくなってしまう。このバランスが貴金属の固溶析出には重要であることが明らかになった。これより Rh・Pt にも自己再生機能を付与できたと同時に，インテリジェント触媒技術の普遍性を示すことができた。

3　おわりに

文部科学省は2007年より「元素戦略プロジェクト」を開始した。これは，物質・材料を構成し，その機能・特性を決定する元素の役割・性格を研究し，物質・材料の機能・特性の発現機構を明

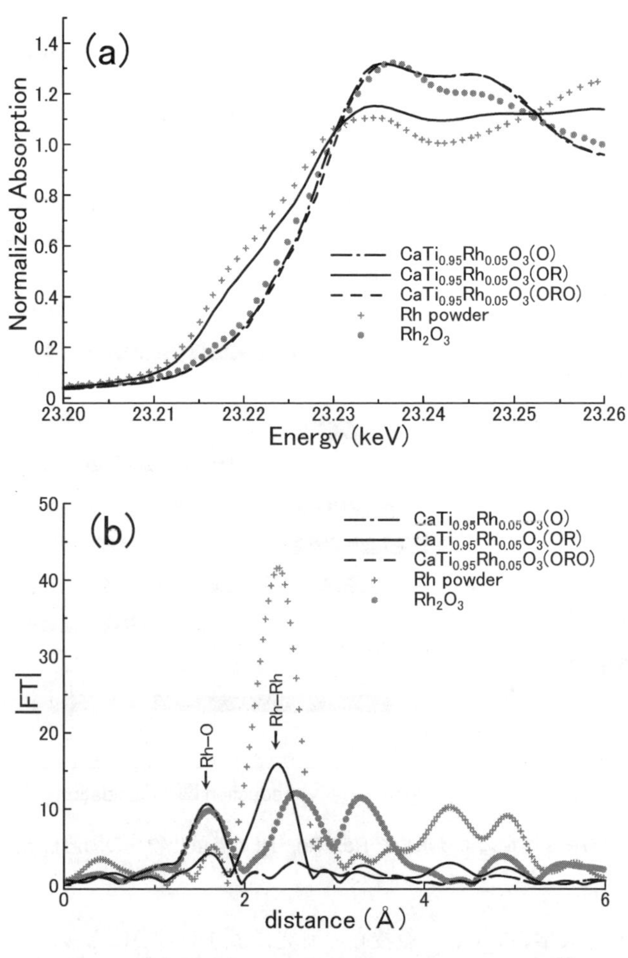

図９　XAFS 測定により求めた $CaTiRhO_3$ の局所構造[21]
(a) XANES スペクトル，(b) Rh の周りの動径構造関数

らかにすることで，希少元素や有害元素を使うことなく，高い機能をもった物質・材料を開発することを目的としている。

筆者らは，貴金属の使用量低減，究極的には貴金属を使用しない触媒の探索を目指し，この「元素戦略プロジェクト」に応募し採択され，「脱貴金属を目指すナノ粒子自己形成触媒の新規発掘」をテーマに日本原子力研究開発機構と大阪大学，北興化学工業とダイハツのチームで基礎研究を開始している。この研究のコンセプトは，自己再生機能により現在は耐久性や活性面で使用できない活性種を活用することである。今のところ貴金属に代替できる触媒性能を持つ材料は夢の材料だが，貴金属の供給に左右されず世界中にクリーンな排出ガス車が普及されることを期待している。

一方，インテリジェント触媒はカップリング反応などの有機合成触媒としても非常に有効であ

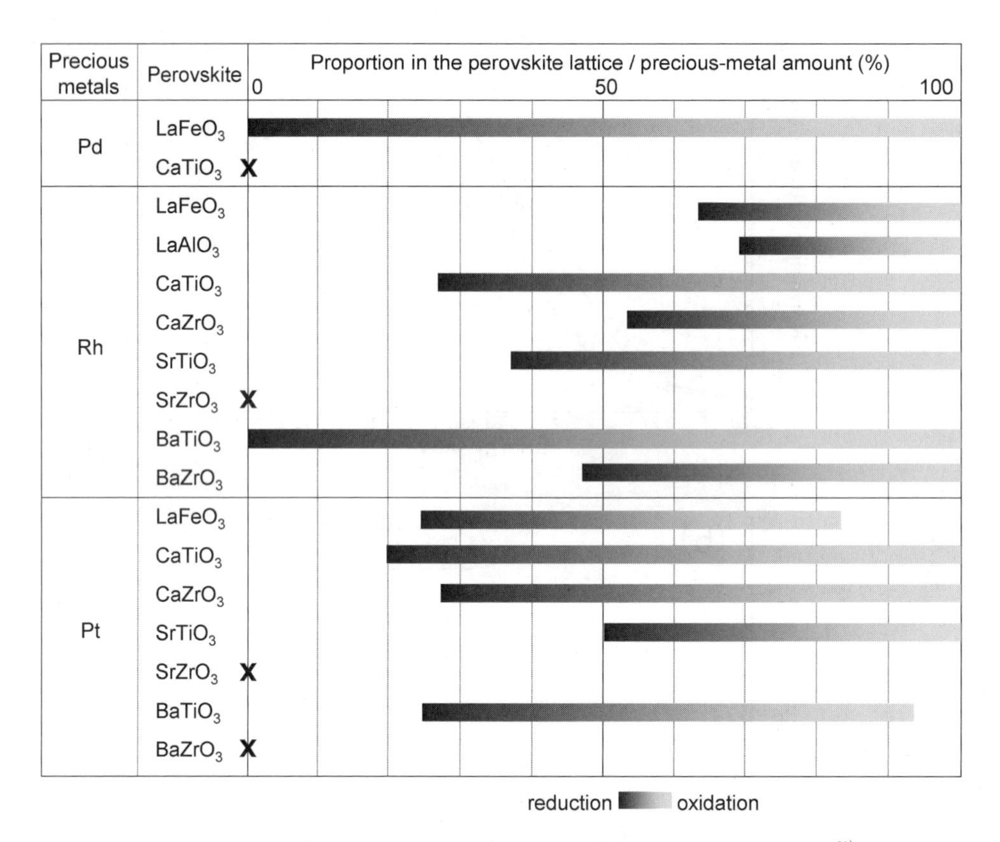

図10　XAFS測定により求めたPd，Rh，Ptの各酸化物への固溶析出割合[21)]

ることがケンブリッジ大学のS.V.Ley教授らの研究により明らかになった[22, 23)]（北興化学工業よりファインケミカル製品，有機合成反応用触媒として販売されている[24)]）。この触媒の使用される環境はこれまでに述べてきた自動車触媒とは異なり，触媒メカニズムも全く異なるものと想定される。このメカニズムについても，SPring-8のXAFSや第一原理計算を援用した統計学的理論より解明し，更なる性能向上を目指す予定である。

謝辞

自己再生メカニズムの解析に対し，㈱日本原子力研究開発機構の水木純一郎様，西畑保雄様のご指導とご協力に厚くお礼申し上げます。またXAFS実験のご協力に対し，㈶高輝度光科学センターの宇留賀朋哉様，加藤和男様，原子力機構の松村大樹様，岡島由佳様にお礼申し上げます。SPring-8での研究をご紹介いただいた元㈱豊田中央研究所（現在は京都医療科学大学教授）岡本篤彦様に感謝申し上げます。

触媒研究に対し，東京大学 名誉教授 御園生誠様，東京大学 教授 水野哲孝様，元㈱豊田中央研究所（現在は㈱キャタラー）木村希夫様のご指導にお礼申し上げます。量産化にあたり㈱キャタラー 平井章雅様，成田慶一様，佐藤伸様，鈴木啓将様，北興化学工業㈱ 金子公良様，御立千秋様，荒木真剛様のご協力に感謝します。共同開発者のダイハツ工業㈱ 谷口昌司氏，丹功氏，梶田伸彦氏，内藤一哉氏に感謝します。

文　　献

1) 佐藤登監修，自動車用先端材料の現状と展望，シーエムシー出版，p.18 (2005)
2) 堀江一之ほか編，機能物質・材料開発と放射光—Spring-8の産業利用，シーエムシー出版，p.145 (2008)
3) 足立吟也監修，希土類の機能と応用，シーエムシー出版，p.254 (2006)
4) インテリジェント材料・システムフォーラム編，インテリジェント材料・技術の最新開発動向，シーエムシー出版，p.1 (2003)
5) H. Tanaka *et al.*, *SAE Paper*, 930251 (1993)
6) H. Tanaka *et al.*, "Science and Technology in Catalysis 1994", Kodansya-Elsevier, p.457 (1995)
7) H. Tanaka *et al.*, *SAE Paper*, 950256 (1995)
8) Y. Nishihata *et al.*, *Nature*, **418**, p.164 (2002)
9) H.Tanaka *et al.*, *SAE Paper*, 2001-1-1301 (2001)
10) H. Tanaka *et al.*, *Topics in Catalysis*, Vol.30/31, 389 (2004)
11) I. Tan *et al.*, *SAE Paper*, 2003-01-0812 (2003)
12) P. T. Anastas *et al.*, "Green Chemistry: Theory and Practice", グリーンケミストリー, 渡辺 正ほか訳，丸善 (1999)
13) 御園生誠ほか編，グリーンケミストリー，講談社 (2001)
14) 上西真里ほか，第92回触媒討論会予稿集，3I12 (2003)
15) H. Tanaka *et al.*, ICC 13th., Paris, Poster No. 6-119 (2004)
16) M. Uenishi *et al.*, *Appl.Catal. B: Environ.*, **57**, p. 267 (2005)
17) M. Uenishi *et al.*, *Applied Catalysis A: General*, **296**, p. 114 (2005)
18) N. Sato *et al.*, *SAE Paper*, 2003-01-0813 (2003)
19) H. Tanaka *et al.*, *Catalysis Today*, **117**, p. 321 (2006)
20) M. Uenishi *et al.*, *Catal. Commun.*, **9**, p. 311 (2008)
21) H. Tanaka *et al.*, *Angew. Chem. Int. Ed.*, **45**, p.5998 (2006)
22) M. D. Smith *et al.*, *Chem. Commum.*, p.2652 (2003)
23) S. P. Andrews *et al.*, *Adv. Synth. Catal.*, **347**, p.647 (2005)
24) http://www.hokkochem.co.jp/index.html

事例5　き裂治癒能力を応用したセラミックばねの品質保証

中谷雅彦*

1　はじめに

セラミックスは高温強度，耐食性などの機械的，化学的特性に優れることから，セラミックガスタービンや燃料電池などの高温エネルギー機器の熱効率向上には不可欠な材料であり，実用化が進められている。

また，省資源・省エネルギーのさらなる高まりの中，従来にも増して過酷な環境下でも安定した性能と信頼性を確保できるセラミックスの開発が進められている。

しかし，セラミックスは脆性材料であるために，製品の表面や内部に存在する微小な欠陥が，き裂を進展させて脆性破壊に至らしめる。また，強度のばらつきが大きいことから強度的な信頼性に乏しいという問題がある。

セラミックスではいくつかのき裂治癒現象が確認されており，き裂治癒能力に優れたセラミックスの開発と強度特性評価が進められてきた。現在，き裂治癒能力を有する構造用セラミックスで明らかになったき裂治癒機構や高温強度特性の評価方法は，セラミックばねの品質保証に応用されて，製品の大幅な信頼性向上が図られている[1~4]。

2　セラミックばねの種類

セラミックばねの材質は窒化珪素系セラミックスであり，製品例としてコイルばね，板ばねを図1に示す。

セラミックスの強度特性と信頼性は化学組成や微構造に大きく影響される。また，製造工程で形成される欠陥に支配されることも多く，強度評価では欠陥をき裂とみなした破壊力学的な取り扱いが必要である。一方で，き裂治癒能力を有するセラミックス材料であれば，セラミックスの信頼性を大幅に向上させることが可能である。また，品質保証方法として保証試験を実施することにより，さらにセラミック部品の信頼性を確保することができる。

---

*　Masahiko Nakatani　日本発条㈱　研究開発本部　知的財産部　主管

図１　窒化珪素製ばね
（コイルばね，板ばね）

3 「き裂治癒＋保証試験」によるセラミックコイルばねの信頼性保証

セラミックコイルばねの高温強度と信頼性の向上を目的として，き裂治癒と保証試験を併用した品質保証方法を製品へ適用している。すなわち，セラミックスの表面にある欠陥は大気中で熱処理することにより，自己治癒させて強度を向上させる。一方，内部にある欠陥は保証試験である一定以上の大きさを有する欠陥材を除去することにより，製品の品質を保証する方法である。

図２にき裂治癒前後（大気中での熱処理：1000～1300℃×１時間）のセラミックコイルばねの表面状況を示す。き裂治癒前のばね表面には3～20μmの気孔欠陥が認められる。この欠陥はセラミック原料粉末に成形性を付与するために添加した有機バインダーの未溶解分，成形時に巻き込んだ気泡であると考えられる。一方，き裂治癒後のばね表面は生成されたガラス質の酸化物で覆われて，表面欠陥が治癒されている。き裂治癒機構は以下の反応であると考えられる。

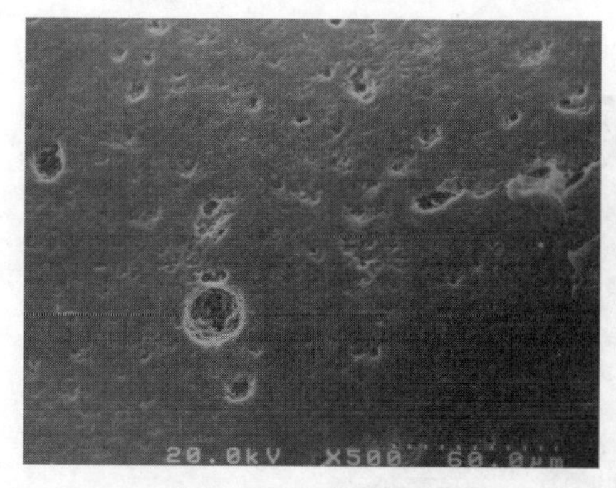

(a)　き裂治癒前（熱処理前）

(b)　き裂治癒後（熱処理後）

図２　き裂治癒前後（熱処理）のコイルばねの表面

$$Si_3N_4 + 3O_2 \rightarrow 3SiO_2 + 2N_2$$

図3にセラミックコイルばねのき裂治癒の熱処理条件と熱処理後の室温強度を示す。熱処理を実施しないコイルばねは平均強度450MPaであるが，熱処理したばねの平均強度はいずれの熱

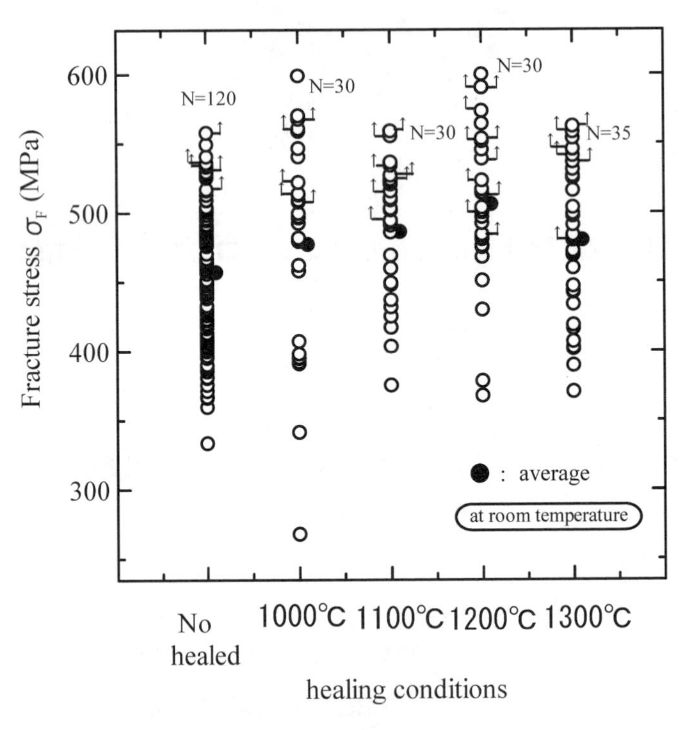

図3　コイルばねの熱処理条件と室温強度

図4　製品内部の気孔欠陥

処理条件でも向上している。1200℃で熱処理をしたコイルばねの平均強度は500MPa以上と他の熱処理条件と比較して一番高い。また，ばねが密着まで圧縮しても破壊しなかった本数（図中の示した↑印）が多く，ばらつきも高強度側に分布していることから，最適熱処理条件は本製品では1200℃×1時間であることがわかる。

しかし，いずれの熱処理条件でも低応力で破壊するコイルばねがある。破壊起点の内部欠陥は酸素がないために，熱処理で治癒できない気孔欠陥である。図4に製品内部に存在した気孔欠陥の例を示す。

したがって，き裂治癒できない内部欠陥を有するコイルばねは，保証試験にて低応力で破壊するばねを取り除くことにより，信頼性を向上させることができる。

4　高温でのセラミックコイルばねの品質保証（保証応力の温度依存性）

製品内部に存在する欠陥は治癒できないために，温度が変化しても残留する内部き裂の寸法は変化しないと考えられる。したがって，保証試験を実施した温度とは異なる任意の温度 T における最低破壊応力，すなわち保証応力 $\sigma_P{}^T$ は式(1)で与えられる。

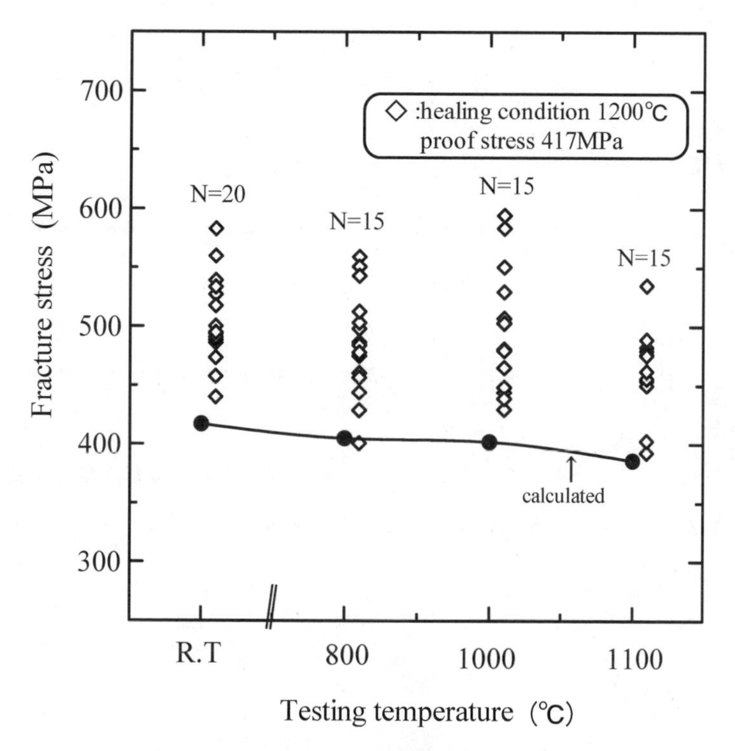

図5　算出された保証応力 $\sigma_P{}^T$ の温度依存性と実測値の比較

$$\sigma_P{}^T = \frac{2\sigma_0{}^T}{\pi}\arccos\left\{\left[\left(\frac{K_{\mathrm{IC}}{}^T}{K_{\mathrm{IC}}{}^R}\right)^2\left(\frac{\sigma_0{}^R}{\sigma_0{}^T}\right)^2\left[\sec\frac{\pi\sigma_P{}^R}{2\sigma_0{}^R}-1\right]+1\right]^{-1}\right\} \tag{1}$$

$\sigma_0{}^R$，$K_{\mathrm{IC}}{}^R$：室温における平滑材の破壊応力と平面ひずみ破壊じん性値

$\sigma_0{}^T$，$K_{\mathrm{IC}}{}^T$：温度 T における平滑材の破壊応力と平面ひずみ破壊じん性値

図 5 にセラミックコイルばねを室温で 417MPa の保証試験を実施し，温度 T において保証される応力 $\sigma_P{}^T$ の温度依存性の計算結果を実線で示した。一方，1200℃ × 1 時間でき裂治癒処理したコイルばねを室温で 417MPa の保証試験を実施した後，800℃，1000℃，1100℃の使用温度で破壊試験した結果を図中に◇で示した。

コイルばねの破壊応力は 65 本中 1 本を除いて，実線で示した計算値以上を示しており，保証応力の温度依存性の評価式は有効であると判断できる。

現在，セラミックばねでき裂治癒できなかった内部欠陥は，製造プロセスの改善によって数 μm 以下に制御できる技術が開発されている。しかし，セラミック製品では最終形状やコストから適用できる手段が限定されることも多く，工業的に適用できる安価な手法の開発が不可欠である。

5　おわりに

表面にあるき裂欠陥を大気中で熱処理することにより修復できるセラミックス，すなわち，き裂治癒能力を有するセラミックスでは信頼性を大幅に改善させることができる。この手法は特別な設備を使用せずに汎用設備で対応できることから，コストをかけずに信頼性改善ができる品質保証方法である。また，き裂治癒条件は高温での製品の耐酸化性向上にも効果があることが明らかになっている。

今後，セラミックガスタービンや燃料電池などの高温エネルギー機器，半導体装置などに使用されるセラミックばねは，より多くの用途への展開が期待されている。

文　　献

1) 安藤　柱，秋　旼澈，小林康良，姚　斐淵，佐藤繁美，日本機械学会論文集Ａ編，Vol.65, p.1132-1139 (1999)
2) K. Ando, Y. Shirai, M. Nakatani, Y. Kobayashi, S. Sato：*J. Euro. Ceram. Soc*, **22** (2002),p.121-128
3) 中谷雅彦，佐藤繁美，小林康良，安藤　柱：圧力技術，Vol.43, No.2 (2005), p.85-91
4) S. Sato, K. Taguchi, R. Adachi and M. Nakatani : *Fatigue and Fracture of Engineering Material and Structure*, Vol.19, No.5 (1996)， p.529-537

事例6　自己修復耐食鋼および耐候性鋼

宮坂明博*

1　はじめに

使用環境中における金属材料の腐食挙動を，図1に模式的に示す。大きく分けると，下記の4つのタイプがある。

① まったく腐食しない

② 短時間で腐食速度が減少する

③ 比較的長時間で腐食速度が減少する

④ 腐食量が時間に比例し，腐食速度が減少しない

①は，使用環境中の酸化剤（代表的には，空気中の酸素）の平衡電位よりも金属の平衡電位が貴な場合である。腐食反応が進行しないので，本質的に耐食的で全く腐食しない。しかし，該当

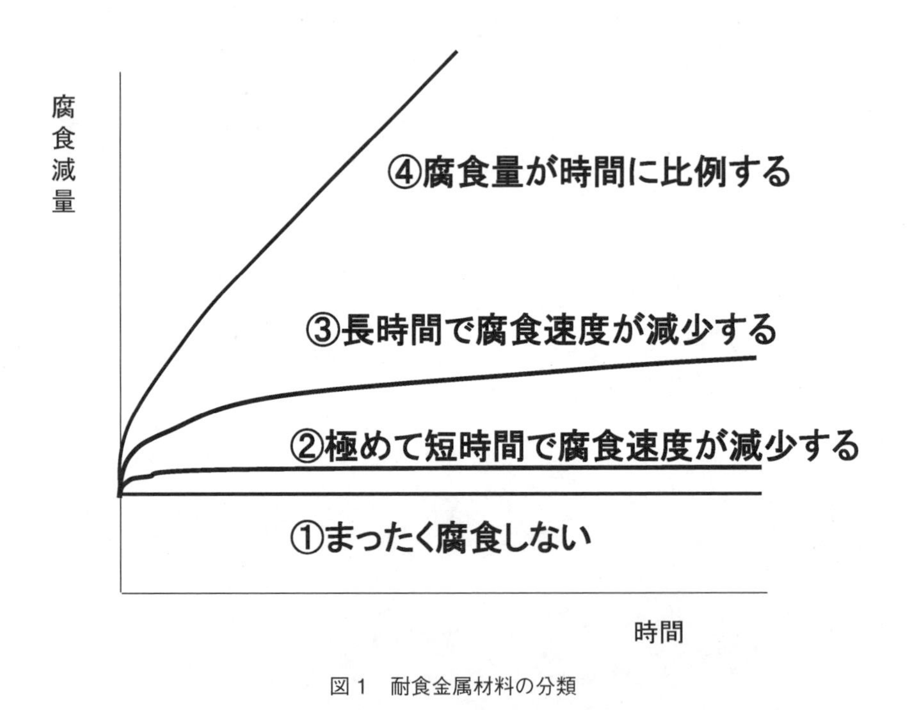

図1　耐食金属材料の分類

* Akihiro Miyasaka　新日本製鐵㈱　フェロー

する金属はAuなどであって，コストが非常に高い，他の必要性能を満足しない，などの難点があり，実用的ではない。④は耐食性が無い金属材料であって，金属は金属イオンとして連続的に使用環境に溶出し基材の厚みが減少してしまうから，そのままでは使用できない。バリアー型皮膜（貴な金属のめっき，塗装）や電気防食（卑な金属のめっき，外部電源）などの手段で腐食を抑制する必要がある。鉄と鋼，亜鉛，海水中のアルミニウム，などが該当する。

他の防食手段を適用せずに耐食材料として使用されるのは，②および③のケースであって，工業的に実用されている耐食材料は両者に分類されるといっても過言ではない。

2　不動態型耐食材料

②は材料の表面に，保護機能を有するごく薄い皮膜が短時間に生成することで「不動態」を示す材料であり，皮膜は不動態皮膜と呼ばれる。代表的な材料は，ステンレス鋼，Ti，Nb，Alなどである。クロメート皮膜も広義にはこの一種と考えられる。塩化物イオンを含有せずpHが9～12程度の水溶液では，Feも不動態を示す。

不動態型耐食材料の最大の特長は，皮膜の自己修復性にある。図2に不動態皮膜のモデルを示す。ステンレス鋼やクロメート皮膜では，Meは主としてCr原子である。不動態皮膜中のCr濃度はステンレス鋼中のそれにくらべてはるかに大きいことが知られており，Crの濃化が不動態皮膜をより安定にしている。

ステンレス鋼の不動態皮膜の厚みは，1 ～ 3 nmと非常に薄い。不動態皮膜はMe-OH結合の

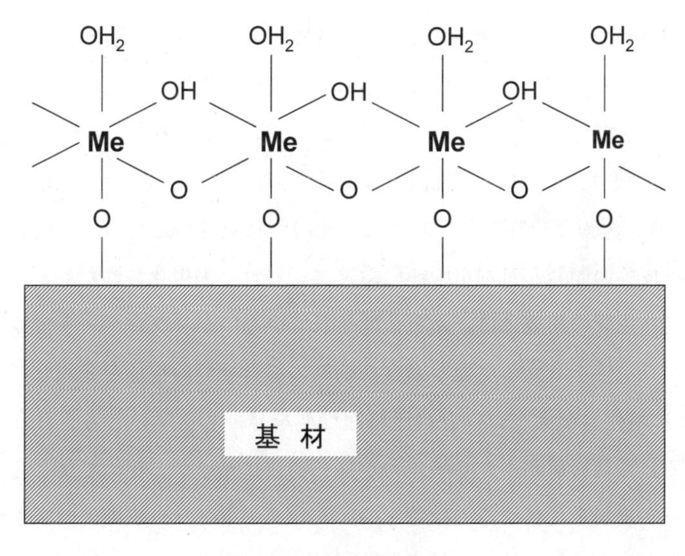

図2　不動態皮膜のモデル

中にH_2Oも含んだネットワークを形成している。皮膜の一部が外部環境からの要因（外部からの応力や歪み，皮膜を破壊する腐食性アニオンなど）によって破壊されたとき，下地の金属からMe原子が溶出して破壊された部分を自己修復することで耐食性が保持される。不動態皮膜が保護皮膜として金属の溶解を防止するのに加えて，自己修復性を有することで耐食性が安定的，継続的に保たれるので，防食することなく使用することができるのである。

ステンレス鋼の不動態皮膜の修復挙動は，さまざまな手法で詳細に調べられてきた。一般に，不動態皮膜の破壊箇所が修復されるのに要する時間は非常に短い。材料の耐食性と環境の厳しさに依存するが，数msから数10 sのオーダーである。従って，皮膜が破壊されても短時間で自己補修されるので，腐食が進行しない。ステンレス鋼中のCr, Ni, Moなどが多いほど皮膜が安定になるので耐食性が良く，より厳しい環境で使用できる。多種多様な使用環境に対してさまざまなステンレス鋼が開発されており[1)]，使用環境に応じた適切なステンレス鋼を選定することができる。

腐食環境が厳しくなると破壊された皮膜が修復されるまでの時間が長くなる。材料の耐食性よりも使用環境の方が厳しい場合には，破壊された箇所の修復よりも金属の溶出が速くなり，皮膜の修復が破壊に追いつかなくなると，局部腐食が発生する。局部腐食の進行速度は均一腐食よりもはるかに速い（およそ100 ～ 1000倍）ので，こうした条件では材料はもはや耐食的とは言えず，皮膜が自己修復されない環境では，耐食材料として使用することはできない。使用環境を良く把握し，その環境に適したステンレス鋼を選択することが，安全性と経済性を両立するために重要である。

亜鉛めっき鋼板をはじめとする各種鋼材の一時防錆や塗装密着性などを目的として，クロメート処理が永く使用されてきた。難溶性のCr⑾水和酸化物から成る皮膜は腐食物質を基材に到達させないバリア皮膜としての機能を有するとともに，皮膜が破壊された時には皮膜中に極微量含まれるCr⑹が溶出して還元され，難溶性のCr⑾水和酸化物を生成して皮膜を自己修復する機能を有する。安価で優れた耐食性を提供した皮膜/処理である。しかし，欧州のRoHSやELVなどの規制でCr⑹が環境負荷物質と指定され，使用が制限されたために，代替皮膜，すなわちクロメートフリー皮膜の開発が日本を中心に急速に行われ，実用化された[2)]。

クロメートフリー皮膜の組成はほとんど公開されていないが，クロメート皮膜のような単独の皮膜ではなく，バリア性を有する皮膜と腐食抑制剤の組合せで両機能を発現しているとされている。Cr⑹のように酸化力が大きいほど自己修復機能を発揮しやすいと考えられるが，生体への影響が懸念される。環境負荷が小さく酸化力が強い物質は無いか，極めて稀と考えられる。単独の物質でクロメート皮膜を代替するのは難しい。クロメートフリー皮膜に要求される性能は耐食性（平面部，加工部）だけではなく，密着性（皮膜と下地，上塗り塗料と皮膜），耐指紋性，導電性（アース，抵抗溶接），動的摩擦抵抗，など，さまざまな性能を同時に満足することが必要である。目的と用途に応じたバリエーションがある。

バリア性を担う皮膜には，有機樹脂皮膜が適用されている場合が多い。有機樹脂は電気的絶縁物であるため，導電性が必要な場合には皮膜を薄くして対応しているが，耐食性が低下するという問題がある。最近，有機樹脂成分を大幅に低減し，薄膜でも耐食性が良く，導電性等の機能に優れた皮膜が開発され，実用されている[3]。

3　対候性鋼

③では多くの場合，比較的厚い沈殿物型皮膜がかなりの長時間の間に生成して，耐食性を発現するのが特徴である。代表例として耐候性鋼があげられる。耐候性鋼は鋼中にCu，Pを添加した鋼で，塗装しないで使用しても自身が生成する保護性のさびでそれ以降のさびの進行を防ぐ，腐食速度を著しく低下できる，という，ユニークな特性を有する[4]。普通鋼と耐候性鋼について，腐食による板厚減少量と時間の関係を比較して図3に示す[5]。普通鋼では時間が経過しても板厚の減少速度は時間にほぼ比例する，すなわち時間が経過しても腐食速度が小さくならないのに対して，耐候性鋼では7年程度経過した時点から板厚がほぼ減少しなくなる。この理由は，耐候性鋼の表面に生成したさびが保護性を有し，さらなる腐食の進行を抑制することにある。使用環境で自然に生成する腐食生成物（さび）自体が保護性を有するので，外的要因によって皮膜が破壊

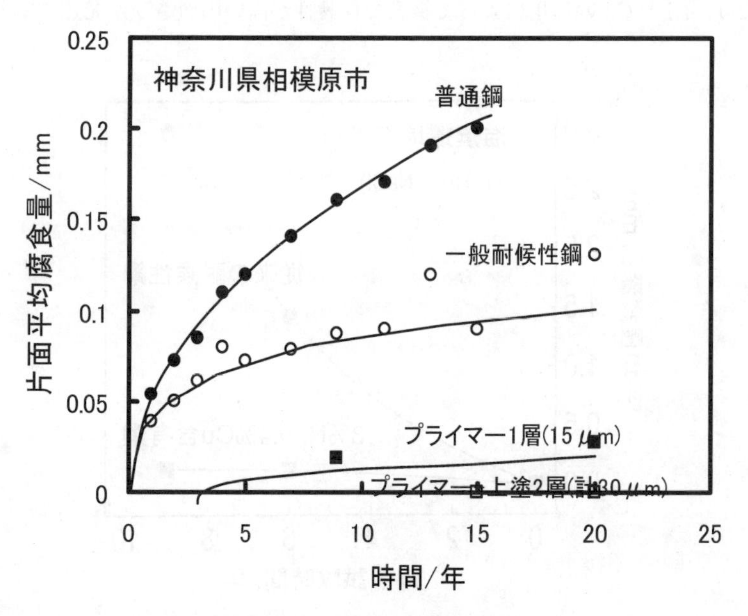

図3　屋外大気曝露期間と板厚減少量の関係

された場合でも，再び保護性のさびが生成する。すなわち，自己修復する。さらに，保護性のさび（安定さび）の生成を促進する処理（プライマー）を予め施しておくと，腐食量は著しく小さくなる（図3)。

耐候性鋼に生成するさび層は，偏光顕微鏡で観察すると2層から成ることがわかり，地鉄側の内層は偏光しない層（消光層）であり，CuやPが濃縮していることが多く報告されている。ここで，内層の構造が耐候性鋼の性能，すなわち耐食性，に重要であるが，XAFS（X線吸収微細構造）法などを用いた解析で，保護性のさびの生成にはFeO_6 8面体から構成される$Fe(O,OH)_6$ネットワーク構造の発達が重要であり，各種元素を鋼に添加するとその発達過程が変化し，最終的なさびの構造に影響することが明らかにされている[6]。

従来の耐候性鋼は，塩化物イオン（Cl^-）が多い環境では必ずしも耐食性が充分ではない場合があった。その原因はさびと鋼の界面付近に塩化物イオンが濃化し，保護性のさびの生成が阻害されることにあった。さび層のイオン選択性やその支配因子の基礎的検討に基づいて，塩化物イオンが多い環境でも保護性，耐食性を示す鋼材（3%Ni-0.4%Cu含有鋼）が開発され，実用化された[7]。海岸から10 mの場所における，従来の耐候性鋼と新たに開発された耐候性鋼の長期曝露試験結果を図4[7]に示す。従来の耐候性鋼では板厚減少量が時間とともに増大して減衰せず耐食性を示さないのに対して，新しい耐候性鋼は数年後には板厚がほとんど減少しなくなる。さび層のイオン選択性によって，塩化物イオンはさび外層にとどまり，鋼面に到達していないことが観察されている。イオン交換作用により，さび内層および鋼表面は，高pHで低塩化物イオン濃度の環境となり，NiとCuの作用によって緻密で保護性が高い内層さびが発達すると考えられて

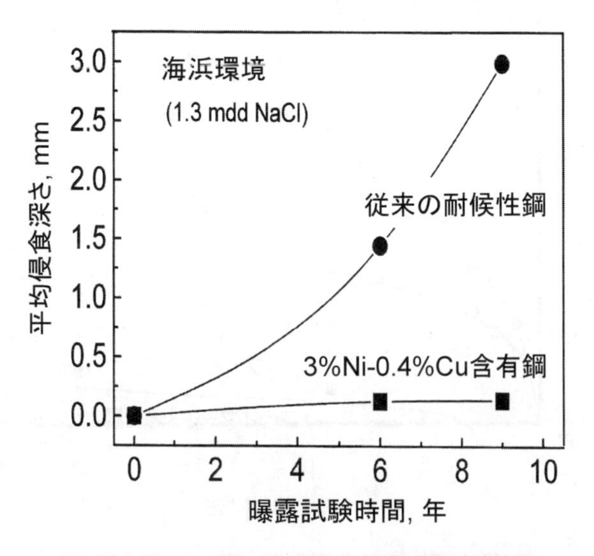

図4　海岸から10 mの地点での長期曝露試験結果

いる。一般環境における従来の耐候性鋼と同様に，新しい耐候性鋼は塩化物イオンが比較的多量に存在する沿岸環境等であっても皮膜が高い保護性と自己修復性を示すと考えられる。

このように，実用されている耐食材料では，材料表面の皮膜が耐食性を担保している。皮膜が自己修復性を示す環境で使用すれば他の防食手段を必要としないので，長期の信頼性が高く経済的な耐食材料であるといえる。

文　　献

1)　大村圭一ほか，新日鉄技報，**389**, 9 (2009).
2)　森下敦司ほか：新日鉄技報 , **377**, 28 (2002).
3)　T. Kaneto *et al.*: Proc. Galvatech' 07, I.S.I.J., 780 (2007).
4)　伊藤陽一ほか，材料と環境' 98, B-113 (1998).
5)　伊藤陽一ほか，第18回防錆防食技術発表大会，21 (1998).
6)　木村正雄ほか：新日鉄技報，**377**, 15 (2002).
7)　宇佐見明ほか：新日鉄技報，**377**, 19 (2002).

事例7　コンクリートのひび割れの自己治癒／自己修復

細田　暁*

1　構造材料としてのコンクリートに期待される治癒／修復とは

コンクリートのき裂は現在は「ひび割れ」と呼ばれる。コンクリートは圧縮には非常に強いが，一般的なコンクリートの引張強度は2N/mm^{2}程度であるため，構造部材に作用する通常の荷重や，コンクリートの硬化過程や硬化後の乾燥による体積変化が拘束されて発生する引張応力により，容易にひび割れが発生する。プレストレストコンクリートなどを除いて一般的な鉄筋コンクリート構造では，コンクリートはそもそも引張力を負担することを期待されていない。そのようなコンクリートのひび割れに対して自己治癒/修復とは必要なのであろうか。必要だとすればどのような性能が回復すればよいのであろうか。本稿ではこれらの問いに答えながら，コンクリート分野での自己治癒／修復に関する研究の動向について紹介する。

コンクリートは，小さなブロック製品や重力式ダムなどを除いて，補強材である鉄筋などの鋼材と組み合わせて用いられる場合がほとんどである。最も一般的なものが鉄筋コンクリートであり，プレストレストコンクリート，鉄骨鉄筋コンクリート，繊維補強コンクリートなどがある。これらの複合材料においてコンクリートに期待される役割は，圧縮力の負担（プレストレストコンクリートの場合はひび割れが発生しない場合に引張力の負担も期待される），鋼材を腐食から保護すること，耐火機能が主なものである。コンクリートが持つメリットは，造形の容易さ，吸音，産業廃棄物を材料として使用できる，など非常に多い。しかし，構造材料としてのコンクリートに期待されている本質的な役割は，圧縮力の負担と鋼材の保護，と理解してよいであろう。

コンクリートは本来，内在する欠陥に対する包容力の大きい材料である。多くの場合，骨材（砂利などの粗骨材や砂などの細骨材）周囲には弱点となる境界相が存在するし，引張応力下では容易に巨視的なひび割れが生じ，圧縮に強い材料ではあるが，常時の圧縮応力レベルで微細な損傷は連結を開始する可能性もある。それでも鉄筋コンクリートの構造体としては，十分に性能を発揮できる。建築家の内藤廣先生（東京大学教授）は，その著書「構造デザイン講義」[1]の中で「わたしはスティールとコンクリートは対照的な素材だと思っています。この二つの素材の中には，人間の思考が持つ根源的な二つの性質が内在しているのではないかと考えているのです。あえて

---

*　Akira Hosoda　横浜国立大学　大学院環境情報研究院　准教授

言えば，『スティールは父性的』なものであり，『コンクリートは母性的』な素材である，という見方です。」と述べている。無駄の無い合理的な構造を追求する鋼構造と違い，コンクリートは多少の欠陥を容認できる懐の広い材料なのである。材料の製造においても，不純物を排除しようとする鋼に対して，コンクリートにはその強度や耐久性の向上を期待して積極的に高炉スラグやフライアッシュなどの混和材料が使用される。まことに懐の広い材料である。

このように，欠陥が内在することを本来の性質とするコンクリートにおいて，自己治癒／修復はどのように求められるのであろうか。

コンクリートとは，市民の生活にとって無くてはならない社会基盤を支えるのに絶対不可欠な材料である。ごくごく一般的な構造物の自己治癒／修復を考えるのか，特殊な重要性の高いコンクリート構造物のそれを考えるのか，よく条件を整理して議論する必要がある。次節以降で，コンクリートに求められる自己治癒／修復について筆者の考えを述べる。

2　自己治癒／修復コンクリートの定義

日本コンクリート工学協会（JCI）の「セメント系材料の自己修復性の評価とその利用法研究専門委員会」（委員長，五十嵐心一金沢大学教授）が2009年7月に発刊した報告書[2]には，2007年度からの2年間に渡る委員会の調査結果がまとめられている。自己治癒／修復機構と技術の現状や，その効果の実験的評価，適用事例などが記載されている。

委員会の大きな成果の一つは，多岐に渡るコンクリートの自己治癒／修復現象を，その機構の面から分類し，定義したことである（図1）。表1に，各現象の機構を示した[2]。

図1中のAは「自然治癒」と定義され，コンクリートが本来保有する治癒能力である。Bは「自律治癒」であり，コンクリートに混和材を意図的に添加することで，水分などが存在する環境下でのひび割れの閉塞を促進することを期待したものである。AとBを包含する概念が「自己治癒」であり，「治癒」という言葉の持つイメージ通り，特別なデバイス類を使用することなく，比較的コンクリート本来の姿に近い形で治癒を期待するコンクリートである。

図1中のCは「自動修復」と定義され，自動的な補修作業を目的としたデバイス類を内包するコンクリートである。「修復」は「治癒」とは異なるイメージを抱かせるが，私は医学における「治療」や「手術」を連想する。BとCを包含する概念が「設計型自己治癒／修復」であり，英語での定義を“Engineered Healing/Repairing”とした。これらの技術が発展してくれば，設計段階において治癒／修復の機能を積極的に考慮することができるようになると期待している。

表2には，各現象に対応するコンクリート分野での研究事例を示した[2]。これらのうち，主なものについて技術の現状と課題について，上記の委員会報告書の内容に基づいて紹介する。

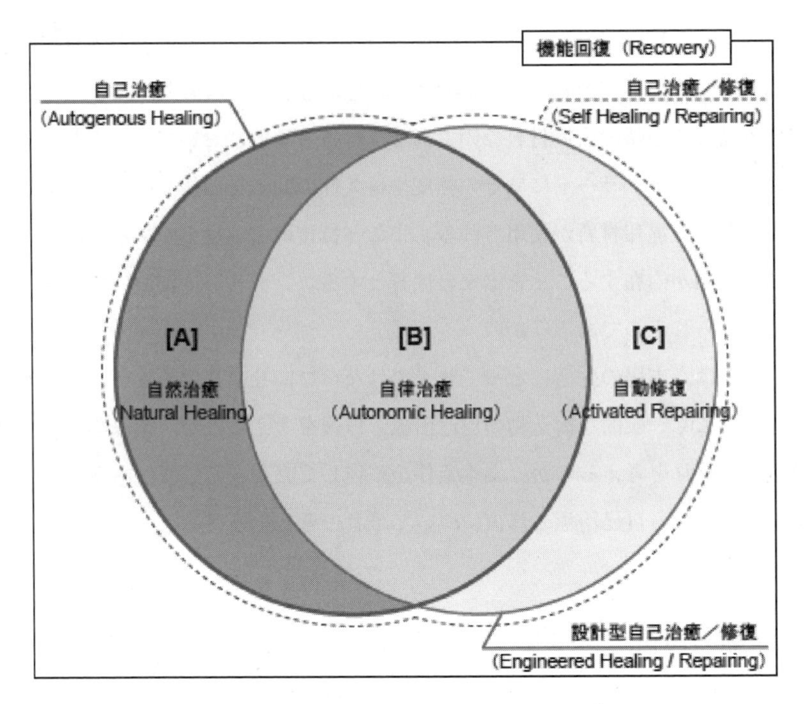

図１　自己治癒／修復コンクリートの定義[2)]

表１　各現象の機構[2)]

自然治癒（Natural healing）：材料設計などに特別な配慮を講じずとも，例えば水分などが存在する環境下でコンクリートのひび割れが自然に閉塞する現象

自律治癒（Autonomic healing）：水分などが存在する環境下でコンクリートのひび割れを閉塞，あるいはそれを促進させることを期待し，適切な混和材の使用などの材料設計を行ったコンクリートにおいて，ひび割れが閉塞する現象

自動修復（Activated healing）：自動的な補修作業を行うことを目的としたデバイス類があらかじめ埋設されたコンクリートにおいて，その機構によってひび割れが閉塞する現象

自己治癒（Autogenous healing）：自然治癒と自律治癒を包含する概念で，水分などが存在する環境下でコンクリートのひび割れが閉塞する現象全体

設計型自己治癒／修復（Engineered healing/repairing）：自律治癒と自動修復を包含する概念で，ひび割れの閉塞・補修を目的として材料設計が行われたコンクリートを用いることにより，ひび割れが閉塞する現象

自己治癒／修復（Self healing/repairing）：これらの人間の手に拠らないひび割れ閉塞現象の全体

【参考】Healing, autogenous ---a natural process of filling and sealing cracks in concrete or in mortar when kept damp.　（ACI の定義より）

表2　各現象に対応する研究事例[2)]

<table>
<tr><th></th><th>用語</th><th>研究事例</th><th>治癒／修復</th><th>発現の種類</th></tr>
<tr><td>［A］</td><td>自然治癒</td><td>低水セメント比の残存未水和セメントの再水和
水理構造物に見られるひび割れの再水和</td><td rowspan="2">治癒</td><td>潜在型</td></tr>
<tr><td>［B］</td><td>自律治癒</td><td>フライアッシュの利用
特殊混和材（膨張材）の利用
ECC 材料に見られる治癒現象
バクテリアの利用</td><td rowspan="2">設計型</td></tr>
<tr><td>［C］</td><td>自動修復</td><td>マイクロカプセル等の混入
脆性パイプネットワークの利用
発熱デバイスの利用
形状記憶合金の利用
モニタリング技術との融合</td><td>修復</td></tr>
</table>

3　自己治癒／修復コンクリート技術の現状

3.1　自然治癒

コンクリートは本来，自己治癒性能を有する材料である。水和反応の継続による微細ひび割れの治癒や，漏水量が時間とともに減少することが報告されている。

鉄筋の腐食や，漏水量に対して定められている許容ひび割れ幅や，鉄筋を腐食から守るためのかぶりなどは，コンクリートの本来の治癒機能を陰に含んだものではないかと考える。自然治癒の機構が十分に解明され，性能を十分に引き出す知見が整備されれば，許容ひび割れ幅の制限値の緩和につながる可能性もある。筆者は，自然治癒の能力を工学的に向上させるものが自律治癒と捉えている。

未水和セメントの継続的な反応による治癒についての研究は，0.30～0.40 程度の水セメント比の高強度コンクリートのものがほとんどである。普通コンクリートの治癒を検討する場合は，ごく初期材齢にて内部損傷の導入を行っている。

未水和セメントに頼らない，$Ca(OH)_2$ の炭酸化による自然治癒も古くから指摘されており，反応を生じるためには水分が必要である[3)]。

海洋環境下における長期暴露試験からは非常に興味深い知見が得られている[4,5)]。暴露期間が10 年，20 年という長期間になると，コンクリートのさまざまな欠陥の自然治癒が観察されるようになる。

15 年間の暴露後の観察により，0.5mm 程度以下のひび割れはほとんどがエトリンガイトと水酸化マグネシウムの充填により閉塞していた。また，ひび割れの閉塞によりひび割れ部の鉄筋の腐食が抑制されていた。一方で，鉄筋－コンクリート界面の空隙が自然治癒されることはなく，内部鉄筋の腐食に大きく影響していた。さらに，海生生物が表面に付着し，生物が生成する

0.05mm 程度の厚さの非常に緻密な炭酸カルシウムを主体とする殻が，コンクリートへの物質浸透の高い抑制効果を持つことも明らかとなっている[6]。

漏水環境下での自然治癒に関する研究も数多い。ひび割れの目詰まりの影響，未水和セメントの継続的な反応，炭酸カルシウムの析出，などが機構として挙げられている。ひび割れ面の凹凸の影響，鉄筋との付着によるひび割れ内部形状の変化，水温，水質の影響などが指摘されており，自然治癒のメカニズムは十分に解明されてはいない。

3. 2　自律治癒

自律治癒コンクリートについては，国内外で活発に研究が行われている。特に地下構造物等のひび割れからの漏水防止を目的としたものの中には，天然ポゾランを原料としてすでに多くの施工実績を有するもの[7]もあり，今後の発展が期待される。

高炉スラグ微粉末やフライアッシュは，コンクリートの混和材としてすでに有効活用されている材料である。特に，高炉スラグ微粉末を含むセメントである高炉セメントは，日本で使用されるセメントの4分の1程度を占める。これらの混和材を活用し，主としてコンクリート中の微細ひび割れの治癒を目的とした研究が多く行われている。ポゾラン反応と呼ばれる混和材の継続的な水和反応を活用したものである。

高炉スラグについては，繰返し載荷により発生させた微細ひび割れの閉塞を超音波伝播速度および塩分浸透深さで評価した事例[8]や，水和が十分に進行する前の若材齢時にひび割れを導入したモルタルの強度回復特性を検討した事例[9]がある。

フライアッシュの継続的な水和反応を活用した研究は，北海道立北方建築総合研究所，室蘭工業大学などの共同研究として行われている[10]。治癒の対象となるひび割れは，曲げひび割れほどの巨視的なものではなく，凍害や乾燥収縮により生じるマイクロクラックである。凍結融解作用による劣化が生じた後，圧縮強度，相対動弾性係数，中性化深さ，細孔容積，視覚的なひび割れの情報などから治癒性能の評価を行っている。現状では，フライアッシュのもつ潜在的な治癒能力の評価として実構造物の置かれる環境よりも有利な40℃4週間での水中養生を劣化後に行っており，フライアッシュセメントの高い治癒効果が示されている。現状では，構造物の設計体系が凍害による性能低下を許容する体系となっているとは言えず，フライアッシュによる性能回復を，設計時にどのように位置づけるかが課題であろう。

地下構造物からの漏水防止を目的とした自律治癒コンクリートについての研究も活発である。天然ポゾランの継続的な水和反応を期待したコンクリートがすでに多くの実構造物で使用されている。地下構造物の防水対策，漏水処理には多額の費用がかかるため，材料の初期コストアップが許容されるのである。

筆者らは，膨張材を活用し，漏水環境下にてひび割れ間が析出物等で閉塞する自律治癒コンクリート（図２）の開発を行ってきた[11,12]。ひび割れ閉塞効果の長期間に渡っての保持，フレッシュコンクリートの施工性への課題，などがあり，さらに性能の向上を目指している。筆者らの関与する自己治癒（自律治癒）コンクリートは，2007年11月に鉄道構造物のトンネル覆工コンクリートに試験的に適用された（図３）。トンネルの２次覆工コンクリートの背面には防水シートが設

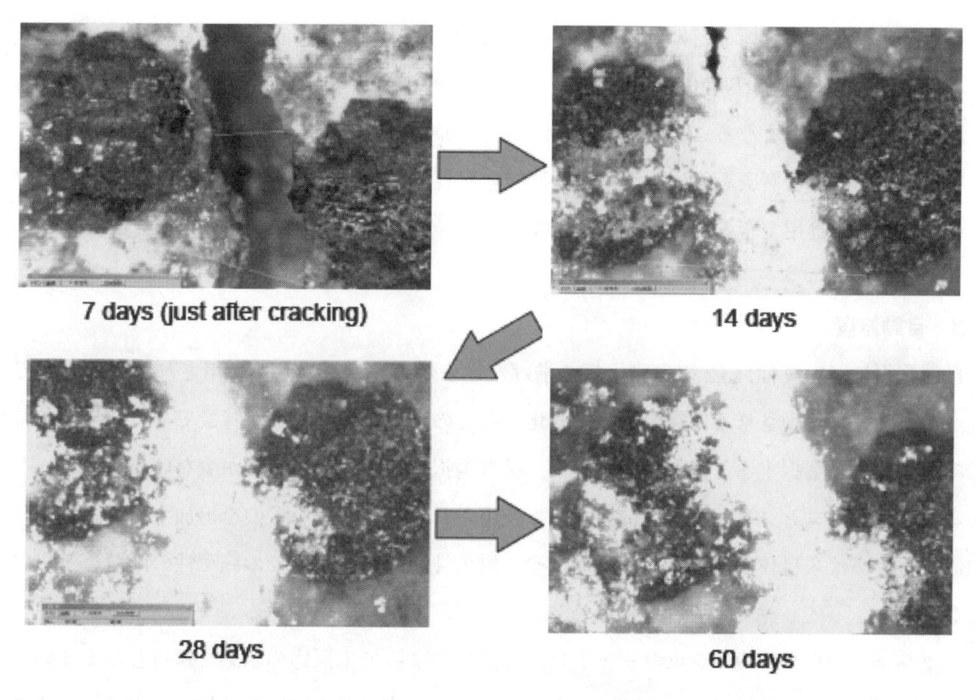

図２　膨張材を活用したコンクリートのひび割れ閉塞（0.4mm）

図３　鉄道構造物のトンネル覆工コンクリートに適用された自己治癒コンクリートと施工直後の漏水

置されているため，覆工コンクリートにはひび割れが発生しにくくなっているが，インバートコンクリートと自己治癒コンクリートを用いた覆工コンクリートの打継ぎ部から漏水が認められ，その後の経過観察が続けられている。

ECC（Engineered Cementitious Composites）とは，高靭性を付与するために多量の短繊維を添加した繊維補強セメントをベースとする複合材料である。フライアッシュを含むECCの自律治癒が検討されている[13]。繊維の架橋効果により非常に小さいひび割れが分散して発生することと，水結合材比が小さいことによる継続的な水和により，力学的性能が回復することが示されている。ECCは我が国で実用化されており，ひび割れ部以外が非常に緻密であり，ひび割れ部のみが耐久性上の弱点となることから，自律治癒効果の積極的な活用が期待される。

バクテリアによる石灰石析出を活用した研究も海外で行われているが，基礎的研究の段階で，コンクリートに適用できるレベルにはまだない。

3.3　自動修復

自動修復においては，3.2の自律治癒で挙げた従来から混和材として使用されているものでなく，接着剤等に代表される修復のために特化したものが用いられる点が特徴である。補修に特化して機能要素を選択することが可能となり，材料選択や使用環境に制限が少ないのはメリットである。しかし，コンクリート内部に埋設して使用された実績がないものを追加することになり，埋設するデバイス自体が欠陥となる可能性や，耐久性の問題，現場での施工性の問題などが課題となる。

パッシブ型の自動修復コンクリートとは，保護材によって未反応の状態を保持したままの補修剤がコンクリート中に埋設されるものである。ひび割れ等の発生に応じて保護材が破損することで，変状の発生を材料自身が検知し，補修剤が放出され，補修剤がコンクリートや空気などと接することで硬化する。マイクロカプセル中に補修剤を封入したもの[14]，ECCの内部に補修剤を封入した非常に細いガラスパイプを埋設したもの[15]，脆性パイプを配置して外部から補修剤を供給するもの[16]，などが報告されている。

アクティブ型の自動修復コンクリートとは，ガラスパイプや補修剤などのデバイスに加えて，これらのデバイスを確実に起動させるために，外部からの入力によって機能を発揮するデバイスを併設し，ひび割れ発生箇所での選択的な駆動により，一層確実な自己修復を目指すものである。発熱デバイスを利用して，ひび割れ部での局所的な変形を電気抵抗として活用し，発熱によりパイプをひび割れ部で融解させる技術[17]が報告されている。また，形状記憶合金を用いた研究も報告されている。

4　コンクリート分野における今後の展開と期待

コンクリートは非常に安価な材料であり，したがって膨大な社会基盤の建設に使用されている。一般的な構造物を対象にすれば，過度な治癒／修復機能にはコストが障害として立ちはだかるであろう。一方で，ひび割れを発生させない技術も多く存在し，相応のコストが発生する。ひび割れの防止・制御に関する研究は多くなされているが，さまざまな環境，使用材料，施工条件で建設されるコンクリート構造物のひび割れを精度良くコントロールすることは容易ではない。ここに治癒/修復技術がセイフティーネットとして活躍できる可能性があると考える。

コンクリート構造物には，ひび割れの発生を許容しない気密性・水密性を求められる重要構造物や，例えば月面に建設する構造物，人が容易に出入りできない重要構造物など，特殊なものも存在する。建築物でも所有者によっては絶対にひび割れを許さない方もおられるかもしれない。そのような場合には，コストが高くても，万が一ひび割れが発生した場合に確実に治癒/修復できる技術が求められる可能性はある。

各種技術の一層の発展，性能評価方法の確立，設計体系におけるひび割れ抑制技術と治癒/修復技術の役割の明確な位置づけ，ひび割れの補修までを考慮した発注・契約体系の整備がなされることを期待する。

文　献

1)　内藤　廣：「構造デザイン講義」，p.108, 王国社 , 2008.8
2)　日本コンクリート工学協会：「セメント系材料の自己修復性とその利用法研究専門委員会」報告書，2009.7
3)　Neville, A. : Autogenous healing - A concrete miracle ?, *Concrete International*, Vol.24, No.11, pp.76-82, 2002
4)　Tarek Uddin Mohammed・濱田秀則：海洋環境に暴露されたコンクリートの空隙，ひび割れおよび打継目の自然治癒について―長期暴露試験より観察されたこと―，コンクリート工学，Vol.46, No.3, pp.25-30, 2008.3
5)　Tarek Uddin Mohammed・濱田秀則：コンクリート中の鉄筋の腐食について―長期暴露試験より観察されたこと―，コンクリート工学，Vol.46, No.4, pp.23-26, 2008.4
6)　濱田秀則・岩波光保・丸屋剛・横田弘：海生生物付着による海洋構造物の耐久性向上について，コンクリート工学年次論文集，Vol.24, No.1, 2002
7)　ベストン株式会社ホームページ，http://www.bestone-co.jp/index.html
8)　松下博通ほか：高炉スラグ含有コンクリートの微細ひび割れの閉塞に関する研究，セメン

ト・コンクリート論文集, No.52, pp.638-643, 1998

9) 松下博通・陶佳宏・清崎里恵：初期ひび割れを導入したモルタルの強度回復特性, コンクリート工学論文集, Vol.14, No.1, pp.57-65, 2003

10) 例えば, 自己修復コンクリートの実用化, 北海道立北方建築総合研究所, 調査研究報告書, 2009

11) 山田啓介・細田　暁・在田浩之・岸　利治：膨張材を用いたコンクリートのひび割れ自己治癒効果, コンクリート工学年次論文集, Vol.29, No.1, pp.261-266, 2007

12) Ahn,T.H. and Kishi, T.: The effect of geo-materials on the autogenous healing behavior of cracked concrete, Proceeding of 2nd ICCRRR2008, Cape Town, South Africa, Nov.2008

13) Li V.C. and Yang E.H.: Self-healing in concrete materials, Self-healing materials, Springer Series in MATERIALS SCIENCE, Dordrecht, The Netherlands, pp.161-193, 2007

14) Dry C.M.: Design of Self-growing, Self-sensing and Self-repairing Materials for Engineering Applications, *Proceedings of SPIE*, Vol.4234, pp.23-29, 2001

15) Li V.C. et al: Feasibility study of a passive smart self-healing cementitious composite, *Composites Part B: Engineering* **29** (6), pp.819-827, 1998

16) Nishiwaki T., Leite J.P. de B., Mihashi H.: Enhancement in Durability of Concrete Structures with Use of High-Performance Fiber Reinforced Cementitious Composites, Proceedings of CONSEC' 04, Vol.2, pp.1524-1531, 2004.6

17) Nishiwaki T., Mihashi H., Jang B.K., Miura K.: Development of Self-healing System for Concrete with Selective Heating around Crack, *Journal of Advanced Concrete Technology*, Vol.4, No.2, pp.267-275, 2006.6

事例8　フライアッシュを使用した自己修復コンクリートの実用化

桂　修[*1]，谷口　円[*2]，佐川孝広[*3]，濱　幸雄[*4]

1　はじめに

コンクリート構造物に生じる比較的小さなひび割れが，水分の供給を受ける環境下において自然に閉塞するいわゆる「癒着」の現象は古くから経験的に知られ，近年では，これらを積極的に制御，利用しようという取り組みが行われている[1)]。

ここでは凍結融解作用等で生じる微細ひび割れをフライアッシュにより長期的に修復させようとする自己修復コンクリートについて述べる。

2　修復対象となるひび割れと自己修復

2.1　修復対象となるひび割れ

コンクリートはその材料特性からひび割れの発生が避けられない材料である。コンクリートは多孔体であり，大小様々な孔を持つ。これら細孔中に存在する液状水や水蒸気は外部の環境条件と平衡するよう，蒸発・乾燥し，この時乾燥収縮が生じる[2)]。収縮ひずみは様々な条件で拘束され，ひび割れる事で解放される。柱，梁など部材レベルの拘束では肉眼で確認できるひび割れを生じ，部材断面内では内外の乾燥状態により，肉眼で確認出来ない微細なひび割れを生じる場合もある。

また，凍害を受けたコンクリートも，マイクロクラックと呼ばれる数μm～数十μmの微細ひび割れが発生することが知られている[3)]。

コンクリートのひび割れによる弊害は，ひび割れを通じ，内部に様々な物質が浸透することで

＊1　Osamu Katsura　北海道立北方建築総合研究所　居住科学部　主任研究員

＊2　Madoka Taniguchi　北海道立北方建築総合研究所　生産技術部　技術材料開発科　研究職員

＊3　Takahiro Sagawa　日鐵セメント㈱　技術部　研究開発グループ　副主幹研究員

＊4　Yukio Hama　室蘭工業大学大学院　工学研究科　くらし環境系領域　教授

ある。浸透する物質，その量はひび割れ幅に依存し，幅が大きい場合には漏水が発生する。マイクロクラックは漏水を招くことはないが，二酸化炭素や塩化物イオン等の劣化因子が進入するには十分な幅を持ち，凍結融解作用を受けたコンクリートでは中性化が促進される[3)]。

フライアッシュを使用した自己修復コンクリートでは，凍害や内部拘束によるマイクロクラックを修復対象とした。

2.2 フライアッシュを使用した自己修復コンクリート

2.2.1 修復の機構とセメント，フライアッシュの反応

ひび割れの修復には，セメント系材料の再水和による機構を想定した。水セメント比は通常の範囲としたコンクリートとするため，反応の速いエーライトが大半を占める普通ポルトランドセメントでは長期にわたり未水和分を残存させることが難しい。そこで，セメント鉱物よりも反応速度の遅いフライアッシュを混和することとした。

図1にセメントとフライアッシュの20℃での反応率の測定例を示す。

セメント，フライアッシュの反応を自己修復機構とし，コンクリートの材料設計を可能とするには，セメントおよびフライアッシュの反応の温湿度依存性，フライアッシュの水和反応による空隙の充填性について検討し，長期間での反応予測が必要となる。そこで，温湿度条件を変えたセメント，フライアッシュの水和反応実験を行い，セメント鉱物[4,5)]，フライアッシュ[6)]の反応速度および体積変化を検討し，拡散を律速とする式によりモデル化した。

また，屋外環境条件でのコンクリート中の温湿度測定を行うことで[7)]，水和反応モデルと温湿度の実測値から，実環境でのセメントおよびフライアッシュの反応が予測可能となる。図2に旭川市の屋外に2年間おかれたコンクリート内部の温湿度測定結果とセメント鉱物（エーライト，

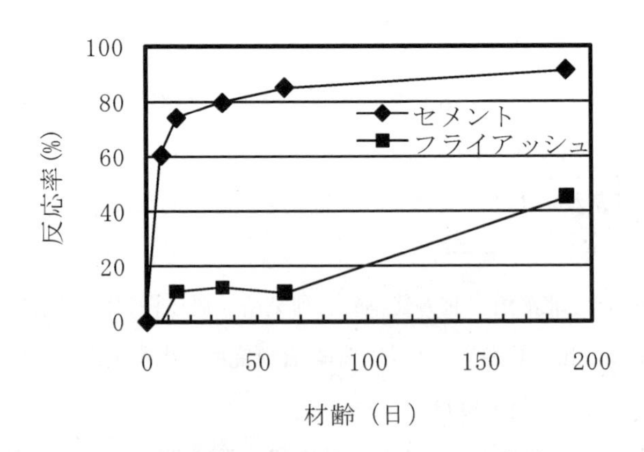

図1　セメント，フライアッシュの反応率測定例
（普通ポルトランドセメントにフライアッシュを10%混合したもの）

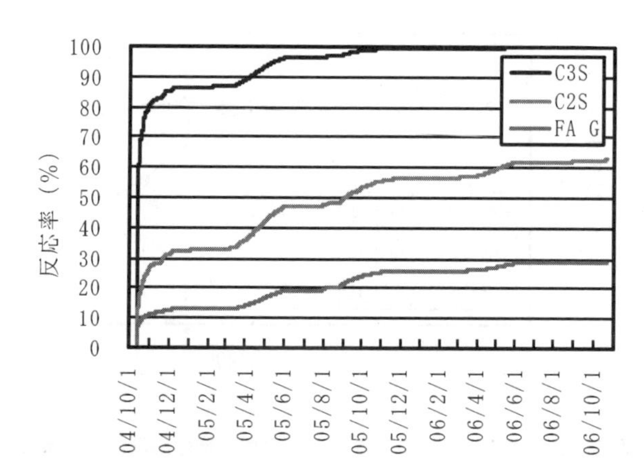

図２　実環境温湿度測定に基づくセメント鉱物とフライアッシュの反応率算定結果例

ビーライト（以下それぞれ C3S,C2S））とフライアッシュの反応率算定結果を示す。

2.2.2　自己修復コンクリートの調合設計

フライアッシュ混和量の決定は以下の仮定により行った。

⑴　乾燥収縮

初期材齢において長さ変化で 0.1％程度の収縮が表面に発生するものとし，体積では 0.3％程度の空隙を充填することを目標とする。

⑵　凍害

相対動弾性係数が 60％まで低下すると，圧縮強度は約半分[3]，長さ変化は 0.1％程度の増となる。長さ変化が 0.1％であれば，体積で 0.3％の増加したこととなる。施工後初の冬で相対動弾性係数 60％まで低下すると仮定し，次に凍結するまでにそれを修復するため，この期間に体積で 0.3％の反応生成物が得られることを目標とする。

⑶　空隙の過充填

フライアッシュを大量（セメント量の 30％）混合したコンクリートにおいて，フライアッシュの反応が促進される 40℃養生を行うと凍結融解抵抗性が低下する場合がある（図 3）。これは，フライアッシュの反応生成物により，気泡の一部が充填されたためと考えられる。そのため，過剰な空隙充填を避ける為，フライアッシュの最大混和量の目標値を調合時の水隙を最大として充填できる量とした。

図２に示したセメント，フライアッシュの反応率推定結果から，フライアッシュのガラス質の反応率は，打設後最初の冬を過ぎ２度目の冬を迎えるまでに 13.1％から 25.6％へ増加する。セメント，フライアッシュの反応速度と体積変化の検討結果から，単位反応体積あたり，セメントでは 2.06 倍の体積増を，フライアッシュでは 3.40 倍の体積増をそれぞれ示す結果となった。これ

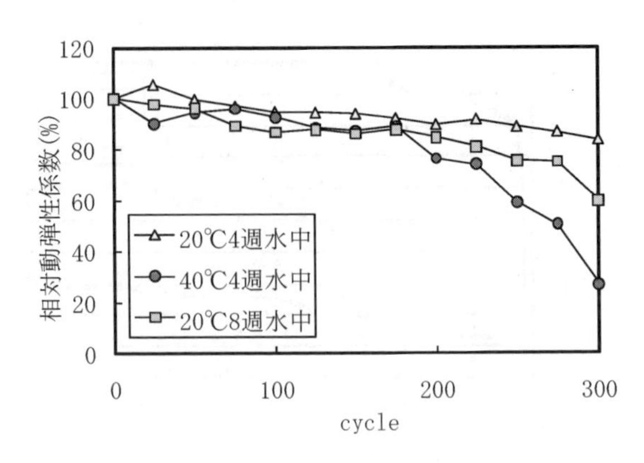

図3　フライアッシュコンクリートの促進凍結融解試験結果例

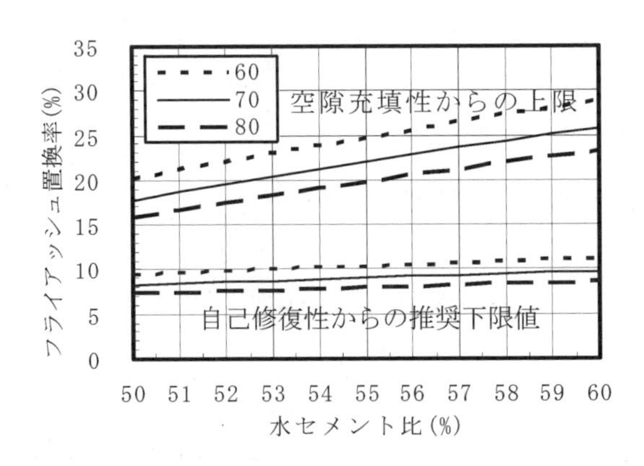

図4　フライアッシュ混入量の範囲
(混入量はセメント質量に対する割合で表し，凡例 60, 70, 80 は
フライアッシュの酸不溶性ガラス質割合を示す)

らの結果から，(1)〜(3)を満たすフライアッシュ混和量を算定すると図4に示す通りとなる。この図から，必要なフライアッシュ置換率は水ポルトランドセメント比50から55%では10から15%，水ポルトランドセメント比55から60%では11から20%となる。これはJISR5213に規定されるフライアッシュセメントB種を用いることで，対応が可能な範囲である。

3　ポテンシャルとしての自己修復性能

実環境での自己修復コンクリートの修復性能の評価には長期間が必要となるため，促進凍結融解試験により評価・検討を行った。これは，凍害ひび割れに対する自己修復性能のポテンシャルを評価するものと位置づけた。

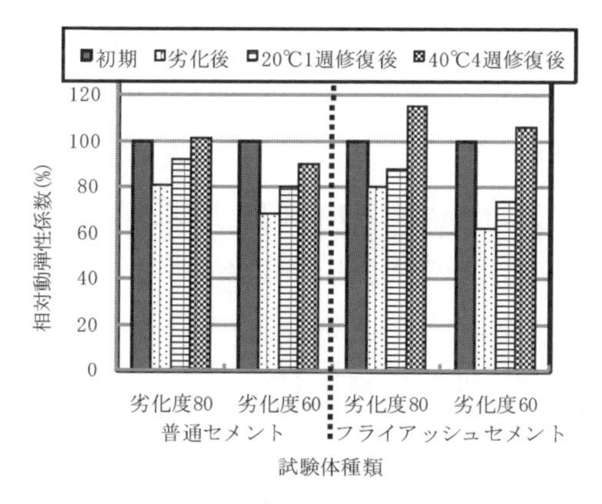

図5　普通セメントおよびフライアッシュセメントを用いたモルタルの相対動弾性係数の変化[8)]

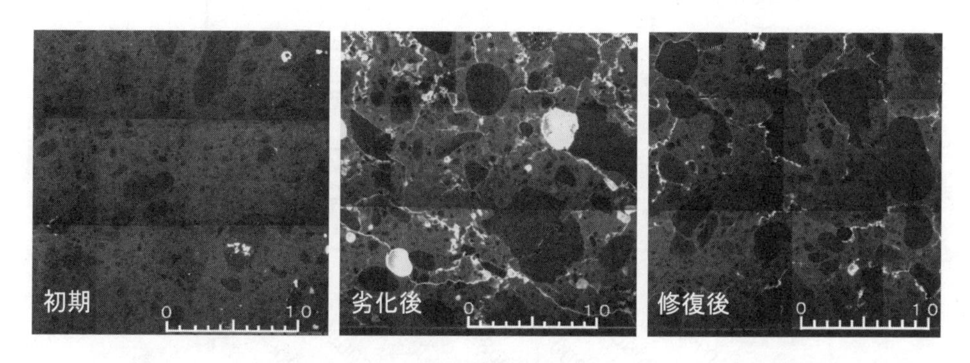

写真1　コンクリート表面のひび割れの観察[9)]

図5に水セメント比が55％の普通セメントおよびフライアッシュセメントを使用したモルタルの凍結融解後および再養生後の相対動弾性係数の変化を示す[8)]。フライアッシュはセメント質量の20％を細骨材に置換した。普通セメント，フライアッシュセメントのいずれも，劣化後の再養生で相対動弾性係数は回復したが，修復効果はフライアッシュセメントで高かった。

写真1に修復前後でのコンクリートのひび割れ状況を示す[9)]。フライアッシュは細骨材体積の20％量を置換した。凍結融解作用後（劣化後）にはマトリックス部分に網目状のひび割れが認められるが，修復後には網目状のひび割れが減少したことが確認できる。

4　実環境での自己修復コンクリート

実際の供用環境での長期的な自己修復効果の検証を行うため，1500 × 1500mm，幅500mm，厚さ150mmのボックスカルバートを作製し，屋外暴露試験を北海道内の3地域（江別，室蘭，旭川）で行っている。作製したコンクリートは2.2.2に示した調合設計手法による自己修復コンクリートと比較用の同じ水ポルトランドセメント比のコンクリート（普通コンクリートと表す）である。暴露開始は2007年10月である。自己修復性能の非破壊モニタリング手法として超音波伝搬速度の測定をほぼ半年ごとに行っている。図6に現時点（暴露後2年まで）で得られている結果を示す。冬期に超音波伝搬速度の明確な低下が認められず，凍害劣化を受けたとは言い難く，修復効果も今のところ明確ではない。

コンクリートは，セメント，水，粗骨材，細骨材等から構成される複合材料であり，コンクリー

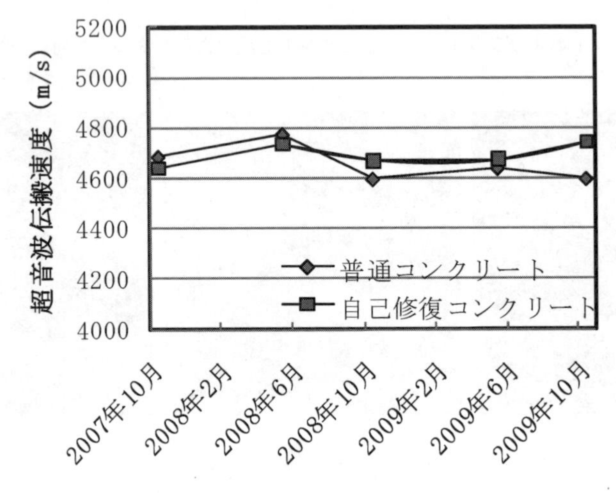

図6　超音波伝搬速度測定結果

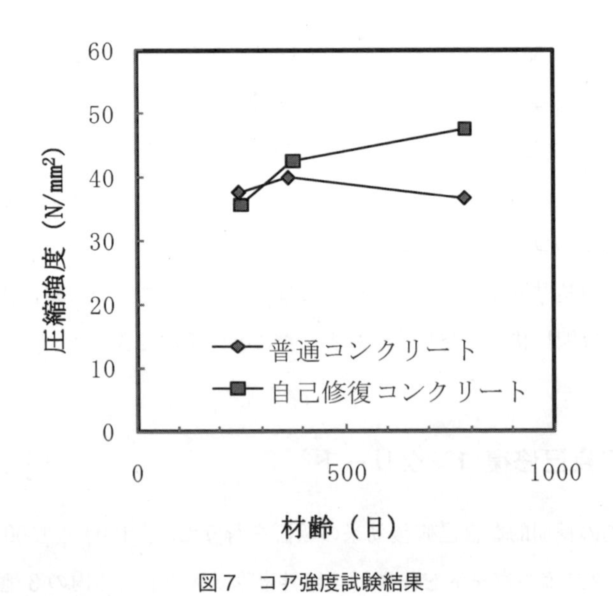

図7　コア強度試験結果

ト中のセメント鉱物やフライアッシュの反応を直接測定することは困難である。そのため，コア強度から実環境の養生の効果を検討した。

図7にコア強度の試験結果を示す。普通コンクリートでは，ばらつきはあるがほとんど強度増進が確認できなかった。自己修復コンクリートでは時間の経過に伴い明確に強度増進が確認された。

自己修復コンクリートの養生の効果を検討するため，20℃水中で得られた材齢と強度の近似曲線を用い屋外の半年，1年，2年で得られた圧縮強度を20℃水中養生材齢に換算した。屋外の材齢半年で得られた強度は20℃水中では15日で得られ，以下1年が42日，2年が92日となった。同じ水ポルトランドセメント比の普通コンクリートでは強度増進がほとんど認められず，セメント鉱物の水和反応はほとんど進行しないものと推測される。このことは図2に示した計算結果で，C3Sの反応が1年で全て反応していることに一致する。これにより自己修復コンクリートでの持続的な強度増進はほぼフライアッシュの反応によるものと考えられる。寒冷地である旭川市の1年間の屋外環境条件は20℃水中養生約40日分の養生に相当し，この間にフライアッシュの水和が進行すると考えられる。

5　まとめ

本稿ではフライアッシュを使用した自己修復コンクリートについて，修復対象となるひび割れ，修復を期待する機構，調合設計手法および凍害劣化に対する修復効果について記した。促進試験で得られたコンクリートの自己修復効果は，屋外の供用環境下においても発揮され長期間にわたり期待出来ると考えられる。

文　献

1)　セメント系材料の自己修復性の評価とその利用法研究専門委員会報告書，社団法人日本コンクリート工学協会（2009.3）
2)　鉄筋コンクリート造建築物の収縮ひび割れ―メカニズムと対策技術の現状―，日本建築学会，pp.3-4 (2003)
3)　松村宇ほか，凍害を受けたコンクリートの性状と劣化度評価法に関する研究，日本建築学会構造系論文集，第563号，pp.9-13 (2003.1)
4)　佐川孝広ほか，粒度分布を考慮したセメント鉱物の反応率と強度発現，セメント・コンク

リート論文集，No.59, pp.45-52 (2005)
5) 佐川孝広ほか，水和物の析出空間を考慮したセメント鉱物の水和反応モデル，第61回セメント技術大会講演要旨，pp.76-77 (2007)
6) 谷口円ほか，フライアッシュの反応速度に関する研究，コンクリート工学年次論文集，pp. 189-194 (2007)
7) 濱幸雄ほか，寒冷環境下に暴露したコンクリート内部の温湿度変化とセメントの水和度，コンクリート工学年次論文集，pp. 819-824 (2007)
8) 藤原祐美ほか，フライアッシュを用いたモルタルの自己修復効果，コンクリート工学年次論文集，Vol.29，No.1，pp.303-308 (2007)
9) 濱幸雄ほか，早強・低熱混合系セメントおよびフライアッシュを用いたコンクリートの自己修復性能，日本建築学会大会学術講演梗概集 A-1分冊，pp.515-516 (2006.9)

事例9　自己修復遮水シート

長屋幸助*

1　遮水シートのニーズ

一般・産業廃棄物最終処分場（埋め立て処分場）は，処分場からの人体に影響を及ぼす危険な物質の漏水による地下水汚染に対するおそれから，その土地の確保および建設に住民の理解を得ることが非常に困難になっている。廃棄物最終処分場には，遮断型，管理型，安定型とがある。遮断型（鉄筋コンクリート製）は完全に漏水を遮断する形式のもので，危険物質を，管理型（特殊な遮水シート使用）は焼却灰および一般廃棄物を，また安定型は鉄屑，木材，コンクリート等の安全な建築廃材を埋め立てる。しかし，安定型でさえ，住民の理解が得られず，各自治体はその建設に苦労している現状であり，そのための行政費用が極めて大きくなっている。上記の管理型処分場を考えた場合，目下のところ保護層・ゴムシート・粘着シート・ゴムシート・保護層の5層構造のシートが一般的に用いられている。このシートには，釘等が刺さっても粘着シートによりそこから漏水しづらい工夫がなされているものの遮水は完全では無く，釘等が抜け落ちたり錆びたりした場合もそこから漏水する。そこで，シート・粘土層・シートの3層構造の自己修復機能を有する処分場も提案されているが，工事費用が嵩み，修復までの時間が遅く，相当の漏水がある[1)]。しかし，シートが破れても瞬時に自己修復するというフェールセーフによる安全性の確保ができれば，住民の理解も得られやすく，建設費，管理費が極端に安くなると考えられる。本稿では，フェールセーフの立場から，仮にシートが破れても自己修復を瞬時に行う著者らの開発した自己修復シートの概要を紹介する[1)]。

2　本シートの自己修復のメカニズム

ここで紹介する遮水シートの基本構造は図1に示すようなもので，2枚のゴムシートの間に粉末状の吸水ポリマーがサンドイッチされており，適当な間隔で格子状に上下面を縫い合わせてある。この中に水を注入すると，内部の吸水ポリマーが半固体のゲル状になり膨張する。このとき，吸水ポリマーは格子内に閉じこめられているので，格子内部に膨潤圧が発生する。この状態で

*　Kosuke Nagaya　群馬大学　名誉教授

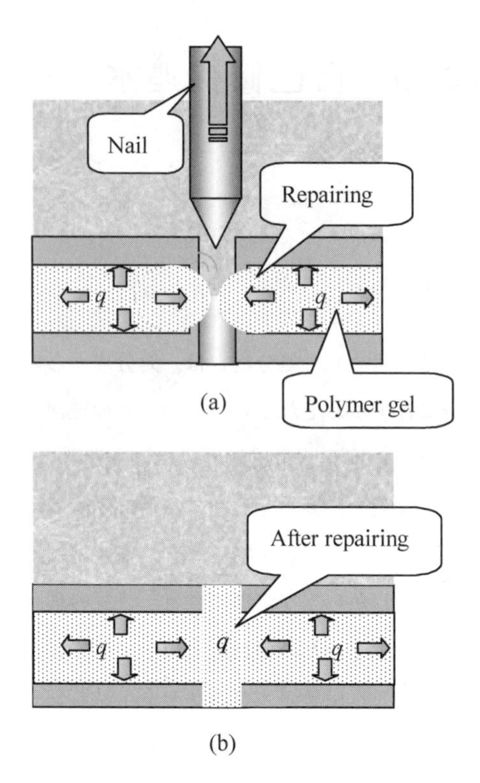

図１　自己修復のメカニズム

シートに釘を刺すと，釘の太さ分だけゲル化した吸水ポリマーが押しのけられるが（図 1a），釘を抜いた瞬間に穴がゴムの弾性で小さくなり，最終的にあけられた穴も膨潤圧 q がゲル化した吸水ポリマーに作用して瞬時に穴を塞ぐ（図 1b）。

3　本シートの基礎的特性試験

3.1　試験片の構造

本遮水シートは上下が防水ゴムシート，その内側に各々吸水シートが貼ってあり，その２枚の吸水シートの間に高分子ポリマーが配置された５層構造である。このとき，２枚の吸水シートは吸水ポリマーをサンドイッチして，碁盤目状の格子内に縫い合わせて吸水ポリマーを碁盤目状の格子内に閉じこめる構造とする。実験は上記のシートのひとつの格子について行う。実験で用いたシートは，３枚の円板状ゴムシート（厚さ 1.5 mm）を，ゴム糊で接着して作成した。中間部のゴムシートには，45 mm× 45 mmの正方形の穴があいており，その穴に吸水布でサンドイッチされた吸水ポリマーが入れられており，この部分が実際のシートの格子部分に対応する。実際のシートでは，格子は独立しているので，本実験の性能がそのままシートの性能となると考えて良い。このシートを漏水試験装置に取り付けて，漏水特性を調べる。漏水試験装置は試験片をねじで締め付けて試験容器に固定できるようになっており，試験容器内の水圧は水圧計で計測できるようになっている。

3.2　ポンチ径と亀裂長さの関係

屋上防水シートあるいは廃棄物最終処分場のシートは，石，鉄筋の屑，釘などの突起物により穴があけられる。このときのシートの破れ方は丸く穴があくのでは無く，直線上の亀裂となる。シートに突起物（ポンチ）で穴があけられたときの，シートの亀裂長さとポンチ径の関係を調べたところ，ポンチ径10mmで7mm，ポンチ径20mmで16mm，ポンチ径30mmで23mmの直線状亀裂が残った。すなわち，シートに作られる直線上亀裂の長さは，弾性変形の影響によりポンチ径よりかなり小さくなる。

3.3　本遮水シートの自己修復特性と漏水圧の検討

実験では，吸水ポリマーにサンフレッシュST-500D（三洋化成）を用いた。この吸水ポリマーは，ポリアクリル酸ソーダの架橋物であり，粒径は150μm～850μmである。また吸水布には一般的な医療用ガーゼを用いて実験を行った。

直径10 mm，20 mmおよび30 mmの3種類のポンチで防水シートの試験片に穴をあけたあとポンチを引き抜き，それを漏水試験装置に取り付け，水を試験装置内に注ぎ，圧力を与える。このとき，ポンチ径が20 mm以下のときは，水を注いでいるときも一滴の漏水もない。また，ポンチ径が30 mmと大きくなったときは，水を注いでいるとき，ほんのわずかの漏水があるが(1cc以内)，瞬時（数秒）に止水する。本シートの止水特性を大きくするには，シートにサンドイッチする吸水ポリマーの量が多ければ多いほど良くなる。しかし，シートは薄いほどコストも安く，運搬経費，施工費も安価となる。そこで，吸水ポリマーの量と漏水圧力の関係を調べてみた。図2は漏水圧力と吸水ポリマーの質量密度の関係を調べたものである。図中実線はシート内に吸水布を上下に入れた場合の結果であり，破線は吸水布を入れず，単に吸水ポリマーのみをサンドイッチしたときの結果であり，Dはポンチの直径を表す。図から，吸水ポリマーの量が0.049 g/cm^{2}程度で漏水圧が極端に上昇し，若干のばらつきはあるものの，吸水ポリマーの量の増加に比例して上昇する。吸水布の影響については，ポンチ径が小さい場合，吸水布の影響はほとんど無いが，ポンチ径が大きくなると，吸水布を入れた場合の方が漏水圧が高くなることがわかる。これは，吸水布が無い場合は，ある程度水とともにポリマーが外へ排出されるのに対し，吸水布がある場合は，ポリマーが吸水布に捕捉されて排出がないのと，吸水布の毛細管現象で水が格子

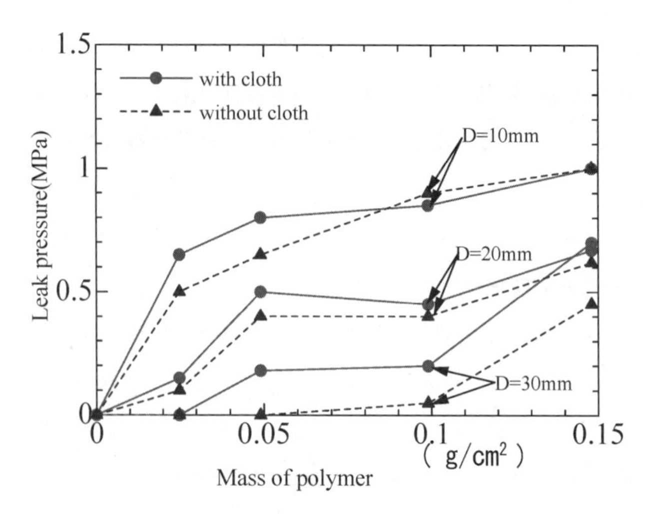

図2　吸水ポリマーの量と漏水圧の関係

内に行き渡り，格子内のポリマーが全体的に膨張したために格子内の膨潤圧が大きくなったためと思われる。

吸水ポリマーの量が0.148 g/cm^{2}程度のとき，ポンチ径が10mmのときの漏水圧は1MPa（水柱約100 m）になっている。本実験装置の耐圧は1MPaであるので，これ以上の測定ができなかったので，測定値の限界をこの図では示している。実際には1MPaより大きい漏水圧となる。ポンチ径が30 mmのときで，吸水布が有る場合とポンチ径が20 mmのときの漏水圧（0.7MPa）はほぼ同じとなっている。すなわち，定量的には，ポンチ径が10 mmのときは1MPa以上，20 mmおよび30 mmのときには約0.7MPaまでの水圧に耐えて漏水しないことがわかる。以上より，経済性を考えた場合，0.15 g/cm^{2}程度の吸水ポリマーの量が実用上の観点から望ましいように思われる。

3.4　穴の自己修復の状態

30 mmポンチ穴に対して，ポンチで穴を明けている過程を図3に，上記の実験を行い，シートの円板を取り出して写真撮影したものが図4である。この図から，吸水ポリマーが水を吸って穴を完全に塞いでいることがわかる（図で若干黒みがかった白の部分は透けているのではなく膨張した吸水ポリマーを示す）。

3.5　吸水ポリマーの乾燥による影響

上記のように本自己修復シートを用いると，仮にシートに穴が開いても完全に修復し，漏水を遮断するが，廃棄物最終処分場の水が完全に無くなり，シート内の吸水ポリマーが乾燥した後，

図３　直径 30mm のポンチで穴をあけている状況

図４　修復後の穴の状況

雨が降ったとして，その遮断効果が無ければならない。そこで，吸水ポリマーの乾燥後の止水効果を調べた。まず吸水ポリマーを吸水させた後乾燥させ，さらに水を加えた場合に膨張するかどうかの実験をコップを用いて行った。その観察の結果，吸水ポリマーは乾燥後にもまた水を吸収する効果があることが分かった。また，ゴムシート内で吸水ポリマーが乾燥すると，その膨張が縮小し，かつ水で固まった吸水ポリマーが乾燥時に亀裂を発生し，そこから漏水する危険があるように思われた。そこで，上記漏水試験を行ったあと，試験片のシートを漏水試験装置から取り出し，10 日間吸水ポリマーを乾燥させ，再び実験を行ったところ，上記とほぼ同様の結果を得た。すなわち，本シートは湿潤と乾燥が繰り返されても十分な止水効果を発揮する。

4 本シートの実用化への対応

4.1 吸水ポリマーの接着剤による接着法

吸水ポリマーは粉末状であるので，シートを切り取って使用するとき，切り口から吸水ポリマーが漏出する。吸水ポリマーの漏出した部分は当然止水効果が無くなるので，シートを切り取った場合に，吸水ポリマーの漏出を防ぐことが実際のシートでは必要である。この対策として吸水ポリマー同士を接着し，またポリマーを吸水布に接着させることで，シートを切ったときの切り口からのポリマーの漏出を防ぐことができる。その接着剤としてゴム糊を混入した場合が著者らにより検討されている[1]。ゴム糊が混入されると当然のことながら漏水圧は減少するが，ゴム糊の量が5%以内では，吸水ポリマーの膨張はあまり変わらないようで，漏水圧はほとんど変化していない。しかし，ゴム糊の量が10%になると，糊を入れないときに比べ漏水圧が最大で30%程度減少する。

4.2 吸水ポリマーの熱圧着による接着法

エチレングリコール液に水を混合した溶液を吸水ポリマーに少量吹きかけ，ポリマーに熱と圧力を与えることで，ポリマーに粘着力を発生させ，ポリマー粉末をねばねばしたゴム状に固める方法が著者らにより開発されている。このような方法を用いて吸水ポリマーブロックを作ると，接着剤は必要なくなる。

4.3 遮水シートの製作

厚さ1.5mmの防水用ゴムシートを長さ20mm，幅10mmに切り取り，それを試験片として引張試験を行った。このシートの延性は非常に大きく，穴無しでは400%，試験片の幅方向に4mmの亀裂を開けたときでも，280%程度が破断強さとなっている。屋根の防水，廃棄物最終処

図5 試作された遮水シート

分場に用いられるシートに加えられるひずみは熱による伸縮，地震による伸縮があり，かなり大きいものの，最大で10％程度と考えられる。したがって，防水用ゴムシートを用いた場合，その延性は十分で，広いシートに数センチ程度の破れ（亀裂）があり，それが熱とか地震により延ばされても亀裂が拡大することは無いと考えて差し支えない。図5はこのシートを用いて実際に製作された遮水シートである。製造法は，まずミシンで縫える程度の大きさの長方形の不織布でできた袋に適当な量の吸水ポリマーを入れて平らにした後に上記の溶液をポリマーに吹き付け，適当な大きさの格子をミシン縫いしてポリマーブロックを作る。そのポリマーブロックを熱融着シート，防水ゴムシートの順にサンドイッチし，熱接着機のロールを通してポリマーブロックと防水シートを融着する。このような方法により，格子内のポリマーも接着された状態となり，現場でシートを切断してもポリマー粉の飛散を無くすことができる。本シートについては，止水原理の力学的検討もなされている詳細は文献1）を参照されたい。

文　　献

1）長屋幸助，超宇，和田誠，金田祐次，安藤嘉則，村上岩範，穴があいても漏れない自己修復機能を有する遮水シートの開発，機械学会論文集，C編，Vol.69, No.678, pp.545-553 (2003)

事例10　自己修復液晶画面保護フィルム

植田　実*

1　液晶画面キズ自己修復フィルム（マジックフィルム）

液晶画面は常に透明で，ホコリなどが付着せず，キズのないものが求められる。そのため，保護フィルムを貼付する。保護フィルムは，光透過率が90%以上のものを用い，ホコリやチリの付着を防ぐため，帯電防止加工が施されている。キズに対しては，表面にハードコート加工し，表面にキズをつきにくくしてきた。しかしながら，ハードコートは大きなキズはつきにくくするが，細かなブラシで擦るとできるヘアライン状のキズは避けられなく，目立つようになる。

そこで，開発したのが液晶画面キズ自己修復フィルム（商品名：マジックフィルム）である。図1にマジックフィルムの基本構造を示す。PETフィルムの下にシリコン樹脂層をコーティングし，上にUV硬化型の自己修復層をコーティングした構造である。写真1はマジックフィルムを液晶画面に貼付している所で，写真1（a）はプレイステーションポータブル用（PSP），(b)は任天堂の携帯型ゲーム機用（DSLite），(c）はiPhone用，(d）は一般の携帯電話用である。

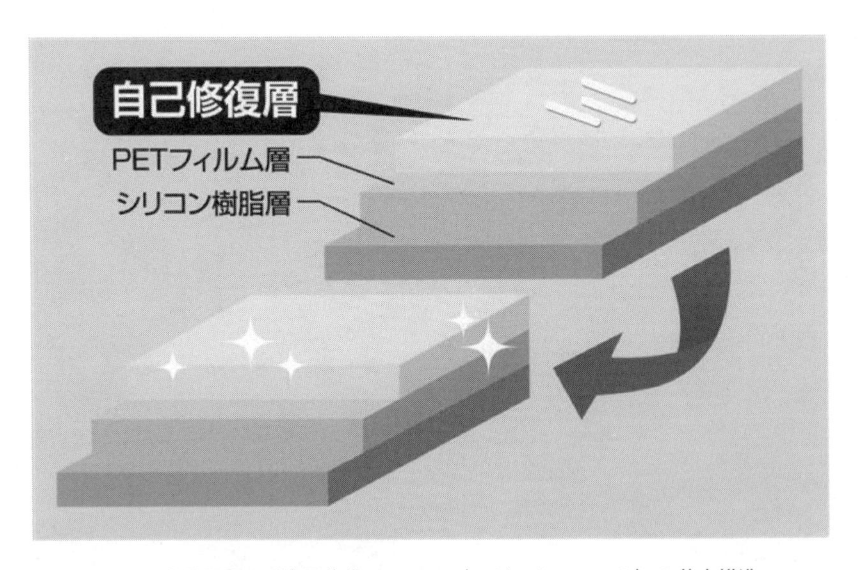

図1　液晶画面キズ自己修復フィルム（マジックフィルム）の基本構造

*　Minoru Ueda　㈱サンクレスト　代表取締役社長

(a) PSP

(b) DS Lite

(c) iPhone

(d) 携帯電話

写真1　マジックフィルムを貼付した液晶画面

※　この商品は，サンクレストのオリジナル商品であり，ソニーコンピュータエンタテイメント社・任天堂社・アップル社のランセンス製品ではありません。記載されている名称は各社の商標，または，登録商標です。

自己修復保護フィルムは一般には，まだ，もの珍しいものと受け止められているが，これからは，見やすく，きれいな画面をいつまでも守る基本的な商品機能となる。

2　マジックフィルムの自己修復メカニズム

自己修復表面コーティングは，自動車の車体やパソコンの筐体などの塗装に既に使用されているが，これらの塗装とマジックフィルムの自己修復のメカニズムは基本的には同じである。自己修復フィルムは，従来は，硬くして，キズを付きにくくしていたのを，逆に，フィルムを柔らかにして，キズを凹みキズとして，一時的な弾性ひずみとしてエネルギー吸収する。この弾性ひずみを経時的に回復させ，凹みキズを消滅させるのが自己修復の基本的なメカニズムである。従って，自己修復フィルムは，一般のハードコートフィルムとは異なり，架橋は力学的自由度の高いソフトセグメントが主体となり，外力に対してバネの役割を担っている。外力により蓄積された架橋間の力学エネルギーが徐々に解法される過程が自己修復過程である。

キズの自己修復効果を従来の保護用ハードコートフィルムと比較して次に示す。写真2は実験台に固定したハードコートフィルムと自己修復フィルム，およびヘアライン状のキズを付ける真鍮ブラシである。写真3に示すように，このブラシを擦ることにより，ハードコートフィルムには実験台と同じように，ヘアライン状のキズができ，そのまま残るのに対し，自己修復フィルム

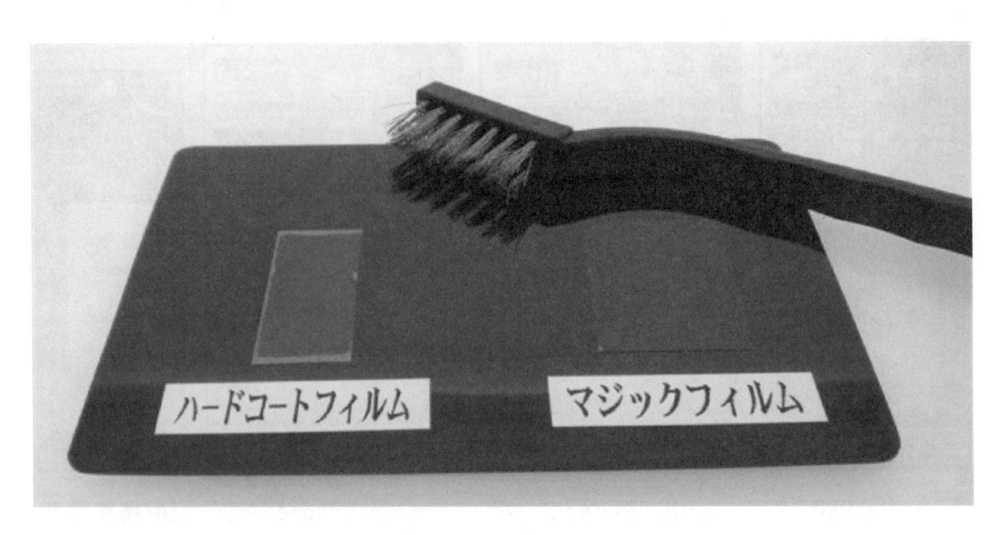

写真２　ハードコートフィルムと自己修復フィルムとのキズ修復の比較
実験テーブルに固定したハードコートフィルムとマジックフィルムおよび真鍮ブラシ

写真３　ブラシによるヘアラインキズがそのまま残るハードコートフィルムと瞬時に
自己修復するマジックフィルム

は瞬時に自己修復する。この自己修復の様子は，週間アスキーの週アス PLUS（http://weekly.ascii.jp/elem/000/000/015/15011/）に動画で紹介されており，瞬時に自己修復される様子が明瞭に示されている。

3　マジックフィルム開発の経緯

3.1　サンクレスト社（目を守る企業）

「子供たちの目を守る」を企業テーマに，画面から発生する紫外線や電磁波をカットする，テレビ用フィルター，ゲーム機用フィルター，パソコン用フィルターなどを開発し，人の目を守る「サンフィルター」として発売してきた会社である。その後，携帯電話の画面にフィルムを貼るだけで，のぞき見を防止する「メールブロック」を販売したが，300枚しか売れなかった。市場調査会社の女子高校生の好みに合わせよとの意見を入れ，フィルムの色を常識はずれと思われるピンクにし，商品名やキャラクター印刷も女子高校生の意見に100%従った。その結果，売れ行きが急増し，2000万枚にもなった。従来の発想や固定観念に頼ってはならないことを悟るとともに，この成功をジャンピングボードとし，新たな商品分野として液晶画面キズ自己修復フィルムを開発することとした。

3.2　こんにゃくが開発のきっかけ

液晶画面キズ自己修復フィルムの開発は2004年に着手したが，それまでは，キズ防止加工として，ハードコートフィルムしかなかった。当初はキズ防止のため，PETフィルムの表面に6Hのハードコートフィルム加工を施したが，ハードコートフィルムが非常に硬いため，トムソンでの型抜き工程時にフィルムの端にひびが入ってしまう欠点があった。この欠点を克服するため，いろいろ工夫したが，うまくいかないまま2年も経ってしまった。その年の忘年会の折りに，テーブル上のおでんをみて，隣の開発者に「こんにゃくはキズを付けても見えなくなる。こんなフィルムができるといいのに」と冗談をいったのだが，1年後にその開発者が「社長できました」といってもってきたのが，「マジックフィルム」である。キズが付かないフィルムではなく，弾力のある素材を使い，キズが付いても消えて，見えなくなるフィルムだった。業界では全く新しい画期的なものであり，早速プレゼン用の見本を作製し，お客様にみてもらい，2008年3月には携帯ゲーム機のPSP用などとして，キズ自己修復フィルム「マジックフィルム」として，発売し，10日間で2万個もの受注があった。

3.3 マスコミの宣伝効果

「マジックフィルム」の売れ行きがよくなったのは，東京テレビ系列のワールドビジネスサテライト「トレンドたまご」で紹介されたのが大きかった。放映後問い合わせが殺到し，1週間で8万個の受注があった。2009年12月現在で携帯ゲーム機（PSP，DSiなど），携帯電話機（iPhoneなど）の液晶画面保護フィルムで約150万個販売している。自己修復フィルムはマスコミにも関心を呼ぶ素材のようである。自己修復現象そのものが，また，自己修復過程も好奇心をそそり，ものを大事に扱う現在の時流とマッチするのであろう。今後，多くの，またいろいろな自己修復材料がマスコミを賑わすことを期待したい。

—筆者が出演した番組—

ワールドビジネスサテライト「トレンドたまご」,「スーパーニュース」,「NHK おはよう関西」,「がっちりマンデー」,「ニュース BIZ」,「大阪ほんわかテレビ」など

—掲載紙—

日本経済新聞，朝日新聞，日経トレンディ，DIME，BIG tomorrow など

最新の自己修復材料と実用例《普及版》

(B1163)

2010年 5月19日 初　版　第1刷発行
2016年 4月 8日 普及版　第1刷発行

監　修　新谷紀雄
発行者　辻　賢司
発行所　株式会社シーエムシー出版
東京都千代田区神田錦町 1-17-1
電話 03(3293)7066
大阪市中央区内平野町 1-3-12
電話 06(4794)8234
http://www.cmcbooks.co.jp/

Printed in Japan

〔印刷　倉敷印刷株式会社〕

ISBN978-4-7813-1105-0 C3043 ¥5200E